"十四五"职业教育国家规划教材

热工过程自动控制技术

（第三版）

主　编　谢碧蓉　向贤兵

副主编　高倩霞　黄　蓉　成福群

参　编　蒲晓湘

主　审　谢援朝　张广辉

中国电力出版社

CHINA ELECTRIC POWER PRESS

内 容 提 要

本书内容分为五部分，第一部分（项目一）介绍自动控制系统的基础知识；第二部分（项目二）介绍单元机组中典型的模拟量控制系统的应用；第三部分（项目三～项目五）介绍大型火电机组的炉膛安全监控系统、汽轮机监控系统、顺序控制系统的作用、工作原理及应用技术；第四部分（项目六）介绍火电厂烟气脱硫脱硝控制系统的结构、工作流程及应用技术；第五部分（项目七）介绍计算机控制系统的结构、信号流程及应用技术。

本书突出针对性和应用性，注重实用，理论联系实际，力求反映当前热工新技术；内容深入浅出、文字通俗易懂，并配有大量实例、图表、图片，便于多媒体教学。

本书可供高职高专热能与发电工程类热能动力工程技术、发电运行技术等专业教学使用，也可供火电机组职工培训使用，还可供运行人员和热工技术人员参考使用。

图书在版编目（CIP）数据

热工过程自动控制技术/谢碧蓉，向贤兵主编. —3 版. —北京：中国电力出版社，2019.10 (2025.1 重印)
"十二五"职业教育国家规划教材
ISBN 978 - 7 - 5198 - 3945 - 1

Ⅰ.①热…　Ⅱ.①谢…②向…　Ⅲ.①热工自动控制 －高等职业教育－教材　Ⅳ.①TK122

中国版本图书馆 CIP 数据核字（2019）第 237083 号

出版发行：中国电力出版社
地　　址：北京市东城区北京站西街 19 号（邮政编码 100005）
网　　址：http://www.cepp.sgcc.com.cn
责任编辑：李　莉（010-63412538）
责任校对：黄　蓓　郝军燕
装帧设计：赵姗姗
责任印制：吴　迪

印　　刷：北京雁林吉兆印刷有限公司
版　　次：2007 年 6 月第一版　2019 年 10 月第三版
印　　次：2025 年 1 月北京第十三次印刷
开　　本：787 毫米×1092 毫米　16 开本
印　　张：17.75
字　　数：439 千字
定　　价：56.00 元

前　言

本书配套数字资源

随着科学技术的飞速发展和电力需求的急速增长，超（超）临界压力机组逐渐成为我国各大电网的主力机组；与此同时，现场总线控制技术的广泛应用提高了火力发电生产过程的自动化水平；另外，为了实现生活垃圾的"无害化、减量化、资源化"处理，垃圾焚烧发电得到大力发展。为适应高职高专热能动力工程技术、发电运行技术等专业的教学需要，以及相关技术人员的学习需要，特编写此书。

相比第一版和第二版，此次修订立足于高职高专教学要求，遵循高职高专教育规律，体现高职高专教学特征，顺应"三教"（教材、教法、教师）改革要求，结构编排以项目为导向、任务为驱动，内容突出应用性、针对性、实践性和开放性，以加强学生职业素质和职业能力的培养。

本书在选材方面力求反映当前电厂热工过程自动控制技术的现状，注重先进性、实用性，以实例阐述应用，便于读者掌握，并体现以下特点：

（1）注重理论与实践相结合，以解决生产过程中的实际问题为基础，以培养职业技能为核心。

（2）力求反映当前电力生产的新知识、新技术，内容大部分取材于当前大型火电机组（600、1000MW 火电机组）及垃圾焚烧发电厂、循环流化床锅炉采用的自动控制技术，内容体现了先进性、综合性、实用性。

（3）从高职高专培养高技能应用型人才的实际需求出发，突出高职高专教学"必需""够用"和"有用"的原则。

（4）体系新颖。根据现场生产实际，将汽包锅炉蒸汽温度控制系统、汽包锅炉给水控制系统、煤粉锅炉燃烧控制系统、单元机组协调控制系统、超临界压力机组控制系统、垃圾焚烧发电控制系统、循环流化床锅炉控制系统纳入计算机分散控制系统的模拟量控制系统中讲授，方便读者更好地理论联系实际。

（5）全面反映了当前大型火电机组的锅炉保护、汽轮机保护、单元机组联锁保护、旁路控制系统、锅炉安全监控系统、汽轮机数字电液控制系统、汽轮机监测仪表系统、给水泵汽轮机数字电液控制系统、汽轮机紧急跳闸系统、辅助设备顺序控制系统、分散控制系统、现场总线控制系统等知识，较好地满足了当前大型火电机组高度自动化对运行、检修人员的要求。

本书是重庆市高职教育双基地建设项目（热能与发电工程专业群建设）——"热工过程自动控制技术"在线开放课程的配套教材。本项目拥有丰富的数字资源，现已建成动画 41 个、微课 34 个；正在建设智慧职教在线开放课程（MOOC），由高倩霞负责。部分数字资源可扫描二维码获取。

　　本书由重庆电力高等专科学校谢碧蓉主编，其中绪论和项目一、项目四由谢碧蓉编写，项目二、项目三由向贤兵编写，项目五由曾蓉编写，项目六由成福群编写，项目七由高倩霞编写。另外，蒲晓湘参加了项目一的编写。全书由谢碧蓉统稿。

　　由于编者水平有限，加之编写时间仓促，书中难免有不妥之处，敬请读者批评指正。

编　者

2024 年 6 月

第一版前言

随着科学技术的进步，火电机组正向着"大容量、高参数、高自动化"的方向快速发展，计算机分散控制系统（DCS）在单元机组中的广泛应用有力地推动了电力生产技术的进步，显著地提高了火力发电生产过程的自动化水平。为适应高职高专热能动力工程、火电厂集控运行等专业的教学需要以及相关技术人员的学习需要，特编写此书。

本书共七章，第一章介绍电厂热工自动控制基本原理，第二章介绍自动控制系统的基础知识，第三章介绍单元机组模拟量控制系统（MCS），第四章介绍单元机组的热工保护及旁路控制系统，第五章介绍炉膛安全监控系统（FSSS），第六章介绍汽轮机数字电液控制系统（DEH），第七章介绍顺序控制系统（SCS）。

在编写本书的过程中，作者力求做到对基本理论、基本内容的阐述循序渐进、深入浅出、精练扼要；在选材方面力求反映当前电厂热工过程自动控制技术的现状，以实例阐述应用，便于读者掌握，并体现以下特点：

（1）注重理论与实践相结合，以解决生产过程中的实际问题为基础，以培养职业技能为核心。

（2）力求反映当前电力生产的新知识、新技术，内容全部取材于当前大型火电机组300MW、600MW 电厂采用的自动控制技术。

（3）从高职高专培养高技能应用型人才的实际需求出发，突出高职高专教学"必需""够用"和"有用"的原则，对自动控制理论的内容进行了精炼和整合，并且以应用形态的方式讲解理论知识，尽量避免自动控制理论中复杂的数学公式及其推导。

（4）体系新颖。根据现场生产实际，将燃烧控制系统、汽包锅炉给水全程控制系统、过热蒸汽温度控制系统、再热蒸汽温度控制系统纳入计算机分散控制系统（DCS）的模拟量控制系统（MCS）中介绍，方便读者更好地理论联系实际。

（5）全面反映了当前大型火电机组的锅炉保护、汽轮机保护、单元机组大联锁保护、单元机组旁路控制系统、炉膛安全监控系统（FSSS）、汽轮机数字电液控制系统（DEH）、辅助设备顺序控制系统（SCS）等知识，较好地满足了当前大型火电机组高度自动化对运行、检修人员的要求。

（6）本书内容体现了先进性、综合性、实用性，并且配有丰富的实例、图表、图片和数据，以适应多媒体教学的需要。

本书由重庆电力高等专科学校谢碧蓉主编，并编写了绪论、第一章第一、二小节及第四、五、七章；第二、三章由向贤兵编写；第六章由曾蓉编写；第一章第三小节由蒲晓湘编写。全书由谢碧蓉统稿。本书配有电子课件辅助教学，详情请登录 http://jc.cepp.com.cn。

重庆发电厂张广辉副教授和西安电力高等专科学校谢援朝教授认真仔细地审阅了全部书稿，提出了许多宝贵的意见和建议，编者在此表示深切的谢意。本书在编写过程中得到了重庆电力高等专科学校其他教师的帮助和支持，在此一并表示衷心的感谢。

由于编者水平有限，加之编写时间仓促，书中难免有不足之处，敬请读者批评指正。

编　者

2007 年 1 月

第二版前言

近年来，随着我国经济的飞速发展，电力需求急速增长，促使电力工业进入了快速发展的新时期。我国电力工业的技术装备水平有了较大提高，大型火力发电机组有了较快增长，超（超）临界压力机组逐渐成为我国各大电网的主力机组。同时，环保及节能也对电力工业提出了新要求。为适应高职高专电厂热能动力装置、火电厂集控运行等专业的教学需要以及相关技术人员的学习需要，特编写此书。

本书共分六章，第一章介绍自动控制系统的基础知识，第二章介绍单元机组模拟量控制系统（MCS），第三章介绍锅炉炉膛安全监控系统（FSSS），第四章介绍汽轮机监控系统，第五章介绍顺序控制系统（SCS），第六章介绍火电厂烟气脱硫脱硝控制系统。

本书在选材方面力求反映当前电厂热工过程自动控制技术的现状，注重先进性、实用性，以实例阐述应用，便于读者掌握，并体现以下特点：

（1）注重理论与实践相结合，以解决生产过程中的实际问题为目标，以培养职业技能为核心。

（2）力求反映当前电力生产的新知识、新技术，主要介绍当前大型火电机组300、600、1000MW火电机组及循环流化床锅炉采用的自动控制技术。

（3）从高职高专培养高技能应用型人才的实际需求出发，突出高职高专教学"必需""够用"和"有用"的原则。

（4）体系新颖。根据现场生产实际，将汽包锅炉蒸汽温度控制系统、汽包锅炉给水控制系统、煤粉锅炉燃烧控制系统、单元机组协调控制系统、超临界压力机组控制系统、循环流化床锅炉控制系统纳入计算机分散控制系统（DCS）的模拟量控制系统（MCS）中讲授，方便读者更好地理论联系实际。

（5）全面地反映了当前大型火电机组的锅炉保护、汽轮机保护、单元机组联锁保护、旁路控制系统、锅炉安全监控系统PSSS、汽轮机数字电液控制系统DEH、汽轮机监测仪表系统TSI、给水泵汽轮机数字电液控制系统MEH、汽轮机紧急跳闸系统ETS、辅助设备顺序控制系统SCS等知识，较好地满足了当前大型火电机组高度自动化对运行、检修人员的要求。

（6）本书内容体现了先进性、综合性、实用性，并且配有丰富的实例、图表、图片和数据，以适应多媒体教学的需要。

本书由重庆电力高等专科学校谢碧蓉主编，并编写绪论和第一章、第四章；向贤兵编写第二、三章；曾蓉编写第五章；成福群编写第六章；蒲晓湘参加了第一章的编写。全书由谢碧蓉统稿。

本书由重庆发电厂张广辉副教授和西安电力高等专科学校谢援朝教授主审；本书在编写过程中得到了重庆电力高等专科学校其他教师的帮助和支持，在此一并表示感谢。

由于编者水平所限，加之编写时间仓促，书中难免有不妥之处，敬请读者批评指正。

编　者

2015 年 6 月

目 录

绪　　论

一、火电厂实现生产过程自动化的意义

随着国民经济的高速增长，社会生产和社会生活的各个方面对电能的需求量日益增多。电力工业作为国民经济的先导行业，得到了迅猛发展，目前已进入大电网、大机组、高参数、高度自动化的时代。由于高参数、大容量机组的快速发展，装机数量日益增多，从而导致对机组自动化程度的要求也日益提高。以"4C"（computer、control、communication、CRT）技术为基础的现代火电机组热工自动化技术也得到了迅速发展。其中，出现于 20 世纪 80 年代的计算机分散控制系统（distributed control system，DCS）最具代表性，现已广泛应用于大机组的自动控制之中。

大机组的监视点多（600MW 机组的 I/O 点多达 3000～5000 个，随着发电机-变压器组和厂用电源等电气部分的监视纳入 DCS 后，I/O 点已超过 7000 个），参数变化速度快，被控对象数量大（600MW 机组的被控对象超过 1300 个），而各个被控对象又相互关联，因此操作稍有失误，所引起的后果都会是十分严重的。传统的对炉、机、电分别进行监控的方式，已不能适应 600MW 级及以上大型单元机组的监控要求。如果大机组的监视与控制操作任务仅由运行人员来完成，那么运行人员不仅要付出强度极大的体力和脑力劳动，而且很难做到及时调整和避免人为的操作失误，因此必须由高度计算机化的机组集控取而代之。

大量事实证明，自动化技术对于提高火电机组的安全经济运行水平是行之有效的，它可以保证机组在启/停工况、正常运行工况和参数异常工况下的自动监测、控制和保护。

（1）在机组正常运行过程中，自动化系统能根据机组运行要求，自动将运行参数维持在要求值，以期取得较高的效率（如热效率）和较低的消耗（如煤耗、厂用电率等）。以望亭发电厂 14 号机组（300MW）为例，自从使用美国西屋电气公司的分布式处理系列（Westinghouse distributed processing families，WDPF）微机后，仅仅其自动控制和在线效率监控功能的投用，就分别降低机组供电煤耗 $3.6g/(kW \cdot h)$ 和 $0.85g/(kW \cdot h)$，综合降低机组供电煤耗达 $4.45g/(kW \cdot h)$。以该机组年发电量 18 亿 $kW \cdot h$ 计算，每年可节约标准煤 8010t，经济效益相当可观。

（2）在机组运行工况出现异常（如参数越限、辅机跳闸）时，自动化设备除及时报警外，还能迅速、及时地按预定的规律进行处理。这样既能保证机组设备的安全，又能保证机组尽快恢复正常运行，减少机组的停运次数。

（3）当机组从运行异常发展到可能危及设备安全或人身安全的状况时，自动化设备能适时采取果断措施进行处理，以保证设备及人身的安全。例如，锅炉主燃料跳闸（master fuel trip，MFT）、汽轮机监测仪表系统（turbine supervisory instrumentation，TSI）和汽轮机紧急跳闸系统（emergency trip system，ETS）等。

（4）在机组启/停过程中，自动化设备能根据机组启动时的热状态进行相应的控制，以避免机组产生不允许的热应力而影响机组的运行寿命，即延长机组的服役期。例如，汽轮机的应

力计算和寿命管理系统、汽轮机自启/停系统（turbine automatic system，TAS）等。

（5）随着电网的发展，对自动发电控制（automatic generation control，AGC）的要求日趋严格。AGC是现代电网控制中心的一项基本且重要的功能，是电网现代化管理的需要，也是电网商业化运营的需要。而要实现AGC，单元机组必须有较高的自动化水平，单元机组协调控制系统必须能投入稳定运行。

随着机组容量的增大和参数的提高，对机组安全经济运行的要求不断提高，火电厂的自动化水平也不断得到提高，现已从传统的炉、机、电分别由人工监控发展到单元机组集控，自动化系统也已从单台辅机和局部热力系统发展到整个单元机组的检测与控制系统。而随着整个单元机组自动化的不断完善以及电网发展的需要，火电厂热工自动化的功能必然会和自动调度系统（automatic dispatch system，ADS）相协调而实现电网的AGC。自动化系统在一般情况下虽不需要人工干预，但在特定情况下却要求人工给予提示或协调。因此，随着机组自动化水平的提高，也要求运行人员具有更高的技术和文化水平。

大型火电机组自动控制系统的组成如图0-1所示，这些自动控制系统集中反映了机组的自动化水平。

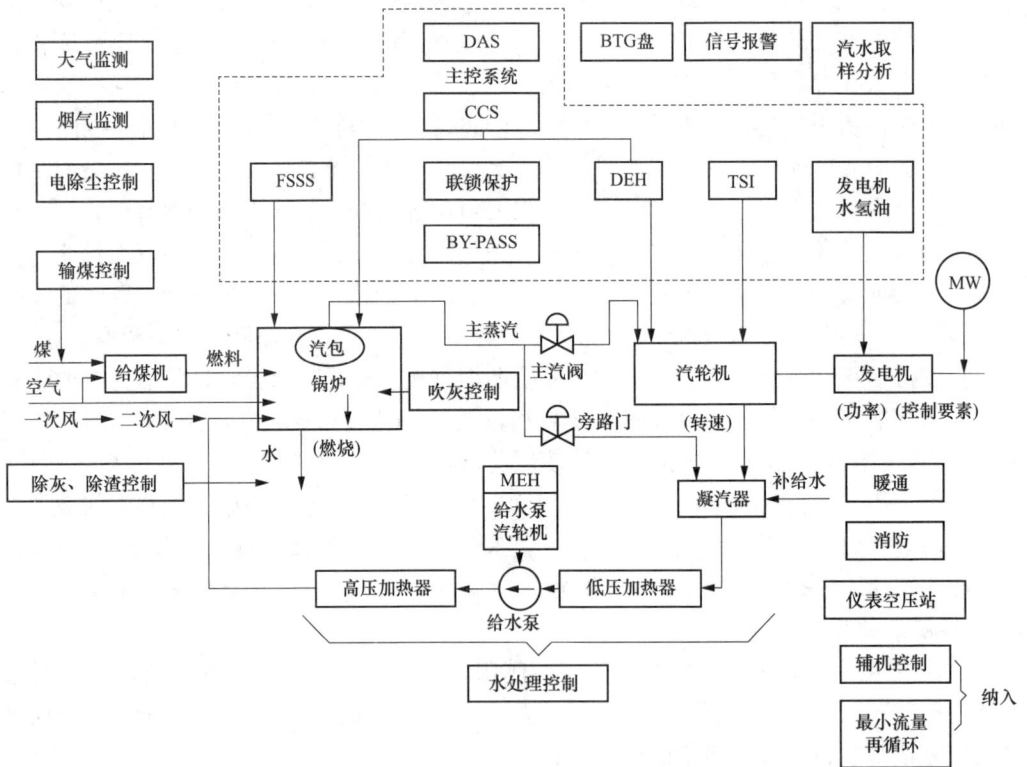

图0-1　大型火电机组自动控制系统的组成示意图

动画0-1　热工
自动化系统

二、火电机组热工过程自动化的内容

火电机组热工过程自动化的内容可以概括为自动检测、自动控制、顺序控制、自动保护、管理和信息处理。

（1）自动检测。自动检测是指自动地检查和测量反映生产过程运行状态以及生产设备工作状态的各项参数的变化，以监视生产过程和设备的状态及变化趋势。

对于锅炉，自动检测的主要参数包括炉膛温度、炉膛压力、过量空气系数、汽包水位和压力、过热蒸汽温度和压力、再热蒸汽温度和压力、排烟温度等；对于汽轮机，自动检测的主要参数包括机前压力，控制级压力，机组功率，转子的转速、位移、偏心度、振动，汽缸的热应力和热膨胀等。

常用的自动检测设备主要包括模拟仪表、数字式仪表以及图像显示、数据记录、报表打印和自动报警装置等。

（2）自动控制。自动控制是指自动地维持生产过程在规定的工况下，使被控量尽可能快地等于设定值，也称自动调节。

对于锅炉，自动控制主要包括锅炉给水自动控制、过热蒸汽和再热蒸汽温度自动控制、锅炉燃烧过程自动控制等；对于汽轮机，自动控制主要包括汽轮机转速自动控制、凝汽器水位自动控制等；对于单元机组，自动控制主要包括协调控制（以完成 AGC 功能）。

（3）顺序控制。顺序控制是指按照生产过程和运行要求预先设定的程序，自动地对生产过程和相应设备进行操作和控制，也称程序控制。

对于单元机组，顺序控制主要用于主机和辅机的启/停以及辅助系统的投入、切除，如汽轮机的自动启/停控制，炉膛吹扫过程控制，燃烧器的自动点火控制，磨煤机的自动启/停控制等。

（4）自动保护。自动保护包括主机、辅机和各支持系统及其相互间的联锁保护，以防止误操作。当设备发生故障或出现危险工况时，机组会自动采取保护措施，以防止事故进一步扩大或保护生产设备不受严重破坏。

对于单元机组，自动保护主要包括锅炉炉膛超压保护，汽轮机超速保护，发电机过电流、过电压保护等。

（5）管理和信息处理。管理和信息处理是指对电厂中各台机组的生产情况（如发电量、频率、主要参数、机组设备的完好率及寿命），电厂的煤、油、水资源情况，环境污染情况进行监督、分析，供管理人员做出相应的决策。管理和信息处理系统包括厂级管理信息系统（management information system，MIS）和厂级监控信息系统（supervisory information system，SIS）。其中，MIS 主要收集和处理非实时的生产经营和管理数据，以优化电厂经营管理；SIS 主要收集和处理电厂生产过程中的实时数据，以优化电厂运行。

三、单元机组的炉、机、电集控

目前国内火力发电机组基本上实现了炉、机、电集控运行。以安徽淮南平圩发电有限责任公司、浙江北仑发电厂、华能上海石洞口第二发电厂、华能南通发电有限责任公司、江苏利港电力有限公司为例，这五个发电厂的控制室均为炉、机、电集控布置，除浙江北仑发电厂为一台机组一个控制室外，其他四个发电厂均为两台机组共用一个控制室。运行人员在控制室的盘台上可以完成单元机组启/停、正常运行及事故处理的全部监视和操作任务。但机组启动前的一次性操作设备，如检修用隔离阀以及独立的、与机组无直接联系的设备，由现场操作人员操作。表盘布置将锅炉、汽轮机、发电机作为一个整体来监视和控制，即自动控制系统是按一个运行人员监视与控制炉、机、电全部工况来设计和布置的，采用炉机长（机组长）制。

上述五个发电厂的操作盘台布置和监控方式大致可分为三类。

1. 以操作台为主、计算机为辅的布置和监控方式

安徽淮南平圩发电有限责任公司采用这种布置和监控方式。计算机数据采集系统（data

acquisition system，DAS）主要用作监视，并在启动时为运行人员提供操作指导，而运行人员则根据计算机的操作指导在操作台上启动辅机、操作阀门和风门等。运行人员启动辅机时，由继电器组成的逻辑回路进行控制。正常运行时，DAS通过在CRT上显示图像和数据等来进行运行监视；同时，DAS具有报警、打印等功能，以提醒运行人员并代替人工抄表。DAS还具有机组性能计算功能，如计算汽轮机热应力，机组煤耗、效率等。该类监控方式还处于炉、机、电集控的初级阶段，计算机只代替了部分常规仪表，控制台、盘仍较长，需数名运行人员监盘操作。

2. 操作台手操与计算机CRT、键盘软手操并存的布置和监控方式

华能南通发电有限责任公司和江苏利港电力有限公司采用这种布置和监控方式。这两个发电厂都采用以NETWORK-90（N-90）DCS为主的监控方式。除在控制台上装置了CRT外，还在控制盘上装有较多的操作器（数字控制站）、操作开关（数字逻辑站）以及部分显示器（数字显示站），这些数字控制站、数字逻辑站和数字显示站是DCS的一部分。运行人员的监视和操作既可以通过CRT和键盘进行，也可以在上述三种数字站上进行。

在数字控制站上除可进行手动/自动切换、手动增/减操作和修改设定值外，还可显示过程变量、设定值和控制输出3种量；在数字逻辑站上除可进行启/停或开/关操作外，还可显示设备的状态：运行/停止、已开/已关；数字显示站可显示3个过程变量。通过数字控制站和数字逻辑站的操作来启/停辅机、开/关阀（风）门，以及通过手操执行机构来开大/关小阀（风）门，虽然都是在控制盘上操作，但也必须通过DCS的有关总线和模件，这些操作已受到计算机逻辑的制约。启动辅机时严格按功能组进行顺序控制。在数字站（包括数字逻辑站和数字控制站）上操作与在CRT键盘上操作在逻辑功能上是等效的，但数字控制站的手操与CRT键盘上的手操还是有些区别的。在数字控制站上操作时仅通过多功能控制器的扩展母线，且多功能控制器故障时，操作器可以通过旁路直接操作，即具有后备硬手操的功能；而在CRT键盘上操作时除需经过扩展母线外，还需经过模件、模件总线和工厂环路，经过通信送到执行机构，执行机构的动作再逆向传送到CRT，这样来回传送要求有关模件、模件母线和工厂环路完好，且在CRT和键盘上必须逐一调用画面和操作，对运行人员的操作水平有较高的要求。

3. 以计算机CRT、键盘软手操为主的布置和监控方式

浙江北仑发电厂和华能上海石洞口第二发电厂采用这种布置和监控方式。该方式以计算机CRT和键盘为主进行正常运行监视和控制，在控制盘上保留一定数量的数字操作站和辅机停止按钮，以保证启动时操作的灵活性以及在计算机系统发生故障时仍能实现机组的安全停运。这种布置和监控方式对计算机系统的可靠性和可用率要求很高，因此采用了冗余技术，如华能上海石洞口第二发电厂的管理指令系统共有两套，每套都具备整个单元机组的监视和操作功能。随着机组自动化水平的不断提高、人工干预要求的减少，以及DCS可靠性的提高，这种方式已经成为600MW级及以上容量机组集控室布置和运行监控的主要方式。

DCS的新发展是采用超大型墙幕式CRT，国内外很多新建电厂都采用该技术。一般在控制室内只布置一套超大型墙幕式CRT（键盘/球标），另设2～4台普通的CRT（键盘/鼠标/球标/光笔）。机组各热力系统和电气系统的模拟图、参数、状态、报警信息、操作指导等均可在此超大型墙幕式CRT上显示、操作，完全取消了常规仪表盘柜。华能广东汕头发电有限责任公司二期工程600MW机组即采用该布置方式。

项目一　自动控制系统基础知识准备

在工业生产过程中，为了保证生产的安全性、经济性，保持设备的稳定运行，必须对生产过程中的一些物理参数进行控制，使它们保持在所要求的额定值附近，或按照一定的要求变化。这些参数包括火电厂中汽轮机的转速，锅炉蒸汽的温度、压力，汽包的水位，炉膛压力等。在设备运行中，这些参数经常会受到各种因素的影响而偏离额定值（设定值），此时运行人员要及时进行操作，对其加以控制，使其保持在所希望的数值。这个控制任务可以由人工操作来完成，称为人工控制；也可由一整套自动控制装置（控制设备）来代替人工操作，称为自动控制。

任务一　简单控制系统操作

学习目标

（1）熟悉自动控制系统中的一些常用术语，以及自动控制系统的一般构成及常用装置。

（2）掌握控制系统的基本控制方式、控制系统在阶跃信号作用下过渡过程的基本形式，以及自动控制系统的性能指标。

（3）熟悉单回路控制系统的工艺流程、系统构成及监控画面。

任务描述

认识控制系统的工艺流程即控制对象；认识控制对象中工艺参数的检测设备和控制机构、执行机构；熟悉控制系统的基本组成及监控画面的操作；知道控制系统的基本控制方式，能说出开环控制与闭环控制的差异；明确自动控制系统的几项性能要求，能分析自动控制系统的优劣；能调用控制系统的监控画面，能对控制系统进行自动/手动（automatic/manual，A/M）操作。

知识导航

一、自动控制的基本概念

（一）人工控制

早期的控制是通过人工操作来完成的，称为人工控制。汽包水位的人工控制如图 1-1（a）所示，其控制过程如下：

首先，操作人员通过眼睛观察被控量水位的变化，同时利用大脑分析观察的结果。将观察到的水位 h 与其给定值 h_0 进行比较，判断是否存在偏差以及偏差的大小和方向（水位比给定值高还是低），决定是否需要对给水控制阀进行操作：开大还是关小以及按什么规律进行操作（是缓开还是猛开，先过调再回调等）。手则根据大脑的指挥（命令）去操作给水控制阀，使水位 h 恢复正常。

可见，人工控制就是通过人的眼睛、大脑和手分别进行观察、分析和操作来实现的。控制过程就是了解情况、分析决策、执行操作的过程。人工控制的质量取决于操作人员的运行经验和操作的熟练程度，控制精度较低。

在图 1-1（a）所示的人工控制中，从扰动发生到被控量重新恢复至给定值，其间要经过一段过渡过程，即要经过一段时间，这段过渡时间的长短及被控量偏差的大小取决于操作人员的运行经验。这些经验包括对被控对象特性的了解，以及根据被控对象特性确定的控制规律。若运行人员不了解被控对象的特性，则无法正确地进行控制。

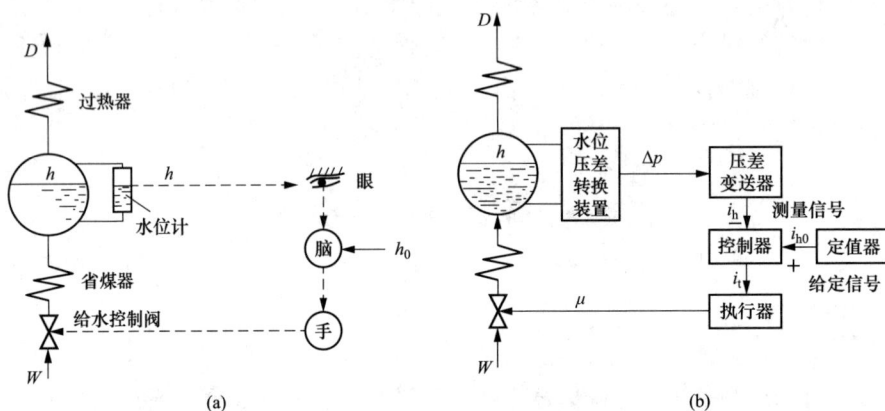

图 1-1　锅炉汽包的水位控制示意图
（a）人工控制；（b）自动控制

（二）自动控制

随着生产的发展，人工控制已远远不能满足生产的要求。用一整套自动控制装置来代替人工控制中操作人员的作用，使生产过程不需要操作人员的直接参与而能自动地执行控制任务，就是自动控制。

动画 1-1　人工控制与自动控制

自动控制是指在没有人直接参与的情况下，利用自动控制装置使被控对象（如机器、生产过程）的某一物理量（或工作状态）自动地按照预定的规律运行（或变化）。

图 1-1（b）所示为汽包水位的自动控制示意图。实现自动控制作用所需要的自动控制装置主要包括三个部分：

（1）测量部件（变送器）。变送器用来测量被控量的大小，并将被控量转变成某种便于传送且与被控量大小成正比（或某种函数关系）的信号 i_h。这里，变送器代替了人眼。

（2）运算部件（控制器）。控制器接收测量部件输出的与被控量大小成比例的信号，并与被控量的给定值进行比较。当被控量与给定值之间存在偏差时，根据偏差的大小和方向，按预定的运算规律进行运算，并根据运算结果发出控制指令。这里，控制器代替了人脑。

（3）执行机构（执行器）。执行器根据控制器送来的控制指令驱动控制机构，改变控制量。如图 1-1（b）所示的执行器，根据控制器输出信号 i_t，改变给水控制阀开度 μ，从而改变给水流量 W。这里，执行器代替了人手。

（三）常用术语

在自动控制领域，经常使用以下专业术语。

（1）被控对象（控制对象）。被控对象是指被控制的生产设备或生产过程，如汽轮机、汽包。

（2）被控量。被控量是指表征生产过程是否正常而需要控制的物理量，如汽轮机的转速、给水压力、汽包水位等。

（3）给定值。给定值是指根据生产工艺要求被控量应该达到的数值。例如，汽包水位的希望值为 h_0，h_0 即汽包水位 h 的给定值。

（4）扰动。扰动是指引起被控量偏离其给定值的各种原因。例如，给水流量的变化会引起汽包水位变化，给水流量的变化称为扰动。

（5）控制机构。控制机构是指改变对象流入量或流出量的机构，如图 1-1 中的给水控制阀。

（6）控制作用。控制作用是指控制机构在执行器带动下施加给被控对象的作用。

（7）控制量。控制量是指由控制作用来改变，以控制被控量的变化，使被控量恢复为给定值的物理量。如图 1-1 中水位的控制是通过改变给水流量来实现的，给水流量就是汽包锅炉水位控制系统中的控制量。

二、自动控制系统的组成及方框图

用一套自动控制装置代替人工操作，可实现自动控制。把自动控制装置与被控对象连接起来，就构成了自动控制系统，如图 1-1（b）所示。

（一）自动控制系统的组成

由图 1-1 可知，汽包锅炉水位自动控制系统由被控对象和自动控制装置两个基本部分组成。也就是说，自动控制系统包括起控制作用的自动控制装置（如变送器、控制器、执行器等）和在自动控制装置控制下运行的生产设备（即被控对象）。在控制过程中，这两部分是相互作用的。当被控量受到扰动而变化时，其值与给定值之差作用于控制器，使控制器动作。控制器动作，驱动执行器去改变控制阀的开度，使给水流量变化，给水流量的变化又反过来作用于被控对象，从而使被控量逐步趋近其给定值。

自动控制系统中的各装置是通过信号的传递和转换相互联系起来的。

（二）自动控制系统的方框图

锅炉汽包水位自动控制系统中的信号传递关系可用图 1-2 所示的示意图直观地表示出来，像这种能直观地表达自动控制系统中各装置之间相互作用与信号传递关系的示意图称为自动控制系统的方框图。方框图是研究自动控制系统的重要工具。

微课 1-1　单回路控制系统组成

动画 1-2　自动控制系统框图

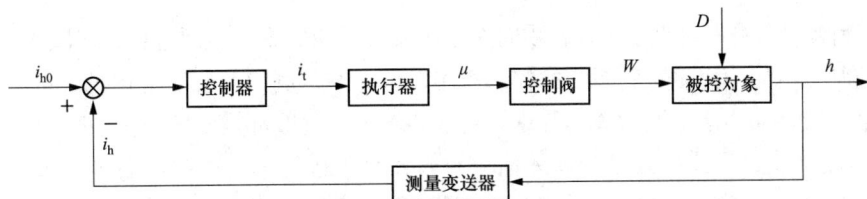

图 1-2　锅炉汽包水位自动控制系统

方框图有四个要素，如图 1-3 所示。

（1）信号线。用箭头表示信号 "x" 的传递方向的连接线，如图 1-3（a）所示。

（2）汇交点。即信号相加点，表示两个信号"x_1"与"x_2"的代数和，如图 1-3（b）所示。

（3）分支点。即信号引出点，表示把信号"x"分两路取出，如图 1-3（c）所示。

（4）环节。方框图中的每一个方框即一个环节，如图 1-3（d）所示。环节表示系统中的一个元件或一个设备，或者几个设备的组合体。x 为环节的输入信号，y 为环节的输出信号。

图 1-3　方框图的四要素

（a）信号线；（b）汇交点；（c）分支点；（d）环节

方框图中，环节的输入信号是引起环节变化的原因，而环节的输出信号则是在该输入信号作用下环节变化的结果。例如，汽包水位变化的原因可以是给水流量或者蒸汽流量的变化，故给水流量和蒸汽流量都是汽包环节的输入信号。蒸汽流量或给水流量变化都会导致汽包内部工况发生变化，其结果是水位发生变化，水位是这个环节的输出信号。应当注意，环节的输入信号与输出信号之间的因果关系是不可逆的。如图 1-1 中，蒸汽流量或给水流量的变化都能引起水位变化，但水位的变化不能反过来影响给水流量或蒸汽流量，即信号只能沿箭头方向传递，具有单向性。方框图中的信号线只表示环节之间信号的传递关系，不代表实际物料的流动。例如，蒸汽流量是"汽包"环节的输入信号，是从蒸汽流量的变化会直接导致水位发生变化这一因果关系来说的，故方框图与实际的生产流程图是有本质区别的。

自动控制系统的方框图一般是一个闭合回路。图 1-2 中水位 h 通过变送器、控制器和执行器等环节，反过来影响水位本身。这个系统中的信号是在闭合回路中传递的，所以这种系统称为闭环系统或反馈系统。传递到控制器的信号是给定水位 i_{h0} 与实际水位 i_h 的偏差值。当水位升高时，偏差信号 e（$e = i_{h0} - i_h$）是一个负值，其意义是要关小给水控制阀，使水位反向变化。因此，自动控制系统是一个"负反馈系统"，这种负反馈的实质就是"基于偏差、消除偏差"。如果不存在被控量与给定值的偏差，就不会产生控制作用，而控制作用的最终目的是消除偏差，使被控量重新恢复到给定值。

三、自动控制系统的基本控制方式

（一）开环控制

开环控制是指控制装置与被控对象之间只有顺向作用而没有反向联系的控制过程，如图 1-4 所示。因此，开环控制系统的输出量不对系统的控制作用发生影响。例如，自动售货机、自动洗衣机、产品自动生产线以及用于交通指挥的红绿灯转换装置等，一般都是开环控制系统。

开环控制系统的控制装置只按照给定的输入信号对被控对象进行单向控制，而不对被控量进行测量以及反向影响控制作用。在开环控制中，对于系统的每一个输入信号，必有一个固定的工作状态和一个系统输出量与之对应。这种对应关系调整得越准确，元件的参数及性能变动越小，开环系统的工作精度便越高。

一般来说，开环控制系统结构简单、成本低廉、工作稳定。因此，当系统的输入信号及扰动作用能预先知道时，应采用开环控制且可取得较为满意的效果。但由于开环控制不能自动修正被控量的偏离，系统的元件参数变化以及外来的未知扰动对控制精度影响较大，因此它的使用有一定的局限性。

（二）闭环控制

闭环控制是指控制装置与被控对象之间既有顺向作用又有反向联系的控制过程，如图 1-5 所示。闭环控制是自然界中一切生物控制自身运动的基本规律，也是工程自动控制的基本原理，它可以实现复杂而准确的控制任务。

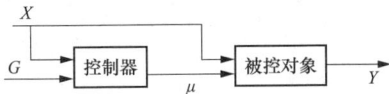

动画 1-3　开环（前馈）控制

图 1-4　开环控制系统　　　　图 1-5　闭环控制系统

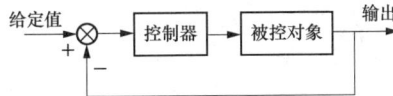

动画 1-4　闭环（反馈）控制

闭环控制是根据实际偏差进行控制的，具有自动修正被控量偏离的能力，可以修正元件参数的变化以及外界扰动引起的误差，控制精度较高。但正是由于存在反馈，闭环控制也有其不足之处，即可能出现振荡，严重时会使系统无法工作。这是由于被控量出现偏离之后，经过反馈便会形成一个修正偏离的控制作用。但在这个控制作用和它所产生的修正偏离的效果之间，一般是有时间延迟的，因此被控量的偏离不能立即得到修正，从而有可能使被控量处于振荡状态。如果系统参数选择不当，不仅不能修正偏离，反而会使偏离越来越大，进而导致系统无法工作。自动控制系统设计的重要课题之一，就是要解决闭环控制中的这个"振荡"或"发散"问题。

如果要求实现复杂且精度较高的控制任务，可将开环控制和闭环控制两种方式适当结合起来，组成一个比较经济且性能较好的控制系统，即复合控制系统。

（三）复合控制

复合控制是开环控制和闭环控制相结合的一种控制方式。实质上，它是在闭环控制回路的基础上，附加一个输入信号或扰动作用的前馈通路。前馈通路通常由对输入信号进行补偿的装置或对扰动作用进行补偿的装置组成，分别称为按输入信号补偿或按扰动作用补偿的复合控制系统，如图 1-6 所示。

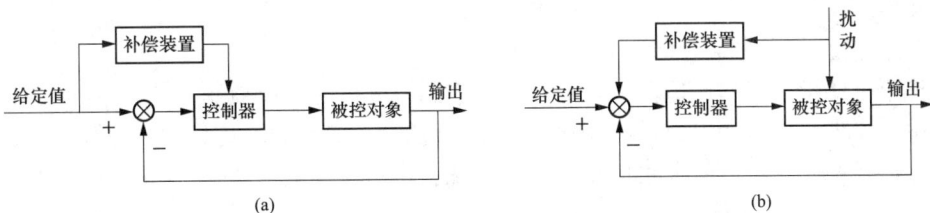

图 1-6　复合控制系统
（a）按输入信号补偿；（b）按扰动作用补偿

动画 1-5　复合（前馈-反馈）控制

复合控制中的前馈通路相当于开环控制，因此对补偿装置的参数稳定性要求较高，否则会由于补偿装置参数本身的漂移而减弱其补偿效果。此外，前馈通路的引入对闭环回路性能的影响不大，却可大大提高系统的控制精度，因此获得了广泛应用。复合控制系统广泛应用于雷达站随动系

统、飞机自动驾驶仪系统。

四、自动控制系统的分类

由于生产过程和生产设备不同，因此被控对象的性质也不同。对自动控制系统可从不同的角度进行分类，每种分类都反映了自动控制系统的某些特点。

（一）按控制信号的馈送方式分类

1. 前馈控制系统

前馈控制系统直接根据扰动进行控制，也称开环控制，如图1-4所示。若控制量选择合适，就可以及时抵消扰动的影响，使被控量保持不变。但由于没有被控量的反馈，控制过程结束后，很难保证被控量等于给定值。因此在一般的生产过程中，这种系统是不能单独使用的。

2. 反馈控制系统

反馈控制系统按反馈的原理进行工作，即根据偏差进行控制，最终消除偏差，也称闭环控制，如图1-5所示。

3. 前馈-反馈控制系统

在反馈控制系统的基础上加入主要扰动的前馈控制，即构成前馈-反馈控制系统，也称复合控制系统，如图1-6所示。与反馈控制系统相比，它具有更高的速度和控制质量，因此得到了比较广泛的应用。

（二）按给定值的变化规律分类

1. 定值（恒值）控制系统

被控量的给定值在运行中恒定不变的系统称为定值控制系统。例如，锅炉的汽包水位控制系统、锅炉的过热蒸汽温度控制系统等。

2. 程序控制系统

被控量的给定值是时间的已知函数的控制系统称为程序控制系统。例如，发电厂汽轮机的自启/停控制系统。

3. 随动控制系统

被控量的给定值是时间的未知函数的控制系统称为随动控制系统。例如，在机组滑压运行中的锅炉负荷控制回路中，主蒸汽压力的给定值是随外界负荷而变化的，其变化规律是时间的未知函数。

4. 比值控制系统

维持两个变量之间的比值保持一定数值的控制系统称为比值控制系统。例如，锅炉的燃烧过程中，要求空气量随燃料量的变化而成比例地变化，这样才能保证经济燃烧。因此，对于锅炉燃烧系统的控制，要求采用比值控制系统。

（三）按控制系统信号的形式分类

1. 连续控制系统

当控制系统中各部分的信号均是时间变量 t 的连续函数时，称该类系统为连续控制系统。连续控制系统的运动状态或特性一般用微分方程来描述。模拟式工业自动化仪表和用模拟式仪表来实现自动化的过程控制系统均属该类系统。

2. 离散控制系统

当控制系统中某处或多处的信号为在时间上离散的脉冲序列或数码形式时，称该类系统为离散控制系统。离散控制系统和连续控制系统的区别仅在于前者的信号只在特定的离散瞬时是时间的函数。离散信号可由连续信号通过采样开关获得，具有采样的控制系统又称采样控制系统。离散控制系统的运动状态或特性一般用差分方程来描述，其分析研究方法也不同于连续控制系统。

自动控制系统的分类还有很多，这里不一一赘述。

五、自动控制系统的性能指标

(一) 自动控制系统的过渡过程

控制系统在受到某一扰动后，被控量将偏离原来的稳态值而产生偏差，系统的控制作用又使其趋近原来的稳态值，这一过程称为控制系统的过渡过程，或称控制过程。对于定值控制系统，在受到扰动后，被控量的变化总是先偏离给定值，经历一个变化过程后，又趋近于给定值。以后只要系统不受到新的扰动，系统中的参数就不再发生变化。因此，控制系统存在两种状态，即静态（或称稳态）和动态（或称暂态、瞬态）。

被控量不随时间变化的平衡状态称为系统的静态，静态出现在控制过程结束之后。一个处于静态的系统，一旦受到某一扰动，系统内部就会出现物质或能量的不平衡，被控量将偏离给定值而随时间变化，这种被控量随时间变化的不平衡状态称为系统的动态。干扰作用使系统由静态进入动态，控制作用使系统克服扰动的影响，建立新的平衡，恢复到静态。例如，锅炉蒸汽压力控制系统中，当负荷发生扰动使蒸汽流量发生变化时，被控量蒸汽压力就会发生变化，系统进入动态；控制器根据蒸汽压力的偏差发出控制指令，改变燃料量，使之与蒸汽流量重新建立平衡，被控量蒸汽压力重新稳定在给定值上，系统重新进入静态。这样，系统就经历了一个过渡过程。因此，过渡过程就是系统在控制装置的作用下，克服扰动的影响，从动态重新进入新的静态的过程。

显然，在不同形式、不同幅度的扰动作用下，自动控制系统的过渡过程是不一样的。实际生产过程中可能遇到的扰动形式是多种多样的。为了分析控制系统性能指标的好坏，判断一个控制系统能否满足实际生产过程的需要，通常是选择实际过渡过程中遇到的一种最典型、最常出现的扰动形式作为研究自动控制系统性能指标的标准输入信号。如果控制系统在这种标准信号扰动下能很好地完成控制任务，则在其他形式的信号扰动下必然也能满足实际工作的要求。在自动控制系统中，最常用的扰动信号是一种在某一时刻突然变化、过了此刻不再变化的信号，称为阶跃信号。阶跃信号的数学表达式为

$$x(t) = \begin{cases} x_0 & t \geqslant 0 \\ 0 & t < 0 \end{cases} \tag{1-1}$$

阶跃信号的函数曲线如图 1-7（a）所示。如果 $x_0 = 1$，称为单位阶跃信号。已知控制系统对单位阶跃输入信号的反应，根据线性系统的叠加原理就可以很方便地推算出对其他幅度的阶跃输入的反应。

在分析控制系统的控制性能时，人们最关心的是系统在扰动作用下，被控量是否能通过控制作用回复到稳态值。在一定条件下，可以不考虑系统的具体物理结构，而把分析的重点放在控制

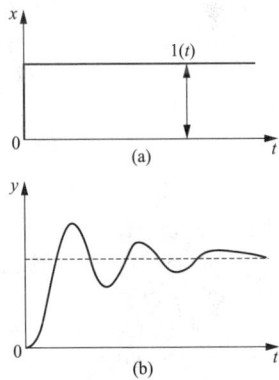

图 1-7 阶跃响应曲线
(a) 阶跃信号的函数曲线；
(b) 系统的阶跃响应曲线

动画 1-6 单位阶跃响应曲线

系统的输入信号与输出信号之间的关系上。

将系统的输入信号选定为阶跃信号后，研究的对象就是系统的输出信号 $y(t)$。控制系统在阶跃信号作用下，如果将其被控量（即系统的输出信号）随时间的变化规律用一条曲线来描述，则称该曲线为控制系统的过渡过程曲线，或称系统的阶跃响应曲线（又称飞升曲线），如图 1-7（b）所示。人们可以通过对过渡过程曲线的研究来评价控制系统的控制性能（控制品质）。

（二）控制系统在阶跃信号作用下过渡过程的基本形式

自动控制系统在阶跃信号作用下，其过渡过程可能具有如图 1-8 所示的几种不同形式。

由图 1-8（a）和图 1-8（b）所示的两种过渡过程可以看出，被控量在经历一个动态过程之后能够重新达到稳态值。具有这两种过渡过程的系统称为稳定的控制系统，其中图 1-8（a）所示的过渡过程没有发生振荡，称为非周期过渡过程；图 1-8（b）所示的过渡过程中被控量在稳态值上下来回摆动几次，最后趋于稳态值，这是衰减振荡过渡过程。图 1-8（c）和图 1-8（d）所示的过渡过程曲线表明被控量不能趋于一个稳态值，这类控制系统的过渡过程是不稳定的。图 1-8（c）所示的过渡过程是一个不衰减的等幅振荡过渡过程，这种过程介于稳定与不稳定之间（称为边界稳定或临界稳定），属于不稳定的范畴；图 1-8（d）所示的过渡过程中被控量的幅值随着时间的增加而增大，这是渐扩振荡过渡过程。具有这种过程的控制系统一旦受到扰动，其被控量就可能会超过生产所允许的限值而发生事故。例如，汽包锅炉给水控制系统受到扰动就可能会发生锅炉缺水或满水事故。显然，具有后两种过渡过程的系统是不能采用的。

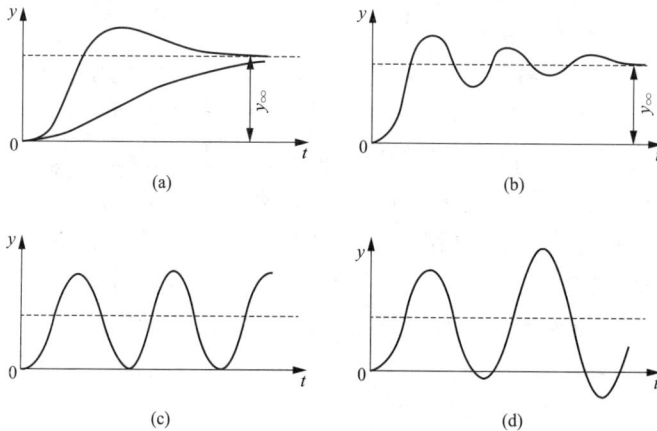

动画 1-7　典型
过渡过程曲线

图 1-8　几种典型的过渡过程曲线
（a）非周期过渡过程；（b）衰减振荡过渡过程；
（c）等幅振荡过渡过程；（d）渐扩振荡过渡过程

（三）自动控制系统的性能指标

从生产过程的要求看，不仅希望过渡过程是稳定的，而且希望控制系统能随时保持被控量与给定值相等，不受任何扰动的影响。但实际上扰动经常发生，被控量总会发生变化而产生偏差。从生产的要求和控制系统的实际出发，一般从稳定性、准确性和快速性三个方面来衡量控制系统的控

微课 1-2　控制
系统性能指标

制性能。

1. 稳定性

过渡过程的稳定性是对控制系统最基本的要求，稳定性满足要求是控制系统能被采用的首要条件，只有稳定的控制系统才能完成自动控制的工作。在实际生产过程中，不仅要求系统是稳定的，而且要求系统具有一定的稳定性裕度，以保证系统在被控对象参数或控制装置参数发生变化时还能稳定地工作。控制系统的稳定性裕度一般用衰减率 φ 来衡量，其计算式为

$$\varphi = \frac{y_{m1} - y_{m2}}{y_{m1}} = 1 - \frac{y_{m2}}{y_{m1}} \tag{1-2}$$

式中：φ 为衰减率；y_{m1}、y_{m2} 分别为被控量受到扰动后的第一个波峰值和第二个波峰值，如图 1-9 所示。

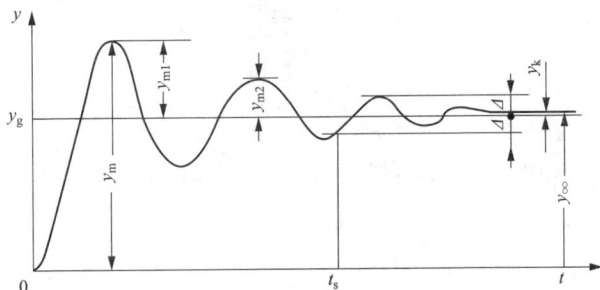

图 1-9　控制系统性能指标

动画 1-8　控制系统性能指标

当 $\varphi = 0$ 时，系统处于边界稳定；而当 $0 < \varphi < 1$ 时，系统是稳定的。φ 越大，控制过程的稳定程度越高，但过程进行得慢，控制时间长，被控量的动态偏差大；反之，稳定程度低。因此，一般认为在热工控制过程中，衰减率 $\varphi = 0.75 \sim 0.98$ 的控制过程较好，即控制过程在振荡 2～3 次后就基本结束。

2. 准确性

准确性是指被控量的偏差大小，它包括动态偏差 y_m 和静态偏差 y_k。

（1）动态偏差。在控制过程中，被控量与给定值之间的最大偏差，称为动态偏差，如图 1-9 中被控量的第一个波峰的高度。对热工控制过程来说，y_m 越小越好。

动态过程中输出响应的最大值 y_{m1} 超过稳态值的百分数称为超调量 $\sigma\%$，即

$$\sigma\% = \frac{y_{m1} - y_\infty}{y_\infty} \times 100\% \tag{1-3}$$

超调量是控制系统动态准确性的一种衡量指标。

（2）静态偏差。被控量变化后，虽经过控制，但它不一定能调回到原来的给定值上。在控制过程结束后，被控量的稳态值 y_∞ 与给定值 y_g 之间的残余偏差，称为静态偏差。

静态偏差也称稳态误差，它是控制系统稳态准确性的一种衡量指标。对于无差自动控制系统，希望 y_k 越小越好（$y_k = 0$ 为无差控制；$y_k \neq 0$ 为有差控制）。

3. 快速性

快速性是指过渡过程持续时间的长短，一般用过渡过程时间（也称调整时间）t_s 表示。过渡过程时间就是从扰动引起被控量发生变化开始，到被控量重新恢复到稳态值为止所经

历的时间。在实际生产过程中，要使被控量与给定值绝对相等基本上是不可能的。一般用过渡过程曲线衰减到与稳态值之差 Δ 不超过 $\pm(2\sim5)\%$ 稳态值所经历的时间作为过渡过程时间。

过渡过程时间是衡量控制系统快速性的指标。过渡过程时间越短，控制过程进行越快，说明控制系统克服扰动的能力越强。

对于热力设备的控制过程，稳定性是一个控制系统能否投入的先决条件，在满足 $\varphi = 0.75\sim0.98$ 的前提下，应尽量提高控制过程的准确性和快速性。

任务实施

水槽水位简单控制系统控制功能操作演示。

任务实施 1-1　水槽水位简单控制系统控制功能操作演示
微课 1-3　水槽水位简单控制系统控制功能操作演示

任务验收

（1）指认现场热工自动装置，指出系统中各自动装置的作用及其参数。

（2）知道控制系统的基本控制方式，能说出开环控制与闭环控制的差异。

（3）能说出控制系统在阶跃信号作用下过渡过程的基本形式及其稳态性能。

（4）能说出自动控制系统的性能指标及要求。

（5）能对照实物说明单回路控制系统的流程，能完成工艺流程对象的切换操作。

（6）能说出单回路控制系统的构成及各组成环节的作用。

（7）能根据实际需要调用监控画面，能对控制系统进行 A/M 操作。

任务二　线性控制系统数学模型建立

微课 1-4　热工
被控对象数学
模型建立

学习目标

（1）掌握建立控制系统数学模型的目的及基本方法，以及环节的基本连接方式。

（2）熟悉线性控制系统常用的数学模型，以及典型环节的特点。

（3）理解传递函数的定义，了解传递函数的建立方法。

任务描述

知道建立控制系统数学模型的目的及基本方法；知道线性控制系统常用的数学模型；知道典型环节的特点，能写出典型环节的传递函数；知道环节的基本连接方式及其综合传递函数，能建立控制系统的动态结构图。

知识导航

在进行系统的分析和设计中，定性地了解系统的工作原理及运动过程非常重要，但要更深入地定量研究系统的动态特性，首要工作就是建立控制系统的数学模型。

一、线性控制系统的数学模型

（一）基本概念

1. 数学模型

控制系统的数学模型，是指描述系统输入、输出变量以及内部各变量（物理量）之间关系的数学表达式。在静态条件下，描述各变量之间关系的数学方程称为静态模型；在动态过程中，描述各变量之间关系的数学方程称为动态模型。建立控制系统数学模型的目的是用一定的数学方法对系统的性能进行定性分析和定量计算，乃至综合与校正系统。

在自动控制系统的分析设计中，建立合理的系统动态模型是一项极为重要的工作，它直接关系到控制系统能否实现给定的任务。许多情况表明，由于所建立的被控对象的动态模型不合理，控制系统也就失去了它应有的作用。但这并不意味着数学模型越复杂就越合理。合理的数学模型是指它应以最简化的形式正确地代表被控对象或系统的动态特性。通常情况下，可以暂时先忽略一些比较次要的物理因素（如系统中存在的分布参数、变参数以及非线性因素等），或根据系统不同的工作范围而得到不同的简化数学模型。但如果简化的数学模型不合理，则用简化数学模型对系统进行分析的结果与实际系统的实验研究结果出入会很大，如此这个简化数学模型便不能采用。简化的数学模型通常是一个线性微分方程。

2. 线性系统

系统的数学模型为线性微分方程的控制系统称为线性系统。

在一定的限制条件下，绝大多数控制系统都可以用线性微分方程来描述。线性微分方程式的求解一般都有标准方法，因此线性系统的研究具有重要的实用价值。

线性系统的主要特点是满足叠加原理，即系统存在几个输入时，系统的输出等于各个输入分别作用于系统的输出之和；当系统输入增加或减少时，系统的输出也按同样比例增加或减少。

在线性系统中，根据叠加原理，如果有几个外作用同时加于系统，则可以将它们分别处理，依次求出各个外作用单独加入时系统的响应，然后将这些响应叠加。此外，每个外作用在数值上都可只取单位值。这样一来，就可大大简化线性系统的分析和设计。

3. 非线性系统

如果系统中存在具有非线性特性的环节或元件时，系统的特性需用非线性微分方程来描述，这种系统称为非线性系统。非线性系统不具有叠加性和均匀性，因此叠加原理是不适用的。

严格地讲，实际的控制系统都存在着不同程度的非线性特性，如放大器的饱和特性，运动部件的间隙、摩擦和死区等。例如，伺服电动机有一定的启动电压（称为死区），同时由于它的电磁转矩不可能无限增加，因而会出现饱和；又如，齿轮减速器有间隙存在等。虽然含有非线性特性的系统可以用非线性微分方程来描述，但它的求解很困难。这时除了可以用计算机进行数值计算外，有些非线性特性还可以在一定工作范围内近似为线性系统模型（称为非线性系统的线性化）。

4. 相似系统

相似系统是指具有相同形式的数学模型而物理性质不同的系统。在方程中占有相同位置的物理量称为相似量。相似系统的概念在工程中非常有用，因为一种系统可能比另一种相似系统更容易通过实验加以研究。例如，可以通过对电气系统的研究代替对相似的机械系统、液力系统、热力系统等的研究。

（二）建立数学模型的基本方法

控制系统或元件的数学模型可以用机理分析法和实验分析法建立。

（1）采用机理分析法时，应从元件或系统所依据的物理或化学规律的基本定律出发，建立数学模型并进行实验验证。例如，建立电气网络的数学模型可基于基尔霍夫定律，建立机械系统的数学模型可基于牛顿运动定律。

（2）采用实验分析法时，应对实际系统或元件加入一定形式的输入信号，用求取系统或元件的输出响应的方法建立数学模型。

（三）数学模型的基本类型

在经典控制理论中，常用的数学模型有微分方程、传递函数、阶跃响应特性、动态结构图等。

1. 微分方程

微分方程法是研究环节动态特性的最基本方法。它根据基本物理规律对环节进行分析，求出反映环节输入信号和输出信号之间因果关系的微分方程，用以描述环节的动态特性。

【例 1-1】 建立图 1-10 所示的 RC 电路的动态微分方程。

解 当 u_1 变化时，u_1 增大导致 i 增大，i 对 C 充电，使 u_2 增大，至 $u_2 = u_1$ 时充电结束。该动态过程可用图 1-11 所示的方框图表示。

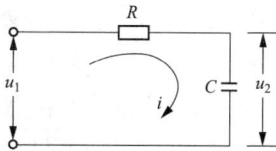

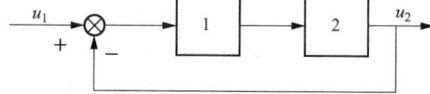

图 1-10　RC 电路　　　　　图 1-11　RC 电路动态过程方框图

图 1-16 中环节 1 代表 u_1 与 u_2 的差值变化引起电流 i 变化的过程。据欧姆定律得

$$i = \frac{u_1 - u_2}{R}$$

环节 2 代表 u_2 随 i 对 C 充电而变化的过程（设 u_2 初始电压为 0），即

$$u_2 = \frac{1}{C}\int_0^t i\,dt = \frac{1}{C}\int_0^t \frac{u_1 - u_2}{R}\,dt$$

对 u_2 进行微分，有

$$\frac{du_2}{dt} = \frac{1}{RC}(u_1 - u_2)$$

化简得

$$RC\frac{du_2}{dt} + u_2 = u_1 \tag{1-4}$$

式（1-4）就是以 u_1 为输入信号、u_2 为输出信号的 RC 电路的动态微分方程。将该微分方程求解，可以得到在给定输入信号作用下输出信号的变化过程，即可以知道环节的动态特性。

令 $RC=T$（时间常数），则当 $t=0$、$u_2=0$ 时，其解为

$$u_2=u_1(1-e^{-t/T})$$

对于结构比较简单的环节，用微分方程表示其动态特性具有物理意义清楚、定量准确、求解方便的优点。但是对于比较复杂的系统或环节，往往需要用高阶微分方程来描述。由于高阶微分方程的建立和求解都比较困难，工程上常用其他方法来表示环节的动态特性，其中传递函数法就是工程上使用最广泛的方法。

2. 传递函数

传递函数法是描述环节动态特性的一种常用方法。借助拉普拉斯（Laplace）变换（简称拉氏变换，见附录 A），可由微分方程得到传递函数这一数学模型。

（1）传递函数的定义。在线性定常系统中，初始条件为零时，环节输出信号的拉氏变换与输入信号的拉氏变换之比，称为环节的传递函数，用 $W(s)$ 表示，如图 1-12 所示，即

$$W(s)=\frac{L[y(t)]}{L[x(t)]}=\frac{Y(s)}{X(s)} \tag{1-5}$$

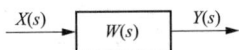

图 1-12 环节的传递函数方框图

可见，传递函数与环节的微分方程存在一一对应的关系。环节的微分方程一旦确定，它的传递函数也就唯一确定了。

应注意：①传递函数是在系统满足零值条件下定义的，若初始条件不为"0"，则必须把初始条件考虑进去；②凡是可以用线性微分方程描述的系统或环节，都可以用传递函数来表示其动态特性。

（2）传递函数的求取方法。为了分析方便，以［例 1-1］中的 RC 电路为例，讨论传递函数的求取方法。

方法一：由传递函数的定义求取。

通过相应的微分方程取拉氏变换建立起来。对［例 1-1］中 RC 电路的微分方程式（1-4）两边取拉氏变换，即

$$L\left[RC\frac{du_2}{dt}+u_2\right]=L(u_1)$$

得

$$RC[sU_2(s)-u_2(0)]+U_2(s)=U_1(s)$$

化简得

$$U_2(s)=\frac{1}{RCs+1}U_1(s)+\frac{RC}{RCs+1}u_2(0)$$

式中：$u_2(0)$ 为 u_2 的初始值。

若 RC 电路的初始条件为零，即 $u_2(0)=0$，则

$$U_2(s)=\frac{1}{RCs+1}U_1(s)$$

传递函数为

$$W(s)=\frac{U_2(s)}{U_1(s)}=\frac{1}{RCs+1}$$

由上可知方法一的步骤：①写出系统的微分方程；②取微分方程的拉氏变换（设全部初始条件为零）；③求出输出量与输入量之比，即得到传递函数。

方法二：利用拉氏变换的微、积分定理求取。

【例 1-1】中 RC 电路的微分方程为

$$RC\frac{du_2}{dt}+u_2=u_1$$

根据拉氏变换的微分定理，用符号 s 替换微分运算符 $\frac{d}{dt}$，即 $s \triangleq \frac{d}{dt}$。为了便于区别，用 s 代替 $\frac{d}{dt}$ 后，u_1、u_2 相应记为 $U_1(s)$、$U_2(s)$，则式（1-4）可以写成

$$RCsU_2(s)+U_2(s)=U_1(s)\Rightarrow U_2(s)=\frac{1}{RCs+1}U_1(s)$$

传递函数为

$$W(s)=\frac{U_2(s)}{U_1(s)}=\frac{1}{RCs+1}$$

由此可见，由环节的微分方程可以得到环节相应的传递函数；同样地，通过变量代换，也可以从传递函数得到相应的微分方程。

3. 阶跃响应特性

环节的特性是环节内在性质的反映，与输入信号的具体形式无关。但是，只有在输入信号的作用下，环节才进入动态过程；输出信号发生变化才能使环节的特性表现出来，人们才能对环节的动态特性进行比较直观的研究。显然，在不同形式的输入信号作用下，输出信号的变化过程是不一样的。设输入信号为

$$x(t)=\begin{cases}x_0 & t\geq 0\\0 & t<0\end{cases}$$

它的拉氏变换为

$$X(s)=L[x(t)]=\frac{x_0}{s}$$

若环节的传递函数为 $W(s)$，则它的阶跃响应为

$$y(t)=L^{-1}[Y(s)]=L^{-1}[W(s)X(s)]=L^{-1}\left[W(s)\frac{x_0}{s}\right] \tag{1-6}$$

当环节的传递函数给定后，它的阶跃响应也就确定了。这就是说，求取阶跃响应也是研究环节动态特性的一种方法。由高等数学知识可知，已知象函数 $Y(s)$，查拉氏变换表可以求出它对应的时间函数 $y(t)$。附录 A 中表 A1 列出了常用函数的拉氏变换，如果已知环节的传递函数 $W(s)$，查表就可求得环节的阶跃响应。

【例 1-2】 设【例 1-1】中 RC 电路的输入信号为

$$u_1(t)=\begin{cases}U_0 & t\geq 0\\0 & t<0\end{cases}$$

输入信号的拉氏变换为

$$U_1(s)=L\big[u(t)\big]=\frac{U_0}{s}$$

由前面的分析已知

$$U_2(s)=\frac{1}{RCs+1}U_1(s)=\frac{1}{RCs+1}\frac{U_0}{s}\Rightarrow u_2(t)=L^{-1}\left[\frac{U_0}{(RCs+1)s}\right]$$

查拉氏变换对照表，得

$$u_2(t)=U_0\left(1-\mathrm{e}^{-\frac{t}{RC}}\right)$$

当 t 趋向于 $0(t\rightarrow0)$ 时，有

$$u_2(t)=U_0(1-\mathrm{e}^{-0})=U_0(1-1)=0$$

当 t 趋向于无穷大（$t\rightarrow\infty$）时，有

$$u_2(t)=U_0(1-\mathrm{e}^{-\infty})=U_0(1-0)=U_0$$

把在阶跃信号作用下 RC 电路输出信号随时间的变化规律用曲线表示出来，便得到该 RC 电路的阶跃响应曲线，如图 1-13 所示。

　　阶跃响应曲线的物理意义十分明确。$t=0$ 时加入输入信号 U_0，由于初始条件为零，电容上电压不能突变，输出电压 $u_2=0$，输入电压全部加在 R 上，电路中电流最大（$i=U_0/R$），也即对电容的充电电流最大，u_2 随时间上升的速度最大。随着时间的推移，u_2 不断上升，电路中电流逐渐减小 $[i=(U_0-u_2)/R]$，u_2 上升的速度越来越小。最后，电路中的电流趋于零，电阻上的电压也趋于零，u_2 趋于 u_1，直到 $u_2=u_1=U_0$，过渡过程才结束。可见，利用阶跃响应特性曲线分析环节的特性，具有形象直观的优点。

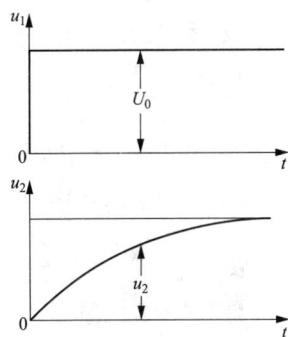

图 1-13　RC 电路的阶跃
响应曲线

　　在电厂的生产过程中，有许多输入信号近似于阶跃信号，如负荷突然变化，阀门、挡板的开与关等。因此，阶跃响应能比较直观且比较接近生产实际地反映出环节的输出信号在扰动作用下的变化情况。只要生产过程允许，一般也比较容易通过控制机构（如控制阀门）或扰动机构造成一个阶跃输入扰动，所以常在现场用阶跃响应试验来检验控制系统的工作性能。另外，有些实际的被控对象用建立微分方程的方法求取动态特性是十分困难的，但用阶跃响应试验求取其阶跃响应曲线却比较

动画 1-9　RC 电路的
阶跃响应曲线

容易。在实际的生产过程中，往往是先通过试验求取被控对象的阶跃响应曲线，再根据曲线所包含的对象动态特性的信息确定对象近似的传递函数。有时，利用理论建模方法得到的数学模型（即对象特性传递函数），也要通过阶跃响应试验来验证。所以，阶跃响应特性法也是研究环节动态特性的一种有效方法。

　　还有一些研究系统动态特性的方法，如频率特性法、状态变量法等，这里不一一赘述。

二、典型环节的动态特性

　　环节是组成系统的基本单元。任何复杂的控制系统，总是由若干个简单的环节按一定的

连接方式组合而成的。环节的具体结构可能千差万别，但描述它们动态特性的数学模型即微分方程及传递函数的形式却只有几种。因此，就可以将结构千差万别的环节归纳成几种典型的形式，包括比例环节、积分环节、一阶惯性环节、微分环节、纯迟延环节和二阶振荡环节。

（一）比例环节

比例环节是最简单的环节，其输出信号 $y(t)$ 与输入信号 $x(t)$ 是同类型的时间函数且成比例关系，它的动态方程为

$$y(t)=K_{\mathrm{p}}x(t) \tag{1-7}$$

式中：K_{p} 为比例系数。

比例环节的传递函数为

$$W(s)=\frac{Y(s)}{X(s)}=K_{\mathrm{p}} \tag{1-8}$$

比例环节的阶跃响应曲线如图 1-14 所示。比例环节的实例很多，如杠杆等。

（二）积分环节

积分环节的输出量与输入量的变化速度成正比。积分环节的动态方程为

$$\frac{\mathrm{d}y(t)}{\mathrm{d}t}=K_{\mathrm{i}}x(t) \tag{1-9}$$

对式（1-9）两边同时取积分，得

$$y(t)=K_{\mathrm{i}}\int_{0}^{t}x(t)\mathrm{d}t=\frac{1}{T_{\mathrm{i}}}\int_{0}^{t}x(t)\mathrm{d}t$$

式中：T_{i} 为积分时间。

积分环节的传递函数为

$$W(s)=\frac{Y(s)}{X(s)}=\frac{1}{T_{\mathrm{i}}s} \tag{1-10}$$

积分环节的阶跃响应曲线如图 1-15 所示。积分环节的实例有很多。例如，储藏物质、能量的元件（如单容水箱、电容电路），以流量作为输入信号，以表征存储物质或者能量多少的参数作为输出信号，其动态特性就属于积分环节。

动画 1-10　比例环节
　　的阶跃响应曲线

动画 1-11　积分环节
　　的阶跃响应曲线

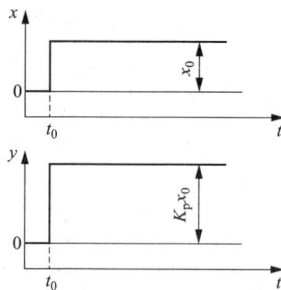
图 1-14　比例环节的阶跃响应曲线

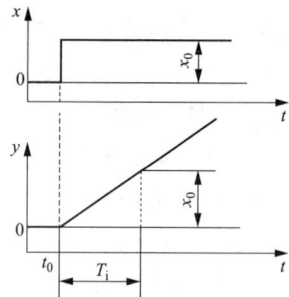
图 1-15　积分环节的阶跃响应曲线

（三）一阶惯性环节

一阶惯性环节的动态方程为

$$T_{\mathrm{c}}\frac{\mathrm{d}y(t)}{\mathrm{d}t}+y(t)=Kx(t) \tag{1-11}$$

一阶惯性环节的传递函数为

$$W(s)=\frac{Y(s)}{X(s)}=\frac{K}{T_c s+1} \tag{1-12}$$

一阶惯性环节的阶跃响应曲线如图 1-16 所示，是一条指数曲线。一阶惯性环节的例子有很多，［例 1-1］中的 RC 电路，以 u_2 为输出信号，该电路就是一阶惯性环节的一个例子。

惯性环节在结构上有一个共同特点，即其内部都是由一个阻力（电阻、水阻）和一个容量（电容、水容）组成的。由于具有一定的容量，并存在一定的流动阻力，所以在输入量（物料或者能量）发生阶跃变化时，惯性环节的物理状态不能发生突变，输出量不能及时反映输入量的变化，因而表现出具有一定的惯性。环节惯性的大小取决于环节内部的阻力和容量。

（四）微分环节

1. 理想微分环节

理想微分环节的输出信号与输入信号的变化速度成比例。理想微分环节的动态方程为

$$y(t)=T_d \frac{\mathrm{d}x(t)}{\mathrm{d}t} \tag{1-13}$$

式中：T_d 为理想微分环节的时间常数。

理想微分环节的传递函数为

$$W(s)=\frac{Y(s)}{X(s)}=T_d s \tag{1-14}$$

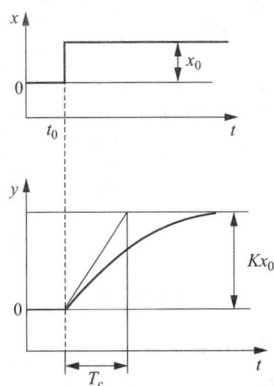

图 1-16　一阶惯性环节的阶跃响应曲线

动画 1-12　一阶惯性环节的阶跃响应曲线

理想微分环节的阶跃响应曲线如图 1-17（a）所示。当输入有一个阶跃变化时，输出突然升至无穷大，然后瞬时回复到零。

理想微分环节的斜坡响应曲线如图 1-17（b）所示。从曲线上可以看出，过渡过程一开始，输出信号就达到并保持了 $v_0 T_d$ 的数值，而输入信号要经过时间 T_d 后才能上升到 $v_0 T_d$。从这个意义上说，输出信号比输入信号超前了一段时间 T_d，这使得微分环节在初始阶段有一个较输入信号强的输出作用，即微分环节在起始阶段有加强作用，故有时称微分时间常数 T_d 为超前时间，T_d 越大，超前作用越强。

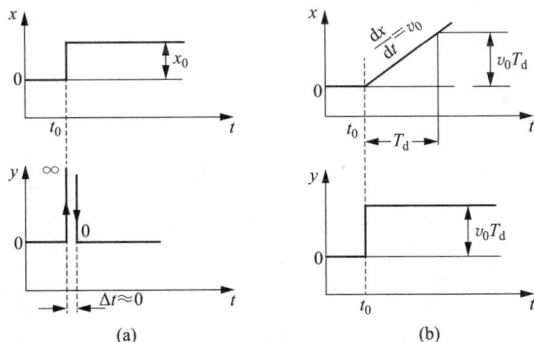

图 1-17　理想微分环节的响应曲线
（a）阶跃输入；（b）斜坡输入

动画 1-13　理想微分环节的响应曲线

2. 实际微分环节

由于实际设备的能量总是有限的，而且设备都具有一定的惯性，因此在实际工业过程的自动控制中，经常使用的是具有一定惯性的微分环节，称为实际微分环节。一阶实际微分环节的动态方程为

$$T_D \frac{dy(t)}{dt} + y(t) = K_D T_D \frac{dx(t)}{dt} \tag{1-15}$$

式中：T_D 为实际微分环节的时间常数；K_D 为实际微分环节的传递系数（微分增益）。

一阶实际微分环节的传递函数为

$$W(s) = \frac{Y(s)}{X(s)} = \frac{K_D T_D s}{T_D s + 1} = \frac{K_D}{T_D s + 1} \cdot T_D s \tag{1-16}$$

一阶实际微分环节的阶跃响应曲线如图 1-18 所示，是一条按指数规律衰减的曲线。与理想微分环节类似，在阶跃信号加入的瞬间，输出信号有一个跃变。但这个跃变值是有限的，随后输出信号开始按指数规律衰减。当 t 趋于无穷大时，y 的变化速度趋于零，输出信号恢复到初始值。输出信号在起始点变化速度最大，输出值也最大。

实际微分环节的实例有很多。在 RC 串联电路中，如果取电阻上电压 u_R 为输出信号，该电路就是实际微分环节的一个例子。

（五）纯迟延环节

热工对象常常具有一定的迟延性，如火电厂中的输煤皮带。由于输入点与输出点之间有一定的距离，所以输出信号比输入信号会落后一段时间。这种输出信号与输入信号的形式完全相同而只是落后了一段时间的环节，称为纯迟延环节。

纯迟延环节的动态方程为

$$y(t) = x(t - \tau_0) \tag{1-17}$$

式中：τ_0 为纯迟延时间，即输出信号落后于输入信号的时间。

纯迟延环节的传递函数为

$$W(s) = \frac{Y(s)}{X(s)} = e^{-\tau_0 s} \tag{1-18}$$

纯迟延环节的阶跃响应曲线如图 1-19 所示。如果输入信号是一个阶跃信号，则纯迟延环节的输出信号也是一个与输入信号大小相同的阶跃信号，只是时间上落后了 τ_0。

动画 1-14　一阶实际微分环节的阶跃响应曲线

动画 1-15　纯迟延环节的阶跃响应曲线

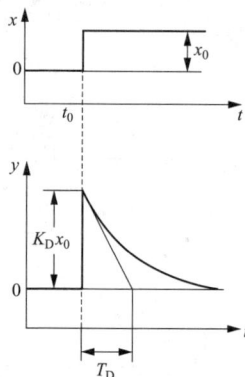

图 1-18　一阶实际微分环节的阶跃响应曲线

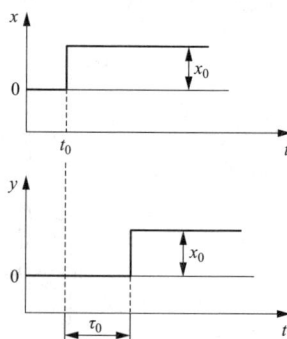

图 1-19　纯迟延环节的阶跃响应曲线

凡是在空间存在一定的距离而信号只能以有限速度传递的元件或设备，均属于纯迟延环节。

（六）二阶振荡环节

二阶振荡环节的动态方程为

$$T^2\frac{\mathrm{d}^2y(t)}{\mathrm{d}t^2}+2\zeta T\frac{\mathrm{d}y(t)}{\mathrm{d}t}+y(t)=x(t) \tag{1-19}$$

二阶振荡环节的传递函数为

$$W(s)=\frac{Y(s)}{X(s)}=\frac{1}{T^2s^2+2\zeta Ts+1} \tag{1-20}$$

令 $\omega_n=\dfrac{1}{T}$，则

$$W(s)=\frac{\omega_n^2}{s^2+2\zeta\omega_ns+\omega_n^2} \tag{1-21}$$

式中：ω_n 为二阶振荡环节的无阻尼自然振荡频率；ζ 为二阶振荡环节的阻尼比。

当输入量 $x(t)$ 为阶跃信号时，输出量 $y(t)$ 将可能呈现振荡特性。无阻尼自然振荡频率 ω_n 和阻尼比 ζ 是决定 $y(t)$ 振荡特性的两个重要参数。

图 1-20 所示的 RLC 电路即为二阶振荡环节。

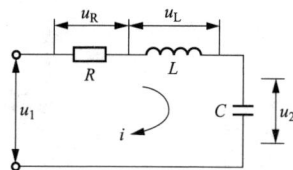

图 1-20　RLC 电路

由二阶微分方程描述的系统称为二阶系统，在控制工程中应用极为广泛。由式（1-21）可得二阶系统的特征方程为

$$s^2+2\zeta\omega_ns+\omega_n^2=0 \tag{1-22}$$

特征根为

$$s_{1,2}=-\zeta\omega_n\pm\omega_n\sqrt{\zeta^2-1} \tag{1-23}$$

当 $\zeta>1$ 时，二阶系统有两个不相等的负实根，系统处于过阻尼状态；当 $\zeta=1$ 时，二阶系统有两个相等的负实根，系统处于临界阻尼状态；当 $0<\zeta<1$ 时，二阶系统有一对实部为负的共轭复根，系统处于欠阻尼状态，系统时间响应具有振荡特性；当 $\zeta=0$ 时，二阶系统有一对纯虚根，系统处于无阻尼状态，系统时间响应为持续的等幅振荡。

图 1-21 所示为二阶系统的单位阶跃响应曲线。可以看出，在不同阻尼比时，二阶系统的暂态响应有很大区别。当 $\zeta=0$ 时，二阶系统不能正常工作；而在 $\zeta=1$ 时，二阶系统的暂态响应又进行得太慢。所以，对二阶系统来说，欠阻尼状态（$0<\zeta<1$）是最有意义的。

三、环节的基本连接方式

研究环节特性，就是要研究系统的动态特性，从而研究系统的动态性能。从构成控制系统的方框图看，自动控制系统总是由一些典型的环节按照一定的信号传递关系组合而成的。虽然这些环节的连接方式是多种多样的，有时甚至是很复杂的，但其方框图经过简化后，就可以将环节之间的连接归纳成为串联、并联和反馈连接等几种典型的方式。因此，掌握方框图在几种典型连接方式下系统传递函数的综合方法是十分重要的。

（一）环节的串联

若干个环节串接起来，称为环节的串联，如图 1-22 所示。串联的环节，前一环节的输出为后一环节的输入，其中任一环节的输出对前面的环节无反向作用。

图 1-21　二阶系统的单位阶跃响应曲线

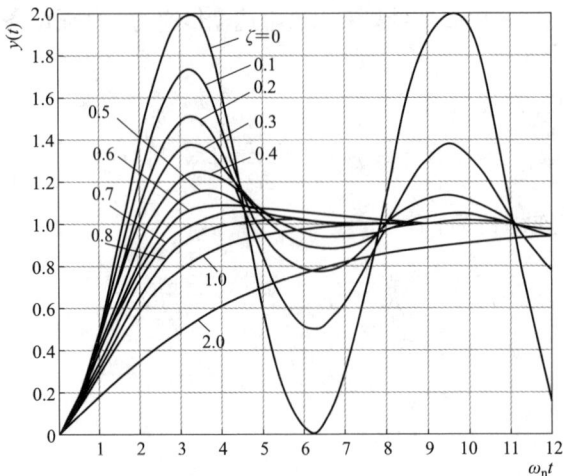

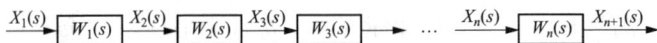

图 1-22　环节的串联

设各串联环节的传递函数分别为 $W_1(s)$，$W_2(s)$，$W_3(s)$，…，$W_n(s)$，那么各环节串联后总的传递函数为

$$W(s)=\frac{X_{n+1}(s)}{X_1(s)}=\frac{X_2(s)}{X_1(s)}\frac{X_3(s)}{X_2(s)}\cdots\frac{X_{n+1}(s)}{X_n(s)}=W_1(s)W_2(s)W_3(s)\cdots W_n(s) \quad (1-24)$$

由此可见，若干个环节串联后总的传递函数等于各串联环节传递函数的乘积。

（二）环节的并联

几个环节同时受一个输入信号的作用，而输出信号又汇合在一起，称为环节的并联，如图 1-23 所示。

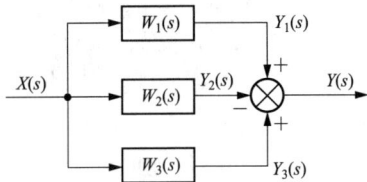

图 1-23　环节的并联

设各并联环节的传递函数分别为 $W_1(s)$，$W_2(s)$，$W_3(s)$，则并联后总的传递函数为

$$W(s)=\frac{Y(s)}{X(s)}=\frac{Y_1(s)-Y_2(s)+Y_3(s)}{X(s)}$$

$$=W_1(s)-W_2(s)+W_3(s) \quad (1-25)$$

由此可见，并联环节的总传递函数为各并联环节传递函数的代数和。

（三）环节的反馈连接

两个环节首尾相连，形成一个闭合回路，称为环节的反馈连接，如图 1-24 所示。其中，$X_1(s)$ 为系统的输入信号，$Y(s)$ 为系统的输出信号，$X_2(s)$ 为系统的反馈信号。正向通道中的环节 $W_1(s)$ 称为正向环节，反馈通道中的环节 $W_2(s)$ 称为反馈环节。反馈方式分为正反馈和负反馈两类。

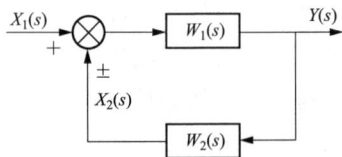

图 1-24　环节的反馈连接

（1）负反馈连接。负反馈时，正向环节的输入、输出信号间的关系为

$$Y(s)=W_1(s)\left[X_1(s)-X_2(s)\right]$$

反馈环节的输入、输出信号间的关系为

$$X_2(s)=W_2(s)Y(s)$$

整理后得环节总的传递函数为

$$W_{总}(s)=\frac{Y(s)}{X_1(s)}=\frac{W_1(s)}{1+W_1(s)W_2(s)} \tag{1-26}$$

（2）正反馈连接。正反馈时，正向环节与反馈环节输入、输出信号间的关系分别为

$$Y(s)=W_1(s)[X_1(s)+X_2(s)]$$

$$X_2(s)=W_2(s)Y(s)$$

环节总的传递函数为

$$W_{总}(s)=\frac{Y(s)}{X_1(s)}=\frac{W_1(s)}{1-W_1(s)W_2(s)} \tag{1-27}$$

由此可见，环节反馈连接后总的传递函数是一个分数表达式。分子是从输入端到输出端正向通路各传递函数之积，分母是1加上（负反馈时）或减去（正反馈时）由反馈构成的闭合回路中各环节传递函数之积。

环节按负反馈连接后，传递函数也可写为

$$W(s)=\frac{1}{\dfrac{1}{W_1(s)}+W_2(s)}$$

若 $W_1(s)=K$（常系数），且 $K\gg1$，则

$$W(s)\approx\frac{1}{W_2(s)} \tag{1-28}$$

这就是说，当正向环节具有比例性质，且其比例系数很大时，闭环系统的动态性质主要取决于反馈环节的特性，而与正向环节的特性无关。根据这个原则，可以设计出具有不同动态特性的常规模拟控制器，也可以用反馈原理改善电子电路的性能。

对于反馈连接，若从反馈点 $X_2(s)$ 处断开回路，则系统由闭环系统转变为开环系统，此开环系统的传递函数为

$$W_K(s)=W_1(s)W_2(s) \tag{1-29}$$

而闭环后的反馈连接的传递函数也可写成

$$W_B(s)=\frac{W_1(s)}{1\pm W_K(s)} \tag{1-30}$$

以上三种基本结构的等效变换是方框图等效变换中最常用的方式。但是，闭环系统的方框图往往既包含这些基本的连接方式，又有这些连接方式的交错。通过方框图的等效变换，可以求出系统在不同输入作用下的传递函数。

任务实施

建立系统的动态结构图。

任务实施 1-2　建立系统的动态结构图

任务验收

（1）能说出控制系统建模的目的及基本方法，以及线性控制系统常用的数学模型。
（2）知道传递函数的定义、典型环节的特点，能写出典型环节的传递函数。
（3）知道环节的基本连接方式，能写出其综合传递函数。
（4）能建立控制系统的动态结构图。

任务三　热工被控对象及控制器动态特性分析

学习目标

（1）熟悉有自平衡能力被控对象及无自平衡能力被控对象的动态特性，以及热工被控对象动态特性的特点。
（2）掌握对象的自平衡特性及其实质，以及控制器的基本控制作用、动作规律及特点。
（3）熟悉 P、I、D 的整定参数，理解 P、I、D 整定参数对控制过程的影响。

任务描述

知道对象的自平衡特性及其实质；知道控制器的基本控制作用、动作规律及特点；能分析 P、I、D 的整定参数对控制过程的影响；能根据控制系统的实际需要选择控制器的控制规律。

知识导航

在热工过程控制的对象中，一般总有某些物质（或能量）输入，同时又有某些物质（或能量）输出。而对象一般具有存储物质（或能量）的能力，存储量的多少可通过被控量表示出来。因此，被控量是反映对象的输入量和输出量之间平衡状态的物理量（或化学量）。所谓对象的动态特性，就是对象的某一输入量发生变化时，其被控量随时间变化的规律。

一、热工被控对象动态特性

微课 1-5　热工对象动态特性对控制过程的影响

热工被控对象是热工自动控制系统的重要组成部分。要设计一个合理的控制系统，必须了解对象的动态特性；要确定控制器的最佳整定参数，也必须了解对象的动态特性。了解了对象的动态特性后，还可以对新设计的工艺设备提出要求，使之满足所需要的动态特性，为设计满意的控制系统创造先决条件。因此，研究对象的动态特性对实现生产过程自动化具有重要意义。

（一）热工被控对象的分类

热工过程中的被控对象大都比较复杂，为了便于分析它们的动态特性，通常可按以下两种方法对热工被控对象进行分类。

1. 按被控对象有无自平衡能力划分

按被控对象有无自平衡能力划分，热工被控对象可分为有自平衡能力被控对象和无自平衡能力被控对象。

自平衡能力是指对象在受到扰动后，平衡状态被破坏，不需要外加任何控制作用，仅依靠对象本身自动平衡的倾向就能使被控量趋于某一稳定值的能力。

（1）有自平衡能力被控对象。具有自平衡能力的被控对象称为有自平衡能力被控对象，简称有自平衡对象。图 1-25 所示的水箱系统就是一个有自平衡能力被控对象。

若设水箱水位 h 为该被控对象的被控量，假设水箱在 $t=t_0$ 时刻以前处于平衡状态，即水箱的流出量等于流入量，$Q_2=Q_1$；水箱水位等于恒定值，$h=h_0$。在 $t=t_0$ 时刻流入量 Q_1 突然增大，导致水箱水位升高，使得水箱底部所承受的压力增加，从而导致调节阀 2 前后压差增加，流出

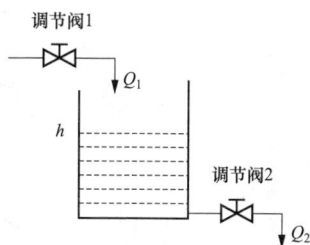

图 1-25　有自平衡能力被控对象

量 Q_2 变大，流出量 Q_2 的增大又影响水位上升的速度，从而使得水位增加的速度降低，这是一个负反馈作用。如此，经过一段时间的自调整，水箱水位又重新达到某一稳定值。可见，该水箱具有自平衡的能力。

（2）无自平衡能力被控对象。不具有自平衡能力的被控对象称为无自平衡能力被控对象，简称无自平衡对象。无自平衡对象在受到扰动后，其被控量不能依靠自身能力趋于某一稳定值，必须借助外加的控制作用才能恢复到稳定值。图 1-26 所示的水箱系统就是一个无自平衡能力被控对象。

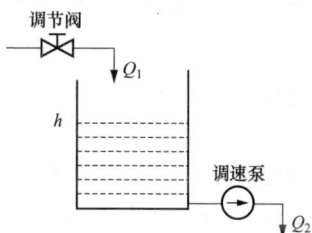

图 1-26　无自平衡能力被控对象

若设水箱水位 h 为该被控对象的被控量，假设水箱在 $t=t_0$ 时刻以前处于平衡状态，即水箱的流出量等于流入量，$Q_2=Q_1$；水箱水位等于恒定值，$h=h_0$。在 $t=t_0$ 时刻流入量 Q_1 突然增大，导致水箱水位升高，使得水箱底部所承受的压力增加，但流出量由调速泵决定，不受水箱底部压力变化的影响，因而流出量仍为定值，不发生变化。如此，水箱水位将会持续上升，再也不可能稳定下来。可见，该水箱水位不断升高，无法恢复到稳定值，无自平衡能力。

2. 按被控对象包含容积的数量多少划分

按被控对象包含容积的数量多少划分，热工被控对象可分为单容被控对象和多容被控对象。

（1）单容被控对象。单容被控对象比较简单，被控对象只包含一个容积，图 1-31 和图 1-32 所示的对象均为单容被控对象。

（2）多容被控对象。多容被控对象相对来说比较复杂，被控对象包含两个或两个以上容积，图 1-27 所示的被控对象为由水箱构成的双容被控对象。

在热工现场中，被控对象通常是从有无自平衡能力和包含容积数目的多少两个方面同时进行考虑的，因此热工被控对象就有单容有自平衡能力被控对象、单容无自平衡能力被控对象、多容有自平衡能力被控对象和多容无自平

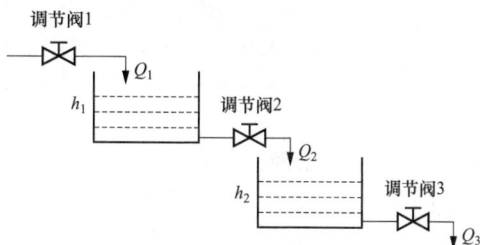

图 1-27　双容被控对象

衡能力被控对象四类，其传递函数以及单位阶跃响应曲线见表 1-1。

表 1-1　　　　　　　　　　热工被控对象的传递函数及单位阶跃响应曲线

分类	传递函数	单位阶跃响应曲线
单容有自平衡能力被控对象	$W(s)=\dfrac{Y(s)}{R(s)}=\dfrac{K}{Ts+1}$ 式中：K 为单容有自平衡能力被控对象的比例系统；T 为单容有自平衡能力被控对象的时间常数	
单容无自平衡能力被控对象	$W(s)=\dfrac{Y(s)}{R(s)}=\dfrac{1}{T_a s}$ 式中：T_a 为单容无自平衡能力被控对象的时间常数（积分时间）	
多容有自平衡能力被控对象	$W(s)=\dfrac{Y(s)}{R(s)}=\dfrac{K}{(Ts+1)^n}\approx\dfrac{K}{Ts+1}\mathrm{e}^{-\tau s}$ 其中 $n\approx24\times\dfrac{0.12+\tau/T_c}{2.93-\tau/T_c}$，$T=\dfrac{\tau+0.5T_c}{n-0.35}$ 式中：K 为多容有自平衡能力被控对象的比例系数；T 为多容有自平衡能力被控对象的惯性时间常数；n 为多容有自平衡能力被控对象的容积数目；τ 为迟延时间	
多容无自平衡能力被控对象	$W(s)=\dfrac{Y(s)}{R(s)}=\dfrac{1}{T_a s(Ts+1)^n}\approx\dfrac{1}{T_a s}\mathrm{e}^{-\tau s}$ 其中 $T_a\approx\dfrac{1}{0H}\tau$，$n\approx\dfrac{1}{2\pi}\left[\dfrac{0H}{y(\tau)}\right]^2-\dfrac{1}{6}$，$T=\dfrac{1}{n}\tau$ 式中：T_a 为积分时间；T 为多容无自平衡能力被控对象的惯性时间常数；n 为多容无自平衡能力被控对象的惯性环节数目；τ 为迟延时间	

微课 1-6　影响对象动态特性的结构性质

（二）影响对象动态特性的结构性质

热工被控对象的动态特性取决于工艺设备的结构、运行条件和内部物理（或化学）过程。在热工生产过程中，被控对象在结构上是多种多样的，而影响被控对象动态特性的主要特征参数有容量系数、阻力和传递迟延。

1. 容量系数

众所周知，电容器可以存储电荷，水箱可以存储水，锅炉的汽包也可以存储水。在生产过程中，大多数对象都具有存储物质（或能量）的能力，容量系数就是衡量对象存储物质（或能量）的能力的一个特征参数。

在图 1-25 所示的水箱系统中，水箱的流入量为 Q_1，流出量为 Q_2。某一时刻后流入量 Q_1 等于流出量 Q_2，水箱的水位 h 将稳定在某一值。假设某种原因导致 $Q_1\neq Q_2$，水箱内储水量就要发生变化，而这种变化则由水箱水位的变化表现出来。在 $\mathrm{d}t$ 时间内，水箱内储水量的变化为 $\mathrm{d}G=(Q_1-Q_2)\mathrm{d}t$，显然不平衡流量越大，储水量的变化量就越大。对于一个截面积为 A 的圆柱形水箱，储水量的变化量越大，其水位的变化速度就越快，即

$$Q_1-Q_2=C\frac{\mathrm{d}h}{\mathrm{d}t} \tag{1-31}$$

式中：C 为比例系数。

由于 $\mathrm{d}G=(Q_1-Q_2)\mathrm{d}t$，则 C 又可表达为

$$C=\frac{\mathrm{d}G}{\mathrm{d}h} \tag{1-32}$$

式（1-32）表明，比例系数 C 是被控量 h 变化一个单位时所需要的对象物质存储值 G 的变化量，因此 C 被称为对象的容量系数。

设水箱的截面积为 A，则 $\mathrm{d}G=A\mathrm{d}h$，因此容量系数 C 在数值上等于 A。这意味着水箱的截面积越大，在同样大小的不平衡流量作用下，水位变化速度就越小，即抵抗扰动的能力越强。从这一方面来说，容量系数描述了对象抵抗扰动的能力。

2. 阻力

我们知道，电路中电流会受到电阻的阻力，流体在管路中流动会受到阀门等给予的阻力等。也就是说，物质（或能量）在传输过程中总是要遇到或大或小的阻力，因此需给予推动物质（或能量）流动的压差（如电位差、水位差、温度差等）。

在图 1-25 所示的水箱系统中，流出侧有调节阀 2，在调节阀 2 的开度一定时，流出量 Q_2 的大小就取决于水箱水位 h 的高低。换言之，水箱流出量每变化一个单位需要水位变化多少，则取决于流出侧调节阀 2 给予的阻力。阻力表达式为

$$R=\frac{\mathrm{d}h}{\mathrm{d}Q} \tag{1-33}$$

在图 1-25 所示的水箱系统中，某一时刻流入量 Q_1 阶跃增加 ΔQ_1，随即有不平衡水量 $\mathrm{d}G$ 出现，水箱水位 h 开始增加。在调节阀 2 开度一定，即流出侧阻力为 R_2 时，水位 h 的增加导致流出量 Q_2 增大。这样，不平衡水量 $\mathrm{d}G$ 随时间增加而逐渐减小，水位 h 的增加速度越来越小，最终趋于零，这时水箱水位 h 稳定在一个新的数值上。本来被控量 h 的变化是由不平衡流量 (Q_1-Q_2) 引起的，由于流出侧阻力的存在，水位变化反过来又影响不平衡流量的变化，最终使被控量进入新的稳定状态。显然，阻力使该对象在动态过程中表现出自平衡能力。

3. 传递迟延

图 1-28 所示也是一个水箱系统，它与图 1-25 所示水箱系统的不同之处就在于控制流入量的调节阀 1 与水箱之间有一段距离（不容忽略的）。在图 1-28 中，设某一时刻调节阀 1 阶跃开大 $\Delta\mu$，则其流出量 Q_1 随即阶跃增加 ΔQ_1，然而因为水流过一段距离需要时间，所以流入水箱引起水位变化的流入量 Q_1' 并不能立即发生变化。显然被控量水位 h 的变化也要顺延一段时间。

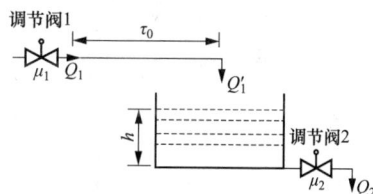

图 1-28　有传递迟延的单容水箱示意图

上述被控量变化的时刻落后于扰动发生的时刻的现象称为对象的传递迟延。由于这种迟延是物质（或能量）在传输过程中因传输距离的存在而产生的，因此又称传输迟延或纯迟延。

对具有传递迟延的对象，为分析方便往往将引起迟延的因素从对象中分离出来，作为一个独立的环节。在图 1-28 所示的水箱系统中，设进入水箱的流入量 Q_1' 与水位 h 之间具有的传递函数为 $W'(s)$，Q_1 与 Q_1' 之间存在传输时间 τ_0，即

$$\frac{Q'(s)}{Q_1(s)}=\mathrm{e}^{-\tau_0 s} \tag{1-34}$$

则整个水箱系统的传递函数为

$$W(s)=W'(s)\mathrm{e}^{-\tau_0 s} \tag{1-35}$$

传递迟延可能发生在流入侧（即控制侧），也可能发生在流出侧（即负荷侧），或者两侧

都发生。迟延发生在流入侧时，控制作用将不能及时影响被控量；迟延发生在流出侧时，控制器在被控量发生变化时将不能立即动作。总之，在设计主设备及其控制系统时，应尽量避免或减小对象的传递迟延。

微课 1-7　热工被控对象动态特性的特点

（三）热工被控对象动态特性的特点

通过大量的现场测试和分析可知，尽管各种热工被控对象千差万别，但从它们的阶跃响应曲线来看，大多数热工被控对象的动态特性是不振荡的，被控量往往是单调变化的（见表 1-1）。热工被控对象的典型阶跃响应曲线可以概括为两种类型：一类是有自平衡能力被控对象的阶跃响应曲线，如图 1-29（a）所示；另一类是无自平衡能力被控对象的阶跃响应曲线，如图 1-29（b）所示。

1. 有自平衡能力的被控对象

被控对象有无自平衡能力，取决于对象本身的结构，并与生产过程的特性有关。对象自平衡的实质是对象输出量变化对输入量发生影响的结果，或者说，对象内部存在着负反馈。

图 1-29（a）所示为有自平衡能力被控对象的阶跃响应曲线。作此阶跃响应曲线的渐近线，并经过此阶跃响应曲线的拐点 A 作切线，得时间间隔 τ 和 T_c。把对象输出的稳态变化量记作 K，由此可定义下列特征参数：

（1）自平衡率 ρ。$\rho = \dfrac{1}{K}$，ρ 越大表示对象的自平衡能力越强。也就是说，对象受到干扰作用后，输出的稳态变化量 K（K 为对象的静态放大系数）越小，表示对象的自平衡能力越强。当 $\rho = 0$（即 $K \to \infty$ 时），其阶跃响应曲线如图 1-29（b）所示。

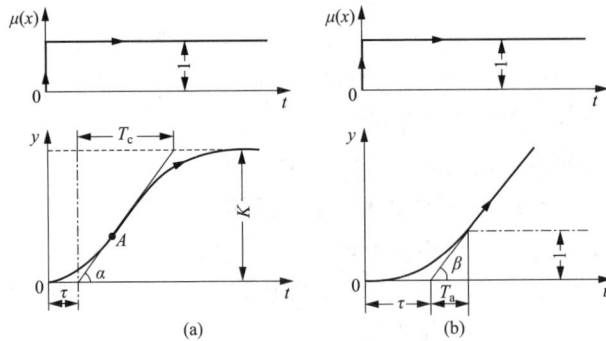

图 1-29　热工被控对象的典型阶跃响应曲线
（a）有自平衡能力被控对象；（b）无自平衡能力被控对象

动画 1-17　热工被控对象的典型阶跃响应曲线

（2）时间常数 T_c。如果被控量以曲线上的最大速度（即阶跃响应曲线上拐点 A 处的速度）变化，则从起始值至最终值所需的时间就是对象的时间常数。

从阶跃响应曲线上可求得其最大速度为

$$\varepsilon = \tan\alpha = \frac{K}{T_c} \tag{1-36}$$

式中：ε 为对象的响应速度。它表示对象在单位阶跃输入作用下，输出量可能出现的最大变化速度。

通常将对象的响应速度 ε 的倒数定义为对象的响应时间 T_a，即

$$T_a = \frac{1}{\varepsilon}$$

式（1-36）也可写成

$$T_c = \frac{K}{\varepsilon} = \frac{1}{\varepsilon\rho} = \frac{T_a}{\rho} \tag{1-37}$$

（3）迟延时间 τ。迟延时间 τ 是指从输入信号阶跃变化瞬间至切线与被控量起始值横轴交点间的距离，如图 1-29（a）所示。

2. 无自平衡能力的被控对象

在阶跃输入扰动作用下，被控量在最后阶段以一定的速度不断变化且始终不能稳定下来的对象称为无自平衡能力的被控对象。图 1-29（b）所示为无自平衡能力被控对象的阶跃响应曲线。作该曲线的渐近线，并与时间坐标轴相交，得到时间间隔 τ 和倾斜角 β。由此可定义下列特征参数：

（1）迟延时间 τ。迟延时间 τ 是指从输入信号阶跃变化瞬间至渐近线与时间坐标轴交点间的距离。

（2）响应速度 ε。响应速度 ε 表示输入信号阶跃变化量为 1 时，阶跃响应曲线上被控量的最大变化速度，即

$$\varepsilon = \tan\beta \tag{1-38}$$

或

$$T_a = \frac{1}{\varepsilon} = \cot\beta \tag{1-39}$$

式中：T_a 为响应时间。

响应时间的数值等于被控量以其响应曲线上的最大速度变化时，被控量的变化量等于输入信号阶跃变化量所需经历的时间。但由于对象的输入信号和被控量的量纲一般是不同的，故这里所说的两个变化量相等仅限于其数值相等。

（3）自平衡率 $\rho = 0$。

综上所述，有自平衡能力被控对象和无自平衡能力被控对象都可统一用 ε、ρ、τ 三个特征参数表征它们的动态特性。应该指出，这种表征并不是很确切的，但在热工自动控制中沿用已久，而且也有其方便之处，所以这三个特征参数在热工自动控制系统的工程整定中经常用到。

3. 热工被控对象动态特性的基本特点

从典型的热工对象阶跃响应曲线可以看出，热工被控对象的动态特性有如下特点：

（1）有一定的迟延和惯性。即在输入量发生阶跃变化时，输出量不可能立即跟着改变。这是因为热工被控对象内部有介质的流动和传热过程，存在流动和传热的阻力，而且被控对象本身总是有一定的物质存储容量（如锅炉的汽水容积）和能量存储容量（如锅炉的蓄热）。因此，当输入和输出的物质或能量发生变化时，表征对象的物质或能量存储量的参数（如锅炉汽包水位、蒸汽温度和蒸汽压力等），其变化必然会有一定的惯性。

（2）热工被控对象是不振荡环节。在设计热工设备时，考虑到运行的安全可靠，应尽量使它的各种参数在运行中不发生振荡。因此，在热工控制系统中，热工被控对象通常是一个不振荡环节。

（3）热工被控对象阶跃响应曲线的最后阶段，被控量可能达到新的稳态值［见图 1-29（a）］；也可能始终没有稳态值，而是以一定速度不断变化下去［见图 1-29（b）］。这是因为热工被控对象通常具有一定的容量。从前面的分析可知，如果被控量对输入信号能发生反作用，则被控对象就会呈现出惯性环节的特性。例如，锅炉过热蒸汽温度这一被控对象，当减温水或烟气侧扰动使过热蒸汽温度发生变化时，蒸汽温度的变化又会反过来影响烟气对蒸汽的传热量，故该对象具有自平衡能力。如果被控量对输入信号不能发生反作用，则对象会呈现出积分环节的特性。例如，锅炉汽包水位这一被控对象，无论是进入汽包的给水流量，还是从汽包出去的蒸汽流量均不受水位的影响，故该对象无自平衡能力。

二、控制器动态特性

自动控制器（简称控制器）和被控对象组成一个相互作用的闭合回路，如图 1-30 所示。自动控制系统的控制质量取决于它的动态特性，即取决于组成控制系统的被控对象和控制器的动态特性。被控对象的动态特性一般是难以人为改变的。所以，对于对象结构一定的控制系统，控制质量的好坏主要取决于控制系统的结构形式和控制器的动态特性。

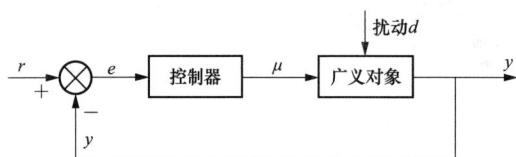

图 1-30　单回路控制系统组成简图

控制器的动态特性也称控制器的控制规律，是控制器的输入信号［一般为被控量与给定值的偏差信号 $e(t)$］与输出信号［一般代表了执行机构的位移 $\mu(t)$］之间的动态关系。为了得到一个满意的控制过程，必须根据被控对象的动态特性确定控制系统的结构形式，选择控制器的控制规律，使自动控制系统有一个较好的动态特性。

在自动控制的发展历程中，比例积分微分控制（proportional integral differential control，PID 控制）是历史最久、生命力最强的基本控制方式。在 20 世纪 40 年代以前，除在最简单的情况下可采用开关控制外，PID 控制是唯一的控制方式。此后，随着科学技术的发展，特别是计算机的诞生和发展，尽管涌现出了许多先进的控制方法，然而直到现在，PID 控制由于其自身的优点仍然是应用最广泛的基本控制方式。

PID 控制的优点：

（1）原理简单，使用方便。PID 控制是由 P、I、D 三个环节的不同组合实现的。其基本组成原理比较简单，学过控制理论的人很容易理解它。另外，其参数的物理意义也比较明确。

（2）适应性强。PID 控制广泛应用于化工、热工、冶金、炼油以及造纸等各种生产领域。

（3）鲁棒性强。PID 控制的品质对被控对象特性的变化不太敏感。

（一）控制器的基本控制作用

PID 控制器最基本的控制作用包括比例控制作用（简称 P 控制作用）、积分控制作用（简称 I 控制作用）和微分控制作用（简称 D 控制作用），见表 1-2。

微课 1-8　控制器的
基本控制作用

1. 比例控制作用

在比例控制作用中，控制器的输出信号 $\mu(t)$ 与输入偏差信号 $e(t)$ 成比例关系，即

$$\mu(t) = K_p e(t) \tag{1-40}$$

式中：K_p 为比例系数（或称比例增益，视情况可设置为正或负）。

它的传递函数为

$$W_{\mathrm{P}}(s)=\frac{\mu(s)}{E(s)}=K_{\mathrm{p}} \tag{1-41}$$

应注意：这里所说的控制器输出 $\mu(t)$ 实际上是对其起始值 $\mu_0(t)$ 的增量。因此，当偏差 $e(t)=0$ 因而 $\mu(t)=0$ 时，并不意味着控制器没有输出，它只说明此时有 $\mu(t)=\mu_0(t)$。

当控制器只有比例作用时，控制器输出 $\mu(t)$ 的大小和变化速度随时与偏差 $e(t)$ 的大小和变化速度成正比。因此，控制的动作基本正确，只要适当选择比例系数 K_{p}，就可以使系统较快地达到平衡（即控制过程结束）。比例作用在控制系统中是促使控制过程稳定的因素，其阶跃响应曲线见表 1-2。

从式（1-40）还可看出，输出 $\mu(t)$ 与输入 $e(t)$ 之间有一一对应的关系。控制机构位置 $\mu(t)$ 必须随对象负荷的改变而改变，这样才能适应负荷变化的要求。因此，当对象负荷变化时，控制机构位置必须改变，即被控量与给定值之间的偏差必然发生改变。所以，控制过程结束后被控量有稳态（静态）偏差，故有时称比例作用为有差作用。

2. 积分控制作用

在积分控制作用中，控制器的输出信号 $\mu(t)$ 的变化速度 $\dfrac{\mathrm{d}\mu(t)}{\mathrm{d}t}$ 与输入偏差信号 $e(t)$ 成正比，即

$$\frac{\mathrm{d}\mu(t)}{\mathrm{d}t}=K_{\mathrm{i}}e(t)=\frac{1}{T_{\mathrm{i}}}e(t) \text{ 或 } \mu(t)=\frac{1}{T_{\mathrm{i}}}\int_0^t e(t)\mathrm{d}t \tag{1-42}$$

式中：T_{i} 为积分时间。

它的传递函数为

$$W_{\mathrm{I}}(s)=\frac{\mu(s)}{E(s)}=\frac{1}{T_{\mathrm{i}}s} \tag{1-43}$$

积分作用控制器的输出 $\mu(t)$ 与偏差 $e(t)$ 对时间的积分成比例关系，只要有偏差 $e(t)$ 存在，输出 $\mu(t)$ 就随时间而不断改变；只有当偏差 $e(t)$ 等于零时，控制过程才能结束（重新达到平衡）。因此，控制过程如能结束，偏差必然消失，即控制结束后不存在偏差，其阶跃响应曲线见表 1-2。

表 1-2　　　　　　　　　　　　　　**PID 控制器的基本控制作用**

控制作用	传递函数	主要参数及其对控制作用的影响	阶跃响应曲线（偏差信号阶跃变化量为 Δe）
比例控制作用	$W_{\mathrm{P}}(s)=K_{\mathrm{p}}=\dfrac{1}{\delta}$	比例作用与比例系数成正比关系，与比例带成反比关系	
积分控制作用	$W_{\mathrm{I}}(s)=\dfrac{1}{T_{\mathrm{i}}s}$	积分作用与积分时间成反比关系	

续表

控制作用		传递函数	主要参数及其对控制作用的影响	阶跃响应曲线（偏差信号阶跃变化量为 Δe）
微分控制作用	理想	$W_D(s)=T_d s$	微分作用与微分时间成正比关系	
	实际	$W_D(s)=\dfrac{K_D}{T_D s+1}\cdot T_d s$	微分作用与微分时间成正比关系	

但在控制过程中，控制量的大小与偏差对时间的积分成比例关系，而控制量的变化速度却与偏差的大小成比例关系。因此，在被控对象受到扰动的初期，被控量变化速度快而偏差小，此时控制量的变化速度慢而动作幅度小，控制动作不及时；而当被控量达到最高（或最低）值时，偏差值大，变化速度等于零，此时控制量的变化量已经比较大而且还以更快的速度向同一方向变化，这样的动作会导致控制过程发生振荡。因此，在热工过程的自动控制中很少采用只具有积分作用的控制器。

3. 微分控制作用

在微分控制作用中，控制器的输出信号 $\mu(t)$ 与输入偏差信号 $e(t)$ 的微分（即偏差的变化率）成正比，即

$$\mu(t)=T_d\frac{de(t)}{dt} \tag{1-44}$$

式中：T_d 为微分时间。

它的传递函数为

$$W_D(s)=\frac{\mu(s)}{E(s)}=T_d s \tag{1-45}$$

式（1-44）说明控制机构的位置与被控量偏差的变化速度成正比。在控制过程的开始阶段，被控量偏离给定值很小，但变化速度较大，即微分作用较强，它可以使控制机构的位置产生一个较大的变化，限制偏差的进一步增大，从而可以有效地减少被控量的动态偏差。从以上分析可知，微分动作快于比例动作，即微分作用具有超前控制的特点。因此，微分作用在控制系统中能提高控制过程的稳定性，其阶跃响应曲线见表1-2。

控制过程结束时，$\dfrac{de(t)}{dt}$ 等于零，由式（1-44）可知，此时 $\mu(t)=0$，即控制机构的位置不变，这样就不能适应负荷的变化。也可以说，微分作用对恒定不变的偏差是没有克服能力的。因此，只有微分作用的控制器是不能执行控制任务的，即这种控制作用不能单独使用。

此外，微分作用对于有迟延对象的控制具有十分重要的意义。由于对象本身存在容量和阻力，因此它对输入信号的反应具有一定的迟延。在扰动刚刚加入时，被控量的偏差还没有明显地表现出来或者偏差的数值还很小，但它却有较明显的变化趋势，能在短时间内快速增

长。如果要等到被控量的偏差已经很明显了再进行控制，而且控制效果还要经过一段时间（控制通道迟延）才能反映出来，那就会产生较大的动态偏差。显然，对于这类对象的控制要求，比例作用、积分作用就不够了，微分作用正好适应这一要求。微分作用能在被控量刚有一点变化的"苗头"，比例作用、积分作用尚未动作时，就输出一个与被控量变化速度成比例的信号，并及时地进行控制。这对于及时克服扰动的影响，减小动态偏差是十分有效的。正因为如此，微分作用广泛地应用于有迟延对象的控制中。

需要说明的是，式（1-44）所表示的微分控制规律是无法实现的，因为任何一个物理元件都不可能在输入信号为阶跃信号时，瞬间输出为无穷大。所以将式（1-44）所示的微分控制规律称为理想微分控制规律。在实际应用中，微分控制规律具有惯性，其传递函数为

$$W_D(s) = \frac{\mu(s)}{E(s)} = \frac{K_D}{T_D s + 1} \cdot T_d s \qquad (1-46)$$

式中：K_D 为微分增益。

可见，实际的微分控制规律是在理想微分控制规律的基础上串联一个惯性环节而构成的，其阶跃响应曲线见表 1-2。

由实际的微分控制规律的阶跃响应曲线可以看出，当微分控制器（简称 D 控制器）的偏差输入信号发生幅度为 Δe 的阶跃变化时，微分作用将立即产生，其输出信号的瞬时幅度为偏差 Δe 的 K_D 倍。从这一点来看，与比例作用相比，微分作用控制及时且作用较强。随着时间的推移，微分作用逐渐减小，当系统达到稳态时，微分作用为零（微分作用消失）。可见，微分作用主要体现在控制过程的初期，与积分作用正好相反。

综上所述，三种基本控制作用有其各自的动作特点：比例控制作用是自动控制器中的主要成分，只有比例作用的控制器能单独执行控制任务，但被控量存在静态偏差；积分控制作用可以消除被控量的静态偏差，但单独使用时会使控制过程振荡甚至不稳定；微分控制作用可以有效地减小被控量的动态偏差，但不能单独使用。一般情况下，积分控制作用和微分控制作用是自动控制器的辅助成分，可利用它们的动作特点改善自动控制系统的性能。

（二）控制器的控制规律

比例控制作用、积分控制作用、微分控制作用各有其优缺点。在工业实际应用中，总是以比例控制作用为主，并根据对象特性适当加入积分控制作用和微分控制作用。具有以上控制作用的设备称为控制器，工业上常用的控制器有比例控制器（简称 P 控制器）、比例积分控制器（简称 PI 控制器）、比例微分控制器（简称 PD 控制器）和比例积分微分控制器（简称 PID 控制器）。下面分别介绍这几种典型控制器。

微课 1-9　控制器
的控制规律

1. P 控制器

只有比例作用的控制器叫 P 控制器。P 控制器的动态方程式与比例作用的动态方程式一样，即

$$\mu(t) = K_p e(t) = \frac{1}{\delta} e(t) \qquad (1-47)$$

控制器的传递函数为

$$W_P(s) = \frac{\mu(s)}{E(s)} = K_p = \frac{1}{\delta} \qquad (1-48)$$

式中：δ 为比例系数 K_p 的倒数，即当控制机构的位置改变 100% 时偏差应有的改变量，称为比例带。

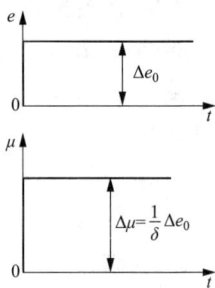

图 1-31　P 控制器的阶跃响应曲线

动画 1-18　P 控制器的阶跃响应曲线

P 控制器的阶跃响应曲线如图 1-31 所示。δ 是可调的表示比例作用强弱的参数，δ 越大比例作用越弱，δ 越小比例作用越强。可以看出，输出 $\Delta\mu$ 对输入 Δe_0 的响应无迟延、无惯性。由于控制方向正确，P 控制器在控制系统中是使控制过程稳定的因素。当被控对象的负荷发生变化时，执行机构必须移动到一个与负荷相适应的位置才能使被控对象再度平衡，因此控制的结果是有差的，因而 P 控制器又称有差控制器。

采用 P 控制器时，要合理选择比例带 δ 的数值。当 δ 减小时，被控量的动态偏差、静态偏差均减小，但系统易发生振荡；当 δ 增大时，被控量的动态偏差和静态偏差均增大，但系统稳定性提高。

2. PI 控制器

PI 控制器是叠加了比例作用和积分作用的控制器，它的动态方程为

$$\mu(t) = \frac{1}{\delta}\left[e(t) + \frac{1}{T_i}\int_0^t e(t)\,dt\right] \tag{1-49}$$

控制器的传递函数为

$$W_{PI}(s) = \frac{\mu(s)}{E(s)} = \frac{1}{\delta}\left(1 + \frac{1}{T_i s}\right) \tag{1-50}$$

PI 控制器有两个可供调整的参数，即 δ 和 T_i。当 $T_i \to \infty$ 时，PI 控制器就成为 P 控制器。当 $T_i \to 0$ 时，PI 控制器就成为 I 控制器。积分时间 T_i 越小，表示积分作用越强；积分时间 T_i 越大，表示积分作用越弱。比例带 δ 不但影响比例作用的强弱，而且影响积分作用的强弱。PI 控制器的阶跃响应曲线如图 1-32 所示。

当 $t = 0$ 时，被控量偏差有一个阶跃 Δe_0，控制器立即输出一个阶跃值 $\Delta e_0/\delta$（比例作用），然后随时间逐渐上升（积分作用）。从图 1-38 中可以看出，比例作用是及时的、快速的，而积分作用是缓慢的、渐进的。这两种作用综合后，某部分的控制方向还是错误的，易造成控制系统振荡。

当 $t = T_i$ 时，$\mu = 2\Delta e_0/\delta$，输出等于 2 倍的比例作用。应用这个关系，可以从 PI 控制器的试验阶跃响应曲线上确定积分时间 T_i。

由于 PI 控制器是在比例控制的基础上加上了积分控制，相当于在"粗调"的基础上加上了"细调"。这样既通过比例控制作用保持了系统一定的稳定性，使它比纯积分控制系统有较好的动态品质，又

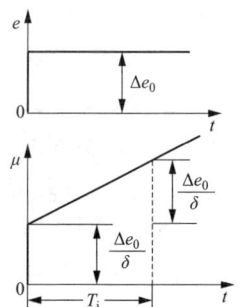

图 1-32　PI 控制器的阶跃响应曲线

动画 1-19　PI 控制器的阶跃响应曲线

通过积分作用实现无差控制，以克服比例控制作用的不足。因此，PI 控制器综合了比例控制和积分控制的优点，是目前广泛使用的一种控制器。

3. PD 控制器

PD 控制器是叠加了比例作用和微分作用的控制器。根据微分作用是理想微分还是实际

微分，PD 控制器的动态特性分为以下两种情况。

（1）理想 PD 控制器。理想 PD 控制器的动态方程为

$$\mu(t)=\frac{1}{\delta}\left[e(t)+T_{\mathrm{d}}\frac{\mathrm{d}e(t)}{\mathrm{d}t}\right] \tag{1-51}$$

控制器的传递函数为

$$W_{\mathrm{PD}}(s)=\frac{\mu(s)}{E(s)}=\frac{1}{\delta}(1+T_{\mathrm{d}}s) \tag{1-52}$$

理想 PD 控制器的阶跃响应曲线如图 1-33（a）所示。由于微分作用，输入信号阶跃变化时，输出信号 μ 立即升至无限大并瞬时消失，余下的为比例作用的响应曲线。

PD 控制器有两个整定参数，即 δ 和 T_{d}。微分时间越长，表示微分作用越强；微分时间越短，表示微分作用越弱。比例带 δ 不但影响比例作用的强弱，而且影响微分作用的强弱。

理想微分作用的输出信号与输入信号的变化速度成正比。当有一个阶跃输入信号作用于控制器时，控制器将有一个无穷大的输出，这是生产过程不允许的，因为这将使执行机构处于全开或全关的位置，会影响设备的安全运行。在实际的生产中使用的是具有惯性特性的 PD 控制器。

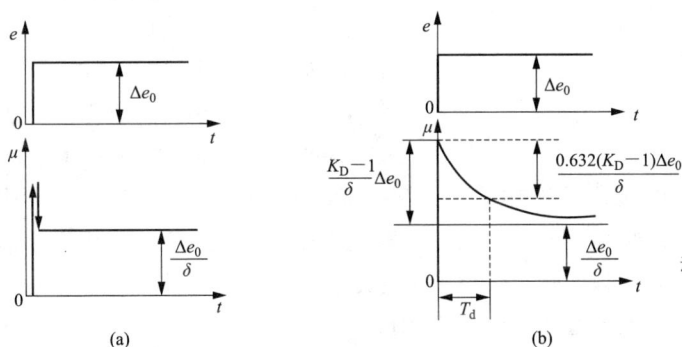

图 1-33　PD 控制器的阶跃响应曲线

（a）理想阶跃响应曲线；（b）实际阶跃响应曲线

动画 1-20　PD 控制器的阶跃响应曲线

（2）实际 PD 控制器。实际 PD 控制器的动态方程为

$$T_{\mathrm{D}}\frac{\mathrm{d}\mu(t)}{\mathrm{d}t}+\mu(t)=\frac{1}{\delta}\left[e(t)+T_{\mathrm{d}}\frac{\mathrm{d}e(t)}{\mathrm{d}t}\right] \tag{1-53}$$

式中：T_{D} 为微分惯性时间常数。

控制器的传递函数为

$$W_{\mathrm{PD}}(s)=\frac{\mu(s)}{E(s)}=\frac{1}{T_{\mathrm{D}}s+1}\cdot\frac{1}{\delta}(1+T_{\mathrm{d}}s) \tag{1-54}$$

式（1-54）说明，实际 PD 控制器比理想 PD 控制器增加了一些惯性。

实际 PD 控制器的阶跃响应曲线如图 1-33（b）所示。

4. PID 控制器

PID 控制器是叠加了比例、积分、微分三种控制作用的控制器。

（1）理想 PID 控制器的动态方程为

$$\mu(t) = \frac{1}{\delta}\left[e(t) + \frac{1}{T_i}\int_0^t e(t)\mathrm{d}t + T_d\frac{\mathrm{d}e(t)}{\mathrm{d}t}\right] \tag{1-55}$$

理想 PID 控制器的传递函数为

$$W_{PID}(s) = \frac{\mu(s)}{E(s)} = \frac{1}{\delta}\left(1 + \frac{1}{T_i s} + T_d s\right) \tag{1-56}$$

（2）实际 PID 控制器的动态方程为

$$T_D\frac{\mathrm{d}\mu(t)}{\mathrm{d}t} + \mu(t) = \frac{1}{\delta}\left[e(t) + \frac{1}{T_i}\int_0^t e(t)\mathrm{d}t + T_d\frac{\mathrm{d}e(t)}{\mathrm{d}t}\right] \tag{1-57}$$

实际 PID 控制器的传递函数为

$$W_{PID}(s) = \frac{\mu(s)}{E(s)} = \frac{1}{T_D s + 1}\cdot\frac{1}{\delta}\left(1 + \frac{1}{T_i s} + T_d s\right) \tag{1-58}$$

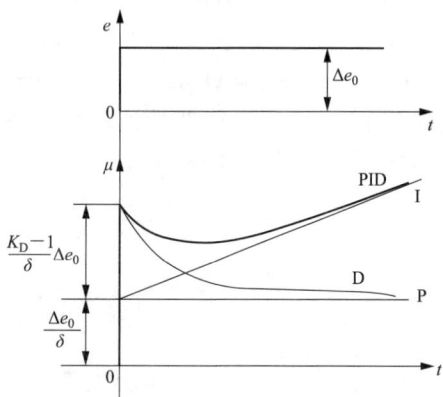

图 1-34　实际 PID 控制器的阶跃
响应曲线

实际 PID 控制器的阶跃响应曲线如图 1-34 所示。可以看出，实际 PID 控制器在阶跃输入下，开始时微分作用的输出变化最大，从而使总的输出大幅度变化，产生一个强烈的"超前"控制作用（可将这种控制作用看成"预调"）；然后微分作用逐渐消失，积分作用逐渐占主导地位，只要静态偏差存在，积分作用就不断增加（可将这种控制作用看成"细调"），一直到静态偏差完全消失，积分作用才有可能停止；而在 PID 的输出中，比例作用是自始至终与偏差相对应的，它是一种基本的控制作用。

综上所述，PID 控制器兼有比例、积分、微分三种控制作用的特点，具有 δ、T_i、T_d 三个可调参数。只要这三个参数整定适当，三种控制作用配合合理，就可以既避免控制过程过分振荡（比例控制作用占主导地位），又能得到无差的控制结果（积分作用），还能在控制过程中加强超前控制作用，克服对象迟延和惯性对控制过程的影响，减小动态偏差，缩短控制过程时间（微分作用）。因此，PID 控制器是一种较为理想的控制器。但在实际的工业控制器中，δ、T_i、T_d 三个参数在调整时会互相影响，比较复杂。采用 PID 控制器的系统，微分作用增加多少一定要适量，这样可以达到减少动态偏差的目的；

动画 1-21　实际
PID 控制器的
阶跃响应曲线

若微分作用过强，则易引入干扰，对系统稳定性反而不利。

微课 1-10　控制
器的正反作用

（三）控制器的正反作用

控制器有正作用和反作用。对于正作用的控制器，当系统的测量值减小、给定值增加时，控制器的输出增加；对于反作用的控制器，当系统的测量值减小、给定值增加时，控制器的输出减小。

在单回路控制系统中，控制器的正反作用选择的目的是使闭环系统在信号关系上形成负反馈。控制器正反作用的选择同被控对象的正反特性、测量变送单元的正反特性及控制阀（气开、气关）形式有关。

被控对象的正特性，即当被控对象的输入增加时，其输出也增加；被控对象的反特性，即当被控对象的输入增加时，其输出却减小。

测量变送单元的输入增加，其输出也增加，即为正特性；测量变送单元的输入增加，其输出却减小，即为反特性。控制阀形式为气开，为正特性；控制阀形式为气关，为反特性。

确定控制器正、反作用的顺序一般为：首先根据生产过程安全等原则确定控制阀的形式、测量变送单元的正反特性，其次确定被控对象的正反特性，最后确定控制器的正反作用。对于单回路控制系统，使系统正常工作时组成该系统的各个环节的极性相乘必须为负。

★ 任务实施

分析控制器的控制规律对控制过程的影响。

任务实施 1-3　分析控制器的控制规律对控制过程的影响

微课 1-11　控制器控制规律对控制过程的影响

动画 1-22　过渡过程曲线（同一对象配不同控制器）

任务验收

（1）能说出对象的自平衡特性及其实质，以及热工被控对象动态特性的基本特点。

（2）能说出控制器的基本控制作用、动作规律及特点。

（3）能说出 P、I、D 的整定参数，能分析 P、I、D 的整定参数对控制过程的影响。

（4）能根据控制系统的实际需要选择控制器的控制规律。

任务四　复杂控制系统操作

学习目标

（1）熟悉复杂控制系统的工艺流程、系统构成及监控画面。

（2）熟悉串级控制系统、前馈控制系统的特点，掌握前馈控制与反馈控制的差别。

（3）了解比值控制系统的控制方法，能分析具有逻辑规律的比值控制系统。

（4）了解大迟延对象的控制方案。

任务描述

认识复杂控制系统的工艺流程及控制对象；知道复杂控制系统的构成及各组成环节的作用；能分析复杂控制系统的工作过程；能调用复杂控制系统的监控画面，能对复杂控制系统进行 A/M 操作。

单回路控制系统虽然是一种最基本、使用最广泛的控制系统，但是对于有些较难控制的过程，以及控制质量要求很高的参数就无法胜任了。因此，需要改进系统结构、增加辅助回路或添加其他环节，组成复杂控制系统。

一、串级控制系统

（一）串级控制系统的基本原理和结构

微课 1-12　串级控制系统

串级控制系统是改善控制过程品质极为有效的系统，因此得到了广泛的应用。下面结合具体例子来说明串级控制系统的基本原理和结构。

汽包锅炉过热蒸汽的温度控制系统通常采用串级工作方式，其结构如图 1-35 所示。

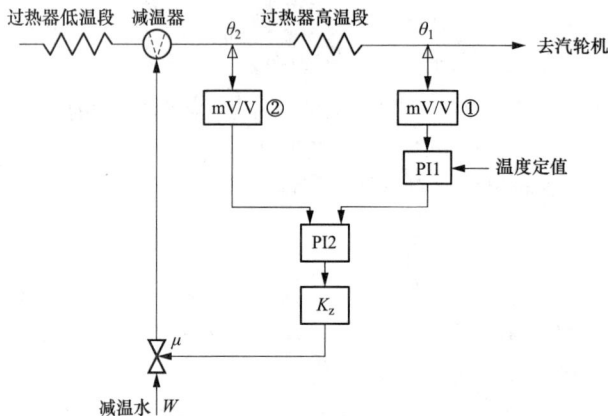

图 1-35　过热蒸汽温度串级控制系统的结构框图

若采用单回路控制，只取 θ_1 一个温度信号到控制器去控制减温水阀门开度 μ，由于蒸汽温度对象的大迟延和大惯性，无法得到令人满意的控制品质。为此，需再取一个中间温度信号 θ_2，增加一个控制器，组成串级控制系统，其原理框图如图 1-36 所示。

从图 1-36 中可以看到，串级控制系统和单回路控制系统有一个显著的区别，即其在结构上形成了两个闭环：一个闭环在里面，被称为内回路或者副回路，在控制过程中起着"粗调"的作用，用来快速消除内扰；另一个闭环在外面，被称为外回路或者主回路，用来完成"细调"任务，最终保证被控量满足生产要求。无论主回路还是副回路都有各自的被控对象、测量变送器和控制器。在主回路内的被控对象（图 1-36 中为过热器，其输入为 θ_2，输出为 θ_1）、被测参数（图 1-36 中为 θ_1）和控制器（图 1-36 中为温度控制器 1）分别被称为主对象、主参数（主变量）和主控制器；在副回路内的被控对象、被测参数和控制器则相应地被称为副对象（其输入为控制量 W，输出为 θ_2）、副参数（或副变量，图 1-36 中为 θ_2）和副控制器（图 1-36 中为温度控制器 2）。副对象是整个被控对象的一部分，常被称为被控对象的导前区；主对象是整个被控对象中的另一部分，常被称为被控对象的惯性区。应该指出，系统中两个控制器的作用各不相同。主控制器具有自己独立的给定值，它的输出信号作为副控制器的给定值；副控制器的输出信号则送到控制机构去控制生产过程。比较串级控制系统和单回路控制系统，前者只比后者多了一个测量变送器和一个控制器，增加的仪表投资并不多，但控制效果却有明显的改善。

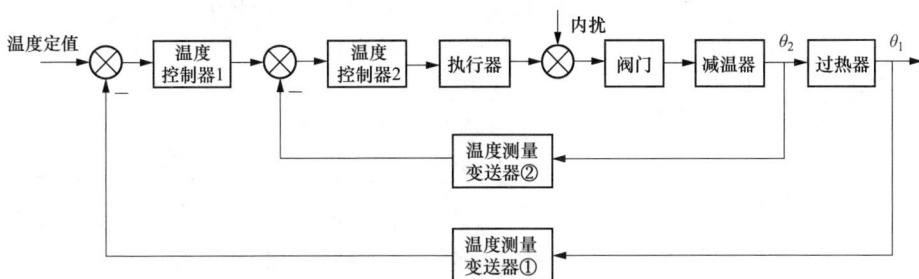

图 1-36 过热蒸汽温度串级控制系统的原理框图

（二）串级控制系统的特点

从总体上看，串级控制系统仍然是一个定值控制系统，其主参数在干扰作用下的控制过程与单回路控制系统的控制过程具有相同的指标和形式。

与单回路控制系统相比，串级控制系统只是在结构上增加了一个内回路，就能收到更好的控制效果，这是因为串级控制系统具有以下几方面的特点：

（1）由于副回路具有快速作用，因此串级控制系统对进入副回路的扰动有很强的克服能力。

（2）串级控制系统可以减小副回路的时间常数，改善对象动态特性，提高系统的工作频率。

（3）由于副回路的存在，串级控制系统具有一定的自适应能力。

二、前馈控制系统和前馈-反馈控制系统

（一）前馈控制系统

1. 前馈控制系统工作原理

前面介绍的单回路控制系统和串级控制系统都属于反馈控制系统，它是根据被控量与给定值的偏差来控制的。反馈控制的特点是必须在被控量与给定值的偏差出现后，控制器才能对其进行控制以补偿干扰对被控量的

微课 1-13 前馈
控制系统

影响。如果干扰已经发生而被控参数还未变化，则控制器是不会动作的。即反馈控制总是落后于干扰作用，因此称为"不及时控制"。

在热工控制系统中，由于被控对象通常存在一定的传递迟延和容积迟延，因此从干扰产生到被控量发生变化需要一定的时间，而从偏差产生到控制器产生控制作用，以及控制量改变到被控量发生变化又要经过一定的时间。可见，这种反馈控制方案本身决定了无法将干扰对被控量的影响克服在被控量偏离给定值之前，从而限制了这类控制系统控制质量的进一步提高。考虑到偏差产生的直接原因是干扰作用的结果，如果直接按扰动而不是按偏差进行控制，也就是说干扰一出现，控制器就直接根据检测到的干扰大小和方向按一定规律去进行控制，由于干扰发生后被控量还未显示出变化，控制器就产生了控制作用，在理论上就可以把偏差彻底消除。按照这种理论构成的控制系统称为前馈控制系统。显然，前馈控制系统对于干扰的克服要比反馈控制系统要及时得多。

从以上分析可知，若系统中的控制器能仅根据干扰作用的大小和方向就对被控对象进行控制来补偿干扰对被控量的影响，则这种控制就称为"前馈控制"或"扰动补偿"。

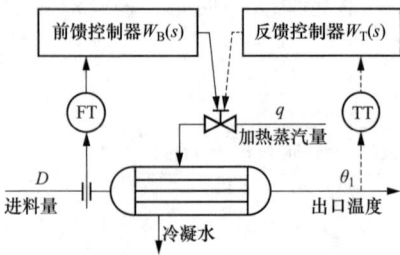

图 1-37 换热器前馈控制系统结构框图

2. 前馈控制系统实例分析

前馈控制系统的工作原理可结合图 1-37 所示的换热器前馈控制系统（实线部分）进一步说明，图中虚线部分表示反馈控制系统，FT、TT 分别为流量、温度变送器。

换热器是利用蒸汽的热量加热排管中的料液的，工艺上要求料液出口温度 θ_1 一定。当被加热料液流量发生变化时，若要使出口温度保持不变，就必须在被加热料液量发生变化的同时改变蒸汽流量。这就是一个前馈控制系统。

换热器前馈控制系统的原理框图如图 1-38 所示。由图 1-38 可得

$$Y(s)=\left[W_{0\lambda}(s)+K_m W_B(s)W_\mu(s)W_0(s)\right]\lambda(s) \tag{1-59}$$

令 $K_m=1$，$W_\mu(s)=1$，则系统的传递函数为

$$\frac{Y(s)}{\lambda(s)}=W_{0\lambda}(s)+W_B(s)W_0(s) \tag{1-60}$$

如果适当选择前馈控制器的传递函数 $W_B(s)$，就可以做到在 $\lambda(s)$ 发生扰动时被控量 $Y(s)$ 不发生变化，即对扰动实现完全补偿。由式（1-60）可写出这个条件为

$$W_{0\lambda}(s)+W_B(s)W_0(s)=0 \Rightarrow W_B(s)=-\frac{W_{0\lambda}(s)}{W_0(s)} \tag{1-61}$$

当前馈控制器满足上述关系时，则在图 1-38 所示系统中，对于 $\lambda(s)$ 的任何变化，被控量 $Y(s)$ 都不会改变。

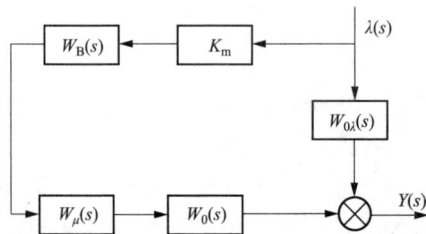

图 1-38 换热器前馈控制系统原理框图

$\lambda(s)$—扰动（在此例中为料液流量 D）；$Y(s)$—被控量（在此例中为料液温度 θ_1）；K_m—测量变送器的变送系数；

$W_B(s)$—前馈控制器的传递函数；$W_\mu(s)$—控制阀的传递函数；$W_0(s)$—控制通道对象的传递函数；

$W_{0\lambda}(s)$—扰动通道对象的传递函数

3. 前馈控制系统特点

通过对前馈控制系统的分析可知，前馈控制系统具有以下特点：

（1）前馈控制系统是直接根据扰动进行控制的，因此可及时消除扰动对被控量的影响，减小被控量的动态偏差，它不像反馈控制系统那样根据被控量的偏差进行控制，因此前馈控制系统的控制过程时间 t_s 较短。

（2）前馈控制系统为开环控制系统，不存在系统的稳定性问题。但是由于系统中不存在被控量的反馈信号，因此控制过程结束后不易得到静态偏差的具体数值。

（3）前馈控制系统只能用来克服生产过程中主要的、可测的扰动。

（4）前馈控制系统一般只能实现局部补偿而不能保证被控量完全不变。

4. 前馈控制与反馈控制的差别

（1）控制的依据不同。前馈控制根据扰动的大小和方向产生相应的控制作用；反馈控制根据被控量偏差的大小和方向产生相应的控制作用。

（2）控制的效果不同。前馈控制根据扰动进行控制，所以控制快速及时，在理论上可以实现完全补偿而使被控量在控制过程中保持不变；反馈控制根据被控量偏差进行控制，要实现控制终了的无差效果，首先要有偏差。

（3）系统的结构不同。前馈控制系统为开环控制系统，不存在系统的稳定性问题；反馈控制系统为闭环控制系统，必须考虑系统的稳定性。

（4）实现的经济性和可能性不同。前馈控制必须对每一个可能出现的扰动单独构成一个相应的前馈控制系统，这样做既不经济也不现实；反馈控制采用一个或两个闭合回路就可以克服多个扰动，易于实现。

综上所述，前馈控制和反馈控制各有优缺点，如能够将两者互相结合、取长补短，则可以构成高品质的控制系统。

（二）前馈-反馈控制系统

为了克服单纯前馈控制系统的局限性，获得良好的控制品质，在反馈控制系统的基础上附加一个或几个主要扰动的前馈控制，即可产生前馈-反馈控制系统。前馈-反馈控制系统依靠反馈控制使系统在稳态时能准确地使被控量等于给定值，而在动态过程中则利用前馈控制有效地减少被控量的动态偏差（指由主要扰动引起的偏差）。

微课 1-14　前馈-反馈控制系统

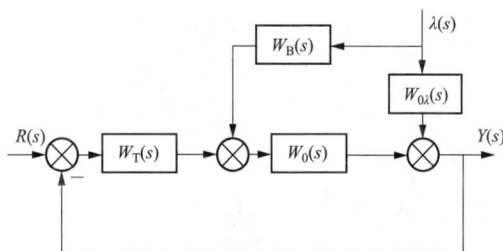

在图 1-37 所示的换热器前馈控制系统中，将虚线部分的反馈控制也加入，即组成了前馈-反馈控制系统。其原理框图如图 1-39 所示（令测量变送器的变送系数为 1，控制阀的传递函数为 1）。

当进料量 D 发生变化时，由前馈通道改变加热蒸汽流量 q，进而对料液的温度 θ_1 进行控制。除此以外的各种扰动的影响以及前馈通道补偿不准确带来的偏差均由反馈控制器来校正。

图 1-39　前馈-反馈控制系统原理框图
$W_T(s)$—反馈控制器的传递函数

由图 1-39 可得，在扰动 $\lambda(s)$ 作用下，有

$$Y(s) = \frac{[W_{0\lambda}(s) + W_B(s)W_0(s)]}{1 + W_T(s)W_0(s)}\lambda(s) \tag{1-62}$$

对扰动实现完全补偿的条件为

$$W_{0\lambda}(s) + W_B(s)W_0(s) = 0$$

即

$$W_B(s) = -\frac{W_{0\lambda}(s)}{W_0(s)} \tag{1-63}$$

比较式（1-61）与式（1-63）可知，前馈-反馈控制对扰动完全补偿的条件与前馈控制时完全相同。

另外，在前馈-反馈控制系统中，前馈装置的控制规律不仅与对象控制通道和干扰通道的传递函数有关，还与前馈控制器的输出进入反馈控制系统的位置有关。

在前馈-反馈控制系统中，前馈控制回路的作用在于减小控制过程中被控量的动态偏差，反馈控制回路的作用在于消除或减小被控量的稳态偏差。对于定值系统而言，稳态时被控量等于给定值。

三、比值控制系统

（一）基本概念

微课 1-15 比值控制系统

在生产过程中经常会出现要求两种物质保持一定比例关系的情况，一旦比例失调就会影响生产的安全性和经济性。例如，在锅炉燃烧过程中要求保持燃料量和空气量按一定比例关系配合，在不同负荷情况下均应保持炉内过量空气量为最佳值，以保证炉内燃烧的经济性。

凡是要求两种或两种以上的物质量保持一定比例关系的控制系统称为比值控制系统。在需要保持比例关系的两种物质中，必有一种处于主导地位，称为主动量；而另一种需要按主动量进行配比，在控制过程中跟随主动量变化，称为从动量。因此，比值控制系统实际上是一种随动控制系统。

（二）比值控制系统分析

比值控制系统有多种类型，这里仅介绍常用的单闭环比值控制系统和有逻辑规律的比值控制系统。

1. 单闭环比值控制系统

工艺上要求两种物料流量保持一定的比例关系，可以选用单闭环比值控制系统，如图 1-40 所示。其中，FT 为流量变送器，C 为控制器。

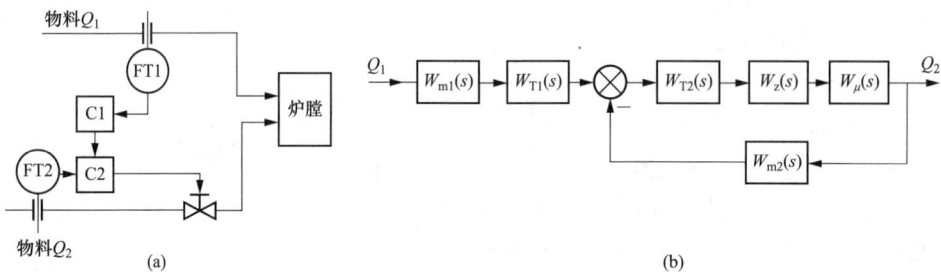

图 1-40 单闭环比值控制系统
（a）系统结构框图；（b）系统原理框图

系统达稳态时 $Q_1/Q_2=K$。当 Q_1 变化时，经比值控制器 C1 按预先设置的比值使输出成比例地变化，也就是成比例地改变从动量控制器 C2 的给定值，从而使 Q_2 跟随 Q_1 变化，在新的稳定条件下保持 Q_1 与 Q_2 的比值 K 不变。

当从动量因扰动而发生变化时，由于 Q_1 不变，所以从动控制器的给定值也不变，通过从动量控制回路消除扰动，从而使 Q_1 与 Q_2 的比值 K 也维持不变。

这种形式的比值控制系统在电厂热工自动控制系统中的应用实例很多，如直流锅炉保持一定燃-水比的控制系统就采用单闭环比值控制方案。

2. 有逻辑规律的比值控制系统

在某些比值控制系统中，不仅要求两个物料流量保持一定的比例，而且要求物料流量的变动还有一定的先后次序，称为有逻辑规律的比值控制系统。

例如，在燃料控制系统中，希望燃料量与空气流量成一定的比例。而燃料量取决于用户对蒸汽流量的需求（负荷变化），常用蒸汽压力来反映，当蒸汽流量需求增加即蒸汽压力降低时，燃料量也要增加。为了保证燃烧安全，在增负荷时，应先加大空气量，后加大燃料量；在减负荷时，应先减小燃料量，后减小空气量，以保证燃烧的安全性和经济性。为此可设计成有逻辑规律的比值控制系统，如图 1-41 所示。图中 PT、FT 分别为压力、流量变送器；PC、FC 分别为压力、流量控制器；HS、LS 分别为高压、低压信号选择器。

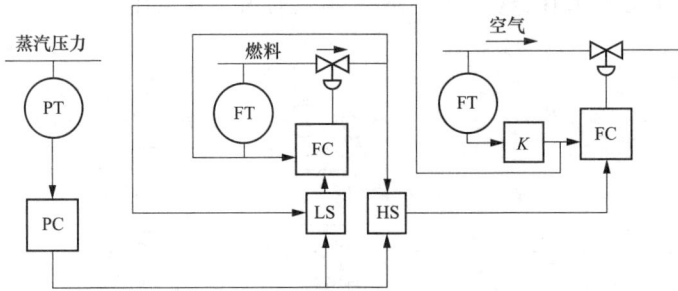

图 1-41　具有逻辑规律的比值控制系统

该系统实现了蒸汽出口压力对燃料流量的串级控制，以及对燃料流量与空气流量的比值控制。根据过程要求，蒸汽压力控制器是反作用的。当蒸汽流量增加即蒸汽压力下降时，蒸汽压力控制器输出增加，增大的信号送到低压、高压信号选择器。压力控制器的输出无法通过低压信号选择器，而可通过高压信号选择器，并作为空气流量控制器的给定值来加大空气量。空气流量变送器的输出信号被低压信号选择器选中，空气流量的增加也使低压信号选择器的输出增加，从而改变燃料控制器的给定值，使燃料量增大，保证增加燃料之前先加大空气量。而当蒸汽流量减少时，情况则相反，满足先减燃料量后减空气量的逻辑关系，保证燃烧安全。

四、大迟延对象的控制方案

在热工过程中，有不少过程特性（对象特性）具有较大的纯迟延；当过程控制通道或测量环节存在纯迟延 τ_0 时，系统的稳定性会降低。另外，纯迟延会导致被控量的最大动态偏差增大，系统的动态质量下降。具有纯迟延过程的控制是一个比较棘手的问题，闭环系统内的纯迟延若采用上述串级控制和前馈控制等方案是无法保证其控制质量的。

（一）补偿纯迟延的常规控制

1. 微分先行控制方案

对于纯迟延过程的控制系统，控制器采用 PID 控制规律时，系统的静态和动态品质均下降，纯迟延越大，其性能指标下降得越大。如果将微分作用串联在反馈回路上，则称该方案为微分先行控制方案，如图 1-42 所示。

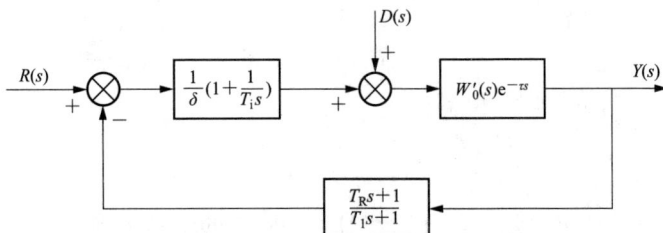

图 1-42　微分先行控制方案

在图 1-42 所示的微分先行控制方案中，微分环节的输出信号包括了被控量的大小及其变化速度。将它作为测量值输入 PI 控制器中，可以加强微分作用，达到减小超调量的效果。

2. 中间反馈控制方案

与微分先行方案的设想相类似，采用中间反馈控制方案可以改善系统的控制质量。中间反馈控制方案如图 1-43 所示。该系统中的微分作用是独立的，能在被控量变化时及时根据其变化的速度大小起到附加校正作用。微分校正作用与 PI 控制器的输出信号无关，只在动态时起作用，而在静态时或在被控量变化速度恒定时就会失去作用。

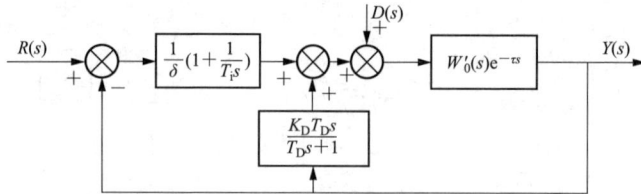

图 1-43　中间反馈控制方案

图 1-44 所示为三种控制方案（PID 控制、微分先行控制、中间反馈控制）对有迟延的一阶惯性对象的控制质量仿真结果。可以看到，微分先行控制和中间反馈控制都能有效地克服超调现象，缩短调节时间，而且不需要特殊设备，因此有一定的使用价值。

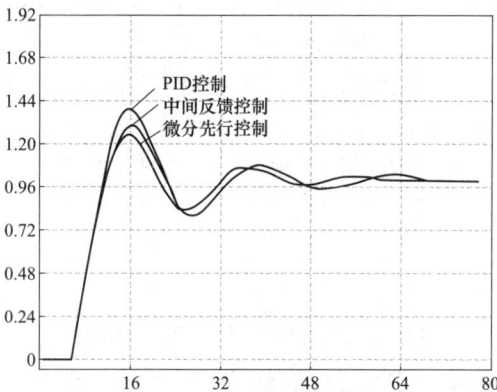

由图 1-44 还可以看到，无论上述哪种方案，被控量无一例外地存在较大的超调，且响应速度很慢，如果在控制精度要求很高的场合，则需要采取其他控制手段，如补偿控制、采样控制等。

图 1-44　三种控制方案在定值扰动下的
过渡过程曲线

（二）Smith 预估补偿

被控过程存在迟延是不利于控制的。1957 年，O. J. M. Smith（史密斯）针对具有纯迟延的过程，在 PID 反馈控制的基础上，引入了一个预补偿环节，使控制品质大大提高。下面分析 Smith 预估补偿的原理。

当采用单回路控制系统时，如图 1-45 所示控制器的传递函数为 $W_T(s)$，对象的传递函数为 $W_0(s) = W'_0(s)e^{-\tau s}$ 时，给定值作用至被控量的闭环传递函数为

$$\frac{Y(s)}{R(s)} = \frac{W_T(s)W'_0(s)e^{-\tau s}}{1 + W_T(s)W'_0(s)e^{-\tau s}} \tag{1-64}$$

扰动作用至被控量的闭环传递函数为

$$\frac{Y(s)}{D(s)} = \frac{W'_0(s)e^{-\tau s}}{1 + W_T(s)W'_0(s)e^{-\tau s}} \tag{1-65}$$

如果分母中的 $e^{-\tau s}$ 项可以除去，则迟延对闭环极点的不利影响将不复存在。

Smith 预估补偿方案的主体思想就是消去分母中的 $e^{-\tau s}$ 项，实现的方法就是把对象的数学模型引入控制回路，设法取得更为及时的反馈信息，以改进控制品质。这种方案可按不同的角度进行解释说明，下面从内模（模型置于回路之内）的角度来介绍。Smith 预估补偿控制原理框图如图 1-46 所示。

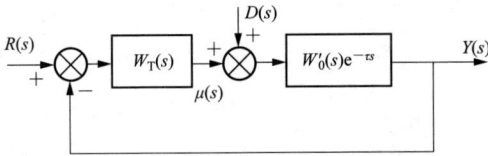

图 1-45 单回路控制系统原理框图

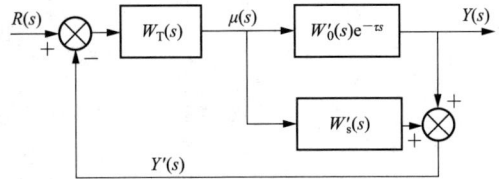

图 1-46 Smith 预估补偿控制原理框图

在图 1-46 中，$W'_0(s)$ 是对象除去纯迟延环节 $e^{-\tau s}$ 以后的传递函数，$W'_s(s)$ 是 Smith 预估补偿器的传递函数。若系统中无此补偿器，则由控制器输出 $\mu(s)$ 到被控量 $Y(s)$ 之间的传递函数为

$$\frac{Y(s)}{\mu(s)} = W'_0(s)e^{-\tau s} \tag{1-66}$$

式（1-66）表明，受到控制作用之后的被控量要经过纯迟延 τ 之后才能返回到控制器。若系统采用预估补偿器，则控制器的输出 $\mu(s)$ 与反馈到控制器的 $Y'(s)$ 之间的传递函数是两个并联通道之和，即

$$\frac{Y'(s)}{\mu(s)} = W'_0(s)e^{-\tau s} + W'_s(s) \tag{1-67}$$

为使控制器采集的信号 $Y'(s)$ 不迟延 τ，则要求式（1-67）为

$$\frac{Y'(s)}{\mu(s)} = W'_0(s)e^{-\tau s} + W'_s(s) = W'_0(s) \tag{1-68}$$

从式（1-68）可得到预估补偿器的传递函数为

$$W'_s(s) = W'_0(s)(1 - e^{-\tau s}) \tag{1-69}$$

一般称式（1-69）表示的预估器为 Smith 预估器，其实施框图如图 1-47 所示。只要一个与对象除去纯迟延环节后的传递函数 $W'_0(s)$ 相同的环节和一个迟延时间等于 τ 的纯迟延环节就可以组成史密斯预估模型，它将消除大迟延对系统过渡过程的影响，使控制过程的品质与过程无迟延环节时的情况一样，只是在时间坐标上向后推迟了一个时间。

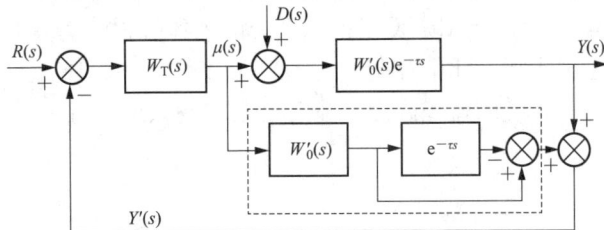

图 1-47 Smith 预估器实施框图

从图 1-47 可以推导出系统的闭环传递函数为

$$\frac{Y(s)}{D(s)} = \frac{W_0'(s)\mathrm{e}^{-\tau s}[1+W_T(s)W_0'(s)-W_T(s)W_0'(s)\mathrm{e}^{-\tau s}]}{1+W_T(s)W_0'(s)}$$

$$= W_0'(s)\mathrm{e}^{-\tau s}\left[1-\frac{W_T(s)W_0'(s)\mathrm{e}^{-\tau s}}{1+W_T(s)W_0'(s)}\right] = W_0'(s)\mathrm{e}^{-\tau s}[1-W_1(s)\mathrm{e}^{-\tau s}] \qquad (1\text{-}70)$$

$$W_1(s) = \frac{W_T(s)W_0'(s)}{1+W_T(s)W_0'(s)}$$

式中：$W_1(s)$ 为无迟延环节时系统闭环传递函数。

$$\frac{Y(s)}{R(s)} = \frac{W_T(s)W_0'(s)\mathrm{e}^{-\tau s}}{1+W_T(s)W_0'(s)} = W_1(s)\mathrm{e}^{-\tau s} \qquad (1\text{-}71)$$

由式（1-71）可见，对于随动控制经预估补偿，其特征方程中已消去了 $\mathrm{e}^{-\tau s}$ 一项，即消除了纯迟延对系统控制品质的不利影响；而分子中的 $\mathrm{e}^{-\tau s}$ 仅仅将系统控制过程曲线在时间轴上推迟了一个 τ，所以预估补偿完全补偿了纯迟延对过程的不利影响，系统品质与被控过程无纯迟延时完全相同。

Smith 预估补偿控制在电厂热工控制系统中也有应用，如一些电厂的主蒸汽温度和再热蒸汽温度控制中就采用了 Smith 预估补偿控制；一些 DCS 厂家还提供了 Smith 预估补偿控制的功能模块。

任务实施

水槽水位串级控制系统控制功能操作演示。

任务实施 1-4　水槽水位串级控制系统控制功能操作演示
微课 1-16　水槽水位串级控制系统控制功能操作演示

任务验收

（1）能说出串级控制系统的构成及各组成环节的作用。
（2）能说明串级控制系统、前馈控制系统的特点，以及前馈控制与反馈控制的差别。
（3）能分析串级控制系统、前馈-反馈控制系统的工作过程。
（4）能分析具有逻辑规律的比值控制系统的工作过程。
（5）能调用复杂控制系统的监控画面，能对复杂控制系统进行 A/M 操作。

项目二　单元机组模拟量控制系统分析

模拟量控制系统（modulating control system，MCS）是通过前馈和反馈作用对机、炉及辅助系统的过程参数进行连续自动调节的控制系统的总称，包含过程参数的自动补偿和计算、自动调节、控制方式无扰动切换以及偏差报警等功能。模拟量控制系统一般包括负荷控制系统（协调控制系统）、燃烧控制系统、给水控制系统、蒸汽温度控制系统、除氧器压力控制系统、除氧器水位控制系统、加热器水位控制系统、凝汽器水位控制系统、轴封压力控制系统、润滑油温控制系统等。

任务一　汽包锅炉蒸汽温度控制系统分析

学习目标

（1）熟悉汽包锅炉过热蒸汽温度、再热蒸汽温度控制系统的控制任务、工艺流程、系统构成及监控画面。

（2）理解汽包锅炉过热蒸汽温度、再热蒸汽温度控制系统的主要扰动及其对控制过程的影响。

（3）掌握汽包锅炉过热蒸汽温度、再热蒸汽温度的控制方式。

（4）熟悉汽包锅炉过热蒸汽温度、再热蒸汽温度控制系统的工作过程。

任务描述

能说出汽包锅炉过热蒸汽温度、再热蒸汽温度控制系统的基本组成；明确控制系统的控制任务及控制方式；能分析控制系统的主要扰动及系统的工作过程；能调用控制系统的监控画面，能对控制系统进行 A/M 操作。

知识导航

蒸汽温度（过热蒸汽温度和再热蒸汽温度）是火力发电厂热力系统中的重要参数，蒸汽温度控制品质的优劣直接影响着整个机组的安全和经济运行，蒸汽温度控制系统是机组的重要控制系统之一。火力发电机组是电网调峰的主要力量，因此不仅要求锅炉、汽轮机及辅助设备有较高的适应负荷变化的能力，而且对蒸汽温度控制系统也提出了较高的要求。

由于大机组广泛采用中间再热运行方式，所以蒸汽温度控制系统包括过热蒸汽温度控制系统和再热蒸汽温度控制系统。由于锅炉构造、静态特性和动态特性的不同，所以就有不同的蒸汽温度自动控制方案，以满足蒸汽温度控制的需要。

一、过热蒸汽温度控制系统

（一）过热蒸汽温度控制任务

锅炉出口的过热蒸汽温度（主蒸汽温度）是锅炉的主要参数之一，也是整个汽水行程中工质的最高温度，对电厂的安全经济运行有重大影响。由于过热器正常运行的温度已接近钢材允许的极限温度，因此必须相当严格地将主蒸汽温度控制在给定值附近。一般中、高压锅炉的主蒸汽温度的暂时偏差不允许超过±10℃，长期偏差不允许超过±5℃，这个要求对蒸汽温度控制系统来说是非常高的。主蒸汽温度偏高会使过热器和汽轮机高压缸承受过高的热应力而损坏，威胁机组的安全经济运行。主蒸汽温度偏低则会降低机组的热效率，影响机组运行的经济性；同时主蒸汽温度偏低会使蒸汽的含水量增加，从而缩短汽轮机叶片的使用寿命。

微课 2-1　过热蒸汽温度被控对象动态特性

过热蒸汽温度控制系统的任务是维持过热蒸汽温度在允许的范围内波动，并对过热器实现保护，使管壁金属温度不超过允许的工作范围。

（二）过热蒸汽温度被控对象动态特性

影响过热蒸汽温度的各种因素中，减温水量（过热器入口温度）、蒸汽流量、烟气传热量是三个主要因素。下面分别对这些扰动情况下蒸汽温度被控对象的动态特性进行分析。

1. 减温水流量 W_B 扰动下蒸汽温度的动态特性

在设计锅炉时，为了保证锅炉在负荷小于额定值某一范围内的蒸汽温度仍能达到给定值，总是要使额定负荷下过热蒸汽温度高于其额定值（即正常给定值）。对高压锅炉来说，过热蒸汽温度一般要比额定值高 40～60℃。为此，通常采用在蒸汽中喷入减温水的方法来控制过热蒸汽温度。喷水减温系统的结构如图 2-1 所示（图中只画出一级减温）。从锅炉给水中取出减温水或蒸汽凝结水，在喷水减温器中与蒸汽混合，水吸收蒸汽的热量，从而降低蒸汽温度。

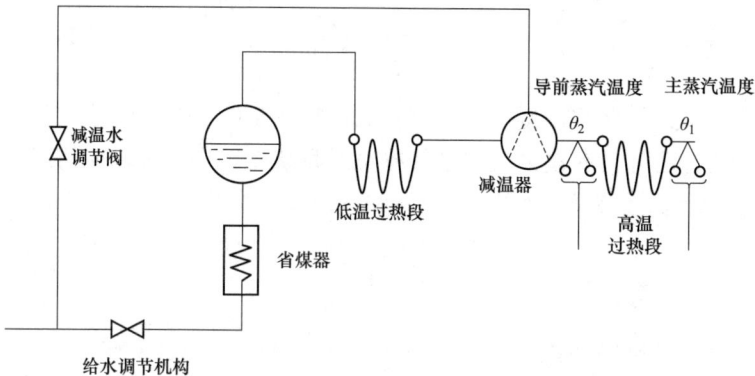

图 2-1　喷水减温系统结构

从减小控制侧迟延考虑，减温器应装在过热器出口；从保护过热器管考虑，减温器应装在过热器入口。为此采用折中办法，将减温器装在过热器低温段与高温段之间，如图 2-1 所示。过热蒸汽温度控制对象可划分为两部分：对象导前区 $W_{ob2}(s)$（主要为减温器）和对象惯性区 $W_{ob1}(s)$（过热高温段）。这两部分串联组成对象控制通道 $W_{o\mu}(s)$，如图 2-2 所示。

$$W_{o\mu}(s) = \frac{\theta_1(s)}{\mu(s)} = W_{ob2}(s)W_{ob1}(s) \tag{2-1}$$

图 2-3 所示为减温水量控制阀开度 μ 阶跃关小的情况下，由试验得出的导前蒸汽温度 θ_2 与主蒸汽温度 θ_1 的响应曲线。可以看出，对象导前区和对象控制通道的动态特性都有惯性，且是有自平衡能力被控对象。导前区的惯性较小，而控制通道的惯性较大。从图 2-3 中可求出导前区的参数以及控制通道的参数，一般 $\tau = 30 \sim 60\text{s}$，$T_c = 40 \sim 100\text{s}$。

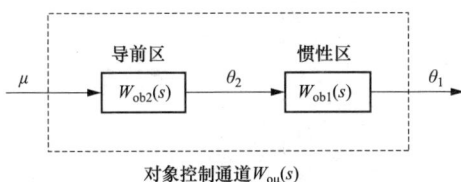

图 2-2　过热蒸汽温度对象控制通道

动画 2-1　减温水扰动下过热
蒸汽温度的阶跃响应曲线

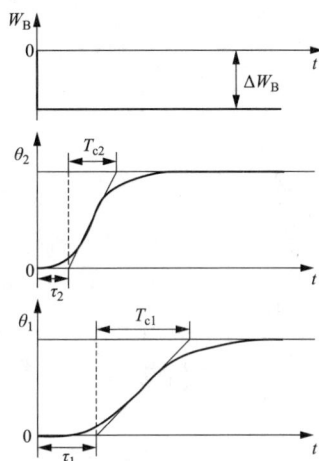

图 2-3　减温水扰动下过热蒸汽温度的阶跃响应曲线

2. 蒸汽流量 D 扰动下蒸汽温度的动态特性

当要求锅炉蒸发量增加时，控制系统使燃料量和送风量增加。流过过热器对流过热段的烟气流量和烟气温度都增加，使对流过热段出口蒸汽温度上升。同时，由于锅炉炉膛温度基本未变，因此过热器辐射过热段受热量基本不变。此时，流过过热器的蒸汽流量增大，使辐射过热段出口蒸汽温度反而下降。对于锅炉来说，对流受热面通常要大于辐射受热面，所以当锅炉蒸发量增加时，过热器出口蒸汽温度上升。

当锅炉蒸发量阶跃增大时，过热蒸汽温度的响应曲线如图 2-4 所示，其特性是有惯性、有自平衡能力，且迟延时间 τ 较小（相对于减温水量扰动）。一般来说，$\tau = 10 \sim 20\text{s}$，$T_c = 100\text{s}$。$\tau$ 较小的原因是：在蒸汽流量扰动时，烟气流速和蒸汽流速几乎是沿整个过热器管道长度同时变化的，因而烟气传给蒸汽的热量也几乎是沿过热器管长度同时变化的，所以蒸汽温度变化的迟延时间 τ 较小。在蒸汽流量扰动下，蒸汽温度的 τ/T_c 较小，即动态特性较好，但由于蒸汽流量（代表负荷需求）是由外界用户及电网要求决定的，因此它不能作为控制蒸汽温度的手段。

3. 烟气传热量 Q_y 扰动下蒸汽温度的动态特性

来自烟气侧的扰动因素有给粉不均匀、锅炉及制粉系统漏风量变化、流过过热器的烟气流量变化、燃烧火焰中心位置改变、煤种改变、蒸发受热面结焦等。这些因素归纳起来可分为两个方面，即烟气流速和烟气温度的变化。

烟气流速或烟气温度阶跃扰动下蒸汽温度对象的响应曲线如图 2-5 所示。由于烟气流速或烟气温度几乎是沿整个过热器管道长度变化的，因此蒸汽温度的响应较快，惯性也较小

（$\tau=10\sim20s$，$T_c=100s$），故可将改变烟气流速或烟气温度作为控制蒸汽温度的手段。例如，用烟气旁路、烟气再循环、改变燃烧器喷燃角度等方法。但这些控制手段比较复杂，所以一般在过热蒸汽温度控制中采用得较少，而在再热蒸汽温度控制中采用得较多。

动画 2-2 蒸汽流量扰动下过热蒸汽温度的阶跃响应曲线

动画 2-3 烟气传热量扰动下过热蒸汽温度的阶跃响应曲线

微课 2-2 过热蒸汽温度的控制方案

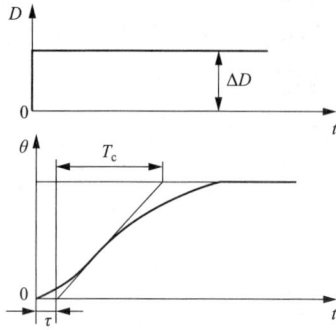

图 2-4　蒸汽流量扰动下过热蒸汽温度的阶跃响应曲线

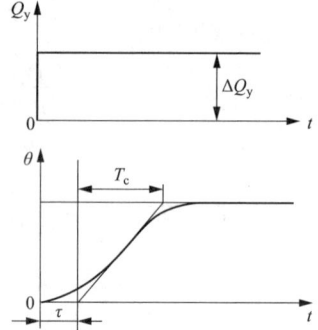

图 2-5　烟气传热量扰动下过热蒸汽温度的阶跃响应曲线

由上述分析可以看出，在各种扰动下（减温水流量、蒸汽流量、烟气传热量），过热蒸汽温度控制对象动态特性的形状都一样，并呈现出以下三个特点：

（1）有迟延，可用迟延时间 τ 表示。

（2）有惯性，可用时间常数 T_c 表示。

（3）有自平衡能力。

（三）过热蒸汽温度的控制手段

蒸汽温度被控对象在不同的扰动作用下，其动态特性参数的数值（对象延迟时间 τ、对象时间常数 T_c、对象自平衡率 ρ）有很大差别。为了能在控制机构动作后及时地对蒸汽温度产生影响，要求在控制机构动作后，蒸汽温度被控对象的动态特性具有较小的 τ 和 T_c，因此正确选择控制蒸汽温度的手段是非常重要的。

从过热蒸汽温度被控对象的动态特性来看，蒸汽流量或烟气流量变化时，蒸汽温度动态反应较快；而减温水量变化时，蒸汽温度动态反应较慢。由于蒸汽流量是由机组负荷决定的，不能作为控制量，因而改变烟气热量（改变烟气温度或烟气流量）是比较理想的蒸汽温度控制手段，但目前通过改变烟气热量来控制过热蒸汽温度不易实现。因此，尽管喷水减温的控制特性不够理想，但由于其结构简单、调温能力强以及易于实现自动化，还是被广泛用作过热蒸汽温度的调节手段。

对采用喷水减温的过热蒸汽温度控制系统，有的机组只采用一级减温，这种系统比较简单，但因被控对象在基本扰动下的迟延时间太长，往往在机组负荷变动等扰动下蒸汽温度偏差较大。目前大多数机组都采用二级（或三级）喷水减温控制方式。对采用二级喷水减温的过热蒸汽温度控制系统，如果仅从锅炉出口蒸汽温度的控制效果来考虑，则一级减温相当于粗调，二级减温相当于细调。

（四）过热蒸汽温度控制方案

1．串级蒸汽温度控制系统

采用喷水减温的串级蒸汽温度控制系统如图 2-6 所示。从被控对象的动态特性看，减温水扰动下的蒸汽温度动态特性具有一定的迟延和较大的惯性，仅采用过热器出口的过热蒸汽温度控制系统难以满足生产要求，可采用减温器出口的蒸汽温度作为导前信号。在有关扰动下，尤其是减温水扰动时，减温器出口处的蒸汽温度要比过热器出口处的蒸汽温度提前反映扰动作用，从而可及时地调整减温水量。因此，采用导前蒸汽温度信号构成串级蒸汽温度控制系统可以改善蒸汽温度控制的品质。

在该方案中，只要导前蒸汽温度 θ_2 发生变化，副控制器 PI2 就去改变减温水调节阀的开度，改变减温水量，初步维持后段过热器入口（减温器出口）处的蒸汽温度，对后段过热器出口处的主蒸汽温度 θ_1 起粗调作用。后段过热器出口处的主蒸汽温度由主控制器 PI1 控制。只要后段过热器出口处的蒸汽温度未达到设定值，主控制器的输出就不断地变化，使副控制器不断地去改变减温水量，直到主蒸汽温度恢复到设定值。稳态时，减温器出口的蒸汽温度即导前蒸汽温度可能与原来的数值不同，而主蒸汽温度一定等于设定值。

由于导前蒸汽温度能比主蒸汽温度提前反映扰动对主蒸汽温度的影响，尤其是减温水扰动，显然串级控制系统可以减小主蒸汽温度的动态偏差。

2. 导前微分蒸汽温度控制系统

图 2-7 所示为采用导前信号的微分作为补充信号的蒸汽温度控制系统。如果不加入导前微分信号，控制系统就是一个只根据主蒸汽温度进行控制的单回路控制系统。加入这个导前微分信号后，由于它能迅速反映扰动影响，所以能有效地克服扰动对主蒸汽温度的影响。在动态过程中，控制器根据导前信号的微分信号和主蒸汽温度信号动作；但在稳态时，导前信号稳定不变，微分器的输出为零，因此过热器出口主蒸汽温度一定等于设定值。

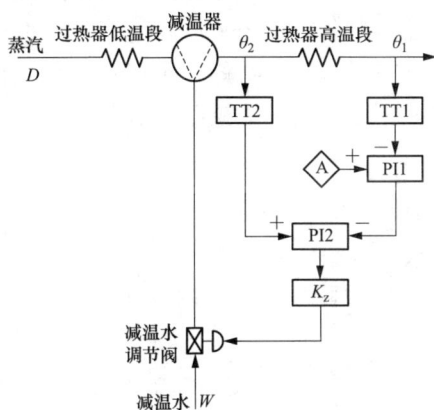

图 2-6　串级蒸汽温度控制系统　　　图 2-7　导前微分蒸汽温度控制系统

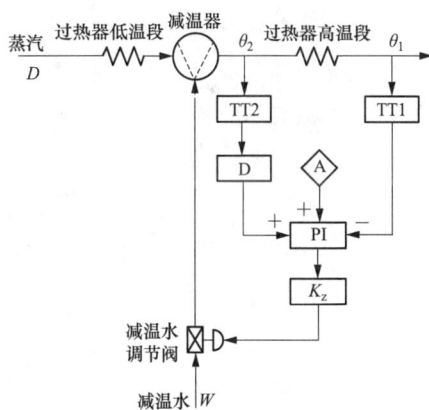

3. 过热蒸汽温度的分段控制

在大型锅炉中，过热器管道较长，结构也很复杂，为了进一步改善控制品质，可以采用分段蒸汽温度控制系统。即将整个过热器分为若干段，每段设置一个减温器，分别控制各段的蒸汽温度，以维持主蒸汽温度为设定值。大型锅炉设置的减温器有 2~4 个。

对于分段控制系统，由于过热器受热面传递形式和结构不同，可以采用不同的控制方法。一般可采用下述两种控制方案：

（1）分别设置独立的定值控制系统，如图 2-8 所示。在该方案中，两级减温水控制方案可分别采用串级控制策略。第 I 级减温水将 II 段过热器（屏式过热器）出口蒸汽温度 θ_3 控制在某个定值；第Ⅱ级减温水将Ⅲ段过热器（高温对流过热器）出口蒸汽温度（即主蒸汽温度）θ_1 控制在设定值，这种系统称为分段定值控制系统。分成两级减温后，各级控制系统对象特性的迟延和惯性都比只采用串级减温水方案时对象特性的迟延和惯性小，因而可以改善控制品质。在这种系统中两级减温水的控制是独立的，两个控制系统可分别整定并独立地投入运行。

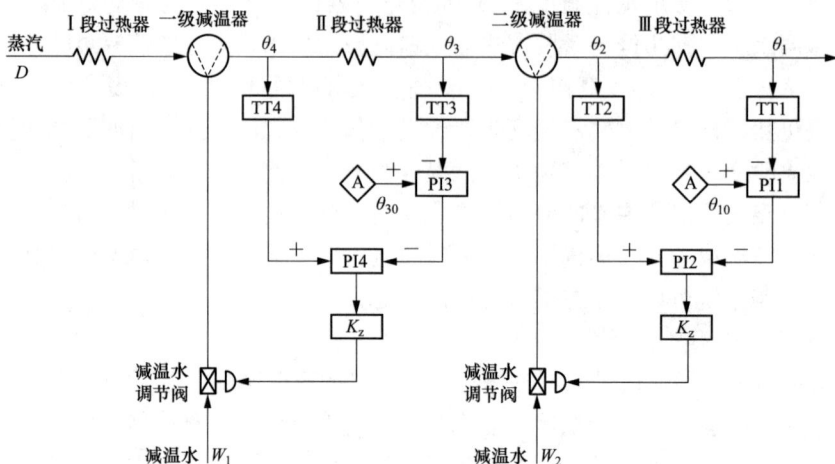

图 2-8　过热蒸汽温度的分段定值控制系统

（2）Ⅰ级减温器给定值可变的串级蒸汽温度控制系统，如图 2-9 所示。对于混合型过热器，由于具有辐射特性的屏式过热器与高温对流过热器随负荷变化的蒸汽温度静态特性方向相反，因此导致在负荷变化后，稳态时两级减温水中的一级减温水减少而另一级减温水增加，使得两级减温水量分配不均。解决该问题的方法之一是采用Ⅰ级减温器给定值可变的串级过热蒸汽温度控制方案。

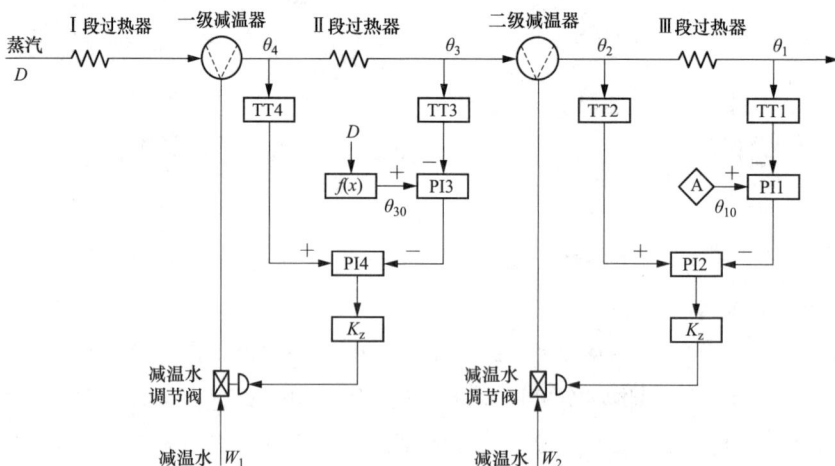

图 2-9　Ⅰ级减温器给定值可变的串级过热蒸汽温度控制系统

该系统是在串级过热蒸汽温度控制系统的基础上改进的。改进后的Ⅰ级减温控制的给定值信号 θ_{30} 是由函数发生器 $f(x)$ 产生的，其值随负荷 D 的变化而变化。当负荷增大时，θ_3

降低，θ_1 升高，给定值 θ_{30} 减小，且 $\theta_3 > \theta_{30}$。Ⅰ级过热蒸汽温度控制系统增大一级减温水流量 W_1，使 θ_3 继续降低到与给定值 θ_{30} 相等，相当于对 θ_1 的粗调；Ⅱ级蒸汽温度控制系统增大二级减温水流量 W_2，使 θ_1 继续降低到与给定值 θ_{10} 相等。

由上述工作过程可见，两级减温水流量变化方向相同，克服了基本串级蒸汽温度控制系统的缺陷。该系统适用于在较大范围内参与电网调峰调频的单元机组，因此得到了广泛应用。

该方案一般限制 θ_3 高于相应压力下饱和蒸汽温度 10℃ 以上，以防出现蒸汽带水现象。此外，Ⅱ级蒸汽温度控制系统可通过增加前馈信号、相位补偿器等措施，改善被控对象的动态特性，进一步提升控制品质。例如，把蒸汽压力、燃烧器倾角、主蒸汽温度微分信号、总风量设计为综合前馈信号，可有效减小过热蒸汽温度的动态偏差，并能使 θ_1 较快地回到给定值 θ_{10}。

二、再热蒸汽温度控制系统

(一) 再热蒸汽温度控制任务

对于大容量、高参数机组，为了提高机组的循环效率，防止汽轮机末级带水，需采用中间再热系统。新蒸汽经过高压缸做功后再回到锅炉的再热器吸热，被加热后的再热蒸汽送往中、低压缸继续做功。采用蒸汽中间再热的方式可以提高电厂循环热效率，降低汽轮机末端叶片的蒸汽湿度，减少汽耗等。提高再热蒸汽温度对于提高循环热效率是十分重要的，但受金属材料的限制，目前 300MW 机组的再热蒸汽温度一般控制在 560℃ 以下，而 600MW 及以上超临界压力机组再热蒸汽温度一般控制在 580℃ 以下。另外，在锅炉运行中，再热器压力低，蒸汽比热容相对较小，再热器出口温度更容易受到负荷和燃烧工况等因素的影响而发生变化，而且变化的幅度也较大，如果不进行控制，可能造成中压缸转子与汽缸较大的热变形，引起汽轮机振动。因此，再热器出口蒸汽温度的控制成为大型火力发电机组不可缺少的一个控制项目。

再热蒸汽温度控制系统的任务是保持再热器出口蒸汽温度在动态过程中处于允许的范围内，稳态时等于给定值。此外，在低负荷、机组甩负荷或汽轮机跳闸时，保护再热器不超温，以保证机组的安全运行。

(二) 再热蒸汽温度影响因素

影响再热蒸汽温度的因素很多，如机组负荷的大小，火焰中心位置的高低，烟气侧烟气温度和烟气流速（烟气流量）的变化，各受热面积灰的程度，燃料、送风和给水的配比情况，给水温度的高低，汽轮机高压缸排汽参数等。其中，最为突出的影响因素是负荷扰动和烟气侧的扰动。

由于再热蒸汽的压力低，传热参数小，所以再热器一般布置在锅炉的后烟井或水平烟道中，具有纯对流受热面的蒸汽温度静态特性。而且当机组负荷变化时，再热蒸汽温度的变化幅度比过热蒸汽温度的变化幅度要大。例如，当某机组负荷降低 30% 时，再热蒸汽温度下降 28~35℃，比例关系是负荷每降低 1% 再热蒸汽温度下降 1℃。因此，负荷扰动对再热蒸汽温度的影响最为突出。

由于烟气侧的扰动是沿整个再热器管道长度进行的，所以它对再热蒸汽温度的影响也比较显著。但烟气侧的扰动对再热蒸汽温度的影响存在着管外至管内的传热过程，所以它的影响程度次于蒸汽负荷的扰动。

（三）再热蒸汽温度控制手段

从控制的角度讲，以对被控量影响最大的因素作为控制手段对控制最有利。但在再热蒸汽温度控制中，由于蒸汽负荷是由用户决定的，故不可能用改变蒸汽负荷的方法来控制再热蒸汽温度。因此，对于再热蒸汽温度，一般以烟气控制方式为主，可采用控制方法包括调节烟气挡板的位置、调整燃烧器的倾角、采用烟气再循环等。上述几种再热蒸汽温度控制方法各有优缺点，但就可靠性、滞后时间、对其他参数的影响、运行经济性等技术指标而言，改变烟气挡板位置和调整燃烧器倾角的方法优于其他方法。

当调节烟气挡板或调整燃烧器倾角不能将再热蒸汽温度控制住，在再热蒸汽温度高过定值时，则通过喷水快速降低再热蒸汽温度。由于采用减温水控制再热蒸汽温度会降低机组的循环热效率，因此不宜作为再热蒸汽温度的主要控制手段。但喷水减温方式简单、灵敏、可靠，可以把它作为再热蒸汽温度超过限值的事故情况下的一种保护手段，即烟气挡板控制或燃烧器倾角控制的辅助控制手段是微量喷水减温或事故喷水减温。

（四）再热蒸汽温度控制方案

1. 采用烟气挡板控制再热蒸汽温度的控制系统

采用烟气挡板控制再热蒸汽温度的控制系统是通过调节烟气挡板的开度来改变流过过热器受热面和再热器受热面的烟气分配比例，从而达到控制再热蒸汽温度的目的的。烟气挡板在炉内的布置情况如图 2-10 所示。采用这种方法时，锅炉的尾部烟道分为两部分，在主烟道中布置低温再热器，在旁路烟道中布置低温过热器，烟气挡板布置在烟气温度较低的省煤器下面。

采用烟气挡板调温的优点是设备结构简单、操作方便；缺点是调温的灵敏度较差，调温幅度也较小。此外，挡板开度与蒸汽温度变化也不成线性关系。因此，通常将主、旁两侧挡板按相反方向联动连接，以加大主烟道烟气流量的变化和克服挡板的非线性。

当采用改变烟气流量作为控制再热蒸汽温度的手段时，控制通道的迟延和惯性较小，因此原则上只需采用单回路控制系统控制再热蒸汽温度。考虑到负荷变化是引起再热蒸汽温度变化的主要扰动，把主蒸汽流量（负荷）作为前馈信号引入控制系统将有利于再热蒸汽温度的稳定。图 2-11 所示为通过改变烟气挡板位置控制再热蒸汽温度的一种方案，其工作原理如下：

正常情况下，即当再热蒸汽温度在给定值附近变化时，通过调节烟气挡板开度来消除再热蒸汽温度的偏差，蒸汽流量 D 作为负荷前馈信号通过函数发生器 $f_3(x)$ 直接控制烟气挡板。当 $f_3(x)$ 的参数整定合适时，能使负荷变化时的再热蒸汽温度保持基本不变或变化很小。反相器 $-K$ 用来使两个挡板反向动作。

喷水减温控制器 PI2 也是以再热蒸汽温度作为被控信号的，但此信号通过比例偏置器 $\pm\Delta$ 被叠加了一个负偏置信号（大小相当于再热蒸汽温度允许的超温限值）。这样，当再热蒸汽温度正常时，喷水控制器的入口端始终只有一个负偏差信号，使喷水阀全关。只有当再热蒸汽温度超过规定的限值时，控制器的入口偏差才会变为正，从而发出喷水减温阀开的指令，这样可防止喷水门过分频繁的动作而降低机组的热经济性。

2. 采用摆动燃烧器控制再热蒸汽温度的控制系统

采用摆动燃烧器控制再热蒸汽温度的控制系统是通过调整燃烧器倾斜角度来改变炉膛火焰中心的位置和炉膛出口的烟气温度，使各受热面的吸热比例相应发生变化，从而达到控制再热蒸汽温度的目的的。燃烧器摆动角度对炉膛出口烟气温度的影响如图 2-12 所示。

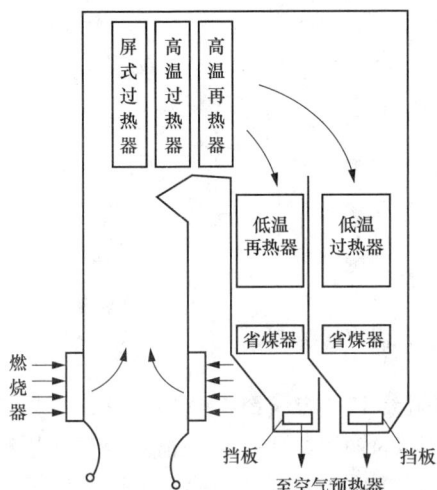

图 2-10　采用烟气挡板控制再热蒸汽温度的
烟道布置示意图

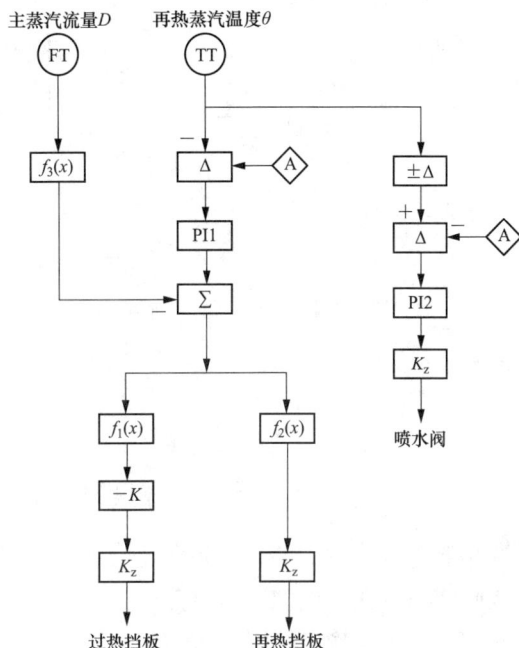

图 2-11　采用烟气挡板控制再热蒸汽温度的系统

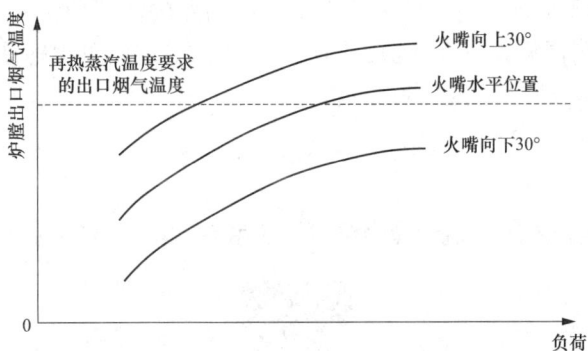

图 2-12　燃烧器摆动角度对炉膛出口烟气温度的影响

由图 2-12 可见，燃烧器上倾时可提高炉膛出口烟气温度，燃烧器下倾时可以降低炉膛出口烟气温度，因此改变燃烧器倾角能够控制再热蒸汽温度。例如，低负荷时可通过上倾燃烧器来提高再热蒸汽温度，使其维持给定值。图 2-13 所示为采用该方法的一个控制系统图。

该控制系统是一个单回路控制系统，定值器 A 给出的再热蒸汽温度设定值经过主蒸汽流量 D 的 $f_1(x)$ 修正后作为控制器的设定值，与再热器出口蒸汽温度相比较，其偏差值送入 PI1 控制器。为了抑制负荷扰动引起的再热蒸汽温度变化，系统增加了主蒸汽流量的前馈补偿回路，补偿特性由两个函数发生器 $f_2(x)$、$f_3(x)$ 决定。前馈回路由两个并行支路构成，送入小值选择模块的一路在动态过程中可以加强控制作用。例如，在负荷增加的瞬间，

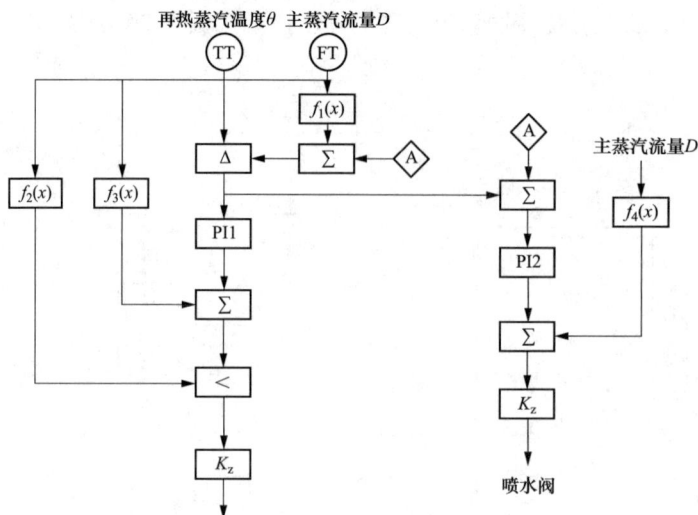

图 2-13　采用摆动燃烧器控制再热蒸汽温度的系统

前馈控制迅速动作，动态瞬间 $f_2(x)$ 的输出值小于控制器 PI1 的输出，经小值选择后可以使火嘴快速下摆，以抑制再热蒸汽温度的上升。当控制器的输出减小后，小值选择模块平稳地过渡到由 PI1 输出控制值来调整火嘴摆角。反之，在负荷降低时，$f_2(x)$ 的输出值增大，使火嘴迅速上摆，以抑制再热蒸汽温度的下降。

当再热蒸汽温度超出设定值，偏差达到一定值时，喷水减温系统便自动投入，通过喷水减温来限制再热蒸汽温度的升高。该系统中 PI2 控制器的测量值为再热蒸汽温度的偏差信号，设定值为再热蒸汽温度偏差允许值。同样，为了改善控制过程的品质，这里也引入了由 $f_4(x)$ 构成的蒸汽流量动态补偿，原理同前述。

任务实施

分析某 600MW 亚临界压力机组蒸汽温度控制系统的结构与控制策略。

任务实施 2-1　分析某 600MW 亚临界压力机组蒸汽温度控制系统的结构与控制策略

微课 2-3　600MW 亚临界压力机组过热蒸汽温度控制系统分析

任务验收

（1）能说出汽包锅炉过热蒸汽温度、再热蒸汽温度控制系统的控制任务。
（2）能说明汽包锅炉过热蒸汽温度、再热蒸汽温度控制系统的工艺流程、系统构成。
（3）能分析汽包锅炉过热蒸汽温度、再热蒸汽温度控制系统的主要扰动及工作过程。
（4）能调用控制系统的监控画面，能对控制系统进行 A/M 操作。

任务二　汽包锅炉给水控制系统分析

学习目标

（1）熟悉汽包锅炉给水控制系统的控制任务和控制方式，以及系统的工艺流程、系统构成及监控画面。

（2）理解汽包锅炉给水控制系统的主要扰动及其对控制过程的影响。

（3）了解利用变速泵构成的给水全程控制系统的组成。

（4）掌握汽包锅炉给水控制采用三冲量给水控制系统的原因。

（5）明确单级三冲量、串级三冲量给水控制系统的结构组成、控制过程及两者的异同。

（6）熟悉汽包锅炉给水全程控制的控制要求及控制系统的工作过程。

任务描述

能说出汽包锅炉给水控制系统的基本组成；明确汽包锅炉给水控制系统的控制任务及控制方式；能分析汽包锅炉给水控制系统的主要扰动及控制系统的工作过程；能比较单级三冲量、串级三冲量给水控制系统的结构组成、控制过程；能调用控制系统的监控画面，能对控制系统进行 A/M 操作。

知识导航

一、给水控制任务

汽包锅炉给水控制系统的任务是使给水流量与锅炉的蒸发量相适应，并维持汽包水位在规定的范围内。

汽包水位是汽包锅炉运行中一个重要的监控参数，它反映了锅炉蒸汽负荷与给水流量之间的平衡关系。维持汽包水位在一定的范围内是保证锅炉和汽轮机安全运行的必要条件。汽包水位过高会影响汽包内汽水分离装置的工作，造成出口蒸汽水分过多，使过热器结垢而烧坏，严重时会导致汽轮机进水；汽包水位过低，则会破坏锅炉的水循环，甚至引起爆管。

随着锅炉容量增大和参数提高，汽包容积相对缩小，而锅炉蒸发受热面的热负荷显著提高，从而加快了负荷变化时水位变化的速度。同时，大容量锅炉要求实现给水全程控制，即在锅炉启动时就投入给水自动，从而对给水控制提出了更高的要求。

二、给水被控对象动态特性

汽包锅炉给水被控对象的动态特性是指汽包水位的变化与引起水位变化的各种因素之间的动态关系。汽包锅炉给水系统结构示意图如图 2-14 所示。汽包水位是汽包中储水量和水面下气泡容积的综合反映，所以水位不仅受汽包储水量变化的影响，还受汽水混合物中气泡容积变化的影响。

引起汽包水位变化的原因很多，主要有锅炉蒸汽流量 D、给水流量 W、炉膛热负荷、汽包压力 p_b 等。它们对水位的影响是各不相同的。给水流量和蒸汽流量是影响汽包水位 H 的两种主要扰动，前者是来自控制侧的扰动，称为内扰；后者是来自负荷侧的扰动，称为外扰。

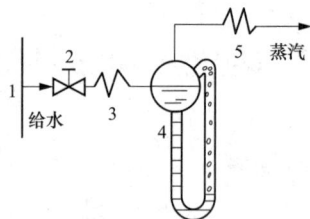

图 2-14　汽包锅炉给水系统结构示意图
1—给水母管；2—给水调节阀；3—省煤器；4—汽包及水循环；5—过热器

（一）给水流量 W 扰动下水位的动态特性

给水流量扰动包含两种情况：一种是由给水调节阀开度变化造成的给水流量扰动；另一种是由给水调节阀前后压差变化引起的给水流量扰动。前者是控制作用造成的，称为基本扰动；后者称为给水流量的自发性扰动。

给水流量 W 阶跃增加时，水位的响应曲线如图 2-15 所示。当给水流量阶跃增加 ΔW 后，一方面使进入汽包内的给水流量大于蒸发量，另一方面由于温度较低的给水进入省煤器、汽包和水循环系统，从原有的饱和汽水中吸收了一部分热量，使水面下的气泡容积有所减小。如图 2-15 所示，曲线 1 为不考虑水面下气泡容积变化时的水位响应曲线；曲线 2 为不考虑给水流量与蒸发量之间的平衡关系，只考虑水面下气泡容积变化时的水位响应曲线；实际水位变化曲线应是曲线 1 与 2 的合成，即曲线 3。可以看出，当给水流量扰动时，水位变化的动态特性表现为有惯性、无自平衡能力。

（二）蒸汽流量扰动下水位的动态特性

蒸汽流量 D 阶跃增加时，水位的响应曲线如图 2-16 所示。当蒸汽流量阶跃增加（假定用汽量突然增大，锅炉热负荷及时跟上），如不考虑水面下气泡容积的变化，水位应呈直线下降，如曲线 1 所示；如单独考虑水面下气泡容积的变化，由于蒸发强度增强，水面下气泡容积迅速增加，水位迅速增加，如曲线 2 所示；实际水位变化应是曲线 1 和 2 的合成，即曲线 3。可见，当负荷增加时，虽然锅炉的给水流量小于蒸发量，但水位不仅不下降，反而迅速上升；反之，当负荷减少时，水位反而先下降，这种现象常称为"虚假水位"现象。这是因为负荷增加（减少）时，水面下气泡容积增加（减少）得很快造成的。当气泡的容积已与负荷相适应而达到稳定后，水位的变化就只由物质平衡的关系决定。

动画 2-4　给水流量阶跃扰动下的水位响应曲线

动画 2-5　蒸汽流量阶跃扰动下的水位响应曲线

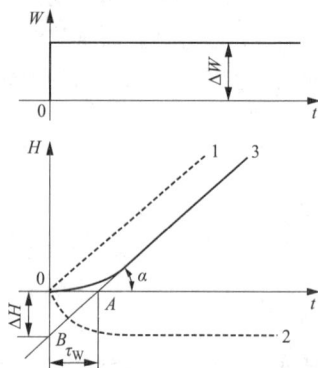

图 2-15　给水流量阶跃扰动下的水位响应曲线

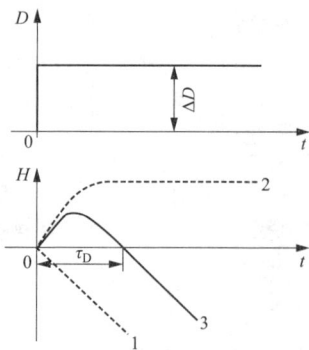

图 2-16　蒸汽流量阶跃扰动下的水位响应曲线

（三）燃料率扰动下水位的动态特性

当燃烧率变化时，如燃烧率阶跃增加，炉膛热负荷增强，由于锅炉蒸发强度增大而使蒸汽压力升高。即使蒸汽流量有所增加，而蒸发强度增加同样使水面下气泡容积增大，因此也会导致"虚假水位"现象。只是由于蒸汽压力同时增加使气泡容积增加比蒸汽流量扰动下要小，因此虚假水位变化的幅度和速度相对较小。

在燃烧率阶跃变化时，水位的响应曲线如图 2-17 所示。

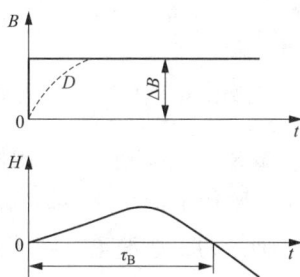

图 2-17　燃烧率阶跃扰动下的水位响应曲线

动画 2-6　燃烧率阶跃
扰动下的水位响应曲线

三、给水流量控制方式

（一）电动定速给水泵 + 调节阀

对于早期投产的中、小型机组，通常采用电动定速给水泵（简称电动定速泵）＋调节阀的控制方式对汽包水位进行控制，其简化给水系统图如图 2-18 所示。

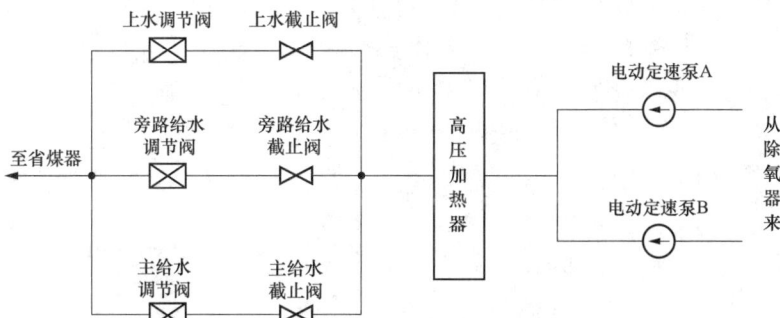

图 2-18　电动定速泵＋调节阀的简化给水系统图

这种系统每台锅炉配备两台容量各为 100％ 的电动定速泵，运行时一台工作，另一台热备用，并跟踪工作泵。锅炉点火前，旁路给水截止阀和主给水截止阀全关，上水截止阀全开，通过上水调节阀调节给水流量，控制汽包水位；在低负荷阶段，上水截止阀和主给水截止阀全关，旁路给水截止阀全开，通过旁路给水调节阀调节给水流量，控制汽包水位；当负荷上升到某一负荷值时，上水截止阀和旁路给水截止阀全关，主给水截止阀全开，通过主给水调节阀调节给水流量，控制汽包水位。从上水开始到带满负荷的全过程，汽包水位的控制都由调节阀完成。

这种在全负荷范围内均由调节阀来控制汽包水位的方案，其节流损失较大。

（二）电动调速给水泵 + 调节阀

对于 20 世纪 80 年代以后投产的 200MW 单元机组，普遍采用电动调速给水泵（简称电动调速泵）＋调节阀对汽包水位进行控制，其简化给水系统图如图 2-19 所示。

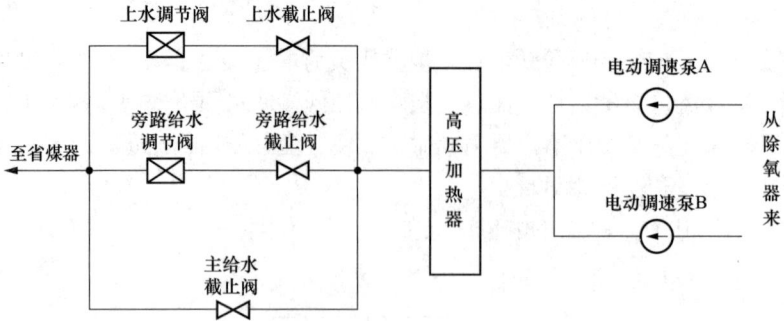

图 2-19　电动调速泵＋调节阀的简化给水系统图

这种系统每台锅炉配备两台容量各为 100％的电动调速泵，运行时一台工作，另一台热备用，并跟踪工作泵。电动调速泵的驱动电动机经液力联轴器与给水泵连接，通过改变液力联轴器中勺管的径向行程来改变联轴器的工作油量，实现给水泵转速的改变。锅炉点火前的上水和低负荷阶段，主给水截止阀一直关闭，汽包水位的控制与电动定速泵＋调节阀的方式一样，采用旁路给水调节阀控制；当负荷达到某一值（给水旁路容量）时，上水截止阀、旁路给水截止阀关闭，主给水截止阀全开，通过改变给水泵的转速改变给水流量，控制汽包水位。

这种方案虽然减少了调节阀的节流损失，但由于电动调速泵始终在运行，消耗电能较多。

（三）汽动给水泵 + 电动调速给水泵 + 调节阀

300MW 及以上机组普遍采用汽动给水泵＋电动调速给水泵＋调节阀三者相结合的方式来控制汽包水位，其简化给水系统图如图 2-20 所示。

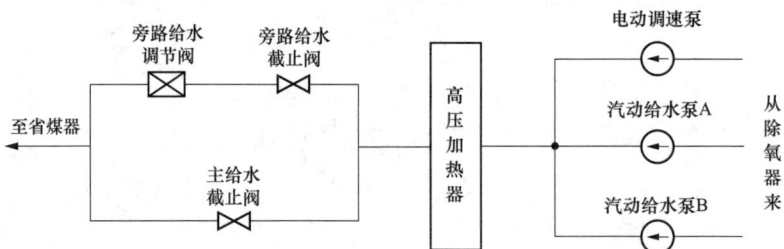

图 2-20　汽动给水泵＋电动调速泵＋调节阀的简化给水系统图

这种系统每台锅炉配有一台容量为 30％（或 50％）的电动调速泵和两台容量各为 50％（或一台容量为 100％）的汽动给水泵。锅炉点火前上水和低负荷阶段，主给水截止阀全关，旁路给水截止阀全开，电动调速泵＋旁路给水调节阀控制汽包水位，即由电动调速泵维持给水泵出口压头，由旁路给水调节阀调节给水流量，控制汽包水位；当负荷达到某一值（给水旁路容量）且汽动给水泵未启动时，旁路给水调节阀全开，由电动调速泵改变给水泵转速控制汽包水位；负荷继续升高达到某一值且汽动给水泵启动后，逐步由电动调速泵转变为由汽动给水泵控制汽包水位，此时给水旁路截止阀全关，主给水截止阀全开。电动调速泵只在机组启动和低负荷阶段使用，并作为汽动给水泵故障时的备用，正常运行时由汽动给水泵控制汽包水位。

这种方案克服了前两种方案的缺点，是一种效率较高的给水控制手段。目前 300MW 及以上机组的汽包锅炉给水控制大都采用给水全程控制。

四、变速泵的安全工作区

大型单元机组都采用变速泵来控制给水流量。300MW 以上单元机组多采用汽动变速泵作为主给水泵，再设置一台电动变速泵作为启动给水泵并作为系统的备用泵使用。无论采用哪种类型的变速泵，保证泵的安全工作区域是首先要考虑的问题。

变速泵的安全工作区可在泵的流量-压力特性曲线上表示出来，如图 2-21 所示。变速泵的安全工作区由六条曲线围成 $ABCDEFA$ 的区间，这六条曲线分别为泵的最高转速曲线 n_{max} 和最低转速曲线 n_{min}；泵的上限特性曲线 Q_{min} 和下限特性曲线 Q_{max}；泵出口最高压力曲线 p_{max} 和最低压力曲线 p_{min}。

若泵的工作点在上限特性之外，则给水流量太小，将使泵的冷却水量不够而引起泵的空蚀，甚至振动；若泵工作在下限特性以外，则泵的流量太大，将使泵的工作效率降低。此外，变速泵的运行还必须满足锅炉安

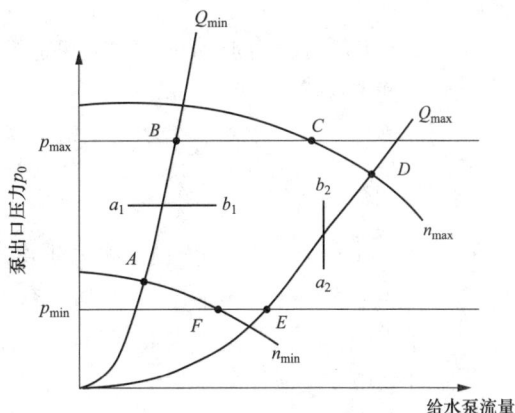

图 2-21　变速泵的流量-压力特性曲线

全运行的要求，即泵出口压力（给水压力）不得高于锅炉正常运行的最高给水压力 p_{max} 且不得低于最低给水压力 p_{min}。因此，采用变速泵的给水全程控制系统，在控制给水流量过程中，必须保证泵的工作点落在安全区域内。

在锅炉启/停或低负荷运行时，泵的工作点有可能落入上限特性之外（图 2-21 中工作点 a_1）。为防止出现这种情况，最有效的措施是在低负荷时增加给水泵的流量。目前采用的办法是在泵出口至除氧器水箱之间安装再循环调节阀，当泵的流量低于某一设定的最小流量时，再循环调节阀自动开启，增加泵体内的流量，从而使低负荷阶段的给水泵工作点由 a_1 移到 b_1，进入上限特性曲线之内。随着单元机组负荷的逐渐增大，给水流量也会增大，当流量高于某一值时，再循环调节阀将自动关闭。

变速泵下限特性决定了不同压力下水泵的最大负荷能力。当锅炉负荷升到一定程度，即给水流量较大时，如果安全工作区较窄，则工作点可能会移到下限特性曲线之外，因此需采取措施来防止。目前有两种方式：第一种是通过给水泵出口压力控制系统，保证给水泵工作点不落在最低压力线和下限工作特性曲线之外，一般是通过调节给水泵出口处的调节阀使泵出口压力升高，这种方法的缺点是节流损失大；第二种是闭锁给水流量继续增加，防止给水泵进入安全工作区域外。目前常用的是第二种方式。

采用变速泵构成给水全程控制系统时，需要设置以下三个子控制系统：

（1）给水泵转速控制系统。根据锅炉负荷要求，调节给水泵转速，改变给水流量。

（2）给水泵最小流量控制系统。低负荷时，通过增大给水泵再循环流量的办法来维持给水泵流量不低于设计要求的最小流量，以保证给水泵工作点不落在上限特性曲线之外。

（3）给水泵出口压力控制系统（流量增加闭锁回路）。保证给水泵工作点不落在最低压力线下和下限工作特性曲线之外。

五、给水控制系统的基本要求

根据给水被控对象的动态特性，给水控制系统应符合以下基本要求：

（1）由于被控对象在给水流量 W 扰动下的水位阶跃响应曲线表现为无自平衡能力，且有较大的迟延，因此必须采用带比例作用的控制器以保证系统的稳定性。

（2）由于被控对象在蒸汽流量 D 扰动下水位阶跃响应曲线表现有虚假水位现象，这种现象的反应速度比内扰快，为了克服虚假水位现象对控制的不利影响，应考虑引入蒸汽流量的补偿信号。

（3）给水压力是有波动的，为了稳定给水流量，应考虑将给水流量信号作为反馈信号，用于及时消除内扰。

六、给水控制的基本方案

微课 2-4　给水控制的基本方案

为了满足给水控制的基本要求，出现了多种给水自动控制方案，主要采用以下两种。

（一）单冲量给水控制系统

单冲量给水控制系统的基本结构如图 2-22（a）所示。该系统符合单回路反馈控制系统的基本结构形式。被控量为汽包水位，控制手段为调整给水控制阀开度。该控制方案结构简单、运行可靠，适用于水容量大、响应速度小、带基本负荷的小容量机组。该控制方案的不足是抗内扰（给水侧）和外扰（蒸汽侧）的能力较差，对虚假水位无识别能力，系统的动态控制品质较低。在大机组的给水全程控制系统设计中，当机组处于启/停及低负荷运行时，由于给水流量和蒸汽流量信号的检测精度较低，且虚假水位现象不明显，通常选用单冲量控制方式。

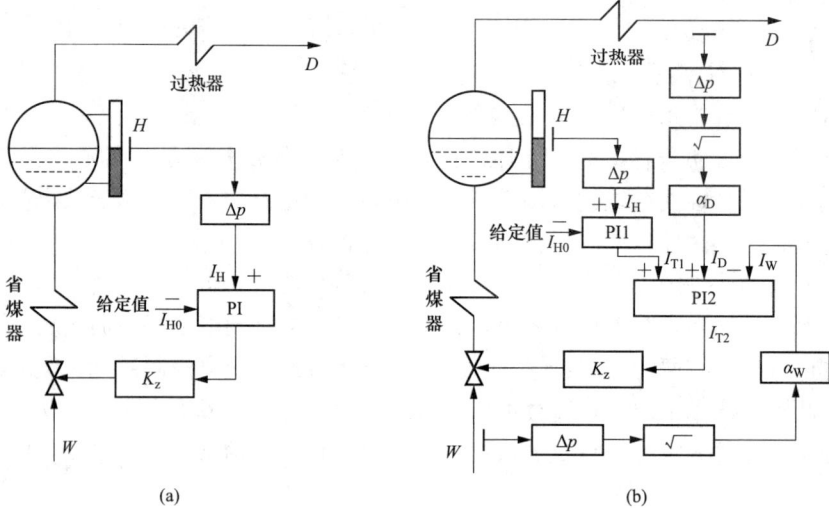

图 2-22　给水控制的基本方案
（a）单冲量给水控制系统；（b）串级三冲量给水控制系统

（二）串级三冲量给水控制系统

对于给水控制通道迟延和惯性较大的锅炉，采用串级控制系统将具有较好的控制质量，调试整定也比较方便。因此，在大型汽包锅炉上可采用串级三冲量给水控制系统。

系统结构为反馈加前馈的复合控制方案，如图 2-22（b）所示。三冲量是指汽包水位、给水流量和主蒸汽流量，串级是指主、副控制器相互串联构成主、副两个回路。给水反馈副回路的设计提高了系统抗内扰的能力；主蒸汽流量前馈信号的设计，一是提高系统抗外扰的能力，二是克服虚假水位可能造成的反向控制现象，明显提高了控制系统的动态控制品质。该系统结构比较复杂，但各控制器的任务比较单纯，而且不要求稳态时给水流量与蒸汽流量测量信号严格相等，还可保证稳态时汽包水位无静态偏差，是现场广泛采用的给水控制系统。

七、给水全程控制系统

(一) 给水全程控制的要求

给水全程控制系统是指在锅炉给水全过程均能实现自动控制的给水控制系统。这个过程包括：锅炉点火，升温升压；汽轮机冲转，开始带负荷；带小负荷运行；带大负荷运行；降到小负荷运行；锅炉停火，冷却降温降压。给水全程控制就是在上述全过程中，在控制设备正常的条件下，不需要操作人员的干涉，就能保持汽包水位在允许范围内。这比常规给水控制要复杂得多，因此对给水全程自动控制系统有一些特殊要求：

(1) 测量信号的修正。由于启动至正常运行过程中，工质参数变化很大，影响对汽包水位、蒸汽流量和给水流量测量的准确性，必须对这三个信号进行修正。

(2) 给水控制系统结构的切换。低负荷时，蒸汽流量与给水流量的测量误差大，一般采用单冲量控制系统，达到一定负荷后切换至三冲量控制系统。

(3) 控制机构的切换。低负荷时一般采用调节阀节流控制，达到一定负荷后切换至电动给水泵或汽动给水泵变速控制。

(4) 泵的最小流量和最大流量保护，使泵的工作点始终落在安全工作区内。

(5) 必须适应机组定压运行和滑压运行工况，必须适应冷态启动和热态启动情况。

(二) 测量信号的校正

1. 汽包水位的校正

由于汽包中的饱和水、饱和蒸汽的密度随汽包压力而变化，进而影响汽包水位的测量精度，因此必须对汽包水位进行压力校正。

汽包水位测量大多采用三个独立检测回路取中值的方案，在每个测量回路中，对水位变送器的输出都用汽包压力 p_b 对其进行参数修正，即

$$H = f(\Delta p, p_b) = \frac{f_1(p_b) - \Delta p}{f_2(p_b)}$$

在实际应用中，应根据汽包内部结构、测量容器结构尺寸、锅炉运行参数、变送器安装位置等具体情况来确定变送器量程、补偿函数，以达到精确测量水位的目的。

2. 主蒸汽流量的校正

中、小机组主蒸汽流量测量通常采用标准节流元件——标准喷嘴，即用压差法测量。但由于大机组蒸汽流量大、管径大，因此不仅标准喷嘴体积大，制造、安装要求高，检修、检查困难，而且产生的节流损失也很大。所以为了避免高温高压下节流测量元件因磨损带来的误差，常以汽轮机第一级压力经主蒸汽温度补偿后作为主蒸汽流量信号，即

$$q_D = K \frac{p_1}{T_1} \tag{2-2}$$

式中：q_D 为主蒸汽流量；p_1、T_1 分别为汽轮机第一级蒸汽的压力和温度；K 为当量比例系数，由汽轮机类型和设计工况确定。

汽轮机第一级压力测量通常采用三个独立检测回路取中值，再经主蒸汽温度补偿的方案。

3. 主给水流量的校正

用节流式压差装置测量主给水流量，并经开方运算及给水温度补偿，即

$$q_w = f(\Delta p, t_w) \tag{2-3}$$

式中：q_w 为主给水流量；Δp 为节流装置输出的压差；t_w 为给水温度。

总给水流量

$$q_{wT} = q_w + \sum_{i=1}^{n} q_{wi} - q_{lp} \tag{2-4}$$

式中：q_{wi} 为各级喷水流量；q_{lp} 为连续排污流量。

给水流量压差测量通常采用三个独立检测回路"三取中"的方案，或采用两个独立测量回路"二取一"的方案。

任务实施

分析某 600MW 亚临界压力机组给水全程控制系统的结构与控制策略。

任务实施 2-2　分析某 600MW 亚临界压力机组给水全程控制系统的结构与控制策略

微课 2-5　600MW 亚临界压力机组给水控制系统分析

任务验收

（1）能说出汽包锅炉给水控制系统的控制任务、工艺流程及系统构成。

（2）能分析汽包锅炉给水控制系统的主要扰动。

（3）能说明汽包锅炉给水控制采用三冲量给水控制系统的原因。

（4）能比较单级三冲量、串级三冲量给水控制系统的结构组成和控制过程。

（5）熟悉汽包锅炉给水全程控制的结构，能分析给水全程控制系统的工作过程。

（6）能根据生产现场需要选择合适的控制方式/控制系统。

（7）能调用控制系统的监控画面，能对控制系统进行 A/M 操作。

任务三　煤粉锅炉燃烧控制系统分析

学习目标

（1）熟知煤粉锅炉燃烧控制系统的控制任务、工艺流程、系统构成及监控画面。

（2）理解煤粉锅炉燃烧控制系统的主要扰动及其对控制过程的影响。

（3）熟悉煤粉锅炉燃烧控制系统的控制方案，以及风煤交叉限制方案的工作过程。

（4）明确中间储仓式制粉系统锅炉燃烧控制系统与直吹式制粉系统锅炉燃烧控制系统的结构组成、控制过程及两者的异同。

任务描述

能说出煤粉锅炉燃烧控制系统的基本组成；明确煤粉锅炉燃烧控制系统的控制任务及控制方式；能分析煤粉锅炉燃烧控制系统的主要扰动及控制系统的工作过程；能比较中间储仓式制粉系统锅炉燃烧控制系统与直吹式制粉系统锅炉燃烧控制系统的结构组成和控制过程；能调用控制系统的监控画面，能对控制系统进行 A/M 操作。

知识导航

一、燃烧控制任务

锅炉燃烧过程是一个将燃料的化学能转变为热能，以蒸汽形式向负荷设备（以汽轮机为代表）提供热能的能量转换过程。锅炉燃烧自动控制系统的基本任务是使燃料燃烧所提供的热量适应外界对锅炉输出的蒸汽负荷的需求，同时保证锅炉的安全经济运行。但控制系统的具体任务又随单元机组的制粉系统、燃烧设备、锅炉运行方式及控制手段的不同而有所区别。从共性上看，燃烧控制的基本任务可以归纳为以下三点：

(1) 控制燃料量，满足主控系统对锅炉负荷的要求。机组在不同的负荷控制方式下，燃烧系统的任务是不一样的，但总体来说，都是要满足主控系统输出的锅炉主控指令 P_B。在汽轮机跟随方式下，燃烧系统的主要任务是保证机组实发功率等于负荷要求值；在锅炉跟随方式下，燃烧系统的主要任务是保证主蒸汽压力等于给定值；在协调方式下，两个参数都要兼顾。

(2) 控制送风量，保证燃烧过程的经济性。保证燃烧过程的经济性是提高锅炉效率的一个重要方面。目前燃烧过程的经济性是靠维持进入炉膛的燃料量与送风量之间的最佳配比来保证的。也就是要保证有足够的送风量使燃料得以充分燃烧，同时尽可能减少排烟造成的热损失。

(3) 控制引风量，维持锅炉炉膛压力的稳定。锅炉炉膛压力反映了燃烧过程中进入炉膛的送风量与流出炉膛的烟气流量之间的工质平衡关系。炉膛压力是否正常，关系着锅炉的安全经济运行。若送风量大于引风量，则炉膛压力升高，会造成炉膛往外喷灰或喷火，压力过高时有造成炉膛爆炸的危险；若引风量大于送风量，则炉膛压力下降，不仅会增加引风机耗电量，而且会增加炉膛漏风量，降低炉膛温度，影响炉内燃烧工况。对于燃煤锅炉，为防止炉膛向外喷灰，通常采用微负压运行；对于燃油锅炉，通常采用微正压运行，以防止炉膛漏风，使烟气中过量空气系数上升，造成过热器管壁腐蚀。

锅炉燃烧过程的上述三项控制任务是不可分开的，它的三个被控量，即主蒸汽压力或机组负荷、尾部烟气含氧量或过量空气系数、炉膛压力，与燃料量、送风量、引风量三个控制量之间存在着关联，所以燃烧控制系统内的各子系统应协调动作，共同完成其控制任务。

燃烧控制系统除了以上三个主要部分（燃料控制系统、送风控制系统、引风控制系统）外，还有一次风压控制系统，磨煤机风量、风温控制系统，二次风（辅助风、燃料风和燃尽风）控制系统等。因此，燃烧控制系统是一个较大的综合性控制系统，通过系统综合控制，才能保证锅炉正确响应机组负荷的要求和自身的安全经济运行。

需要指出的是，随着机组运行方式、燃烧方式与制粉系统的不同，燃烧控制系统的具体任务也有所不同，这些都将影响燃烧控制系统的具体组成。

二、燃烧被控对象动态特性

单元机组有定压和滑压两种不同的运行方式。定压运行锅炉的燃烧控制系统，常以保持主蒸汽压力在一定范围内作为锅炉运行是否正常的标准，而蒸汽压力的变化也正是锅炉供热量是否适应负荷的标志。因此，可以将锅炉蒸汽压力看成燃烧控制对象的输出量。引起蒸汽压力变化的原因很多，其中最主要的是燃烧率和锅炉负荷的变化。

微课 2-6　燃烧
控制系统蒸汽
压力被控对象
的动态特性

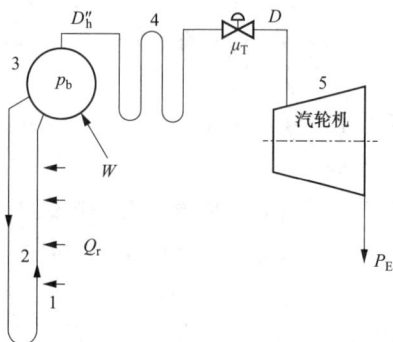

（一）蒸汽压力被控对象的动态特性

蒸汽压力对象生产流程示意图如图 2-23 所示。主蒸汽压力受到的扰动来源主要有两个：一是燃料量扰动，称为基本扰动或内部扰动；二是汽轮机耗汽量的扰动，称为外部扰动。工质（水）通过炉膛吸收燃料燃烧发出的热量，不断升温，直到产生饱和蒸汽汇集于汽包内，最后经过热器成为过热蒸汽，输送到汽轮机做功。

1. 燃烧率扰动下的蒸汽压力动态特性

在燃烧率扰动下的试验条件不同，所得出的蒸汽压力变化的动态特性也不同。下面分两种情况进行讨论。

（1）用汽量 D 不变，燃烧率阶跃扰动时的动态特性。在燃烧率阶跃增加时，调整汽轮机的调节阀使用汽量保持不变，所得的动态特性曲线如图 2-24（a）所示。燃烧加强后，炉膛热负荷增加，汽水循环加强到蒸汽压力上升要有一个过程，所以蒸汽压力变化一开始有迟延，之后直线上升。这是一个无自平衡能力被控对象的动态特性。由图 2-24（a）可以看出，因蒸汽流量没有发生变化，所以汽包压力 p_b 与汽轮机机前压力（主蒸汽压力）p_T 之差 Δp 不变，即 $\Delta p_2 = \Delta p_1$。

从实际的蒸汽压力阶跃反应曲线上可以确定迟延时间 τ 和响应速度 ε。

图 2-23　蒸汽压力对象生产流程示意图
1—炉膛；2—蒸发受热面（水冷壁）；
3—汽包；4—过热器；5—汽轮机

动画 2-7　燃烧
率扰动下蒸汽
压力被控对象
的动态特性

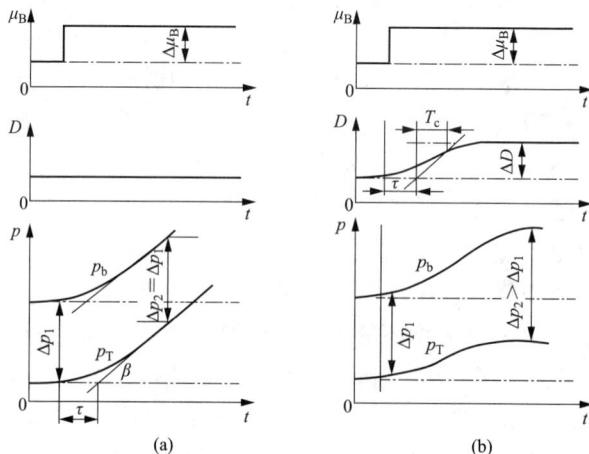

图 2-24　燃烧率扰动下蒸汽压力被控对象的动态特性
（a）用汽量 D 不变；（b）进汽调节阀开度 μ_T 不变

（2）汽轮机进汽调节阀开度 μ_T 不变，燃烧率阶跃扰动时的动态特性。汽轮机进汽调节阀开度 μ_T 不变，燃烧率阶跃扰动时的动态特性曲线如图 2-24（b）所示。当燃烧率阶跃增加后，炉膛热负荷增加，汽水循环加强到蒸汽压力上升要有一个过程，所以蒸汽压力变化一开始有迟延，之后逐步升高。由于汽轮机进汽调节阀开度不变，蒸汽压力的升高会使得蒸汽流量 D 也相应地增加，蒸汽流量增加，蒸汽带走的热量增多，反过来自发地限制了蒸汽压力的升高，蒸汽压力升高的速度变慢。当蒸汽带走的热量与燃烧率增加后蒸汽的吸热量相平衡时，蒸汽压力稳定不变，动态过程结束。这一特性表征对象有迟延、有惯性、有自平衡能力。因动态过程结束后，蒸汽流量比扰动前增加了，故 p_b 与 p_T 之间的压力差也增加了，即 $\Delta p_2 > \Delta p_1$。

2. 负荷扰动下的蒸汽压力动态特性

负荷扰动下蒸汽压力的阶跃响应也有如下两种情况。

（1）汽轮机进汽调节阀开度阶跃扰动时蒸汽压力的动态特性。汽轮机进汽调节阀开度阶跃扰动时蒸汽压力的动态特性曲线如图 2-25（a）所示。汽轮机进汽调节阀开度 μ_T 阶跃开大后，汽轮机的进汽量 D 也阶跃上升，主蒸汽压力（汽轮机机前压力）p_T 立即下降 Δp_0。但由于燃烧率没有变化，蒸汽压力会不断下降来维持蒸汽流量的增加，蒸汽压力的下降反过来使蒸汽流量减小，而蒸汽流量的减小又使蒸汽压力的下降速度变慢。这样相互影响，直到蒸汽流量减小到扰动前的值时，蒸汽流量带走的热量与蒸汽吸收的热量相平衡，蒸汽压力不再变化。由于蒸汽流量在扰动结束后恢复到原来的值，所以 p_b 与 p_T 的差值也恢复到扰动前的差值，即 $\Delta p_2 = \Delta p_1$。这一动态特性表征对象具有自平衡能力。

（2）汽轮机用汽量阶跃扰动时蒸汽压力的动态特性。汽轮机用汽量阶跃扰动时蒸汽压力的动态特性曲线如图 2-25（b）所示。当汽轮机用汽量阶跃增加时，由于燃烧率没有发生变化，蒸汽流量增加部分的热量要靠降低蒸汽压力来维持，这是一个释放储热量的过程。维持这一过程的手段是不断地开大调节阀开度，使压力等速下降。由于蒸汽流量在一开始就阶跃增加，所以 p_T 在开始阶段也是阶跃降低的。又因蒸汽流量在压力的动态变化过程中始终保持不变，所以整个过程中的压力差 Δp 保持不变，即 $\Delta p_2 = \Delta p_1 + \Delta p_0$，主蒸汽压力和汽包压力同步等速下降。这一特性表征对象无迟延、无自平衡能力。

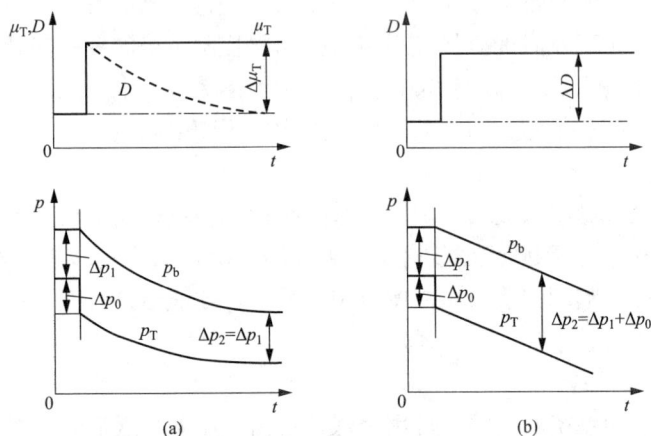

动画 2-8　机组负荷扰动下蒸汽压力被控对象的动态特性

图 2-25　机组负荷扰动下蒸汽压力被控对象的动态特性

（a）进汽调节阀开度阶跃扰动；（b）用汽量阶跃扰动

（二）送风被控对象动态特性

烟气含氧量是保证经济燃烧的重要指标。维持烟气含氧量的主要控制手段是调节送风机的入口挡板以控制送风量，这也是其主要扰动，称为内扰；煤量变化、炉膛压力变化也影响含氧量，称为外扰。含氧量的动态特性主要是指在送风量阶跃扰动下，含氧量随时间变化的特性，如图 2-26 所示。该动态特性具有滞后、惯性和自平衡能力。

（三）引风被控对象动态特性

炉膛压力的控制量是引风机入口挡板所控制的引风量，称为内扰；送风量变化会影响炉膛压力，称为外扰。炉膛压力动态特性是引风量阶跃变化时，炉膛压力随时间变化的特性，如图 2-27 所示。由于炉膛压力反应很快，因此可以作为比例特性来处理。

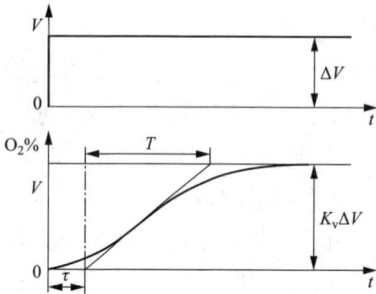

图 2-26　送风量扰动下氧量阶跃响应曲线　　　图 2-27　引风量扰动下炉膛压力阶跃响应曲线

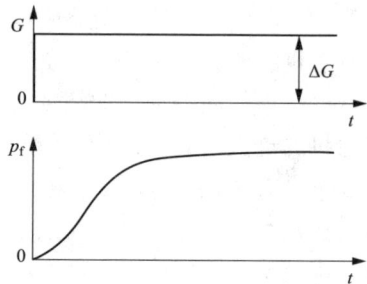

燃烧过程被控对象的被控量尾部烟气含氧量 $O_2\%$ 或过量空气系数 α 和炉膛压力 p_f 都是保证良好燃烧条件的锅炉内部参数。只要使送风量 V 和引风量 G 随时与燃料量 B 在变化时保持适当比例，就能保证 α 和 p_f 不会有太大变化。当送风量 V 或引风量 G 单独变化时，p_f 的惯性很小，可近似地认为此为比例环节；当燃料量 B 或送风量 V（相应的引风量 G）单独改变时，α 也立即发生变化。

三、燃烧控制的相关问题

（一）燃料量的测量与热量信号

燃料控制系统中，燃料量信号作为按燃烧率指令进行控制的反馈信号，应能及时地反映实际燃料量的变化。正确及时地测量燃料量，是燃料控制系统的关键问题。对于液体和气体燃料，可以直接测量进入炉膛的燃料量；但是对于固体燃料（电厂锅炉主要以煤作为燃料），直接测量进入炉膛的燃料量是较困难的，因此通常采用间接测量方法。

1. 给粉机转速

对采用中间储仓式制粉系统的锅炉，可采用给粉机转速来间接代表燃料量。但是，给粉机转速不能反映煤粉自流等因素的影响。由于煤粉自流，同样的转速，给粉量却可能不一样，这种偏差只有在影响到主蒸汽压力或机组负荷时，才能通过改变燃烧率指令去消除自流等因素的影响。

2. 磨煤机进出口压差

对采用直吹式制粉系统的锅炉，可用磨煤机进出口压差来近似代表燃料量，这是以假定磨煤机出力与其进出口压差的平方根成正比为前提的。但影响磨煤机进出口压差的因素很多（如煤种、一次风量及磨煤机工况等），而且该信号的波动也较大。

3. 给煤机转速

对采用直吹式制粉系统的锅炉，也可用给煤机转速求出燃料量。这种方法在要求给煤机的转速调节良好的同时，还应考虑到煤层密度、厚度对燃料量的影响，才能使给煤量与转速之间保持确定的关系。

上述的三种方法是煤量的测量方法。有时为了保持炉膛中燃烧的稳定，在燃煤的同时还要燃油，所以总燃料量的测量实际包括燃煤量的测量和燃油量的测量两部分。

4. 热量信号

测量进入炉膛的燃料燃烧后的发热量，是间接测量进入炉膛的燃料量的一种方法。进入炉膛燃烧的燃料量可用式（2-5）的热量信号 Q 来表示，即

$$Q = D + C_b \frac{\mathrm{d}p_b}{\mathrm{d}t} \tag{2-5}$$

式中：D 为蒸汽流量；C_b 为蓄热系数；p_b 为汽包压力。

蓄热系数 C_b 代表锅炉的蓄热能力，即表示汽包压力每下降 1MPa 时锅炉释放出的蒸汽流量。蓄热系数通常用试验的方法求得。

D 是用蒸汽流量单位表示的锅炉汽水吸热量。如不考虑管道金属的蓄热变化，Q 可近似代表炉膛热负荷的大小，因而可代表进入锅炉燃烧的燃料量。此外，用热量信号还能反映燃料热值的变化。

需要指出的是，如有燃料量或燃料发热量变化，只有当其影响到汽包压力 p_b 或蒸汽流量 D（或汽轮机第一级压力 p_1）后，才能从热量信号 Q 反映出来。严格来说，热量信号 Q 在测量时间上是有滞后的。

无论采用直吹式还是中间储仓式的制粉系统，都可以用热量信号代表进入锅炉的燃料量。

（二）增益自动调整

由于燃料控制器的控制参数是根据燃料被控对象特性整定的，而燃料被控对象的增益会随给煤机（或给粉机）投入的台数不同而不同，因此在燃料控制系统中需要设计增益自动调整回路，以保持广义燃料被控对象的增益不变，图 2-28 所示为一种增益自动调整回路。

图 2-28 中，S_A、S_B、S_C、S_D、S_E、S_F 代表 6 台给煤机的投入状态，任一台给煤机投入时，其相应的 S_i 的数值为 1，否则为 0。加法器输出的数值代表给煤机投入台数，经过函数发生器 $f(x)$ 与偏差信号相乘。乘法器可视为燃料被控对象的一部分，通过选择合适的函数 $f(x)$，则可以做到不管给煤机投入的台数是多少，都可以保持燃料被控对象增益不变，这样就不必调整燃料控制器的控制参数了。

一般 DCS 中有一个增益调整器和一个平衡器，它们的功能之一就是根据设备投自动的台数调整控制信号的大小，进而实现增益调整。但如果增益调整有特殊要求，还是采用如图 2-28 所示的虚框中的模块加以实现。

（三）风煤交叉限制

在机组增、减负荷的动态过程中，要使燃料得到充分燃烧，就要保持有足够的风量。为避免发生不完全燃烧的情况，需要保持一定的过量空气系数，以保证燃烧过程处于富氧状态。因此，在机组增负荷时，要求先加风后加煤；在机组减负荷时，要求先减煤后减风。这样就存在一个风煤交叉限制。图 2-29 所示为一个带氧量校正的风煤交叉限制方案。

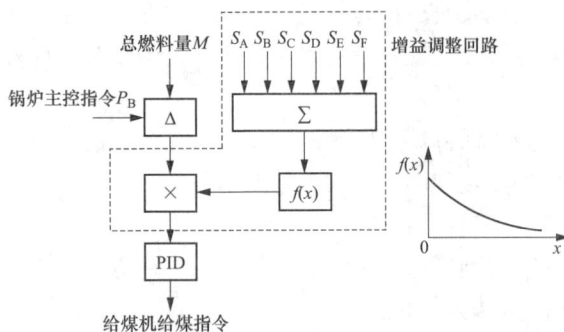

图 2-28　增益自动调整回路

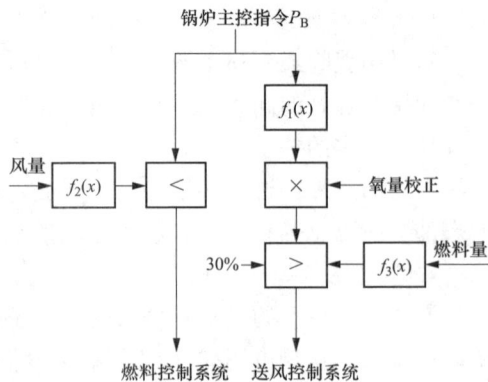

图 2-29　带氧量校正的风煤交叉限制方案

图 2-29 中，锅炉主控指令 P_B 经函数发生器 $f_1(x)$ 后转换为所需的风量，燃料量经函数发生器 $f_3(x)$ 后转换为该燃料量下的最小风量，两者与最小风量信号（30％额定风量）经过高值选择器后作为风量控制系统的给定值。风量经函数发生器 $f_2(x)$ 后转换为相应风量下的最大燃料量，与锅炉主控指令 P_B 经过低值选择器后作为燃料控制系统的给定值。

当增加负荷时，锅炉主控指令 P_B 增大。在燃料侧，原风量未变化前，低值选择器输出为原风量下的最大燃料量指令，故燃料量保持不变。而在风量侧，锅炉主控指令 P_B 对应的风量指令增大，大于原燃料量所对应的最小风量，经高值选择器选择后作为给定值送至送风控制系统以增大风量。只有待风量增加后，锅炉燃料给定值才随之增加，直到与锅炉主控指令 P_B 一致。由此可见，由于高值选择器的作用，风量控制系统先于燃料控制系统动作；由于低值选择器的作用，燃料给定值受到风量的限制，燃料控制系统要等风量增加后再增加燃料量。同理，减负荷时，由于低值选择器的作用，燃料给定值先减少；由于高值选择器的作用，风量给定值受到燃料量的限制，风量控制系统要等燃料量降低后再减少风量。因此，该方案实现了增负荷时先加风后加燃料和减负荷时先减燃料后减风的功能。

图 2-29 中，还根据烟气含氧量对锅炉主控指令 P_B 对应的风量进行校正，以期达到最佳燃烧经济性。如在锅炉主控指令 P_B 不变的情况下，烟气含氧量低，通过氧量校正后可使风量增加，而由于低值选择器的作用，风量增加不会导致燃料增加。

四、燃烧控制系统的基本方案

微课 2-7　燃烧控制系统的基本方案

在燃烧控制系统中，由于被控对象之间存在着严重的耦合关系，三项主要控制任务的控制过程是相互关联的，所以控制系统的三个主要子系统（燃料控制系统、送风控制系统和引风控制系统）的设计方案应协调考虑。燃料控制系统的组成结构与制粉系统形式有关，而送、引风控制系统的组成结构在大型燃煤机组中是基本相同的。

"燃料-空气"系统为燃烧控制系统的基本方案，其原理框图如图 2-30 所示。

（一）燃料控制系统

燃料控制系统的任务在于使进入锅炉的燃料量随时与外界负荷要求相适应。锅炉主控指令 P_B 作为燃料控制器的给定值。对于燃煤锅炉来说，运行中的煤量自发性扰动（煤粉的阻塞与自流、燃料发热量变化等）是经常出现的，所以在设计燃煤锅炉的燃料控制系统时，必须考虑使系统具有快速消除燃料自发性扰动的措施，因此把燃料量信号作为负反馈信号引入了燃料控制器。如图 2-30（a）所示，当汽轮机调节阀开大使机组负荷增加时，主蒸汽压力 p_T 下降，锅炉主控指令 P_B 增加，通过燃料控制器发出增加燃料量的指令，直到实际燃料量 B 与锅炉主控指令 P_B 平衡为止。当机组负荷不变时，燃料量需求不变；当实际燃料量 B 自发增加（或减少）时，燃料控制器输出减少（或增加）燃料量的指令，使实际燃料量回到扰动前的数值。

（二）送风控制系统

送风控制系统的任务在于保证燃烧过程的经济性，具体地说，就是要保证燃烧过程中燃料量与风量有合适的比例。如图 2-30（b）所

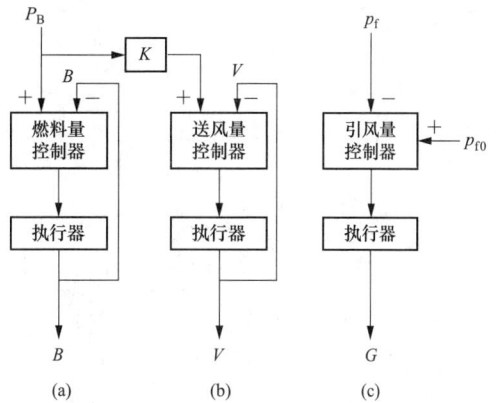

图 2-30 "燃料-空气"燃烧控制系统
（a）燃料控制系统；（b）送风控制系统；
（c）引风控制系统

示，送风控制系统采用直接保持燃料量与送风量比例关系的比值控制系统方案。在这个方案中，锅炉主控指令 P_B 作为送风量的定值送入送风控制系统，送风量信号 V 作为反馈信号引入送风控制器而构成一个比值控制系统，这就能使送风量始终快速地跟踪燃料量的变化。由于送风控制器采用 PI 控制，所以静态时控制器入口信号的平衡关系为

$$\begin{cases} P_B - B = 0 \\ P_B K - V = 0 \end{cases} \Rightarrow \frac{V}{B} = K \tag{2-6}$$

式中：K 为风煤比系数。

只要调整风煤比系数 K，控制系统就能使进入锅炉的送风量与燃料量保持合适的比例，从而达到经济燃烧的目的。

但是，保持燃料量与送风量为固定比例的送风控制系统，在锅炉的早期运行过程中，不能始终确保燃烧过程的经济性。因为燃料量和送风量的最佳比值 K 是随负荷和燃料的品质等因素变化的。因此，一个完善的经济性燃烧控制系统，应该考虑用反映燃烧经济性指标的参数来修正送风量，使之与燃料量之间的比值达到最佳。在负荷、燃料品种变化时能自动修正送风量的送风控制系统，如图 2-31（b）所示。其中，主控制器是氧量控制器，它根据实际氧量 O_2 与其定值 O_{20} 的偏差进行计算，输出风煤比系数 K，再用 K 与锅炉主控指令 P_B 的积作为送风量定值，作用于送风控制器，即用送风控制器来控制送风量。只要氧量控制器输出的风煤比系数 K 是最佳的，就能保证燃烧过程的经济性。事实上，最佳氧量是随机组负荷和燃料品种变化的，氧量定值 O_{20} 也不是常数。系统一般通过函数发生器产生一个随负荷变化的最佳氧量信号，并经过运行人员根据实际运行情况修正后作为氧量定值输入氧量控制器，构成更加完善的燃烧控制系统。

（三）引风控制系统

引风控制系统的任务是控制引风量与送风量之间的平衡，保持炉膛压力在规定的范围内，以保证燃烧的安全。由于引风被控对象的动态响应快，炉膛压力 p_f 测量也相对容易，所以引风控制系统一般只需采用以炉膛压力 p_f 作为被控量的单回路控制系统，如图 2-30（c）所示。由于送风量的变化是引起炉膛压力波动的主要原因之一，为了能使引风量 G 快速地跟踪送风量 V，以保持两者的平衡，可将送风量指令作为前馈信号经补偿器 $f(t)$ 引入引风控

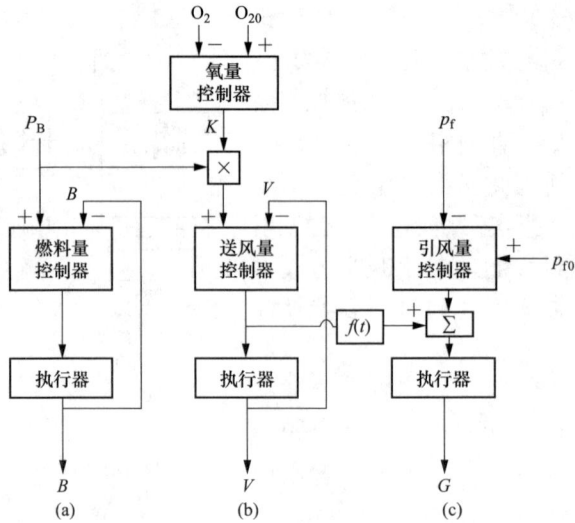

图 2-31　带氧量校正的"燃料-空气"燃烧控制系统

（a）燃料控制系统；（b）送风控制系统；（c）引风控制系统

制器，如图 2-31（c）所示。这样，当送风控制系统动作时，引风控制系统将立即跟着动作，而不是等炉膛压力偏离给定值后才动作，从而减小炉膛压力的波动。因此，在引风控制系统中引入送风量指令前馈信号，有利于提高系统的稳定性，减小炉膛压力的动态偏差。

前馈补偿器 $f(t)$ 实际上是一个 D 控制器，当系统处于静态时，补偿器 $f(t)$ 的输出为零，以保证炉膛压力 p_f 等于给定值 p_{f0}。实际上，不少系统是将前馈信号加在引风控制器的后面，直接改变引风控制机构的开度的。

五、中间储仓式制粉系统锅炉的燃烧控制系统

中间储仓式制粉系统锅炉的燃烧控制系统如图 2-32 所示。

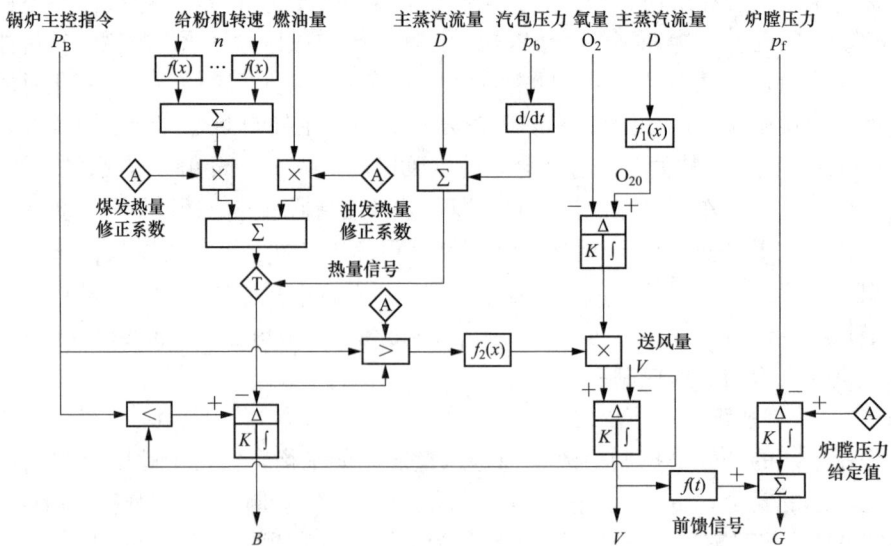

图 2-32　中间储仓式制粉系统锅炉的燃烧控制系统

（一）燃料控制系统

对于有中间储粉仓的锅炉来说，可以认为制粉系统的运行与锅炉的燃烧过程调整是相互独立的。在燃烧过程中，可以迅速有效地改变进入炉膛的煤粉量，以适应负荷的变化。这对于保持主蒸汽压力及锅炉运行的稳定是有利的。但是，煤粉量的迅速准确测量，至今尚未找到直接简便的办法。因此在燃烧控制系统的设计中，一般都采用间接测量方法，如用给粉机转速代表煤粉量或采用"热量信号"代表燃料量。在图 2-32 所示的系统中提供了两种测量方法，在实际运行过程中由运行人员根据实际情况通过切换器 T 来选取任意一种。

通过切换器 T 选取后的信号作为燃料量的反馈信号，送入控制器与锅炉主控系统输出的锅炉主控指令 P_B 相比较，其差值经燃料控制器运算后，改变给粉机转速，控制进入炉膛的燃料量。锅炉主控指令 P_B 与总风量信号经小值选择器，取较小者作为燃料控制器的给定值，以保证动态过程中燃料量小于送风量，从而实现在负荷增加时先增加送风量再增加燃料量，在负荷降低时先减少燃料量再减少送风量。其目的是保证在变负荷过程中炉膛内有一定的送风裕量，使炉膛燃烧正常。

（二）送风控制系统

送风控制系统是采用氧量校正器输出信号校正送风定值的控制方案，这是一个前馈-反馈控制系统。经大值选择器后的锅炉主控指令 P_B，通过函数发生器 $f_2(x)$ 的运算，送出在不同负荷下所需要的理论送风量；在乘法器中，理论送风量被氧量校正回路的输出校正后作为送风控制器的定值信号，使定值信号能适应负荷变化和煤质变化，保证炉内经济燃烧。大值选择器的作用与燃料控制系统中小值选择器的作用相同，即大值选择器与小值选择器相配合，用以保证负荷增加时先增加送风量，负荷降低时先减少燃料量。大值选择器中引入给定信号 A 的作用，在于防止低负荷情况下风量过小而造成燃烧不稳定。

（三）引风控制系统

引风控制系统的组成与图 2-31 所示的相同，工作过程如前所述。

六、直吹式制粉系统锅炉燃烧控制系统

（一）直吹式制粉系统锅炉燃烧过程控制的特点

为了节省基建投资和运行费用，现代大型锅炉多采用直吹式制粉系统。这种系统把制粉与燃烧紧密地联系在一起，其燃烧控制具有如下特点：

（1）在直吹式制粉系统锅炉的运行中，磨煤机及制粉系统运行与锅炉燃烧过程紧密地联系在一起，使制粉系统成为燃烧过程自动控制的不可分割的组成部分。

（2）直吹式制粉系统锅炉燃料量控制的反应较慢。在中间储仓式制粉系统锅炉中，改变位于磨煤机之后的燃料控制机构位置（给粉机和一次风挡板）就能立即改变进入炉膛的煤粉量，因此中间储仓式制粉系统锅炉无论在适应负荷变化还是在消除燃料的自发性扰动方面都比较及时。而在直吹式制粉系统锅炉中，改变燃料控制机构（给煤机和磨煤机热风门、冷风门）之后，还需经过磨煤制粉的过程，才能使进入炉膛的煤粉量发生变化，因此直吹式制粉系统在适应负荷变化和消除燃料内扰方面的反应均较慢，更容易使蒸汽压力发生较大变化。

因此，当机组负荷变化时如何快速改变进入炉膛的煤粉量，当机组负荷不变时如何及早地发现和克服给煤量的自发性扰动，就成为设计直吹式制粉系统锅炉燃烧自动控制系统时两个需要特别注意的问题。

通过对磨煤机运行特性的分析、研究，可以提出解决上述两个问题的措施：

（1）由于磨煤机出力有较大的迟延和惯性，直吹式制粉系统在单独改变给煤量时不能快速地使煤粉量发生变化，但改变一次风量却能迅速改变进入炉膛的煤粉量。因此，为了提高直吹式制粉系统锅炉的负荷响应能力，机组负荷变化时，在改变给煤量的同时改变一次风量，以暂时吹出磨煤机中的蓄粉。

（2）为尽早消除燃料量的自发性扰动，要及时测量进入磨煤机的给煤量。进入磨煤机中的煤量的测量方法随磨煤机类型的差异而有所不同。例如，对于采用双进双出中速磨煤机的制粉系统，它是以磨煤机进出口压差 Δp_m 的大小来间接反映磨煤机中煤量的多少的。目前给煤机多配有电子秤，利用称重传感器称得单位长度输煤皮带上的原煤质量，再乘以皮带速度就可得到给煤量信号。为了准确反映煤的品质的变化，该信号一般还要经过热量校正后，作为进入炉膛的燃料量信号。

（二）一次风-燃料系统

对于直吹式制粉系统来说，磨煤机装煤量越大，在给煤量扰动下出粉量变化的惯性和迟延也越大。同时，磨煤机通常有一定蓄粉量，装煤量越大，蓄粉量也越大。对于装煤量大的磨煤机，改变一次风量以吹出磨煤机中的蓄粉，是解决制粉系统惯性迟延问题的有效方法。图 2-33（a）所示为磨煤机出粉量在给煤量和一次风量扰动下的阶跃响应曲线。其中，曲线 1 表示磨煤机给煤量阶跃增加时出粉量的响应，曲线 2 表示一次风量阶跃增加时出粉量的响应，曲线 3 表示给煤量与一次风量同时扰动时出粉量的响应。显然，一次风参与给煤量的控制，有效地减少了燃料控制通道的惯性和迟延。采用一次风量作为燃料控制手段的燃烧控制系统，称为一次风-燃料系统。

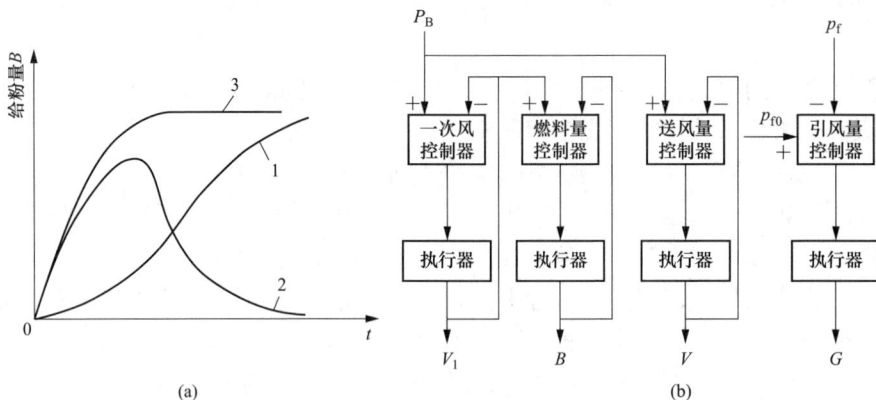

图 2-33　一次风-燃料系统
(a) 阶跃响应曲线；(b) 原理框图
1—给煤量扰动；2——次风扰动；3—给煤量与一次风同时扰动

一次风-燃料系统的原理框图如图 2-33（b）所示。该系统由四个子系统组成，根据锅炉主控指令 P_B 控制一次风量 V_1 和送风量 V，并用一次风量控制给煤量。其工作原理如下：

当机组负荷增加时，首先由一次风量控制器和送风量控制器根据锅炉主控指令 P_B 增加一次风量 V_1 和总风量 V。增加一次风量，可以迅速吹出磨煤机中的蓄粉，以适应负荷变化对炉膛发热量的需要。系统用一次风量信号作为燃料量控制器的给定值，一次风量变化后控制给煤量，使给煤量跟随一次风量变化。总风量随锅炉主控指令 P_B 改变，保证了一次风量与二次风量的比例关系，有利于保证燃烧过程的经济性。

系统处于稳定状态时，一次风量与燃料量和送风量平衡，间接保证了燃料量与总送风量的比例关系，基本保证了燃烧过程的经济性。

炉膛压力控制如前所述，必要时还可引入送风指令作为前馈信号。

如上所述，负荷指令增加时，一次风-燃料系统首先增加一次风量和送风量，并利用一次风量信号去增加给煤量，以适应负荷的需要。

（三）燃料-风量系统

随着机组容量越来越大，增加负荷的方法通常是增加运行磨煤机的台数。相应地，磨煤机的装煤量越来越少。对于装煤量少的磨煤机，由于磨煤机中蓄粉量相应减少，通过改变一次风量来暂时增加进入炉膛的煤粉量，控制能力是很有限的。对于这类直吹式制粉系统锅炉的燃烧控制系统，通常采用直接改变磨煤机的给煤量来适应负荷的变化，同时控制总风量（二次风量和一次风量），使之与燃料量协调变化。这种直接改变给煤机转速作为燃料控制手段的直吹式制粉系统锅炉的燃烧控制系统，称为燃料-风量系统。

图 2-34 所示为燃料-风量系统原理框图。在控制锅炉燃烧率时，首先由燃料控制器 PI1 和送风控制器 PI3 根据锅炉主控指令 P_B 改变燃料量 B 与总风量 V，使之迅速满足燃烧及制粉过程的需求。一次风量 V_1 由控制器 PI2 根据给煤量的变化进行调整，使一次风量 V_1 与燃料量 B 成一定比例。

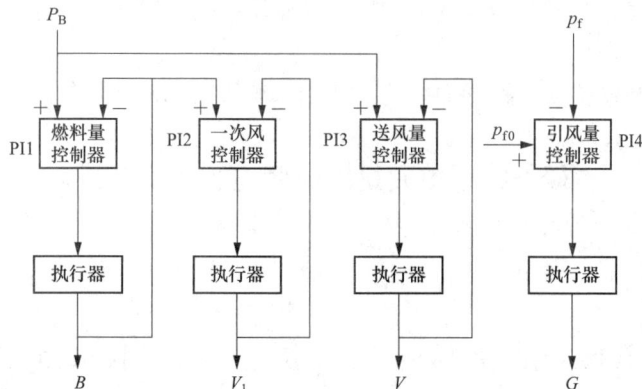

图 2-34 燃料-风量系统原理框图

燃料-风量系统中，由于一次风量不直接参与燃料量控制，要求系统在负荷变化时，能迅速准确地改变磨煤机的给煤量。因此，要求燃料量 B 的反馈信号能及时、准确地反映给煤量的变化是该系统正常运行的必要条件。为了加速一次风的负荷响应，不是用实际燃料量 B 而是用控制器 PI1 输出的燃料量指令作为一次风的定值信号，使一次风量及时对负荷指令做出反应，也是常用的方法。

在直吹式制粉系统锅炉燃烧过程自动控制中，对于磨煤机蓄粉较多、磨煤机动态响应慢的系统宜采用一次风-燃料系统，以加快系统的负荷响应；而对于磨煤机蓄粉量少、磨煤机煤粉量输出迟延和惯性较小的系统（如采用风扇磨煤机的制粉系统），仅用一次风量作为控制手段并不能有效增加进入炉膛的煤粉量，就可采用燃料-风量系统。这时，直吹式制粉系统锅炉与中间储仓式制粉系统锅炉的燃烧控制方案没有太大区别。

　　燃烧控制系统有多种组成形式。在具体应用中选择哪种形式，取决于锅炉的运行方式（母管或单元制、带变动负荷或带基本负荷、滑压运行或定压运行、机组投入协调后的各种控制方式）、燃料的种类、选择中间储仓式还是直吹式制粉设备，以及采用什么形式的磨煤设备等。

任务实施

　　分析某 600MW 亚临界压力机组直吹式制粉系统锅炉燃烧控制系统的结构与控制策略。

任务实施 2-3　分析某 600MW 亚临界压力机组直吹式制粉系统锅炉燃烧控制系统的结构与控制策略

任务验收

　　（1）能说明煤粉锅炉燃烧控制系统的控制任务、工艺流程及系统构成。
　　（2）能分析煤粉锅炉燃烧控制系统的主要扰动。
　　（3）熟悉风煤交叉限制原理，能说出煤粉锅炉燃烧控制系统的控制方案。
　　（4）能比较中间储仓式制粉系统锅炉燃烧控制系统与直吹式制粉系统锅炉燃烧控制系统的结构组成和控制过程。
　　（5）能调用控制系统的监控画面，能对控制系统进行 A/M 操作。

任务四　单元机组协调控制系统分析

学习目标

　　（1）熟悉单元机组负荷控制的特点，以及单元机组协调控制系统的主要任务。
　　（2）理解单元机组负荷控制的控制方式、工作过程及适用对象。
　　（3）熟悉协调控制系统的基本组成及各组成部分的作用。
　　（4）明确单元机组外部负荷指令与内部负荷指令的差异。
　　（5）掌握单元机组异常工况下对机组实际负荷指令的处理方式。
　　（6）理解单元机组协调控制方式各控制系统的结构组成、控制过程及特点。
　　（7）理解单元机组滑压运行控制与定压运行控制的差异。
　　（8）明确 AGC 系统的组成，以及实现 AGC 系统的基本要求。

任务描述

　　能说出单元机组协调控制系统的基本组成；明确单元机组协调控制系统的主要任务；能分析单元机组负荷控制的控制方式及工作过程；明确单元机组负荷管理控制中心、机炉主控制器的功能；能比较单元机组各协调控制系统的结构组成和控制过程；能处理单元机组异常工况；能分析单元机组滑压运行控制与定压运行控制的差异；能调用控制系统的监控画面，能根据生产现场需要选择合适的运行方式。

知识导航

随着电力工业的发展，高参数、大容量火力发电机组在电网中所占的比例越来越大。大容量机组采用的都是单元制运行方式。所谓单元制，就是由一台锅炉和一台汽轮发电机组所组成的相对独立的系统。单元制运行方式与以往的母管制运行方式相比，机组的热力系统得到了简化，而且使蒸汽经过再热器成为可能，从而提高了机组的热效率。

一、协调控制系统定义

（一）单元机组负荷控制的特点

在单元制运行方式中，锅炉和汽轮发电机组既要共同保障外部负荷的要求，又要共同维持内部运行参数（主要是主蒸汽压力）的稳定。单元机组输出的实际电功率与负荷要求是否一致，反映了机组与外部电网之间能量的供需平衡关系；而主蒸汽压力是否稳定，则反映了机组内部锅炉与汽轮发电机组之间能量的供需平衡关系。然而，锅炉和汽轮发电机组的动态特性存在着很大差异，即锅炉对负荷请求响应慢，汽轮发电机组对负荷请求响应快，所以单元机组内外的两个能量供需平衡关系是相互制约的，而外部负荷响应性能与内部运行参数稳定性之间存在着固有的矛盾，这是单元机组负荷控制中的一个最主要的特点。

（二）协调控制系统定义

单元机组的协调控制系统（coordinated control system，CCS）是根据单元机组负荷控制的特点，为解决负荷控制中的内外两个能量供需平衡关系而提出来的一种控制系统。

从广义上讲，协调控制系统是单元机组的负荷控制系统。它把锅炉和汽轮发电机作为一个整体进行综合控制，使其按照电网负荷需求指令和内部主要运行参数的偏差要求协调运行，既保证单元机组对外具有较快的功率响应和一定的调频能力，又保证对内维持主蒸汽压力偏差在允许范围内。

单元机组的协调控制系统包括从电网负荷的改变到锅炉、汽轮机根据各自的能力适应负荷要求的所有自动控制系统。它在热工自动控制系统中占主导地位，指挥着锅炉燃料控制系统、给水控制系统、送风控制系统、引风控制系统、汽轮机数字电液控制系统、炉膛安全监控系统以及其他辅助控制系统的控制动作。

二、协调控制系统的主要任务

协调控制系统的主要任务如下：

（1）接受电网中心调度所的负荷自动调度指令、运行操作人员的负荷给定指令和电网频差信号 Δf，及时响应负荷请求，使机组具有一定的电网调峰、调频能力，适应电网负荷变化的需要。

1）参与电网调频。机组出力必须满足电网负荷变化的需要，满足对电网供电的数量（功率）与质量（频率、电压）的要求。而电网频率就是反映所有并网机组与电网用户之间能量供需平衡的指标。机组控制系统的设计都具有该机组功率随频率（汽轮发电机转速）变化而自动调整的调频能力。由于一台机组的容量占整个电网容量的比例很小，因此单机在电网频率变化时所承担的负荷变化量应有限定，其取决于汽轮机控制系统的不等率或协调控制系统的频差校正特性。

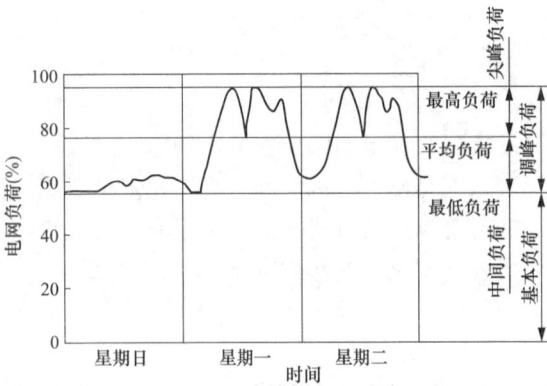

图 2-35　电网日负荷变化曲线

动画 2-9　电网日负荷变化曲线

2）参与电网调峰。调峰则是按图 2-35 所示的电网日负荷变化曲线，有计划地进行调度。根据机组在电网中的地位和经济效益，可以有较大幅度的负荷变化。调峰承担的是图 2-35 中从最低负荷线到最高负荷线的负荷变化部分。调峰负荷又可分为尖峰负荷与中间负荷两种。从最低负荷线到平均负荷线部分为中间负荷，一般应由大容量火电机组承担。一般的中间负荷机组，有夜间低负荷运行、周末停运与两班制运行三种。前者要求能快速加/减负荷，并可在极低负荷下稳定、经济运行，而后者要求能快速启/停。并且，从启动开始到满负荷（0%～100%）都要求能投入自动控制。目前国内大机组的协调控制系统则要求按夜间低负荷调度方式运行。

（2）协调锅炉、汽轮发电机组的运行，在负荷变化率较大时，能维持两者之间的能量平衡，保证主蒸汽压力的稳定。一机一炉布置的单元机组工艺过程系统如图 2-36 所示。机组的能量输入为锅炉的燃烧率（燃料、送风等），能量输出为机组所带的负荷（汽轮发电机组的功率）。机前压力（主蒸汽压力）p_T 为机炉间输入/输出能量平衡的指标。机组的稳定状态存在以下静态平衡关系：锅炉输入＝锅炉输出＝汽轮机输入＝汽轮发电机组输出，机前压力保持为给定值。若锅炉输入与汽轮发电机组输出能量不平衡，就会引起机前压力变化。

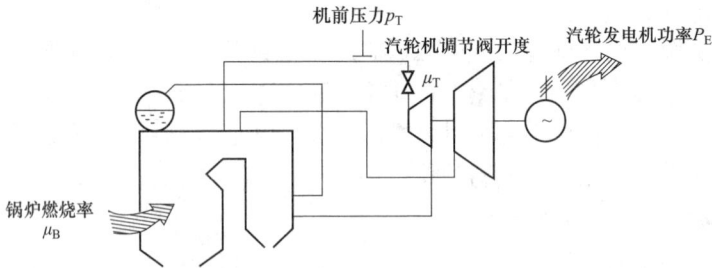

图 2-36　锅炉-汽轮机单元机组工艺过程系统

控制系统既要满足电网的负荷需求，具有快速的负荷响应，又要满足机炉间的能量输出/输入平衡，稳定机前压力，这就是以机组为被控对象的协调控制系统的主要任务。

（3）协调机组内部各子控制系统（燃料、送风、引风、给水、蒸汽温度等控制系统）的控制作用，在负荷变化过程中使机组的主要运行参数在允许的工作范围内，以确保机组有较高的效率和可靠的安全性。

使锅炉内部各子系统操作量协调动作，控制好锅炉的过热蒸汽温度和再热蒸汽温度、汽包水位、炉膛压力、炉烟氧量、磨煤机出口温度等运行参数，确保机组的安全经济运行，是锅炉控制系统，即协调控制系统中锅炉侧子系统的基本任务。

（4）协调外部负荷请求与主、辅设备实际能力的关系。在机组主、辅设备能力受到限制的异常情况下，能根据实际情况限制或强迫改变机组负荷，这是协调控制系统的联锁保护功能。

根据电网需求控制机组各项输入对输出的能量平衡与质量平衡，这只能在机组能力许可的正常工况条件下得到满足。若机组主、辅设备能力受到限制，如机、炉的一个或几个子系统回路能力达到了其极限的静态控制范围，设备局部发生故障，或者"需要"超过了机组的实际能力，就会出现过程参数与给定值的偏差，产生"需要"与"可能"的失调。这时，协调控制系统就应当反过来迫使"需要"适应"可能"，根据"可能"来限制或强迫改变机组的负荷。所以，协调控制系统的设计，要提供机组实时能力的识别限幅，在机组设备能力受限制的异常工况下，控制原则就由正常工况的"按需要控制"自动转为异常工况的"按可能控制"，协调"需要"与"可能"的平衡，使异常工况下协调控制系统照常可以自动投运。

（5）具有多种可供运行人员选择的控制系统与运行方式。协调控制系统的设计，必须满足机组各种工况运行方式的要求，提供可供运行人员选择或联锁自动切换的相应控制方式，具有在各种工况（正常运行、启动、低负荷或局部故障）条件下，都能投入自动的适应能力。

（6）消除各种工况扰动的影响，稳定机组运行。协调控制系统能检测与消除机组运行的各种内、外扰动。通过闭环系统输入端引入的扰动，如燃料扰动，称为内部扰动；而通过闭环系统的其他环节影响到系统输出的扰动，如负荷扰动，称为外部扰动。

三、单元机组负荷控制方式

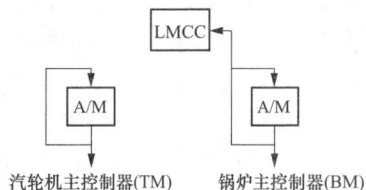

单元机组负荷控制有以下四种基本方式。

（一）手动方式

手动方式也称基础方式，如图 2-37 所示。图 2-37 中，锅炉主控制器（BM）、汽轮机主控制器（TM）均采用手动方式，机炉的主控制器指令都由操作员手动改变。锅炉和汽轮机的子控制系统各自分别维持自身运行参数的稳定，没有机、炉的协调动作。对于锅炉子控制系统，当燃料、送风、引风等控制系统采用自动方式时，锅炉主控制器的输出可由操作员手动改变，进而改变燃料量、送风量、引风量。当燃料、送风、引风等控制系统采用手动方式时，锅炉主控制器的输出跟踪总燃料量，操作员手动不可改变；而负荷管理控制中心（load management control center，LMCC）始终跟踪锅炉主控制器的输出。对于汽轮机子控制系统，汽轮机主控制器的输出自动跟踪汽轮机调节阀控制开度，操作员手动不可改变。这些措施的目的是使控制方式切换时控制系统不发生扰动。

微课 2-8　单元机组负荷控制方式

图 2-37　手动方式

在机组调试阶段和机组启/停阶段，可采用手动方式。另外，当机组的锅炉、汽轮机控制子系统均发生问题而不能投自动时，也采用这种方式。此时，锅炉和汽轮机的协调动作由操作员人工判断和动作，大大增加了操作员的负担。

（二）锅炉跟随的负荷控制方式

图 2-38 所示为单元机组锅炉跟随的负荷控制方式，简称 BF 方式。当机组实际负荷需求 P_0 改变时，首先改变汽轮机调节阀的开度，以改变汽轮机的进汽量，使发电机的实发功率 P_E 迅速与负荷要求相适应。当汽轮机调节阀开度变化时，锅炉出口主蒸汽压力 p_T 随即改变，通过主蒸汽压力控制器改变锅炉主控指令 P_B，以改变加入锅炉的燃料量、送风量和给水流量。这种控制方式由汽轮机调节机组的输出功率，锅炉调节蒸汽压力的方式就是常规的机、炉分别控制方式。在负荷要求改变的初期，汽轮发电机组输出功率的改变很大程度上依靠锅炉的蓄热。

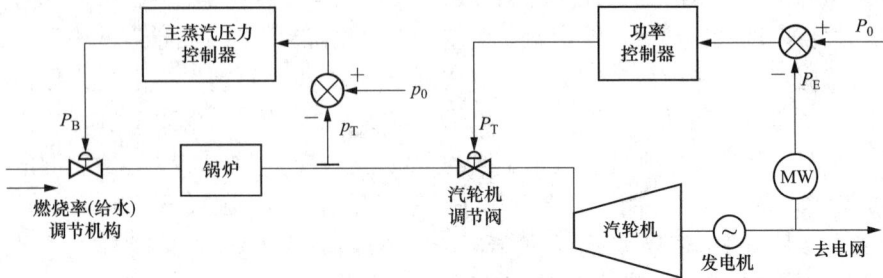

图 2-38　锅炉跟随的负荷控制方式

锅炉跟随的负荷控制方式，机、炉有明确的控制分工，即锅炉控制主蒸汽压力，汽轮机控制机组负荷。因为锅炉热惯性大，汽轮发电机时间常数小，所以这种控制方式虽在扰动初期能较快适应负荷，但蒸汽压力波动较大。

在大型单元机组中，锅炉的蓄热能力相对减小，当负荷变化较小时，在蒸汽压力允许的变化范围内，充分利用锅炉的蓄热以迅速适应负荷是有可能的，对电网的频率控制也是有利的。但是，在负荷需求变化较大时，蒸汽压力变化太大，会因主蒸汽压力波动过大而影响机组的正常运行，也不可能会有很好的负荷响应。尤其对于超临界压力直流锅炉，其蓄热能力通常只有汽包锅炉的 $1/3\sim1/2$，负荷扰动时蒸汽压力的波动更大。

锅炉跟随的负荷控制方式一般用于下列情况：①当单元机组中的锅炉设备正常运行，机组的输出功率受到汽轮机限制时；②承担变动负荷的机组，锅炉蓄热能力较大时。

（三）汽轮机跟随的负荷控制方式

图 2-39 所示为汽轮机跟随的负荷控制方式，简称 TF 方式。当外界负荷需求增加时，机组实际负荷需求 P_0 增加，首先锅炉主控指令 P_B 增大，即功率控制器的输出增大，增加燃烧率。随着炉内燃烧的加强，主蒸汽压力 p_T 升高。为了维持主蒸汽压力不变，主蒸汽压力控制器输出指令 P_T，开大汽轮机调节阀，增大汽轮机的进汽量，使 $p_T=p_0$；同时，增加发电机的实发功率 P_E，使发电机输出功率与机组实际负荷需求指令 P_0 逐步平衡。

汽轮机跟随的负荷控制方式，机、炉也有明确的控制分工，即锅炉控制机组负荷，汽轮机控制主蒸汽压力。用控制汽轮机调节阀开度来调节主蒸汽压力，主蒸汽压力波动小，这对锅炉运行的稳定有利。但是，当机组负荷增加时，汽轮发电机出力必须等待主蒸汽压力升高后才能增加上去，由于锅炉燃料量输送、燃烧及传热过程有较大的滞后，从而使机组输出功率响应有较大的滞后。这样，对发电机出力控制的反应就比较慢，这对电力系统的负荷控制与频率调整是不利的。

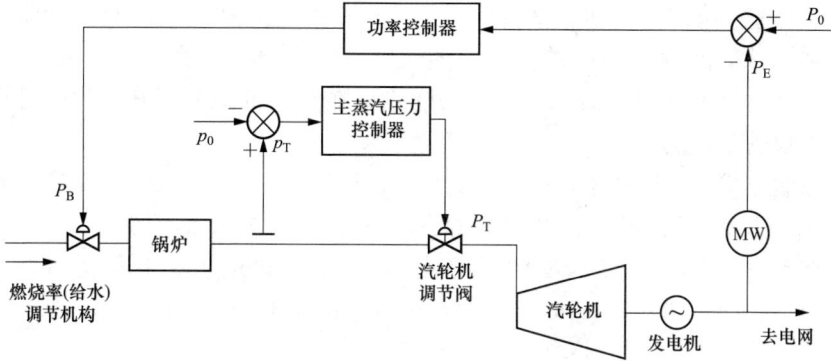

图 2-39　汽轮机跟随的负荷控制方式

汽轮机跟随的负荷控制方式一般用于下列情况：①承担基本负荷的单元机组；②当新机组刚投入运行、经验还不足时；③当单元机组中汽轮机运行正常、机组输出功率受到锅炉限制时。

（四）机炉协调的负荷控制方式

在锅炉跟随的负荷控制方式和汽轮机跟随的负荷控制方式中，由于机、炉分别承担着负荷控制和压力控制的任务，因而没能很好地协调负荷响应的快速性和机组运行的稳定性之间的矛盾。锅炉跟随控制方式虽然对电网负荷变化有较快的响应，但动用的锅炉蓄热量过大时，会使主蒸汽压力产生大幅度波动，造成机组运行不稳定；而汽轮机跟随控制方式完全没有利用锅炉的蓄热量，蒸汽压力可以十分稳定，但负荷响应太慢，不能及时满足电网负荷需求，调频能力差。

将锅炉、汽轮机视为一个整体，把锅炉跟随的负荷控制方式和汽轮机跟随的负荷控制方式结合起来，取长补短，在使锅炉燃烧产生的热能与进入汽轮机的蒸汽带走的热能及时平衡、维持主蒸汽压力基本稳定的同时，又能使机组的输出功率迅速响应给定功率的变化。这种将功率控制与压力控制结合起来的控制方式称为机炉协调的负荷控制方式（COORD 方式），如图 2-40 所示。

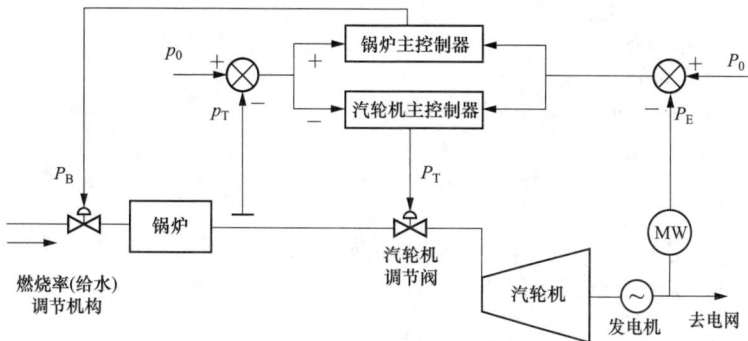

图 2-40　机炉协调的负荷控制方式

在机炉协调的负荷控制方式中，锅炉主控制器与汽轮机主控制器同时接收机组功率偏差信号或主蒸汽压力偏差信号。在稳定工况下，机组的实发功率等于给定功率，主蒸汽压力等于给定蒸汽压力，其偏差信号为零。当外界要求机组增加出力时，机组实际负荷

需求指令 P_0 增加，出现正的功率偏差信号。该功率偏差信号加到汽轮机主控制器，会使汽轮机调节阀开大，从而利用锅炉蓄热增加汽轮发电机组的出力，使实发功率 P_E 增加；功率偏差信号加到锅炉主控制器，会使锅炉燃烧率在汽轮机调节阀开大的同时也相应地增加，以提高锅炉的蒸发量。

从协调控制方式的上述动作过程可以看出，这种控制方式一方面利用调节阀动作，在锅炉允许的蒸汽压力变化范围内，利用锅炉的一部分蓄热量适应负荷的需要；另一方面又向锅炉迅速补进燃料（压力偏差信号与功率偏差信号均使燃料量迅速变化）。这种锅炉蓄热的合理利用与及时补偿的协调控制方式，使单元机组实际输出功率既能迅速响应给定功率的变化，又能保持主蒸汽压力的相对稳定。

当单元机组正常运行需要参加电网调频时，应采用机炉协调的负荷控制方式。为了适应机组的不同运行工况，单元机组的负荷控制系统应当考虑同时具备几种控制方式的可能，以便运行人员可根据机组运行实际，任意选择其中一种控制方式。

四、协调控制系统的基本组成

单元机组负荷控制系统的组成框图如图 2-41 所示，它由负荷管理控制中心和机炉负荷控制系统两大部分组成，机炉负荷控制系统又由机炉主控制器和锅炉、汽轮机子系统组成。

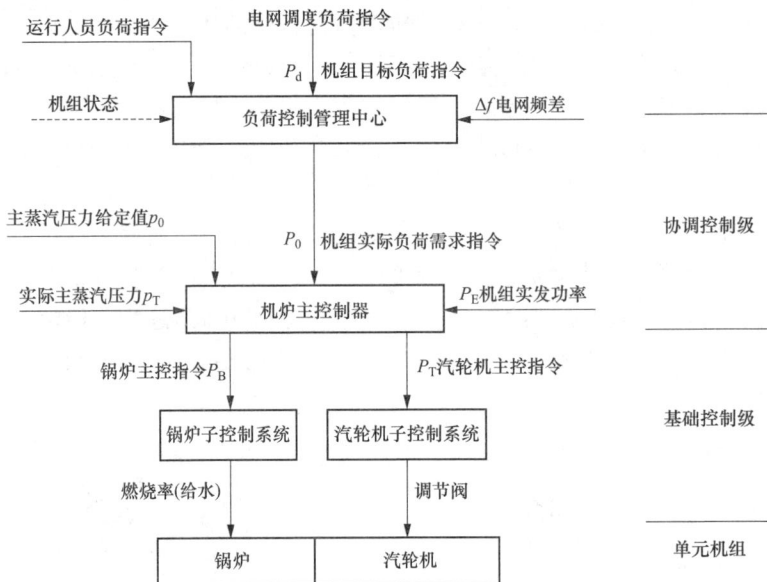

图 2-41　单元机组负荷控制系统的组成框图

一般把机组负荷管理控制中心和机炉主控制器合起来称为协调控制级，而把锅炉、汽轮机子控制系统称为基础控制级，但习惯上也把协调控制级和基础控制级统称为协调控制系统。

机组负荷管理控制中心又称机组负荷指令处理装置，其主要作用是：根据机组运行状态，对机组的外部负荷需求指令 P_d（称为目标负荷指令），如电网中心调度所的负荷自动调度指令或者运行人员设定的负荷指令进行选择和处理，形成机组主、辅设备负荷能力和安全运行所能接受的机组实际负荷需求指令 P_0，作为机炉主控制器的机组功率给定值信号。当机组参加电网一次调频时，该功率给定值信号还需经过电网频差修正。所以，负荷管理控制中心是用来协调机组内、外矛盾的，也就是协调供与求的矛盾的。

机炉主控制器的主要作用是：接受机组实际负荷需求指令 P_0、机组实发功率 P_E、主蒸汽压力给定值信号 p_0 和实际主蒸汽压力 p_T 等信号；根据机组的运行条件及要求，选择合适的负荷控制方式；根据机组的功率偏差 ΔP 和主蒸汽压力偏差 Δp 进行控制运算，产生锅炉主控指令 P_B 和汽轮机主控指令 P_T，作为机炉协调动作的指挥信号，分别送往锅炉和汽轮机子控制系统。可见，机炉主控制器协调的是机与炉的内部矛盾。

锅炉、汽轮机的子控制系统，也称基础级控制系统。锅炉的子系统包括燃料控制系统、送风控制系统、引风控制系统（炉膛压力控制系统）、一次风压控制系统、过热蒸汽温度控制系统、再热蒸汽温度控制系统、给水控制系统等；汽轮机子系统包括汽轮机数字电液控制系统、除氧器水位和压力控制系统、凝汽器水位控制系统、发电机氢气冷却控制系统、给水泵的密封水压差控制系统和再循环流量控制系统等。

负荷管理控制中心和机炉主控制器是机组的协调级，是机组负荷控制系统的核心，决定着机组变负荷的数量和变化速度，故直接将其称为协调控制系统。机炉子控制系统直接与被控对象相联系，执行协调级的指令，使燃料量、送风量、引风量、给水流量、蒸汽流量等与负荷指令相适应，实现负荷控制的任务。因此，协调级和子系统的控制质量都直接影响着机组负荷控制的品质，只有保证两者都具备较高控制质量的前提下，才可能有较高的负荷控制质量，完成机组负荷控制任务。

五、负荷管理控制中心

单元机组负荷管理控制中心的主要功能是：接受外部的负荷需求指令，根据机组主、辅机设备运行情况，将其处理成与机、炉当前运行状态相适应的机组实际负荷需求指令 P_0。实际负荷需求指令又称单元机组负荷指令（unit load demand，ULD）。

在机组正常工况与异常工况下，负荷指令的处理是不同的。在正常工况下，按"需要"控制，实际指令跟踪（就等于）目标指令；在异常工况下（能力受限制），按"可能"控制，目标指令跟踪实发功率，或者跟踪实际指令。

（一）正常工况下负荷指令处理

在机组的设备及主要参数都正常的情况下，机组通常接受三个外部负荷指令，分别是：①电网中心调度所的负荷自动调度指令；②值班员手动指令（就地负荷指令）；③电网一次调频所需负荷指令。

一般根据机组的运行状态和电网对机组的要求，选择其中的一种或两种指令构成目标负荷指令。其中，就地负荷指令和负荷自动调度指令不可同时选中，只能两者选其一。但在选择就地负荷指令或负荷自动调度指令的情况下都可参加一次调频，即所选的负荷指令与一次调频指令相叠加。

随着机组自动化程度的提高，SIS 等也可发出负荷指令，即负荷指令的选项会增多，但基本原理基本相同。

正常工况下，负荷指令一般受到以下限制。

1. 负荷指令变化速率限制

就地负荷指令是机组值班员根据对机组的负荷要求，通过负荷设定器发出的指令；负荷自动调度指令是电网调度所利用计算机，根据系统各类型机组的特点，对所带的负荷、系统潮流分布、电力系统稳定性计算和负荷需求量平衡计算等情况，做出负荷在各机组的最佳分配的指令。这两个指令信号都近似于阶跃形式，而这种形式的指令都是机组所不能接受的，需将阶跃信号处理成以一定斜率变化的斜坡信号，其终值等于负荷指令值。

机组参加调频时，当频率偏差信号为正（电网频率低于给定频率）时，只要机组尚有增加负荷的能力，这个正的频率偏差信号就会使机组增加负荷；反之，若机组无增加负荷的能力，则要限制机组参加调频。当频率偏差信号为负（电网频率高于给定频率）时，电网要求机组减负荷。由于电网要求发电机组具有快速调频能力，故调频信号一般不加速率限制。

2. 运行人员所设定的最大、最小负荷限制

运行人员可根据机组的状况，设定机组的最大、最小负荷，只允许负荷指令在此范围内变化。图 2-42 所示为正常工况下负荷指令处理的一种原则性方案。

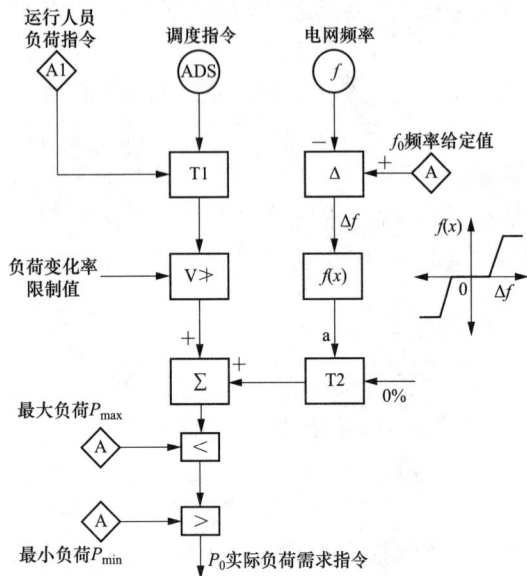

图 2-42　正常工况下负荷指令处理原则性方案

通过切换器 T1 可以选择电网中心调度所的指令，或机组运行人员在给定器 A1 中设定的负荷指令。所选中的目标负荷指令经负荷变化率限制器送至加法器。负荷变化率限制值可以手动设定，或根据锅炉、汽轮机热应力条件自动设定，也可由其他对负荷指令的变化有要求的因素确定。当目标负荷指令的变化率小于设定的负荷变化率值时，变化率限制器不起作用；只有当目标负荷指令的变化率大于给定值时才对它实行限制，使负荷指令的变化率等于设定的变化率。

函数发生器 $f(x)$ 用来规定调频范围和调频特性。其特性相当于死区和限幅环节特性的结合。当频率偏差较小、在死区所规定的范围内时，函数发生器输出为零，以防止频率波动影响机组功率调节；当频率偏差超出死区所规定的范围时，机组根据频率偏差大小调整机组负荷指令；当频率偏差超出限幅值规定的范围时，函数发生器输出保持不变，即不再继续增加机组调频出力。函数发生器的斜率代表了电网对本机组调频的负荷分配比例，斜率越大，机组的调频任务越重。

加法器的输出经过小值选择器和大值选择器处理后，形成机组实际负荷需求指令 P_0。

（二）异常工况下负荷指令处理

当机组的主机、主要辅机或设备发生故障，影响到机组的带负荷能力或危及机组的安全运行时，就要对机组的实际负荷指令进行必要的处理，以防止局部故障扩大到机组其他地方，以保证机组能够继续安全、稳定地运行。

单元机组的主机、主要辅机或设备的故障原因有两类：

（1）跳闸或切除。这类故障的来源是明确的，可根据切投状况加以确定。

（2）工作异常。这类故障来源是不明确的，无法直接确定，只能通过测量有关运行参数的偏差间接确定。

针对以上两类故障，对机组实际负荷指令的处理方法有四种：①负荷返回（run back，RB，又称辅机故障减负荷）；②负荷快速切断（fast cut back，FCB，又称辅机故障甩负荷）；

③负荷闭锁增/减（block increase/block decrease，BI/BD）；④负荷迫升/迫降（run up/run down，RU/RD）。其中，RB 和 FCB 是处理第一类故障的，BI/BD 和 RU/RD 是处理第二类故障的。下面分别进行介绍。

1. RB

RB 针对的是由于辅机故障而减负荷的情况，其主要作用是：根据主要辅机的切投状况，计算出机组的最大可能出力值。若实际负荷指令大于最大可能出力值，则发生 RB，将实际负荷指令降至最大可能出力值，同时规定机组的 RB 速率。

因此，RB 回路具有两个主要功能：计算机组的最大可能出力值和规定机组的 RB 速率。

（1）最大可能出力值的计算。当机组运行正常时，机组的最大可能出力值与主要辅机的切投状况直接相关，主要辅机跳闸或切除，最大可能出力值就会减小。因此，机组的最大可能出力由投入运行的主要辅机的台数确定。应随时计算最大可能出力值，并将其作为机组实际负荷指令的上限。

发电机组的主要辅机设备有风机（送风机和引风机）、给水泵（电动给水泵和汽动给水泵）、锅炉循环水泵、空气预热器以及汽轮机或电气侧设备等。因此，RB 的主要类型包括送风机 RB、引风机 RB、一次风机 RB、给水泵 RB、磨煤机 RB 等。

炉膛安全监控系统根据 RB 目标值将部分磨煤机切除，保留与机组负荷相适应的磨煤机台数。送风机（或引风机、一次风机）RB 发生时，一般需要切掉对应侧的其他风机，以保证炉膛压力的稳定。若风机的执行机构动作及时，也可以将对应侧的其他风机快关，以保证机组辅机 RB 发生之后能够快速恢复正常调节。

当发生 RB 时，机组会自动切换其运行方式。若锅炉辅机发生跳闸而产生 RB，则机组将以汽轮机跟随方式运行，因为此时锅炉担负机组负荷的能力受到限制。同理，若汽轮机辅机发生跳闸而产生 RB，则机组将以锅炉跟随方式运行。某 300MW 机组辅机故障减负荷时的运行方式切换见表 2-1。

表 2-1　　　　　　　　　　辅机故障减负荷（RB）时的运行方式切换

序号	RB 项目	RB 目标值	运行方式	炉膛安全监控系统控制	汽轮机旁路控制
1	一台送风机跳闸	50%	COORD→TF	停磨、投油	自动
2	一台引风机跳闸	50%	COORD→TF	停磨、投油	自动
3	一台一次风机跳闸	50%	COORD→TF	停磨、投油	自动
4	一台汽动给水泵跳闸	50%	COORD→TF	停磨、投油	自动
5	一台循环泵跳闸	60%	COORD→TF	停磨	自动
6	发电机冷却水电断	30%	COORD→BF	停磨、投油	自动
7	高压加热器旁路	90%	COORD→BF	—	—

注　序号 6、7 两项为汽轮机侧 RB，其余为锅炉侧 RB；RB 目标值取决于辅机容量及台数。

（2）RB 速率的计算。当机组的主要辅机跳闸或切除时，最大出力阶跃下降，这对于机组来说是一个较大的冲击，为保证 RB 过程中机组能安全、稳定地继续运行，必须对最大可能出力值的变化速率进行限制。

一般对于不同辅机的跳闸，要求的 RB 速率是不同的。例如，正常工况下，跳一台同容量百分数的给水泵所要求的减负荷速率通常比跳一台送风机的要大。因为当一台给水泵跳闸时，初期流入锅炉的给水流量比流出的蒸汽流量要小得多，所以必须快速减小蒸汽负荷以防锅炉干烧而使事故扩大；而一台送风机跳闸可相对缓慢地减负荷，否则会造成过大的扰动。RB 回路应根据不同辅机对返回速率的要求，采取相应的措施给予满足。

图 2-43 所示为某 600MW 发电机组 RB 回路的设计方案。该机组主要选择送风机、引风机、一次风机、汽动给水泵、电动给水泵以及空气预热器为 RB 监测设备。当其中的设备因故跳闸时，发出 RB 请求，同时计算 RB 速率。RB 目标值和 RB 速率送到图 2-44 所示的负荷指令处理回路中去。

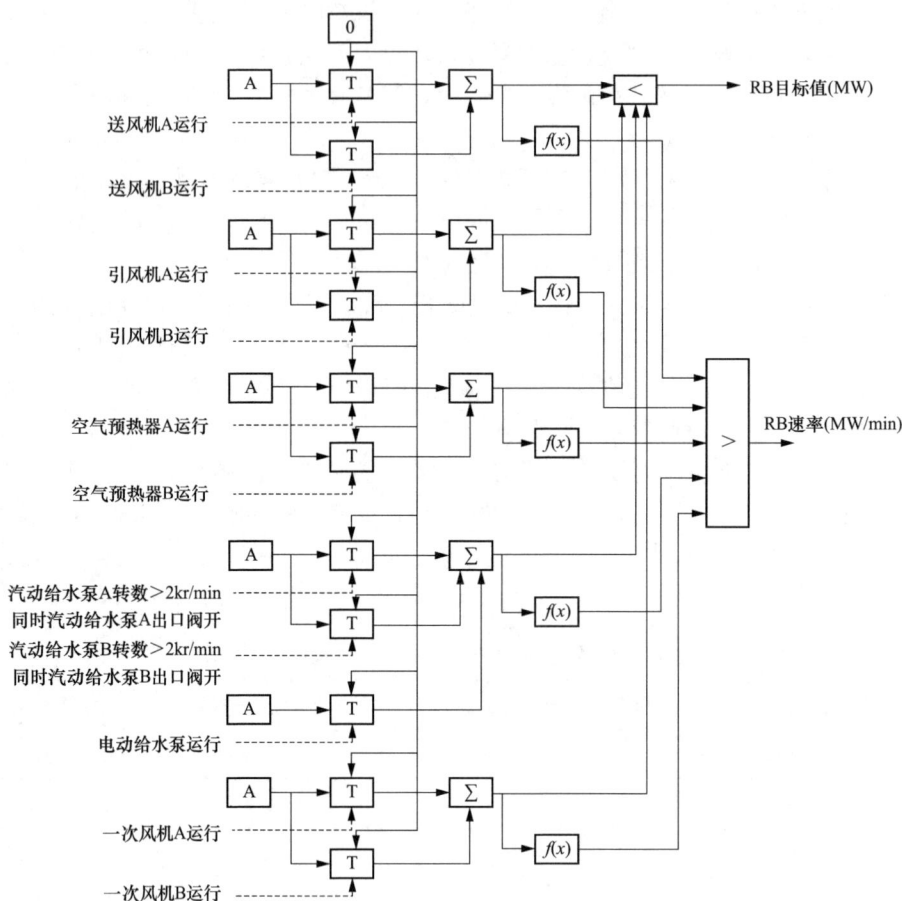

图 2-43　RB 回路

2. FCB

FCB 的作用是当机组突然与电网解列（送电负荷跳闸），或发电机、汽轮机跳闸时，快速切断负荷指令，使机组快速失去负荷。

FCB 通常考虑两种情况：一种是由于电网系统故障使主断路器跳闸，机组与电网解列（送电负荷跳闸），机组能带厂用电运行（或空载运行），即不停机不停炉；另一种是发电机、汽轮机跳闸，由旁路系统维持锅炉的继续运行，即停机不停炉。对于前一种情况，负荷指令必须快速切到厂用电负荷值；对于后一种情况，负荷指令应快速切到 0（锅炉仍维持最小负荷运行）。

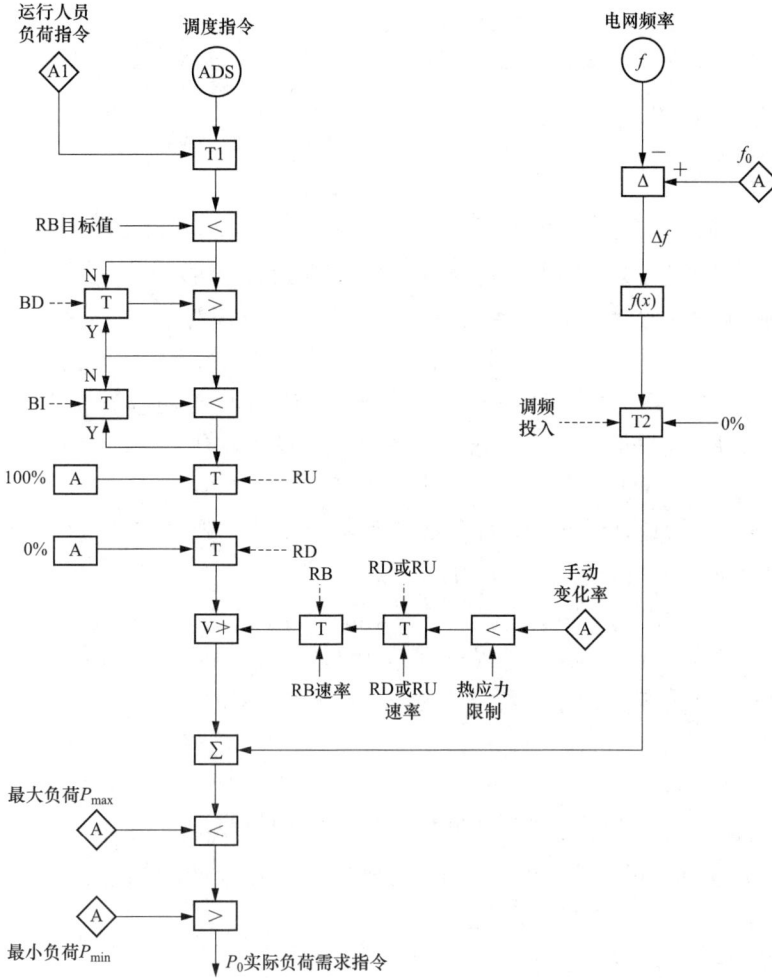

图 2-44　异常工况下负荷指令处理回路原则性方案

FCB 回路的功能和 RB 回路的相似，只不过其减负荷的速率要大得多。

设置 FCB 的目的是故障消除后能快速并网发电。从电网的稳定性来看，在一个大电网中应规划若干机组配备 FCB 功能，尤其是处于电网终端的机组，一旦发生系统故障，具备 FCB 能力的机组可快速恢复向电网送电，便于整个系统的恢复。

3. BI/RD

单元机组的第二类故障有燃烧器喷嘴堵塞、风机挡板卡涩、执行器连杆折断、给水控制机构故障等。这类故障属于设备工作异常的情况，出现这类故障会造成诸如燃料量、空气量、给水流量等运行参数的偏差增大。

在机组运行过程中，如果出现下述任何一种情况就认为设备工作异常或出现故障：①任何一种主要辅机已工作在极限状态，如送风机工作在最大极限状态；②燃料量、空气量、给水流量等任何一种运行参数与其给定值的偏差已超出规定限值。该回路就对实际负荷指令加以限制，即不让机组实际负荷指令朝着超越工作极限或扩大偏差的方向进一步变化，以防止事故的发生，直至偏差回到规定限值内才解除闭锁，这就是所谓的负荷指令闭锁或负荷闭锁。负荷指令闭锁分 BI（实际负荷指令上升方向被闭锁）和 BD（实际负荷指令下降方向被闭锁）。

例如，当燃料量的实际值比给定值小到一定数值后，就意味着燃烧系统可能出现某些异常，若负荷指令继续增加，就会使偏差更大，因此要求阻止负荷指令进一步增加，即闭锁负荷指令增加（BI）。

4. RU/RD

对于第二类故障，采取 BI/BD 措施是机组安全运行的第一道防线。当采用 BI/BD 措施后，监测的燃料量、空气量、给水流量等运行参数中的任一参数依然偏差增大，就需要采取进一步措施，使实际负荷指令减小/增大，直到偏差回到允许的范围内，从而达到缩小故障危害的目的。这就是实际负荷指令的 RU/RD。RU/RD 是机组安全运行的第二道防线。

根据相应的逻辑关系，可以构成 RU/RD 回路。RU/RD 对偏差信号的监视部分与前述 BI/RD 回路的相似，它只是把高/低限监控的定值范围取得更大一些。RU/RD 的逻辑控制信号通过控制图 2-44 中相应的切换器 T 即可实现 RU/RD 功能。

还有一种方案，就是只要有关运行参数与其给定值偏差超越限值（此限值高于 BI/RD 的限值），即对实际负荷指令进行 RU/RD。

从上述分析可以看出，在异常工况时，根据故障的不同情况，对负荷指令做上述相应的处理后，就可得到实际负荷指令。图 2-44 所示为负荷指令处理回路的一种原则性功能框图，它是在图 2-42 所示的正常工况下负荷指令处理原则性方案上，添加了异常工况下相应负荷指令的处理功能。

六、机炉主控制器

单元机组协调控制系统的机炉主控制器提供对锅炉和汽轮发电机组的全面控制，由锅炉主控制器（BM）和汽轮机主控制器（TM）组成，主要用于协调机组负荷控制的内部矛盾，即机组功率响应与主蒸汽压力稳定之间的矛盾。

机炉主控制器的功能主要包括：

（1）接受 LMCC 输出的机组实际负荷需求指令 P_0、机组实发功率 P_E 和机前主蒸汽压力偏差 $\Delta p（\Delta p = p_0 - p_T）$信号，按照选定的基本控制方式（锅炉跟随或汽轮机跟随方式），进行常规的反馈控制运算。

（2）根据机、炉之间能量供需关系的平衡要求，在反馈控制的基础上，引入某种前馈控制，使机、炉之间的能量关系在失去或刚要失去平衡时，及时按照机炉双方的特性采取前馈控制运算，以产生一种限制能量失衡在较小范围内的控制作用。这一功能是协调控制的核心。

（3）根据不同的控制方式和前馈-反馈控制运算结果，发出适应外部负荷需求或满足机组运行要求的锅炉主控指令 P_B 和汽轮机主控指令 P_T，以指挥各子控制系统的运算。

（4）实现不同控制方式（如锅炉跟随、汽轮机跟随、协调控制等方式）之间的切换。控制方式的切换可根据机组的运行状况手动或自动进行。

根据机炉主控制器的设计思想和运行方式的不同，机炉主控制器的控制方式有多种分类方案。下面分别介绍它们的工作原理及主要特点。

（一）以反馈回路分类

以反馈回路分类，有以锅炉跟随为基础的协调控制方式（CCBF）、以汽轮机跟随为基础的协调控制方式（CCTF）和综合型协调控制方式（CORRD）。

1. 以锅炉跟随为基础的协调控制方式

锅炉跟随方式中，汽轮机控制机组输出功率，锅炉控制蒸汽压力。由于机、炉动态特性的差异，锅炉侧对蒸汽压力的控制作用跟不上汽轮机侧调节机组输出功率对蒸汽压力产生的扰动作用。因此，单靠锅炉调节蒸汽压力通常得不到好的控制质量。如果让汽轮机侧在控制机组输出功率的同时，配合锅炉侧共同控制蒸汽压力，就能改善蒸汽压力的控制质量。为此，只需在锅炉跟随方式的基础上，再将蒸汽压力偏差 Δp 通过函数发生器 $f(x)$ 引入汽轮机主控制器，就形成了以锅炉跟随为基础的协调控制方式，如图 2-45 所示。

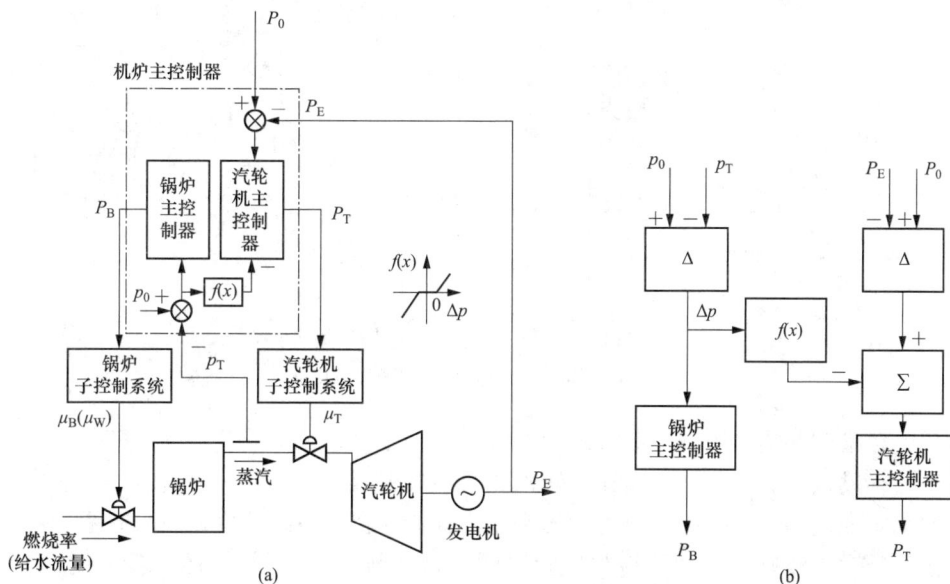

图 2-45　以锅炉跟随为基础的协调控制方式
(a) 控制系统结构示意图；(b) 控制系统原理图

在图 2-45 (a) 中，用虚线围成的矩形框内为机炉主控制器。它输出的锅炉主控指令 P_B 作用于锅炉子控制系统，用以改变燃烧率和给水流量；输出的汽轮机主控指令 P_T 作用于汽轮机子控制系统，即汽轮机数字电液控制系统，用以改变调节阀开度。

2. 以汽轮机跟随为基础的协调控制方式

汽轮机跟随方式中，锅炉控制机组输出功率，汽轮机控制蒸汽压力。用汽轮机调节阀控制主蒸汽压力，几乎没有迟延，故能保持蒸汽压力的稳定；而锅炉的迟延特性使机组输出功率的响应很慢，在负荷指令增加时不但没有利用锅炉的蓄热，还要因压力提高而先增加蓄热，尤其是滑压运行时。如果让汽轮机侧在控制蒸汽压力的同时，配合锅炉共同控制机组输出功率，就可以利用锅炉的蓄热提高机组输出功率的控制质量。为此，只需在汽轮机跟随方式的基础上，再将机组功率偏差信号引入汽轮机主控制器，就形成了以汽轮机跟随为基础的协调控制方式，如图 2-46 所示。

3. 综合型协调控制方式

前述两种协调方式都只实现了"单向"的协调，即仅有汽轮机侧的一个控制量 μ_T 是通过两个被控量的协调控制来进行操作的，而锅炉侧的另一个控制量 μ_B 仍单独由一个被控量来控制。

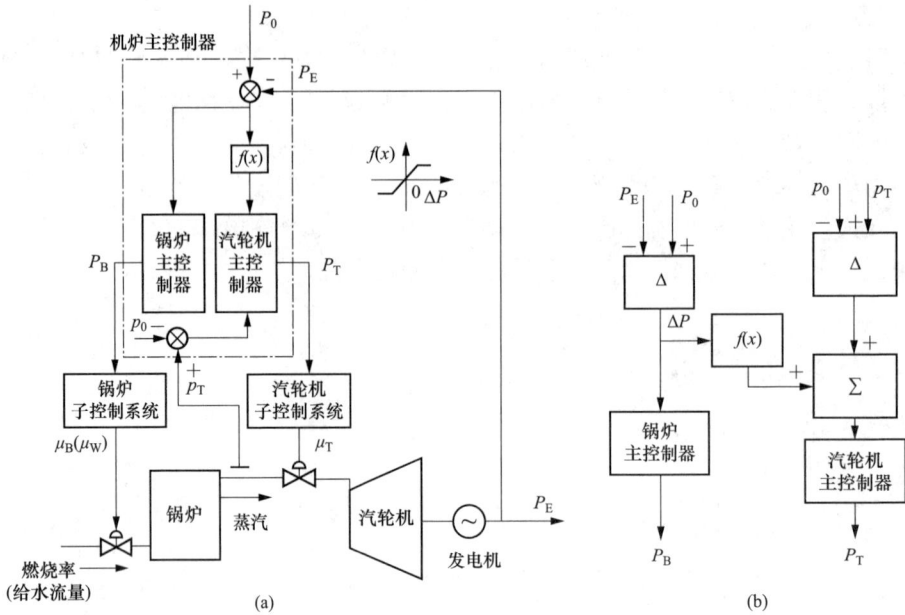

图 2-46　以汽轮机跟随为基础的协调控制方式

(a) 控制系统结构示意图；(b) 控制系统原理图

例如，在锅炉跟随的协调控制方式中，功率偏差是汽轮机主控制器的主信号，压力偏差信号是它的辅助信号。两信号同时作用于汽轮机主控制器，通过改变控制量 μ_T 来实现功率控制。而锅炉燃烧率仅根据压力偏差信号来进行控制，在机组负荷变化时只有锅炉侧被动地维持主蒸汽压力，没有主动地适应机组负荷需求，参与功率控制。机组实际负荷需求指令 P_0 改变时，尽管利用锅炉蓄热能力加速了负荷的响应，但毕竟暂时使机组能量供求失去平衡。如果能同时相应地引入功率信号对锅炉侧进行控制，则显然有利于加强机炉间的协调，进一步提高控制质量。

综合型协调控制方式能够实现"双向"的协调，即任一控制量的动作都要同时考虑两个被控量的要求，协调操作加以控制，如图 2-47 所示。相应地，任一被控量的偏差都是通过机、炉两侧的两个控制量协调动作来消除的。

（二）以能量平衡分类

以能量平衡分类，有直接能量平衡（direct energy balance，DEB）协调控制方式和直接指令平衡（direct instruction balance，DIB）协调控制方式。

1. DEB 协调控制方式

DEB 协调控制实际上也是一种特殊的以锅炉跟随为基础的协调控制，图 2-48 所示为采用 MAX1000 的 DEB-400 协调控制系统的原则性框图。

所谓 DEB，是指锅炉"热量释放"应该和机组"能量需求"相平衡，即

$$p_1 + \frac{\mathrm{d}p_b}{\mathrm{d}t} = p_0 \times \frac{p_1}{p_T} \tag{2-7}$$

式中：$p_1 + \dfrac{\mathrm{d}p_b}{\mathrm{d}t}$ 为热量信号；$p_0 \times \dfrac{p_1}{p_T}$ 称为能量平衡信号，其中压力比$\left(\text{即} \dfrac{p_1}{p_T}\right)$代表了汽轮机的有效阀位，提供了实际调节阀开度的精确值。

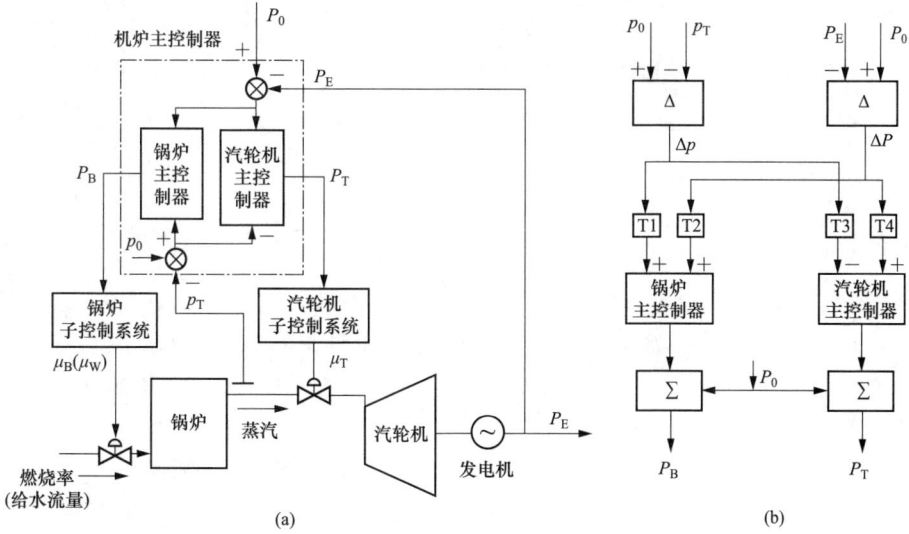

图 2-47 综合型协调控制方式

（a）控制系统结构示意图；（b）控制系统原理图

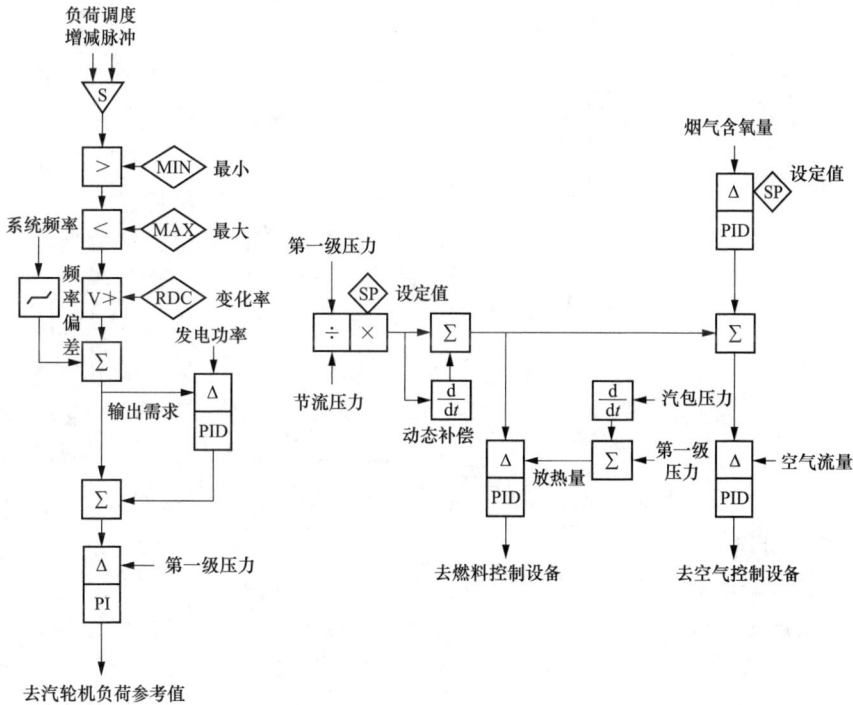

图 2-48 DEB 协调控制系统原则性框图

式（2-7）是 DEB 协调控制系统的核心内容和设计基础。

能量平衡信号 $p_0 \times \dfrac{p_1}{p_T}$ 正确反映了汽轮机对锅炉的能量需求，能适用于任何定压或滑压运行工况，且在任何工况下都能使锅炉输入匹配汽轮机的需求。DEH 系统以该信号作为响应汽轮机能量需求来控制锅炉的燃料、送风、给水等子控制系统。

机炉间的能量平衡，以机前压力（主蒸汽压力）p_T 的稳定为标志。对图 2-48 所示锅炉侧的燃料控制系统，其 PID 控制器的输入信号为

$$e_f = SP - PV = \left(p_0 \times \frac{p_1}{p_T}\right) - \left(p_1 + \frac{dp_b}{dt}\right) = (p_0 - p_T) \times \frac{p_1}{p_T} - \frac{dp_b}{dt} = e_p \times \frac{p_1}{p_T} - \frac{dp_b}{dt} \quad (2\text{-}8)$$

式中：e_p 为机前压力偏差，$e_p = p_0 - p_T$。

对稳态工况，有 $\frac{dp_b}{dt} = 0$，$e_f = 0$，则 $e_p \times \frac{p_1}{p_T} = e_f = 0$。由于 $\frac{p_1}{p_T}$ 不可能为 0，则必然有 $e_p = 0$，即 $p_T = p_0$。所以，DEB 协调控制中的锅炉侧燃料控制器具有保持机前压力等于其给定值的能力，无须再加压力的积分校正，从而消除了带压力校正的串级控制引起的问题。

DEB 系统具有结构简单、负荷响应快、稳定性好、调试整定方便、应用范围广等特点，因而在电厂中得到了广泛的应用。

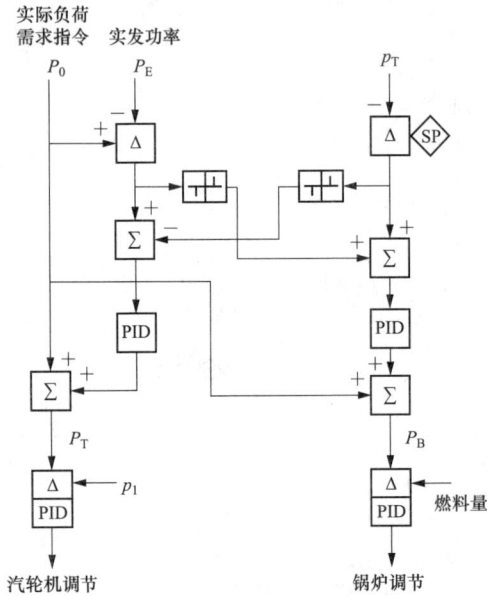

图 2-49　DIB 协调控制系统原理图

2. DIB 协调控制方式

现代火力发电单元制机组在一定的负荷变化范围内，其负荷控制指令与各个子系统的控制指令之间静态地存在着线性（或折线）比例关系。因此，越来越多的协调控制系统采用了 DIB 控制策略，其结构简单，调试整定方便。DIB 协调控制系统原理如图 2-49 所示。

DIB 控制策略采用前馈指令＋闭环校正方式，将单元机组协调控制指令直接送至锅炉主控制器和汽轮机主控制器，这种方式使得锅炉和汽轮机同时获得最快的负荷响应。功率修正和机前压力修正回路作为负荷变化后的滞后校正，使得机组在稳定工况获得准确的设定功率和设定机前压力。一般采用由汽轮机侧对功率回路进行校正，由锅炉侧对蒸汽压力进行校正，而当蒸汽压力偏差过大，锅炉的控制不能及时调整时，则由锅炉和汽轮机共同对蒸汽压力进行控制，保证蒸汽压力偏差不超过允许范围。

七、滑压运行控制

单元机组有定压运行和滑压运行两种方式。定压运行是在维持机前压力不变的条件下，用改变调节阀的开度来改变机组输出功率；滑压运行时，调节阀的开度固定在某一位置，主蒸汽压力随机组负荷指令的变化而变化，机组负荷的变化靠改变汽轮机进汽压力来实现。因为蒸汽的比热容随着压力的降低而减小，变压运行中，当主蒸汽压力随着负荷下降而下降时，在一定的变化范围内主蒸汽温度和再热蒸汽温度可以保持基本不变。这样负荷变化时，汽轮机各级温度可以保持基本不变，从而大大减小了汽轮机各级特别是调节级的热应力和热变形，提高了汽轮机的负荷适应性。所以，目前大型单元机组多采用滑压运行。

滑压运行是建立在机组负荷协调控制之上的一种运行方式。控制系统的结构与定压运行基本相同，主要区别在于定压运行时主蒸汽压力给定值由运行人员手动设定，滑压运行时主蒸汽压力定值随着负荷指令的变化而变化。实际应用时，多采用定压与滑压相结合的定压/

变压复合运行方式。即机组负荷低于某一下限（如 20％～30％额定负荷）或高于某一上限（如 80％～90％额定负荷）时，采用定压方式，而在负荷的上、下限之间则采用滑压运行方式。压力给定值、汽轮机调节阀开度与负荷之间的关系如图 2-50（a）所示。当负荷小于 P_1 时，主蒸汽压力保持为最低值，增大负荷靠开大汽轮机调节阀进行；当负荷在 $P_1 \sim P_2$ 时，采用滑压运行方式，阀门开度固定在适当值，增加负荷靠增加主蒸汽压力来进行；当机组负荷大于 P_2 时，采用定压运行方式，通过改变调节阀开度来控制机组负荷，以增强机组的调频能力。

在低负荷下采用定压运行，对于稳定锅炉的运行是必要的。压力低，机组循环效率下降；压力过低，蒸汽温度也会明显降低。同时，还存在低负荷下燃烧的稳定性问题。尤其是直流锅炉，当变压运行至某一较低负荷时，水冷壁系统压力低，汽水比体积变化较大，水动力特性变差。一旦发生水动力不稳定，则各并列管子中工质的流量会出现很大的差别，管子出口工质的参数也就大不相同。有些管子的出口为饱和蒸汽，甚至为过热蒸汽；另一些管子则为汽水混合物，甚至为水。在同一根管子中也会发生流量时大时小的情况，从而使得水冷壁的冷却条件大大恶化，发生部分水冷壁管超温的现象。同时，压力过低对给水泵的稳定运行也不利。

在高负荷下采用定压运行，对于提高机组负荷的适应性也是必要的。滑压运行虽然改善了汽轮机的热应力和热变形，提高了汽轮发电机组的负荷适应性，但对锅炉侧而言，滑压运行比定压运行惯性更大。因为增加负荷必须先提高蒸汽压力，此时锅炉的蓄热不但不能利用，还因提高压力要新增一部分蓄热，进一步加大了锅炉的迟延时间。因此，对于同一机组，滑压运行的负荷响应速度比定压运行的差。另外，当机组在高负荷区运行时，调节阀开度较大，定压运行的节流损失并不大，尤其是采用喷嘴调节的汽轮机，节流损失更小，故在高负荷段宜采用定压运行。

滑压运行时主蒸汽压力给定值形成回路的原理如图 2-50（b）所示。机组实际负荷需求指令 P_0 经函数发生器 $f(x)$ 形成滑压运行主蒸汽压力定值 p_0'，与汽轮机调节阀开度校正器 PI 的输出叠加后，经上、下限幅，输出主蒸汽压力给定值 p_0，作为协调控制系统的压力定值信号。

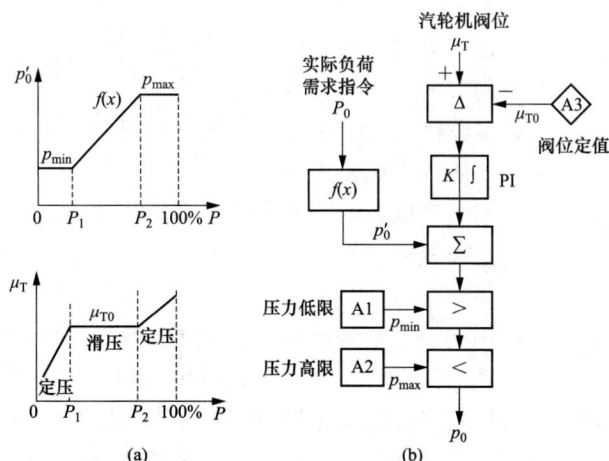

图 2-50　滑压运行时主蒸汽压力给定值形成回路的原理图

（a）各量之间关系图；（b）原理图

　　某 600MW 机组的压力指令运算回路如图 2-51 所示，其主要作用有两个：①选择机组是滑压运行方式还是定压运行方式；②设定主蒸汽压力的给定值。

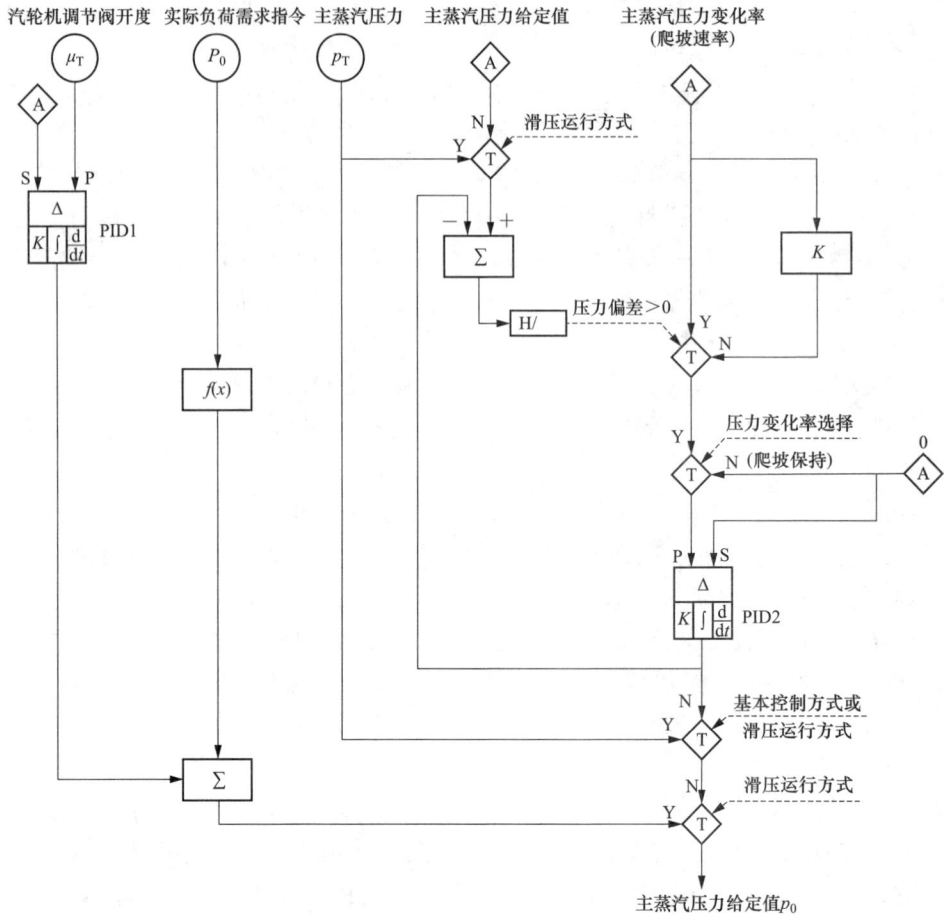

图 2-51　某 600MW 机组的主蒸汽压力指令运算回路

　　由运行人员手动选择滑压运行方式，当发生下列情况时滑压运行方式自动退出：运行人员手动选择定压方式、协调控制方式退出、发生 RD 情况。

　　在机组滑压运行方式时，主蒸汽压力给定值由实际负荷指令经函数发生器后给出，并在主蒸汽压力给定值上加入了调节阀开度校正信号。

　　在机组定压运行方式时，主蒸汽压力给定值由运行人员手动设定，并且给定值需经压力变化速率限制器后作为最终的主蒸汽压力给定值，压力变化速率由运行人员手动设定。

八、AGC

　　电力系统的频率和功率的调整一般是按负荷变动周期的长短及幅度的大小分别进行调整的。对于幅度较小、变动周期短的微小分量，主要是靠单元机组调速系统自动调速完成的，称为一次调频。一次调频由汽轮发电机组本身的控制系统直接调节，因而其响应速度快。但由于调速器存在差异，因此当变化幅度较大且周期较长的变动负荷分量存在时，则要通过改变汽轮发电机组的同步器来实现，即通过平移高速系统的调节静态特性，改变汽轮发电机组的出力来达到调频的目的，称为二次调频。当二次调频由电厂运行人员就地设定时，称为就地手动控制；当二次调频由电网调度中心的能量管理系统（energy management system，EMS）来实现遥控自动控制时，则称为 AGC，如图 2-52 所示。

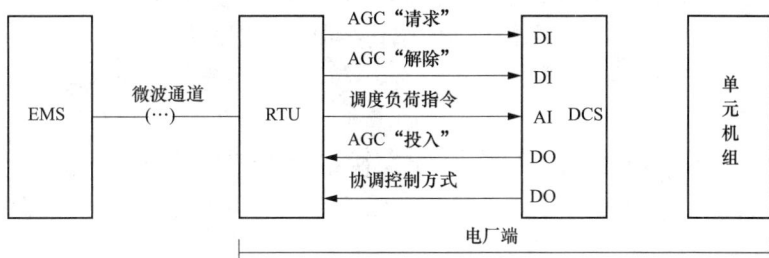

图 2-52　AGC 系统示意图

AGC 系统主要由电网调度中心的 EMS、电厂端的远方终端（remote terminal unit，RTU）和 DCS 的协调控制系统微波通道三部分组成。

实现 AGC 系统的闭环自动控制必须满足以下基本要求：

（1）电厂机组的热工自动控制系统必须以自动方式运行，且协调控制系统必须在"协调控制"方式。

（2）电网调度中心的 EMS、微波通道、电厂端的 RTU 必须都在正常工作状态，并能从电网调度中心的 EMS 的终端 CRT 上直接改变机、炉协调控制系统中的调度负荷指令。机、炉协调控制系统能直接收到从 EMS 下发的要求执行 AGC 的"请求"和"解除"信号、"调度负荷指令"的模拟量信号（标准接口为直流 4～20mA），EMS 能接收到机组协调控制系统的反馈信号、协调控制方式信号和 AGC 已投入信号。

（3）EMS 下达的"调度负荷指令"信号与电厂机组实际出力的绝对偏差必须控制在允许范围内。

（4）机组在协调控制方式下运行，负荷由运行人员设定称为就地控制；接受调度负荷指令，直接由电网调度中心控制称为远方控制。就地控制和远方控制之间的相互切换是双向无扰动的。在就地控制时，调度负荷指令自动跟踪机组实发功率；在远方控制时，协调控制系统的手动负荷设定器的输出负荷指令自动跟踪调度负荷指令。

◤★◥ 任务实施

分析某 600MW 亚临界压力机组负荷管理控制中心、机炉主控制器的结构与控制策略。

任务实施 2-4　分析某 600MW 亚临界压力机组负荷管理控制中心、机炉主控制器的结构与控制策略
微课 2-9　锅炉主控制器实例分析

◤🔍◥ 任务验收

（1）能说出单元机组协调控制系统的控制任务、协调控制系统的基本组成。

（2）能说出单元机组负荷管理控制中心、机炉主控制器的功能。

（3）能分析单元机组负荷控制的控制方式、工作过程及适用对象。

（4）能说出单元机组外部负荷指令与内部负荷指令的差异，能处理单元机组异常工况。

（5）能比较单元机组各协调控制方式的结构组成和控制过程。

（6）能调用控制系统的监控画面，能根据生产现场需要选择合适的负荷控制方式。

任务五　超临界压力机组控制系统分析

学习目标

（1）了解直流锅炉的特点、直流锅炉的控制任务。

（2）熟悉直流锅炉与汽包锅炉的结构差异，以及直流锅炉负荷控制的控制方案。

（3）熟悉直流锅炉给水控制的控制任务及控制方案，明确采用中间点温度的给水控制方案与采用焓值信号的给水控制方案的差异。

（4）理解直流锅炉过热蒸汽温度、再热蒸汽温度的主要影响因素。

（5）掌握直流锅炉过热蒸汽温度、再热蒸汽温度的控制方式及工作过程。

任务描述

能说出直流锅炉的特点、控制任务，以及直流锅炉与汽包锅炉的结构差异；能分析直流锅炉负荷控制的控制方案及工作过程；能比较采用中间点温度的给水控制方案与采用焓值信号的给水控制方案的结构组成、控制过程；明确直流锅炉过热蒸汽温度、再热蒸汽温度的主要影响因素；能调用各控制系统的监控画面，能对各控制系统进行 A/M 操作。

知识导航

超临界压力发电机组是指过热器出口主蒸汽压力超过 22.129MPa 的机组。目前运行的超临界压力机组压力均为 24~25MPa。理论上认为，在水的状态参数达到临界点时（压力22.129MPa，温度 374℃），水的汽化会在瞬间完成，不再有汽、水共存的二相区存在。当压力超临界时，由于饱和水和饱和蒸汽之间的差别已完全消失，在超临界压力下汽包锅炉无法维持自然循环，即汽包锅炉不再适用，因而直流锅炉成为超临界压力机组锅炉的唯一形式。

直流锅炉在工作原理和结构上与汽包锅炉有所不同，因此直流锅炉在运行特性和控制特性上也有不同的特点。

直流锅炉没有汽包，给水变成过热蒸汽是一次完成的，加热段、蒸发段与过热段之间没有明确的界限。任何输入量的变化都会引起各输出量的变化，各系统之间有较强的联系。直流锅炉控制系统的结构与汽包锅炉控制系统的结构有较大的差别。

微课 2-10　直流
锅炉的特点

一、直流锅炉的特点

（1）强制循环。直流锅炉属强制循环锅炉，其结构简图如图 2-53 所示。在锅炉正常负荷下，给水在给水泵压力作用下，经省煤器加热后，通过螺旋水冷壁（下辐射区)、垂直水冷壁以及后水冷壁吊挂管(上辐射区)并加热蒸发,然后经下降管引入折焰角和水平烟道侧墙(图 2-53 中未画出),再引入汽水分离器。从汽水分离器出来的蒸汽再进入一级过热器(对流过热区),然后流经屏式过热器(上辐射区)和末级过热器(对流过热区)后加热成过热蒸汽,送至汽轮机。

(2)各受热面无固定分界点。直流锅炉是由各受热面及连接这些受热面的管道组成的,其汽水流程工作原理示意图如图 2-54 所示。

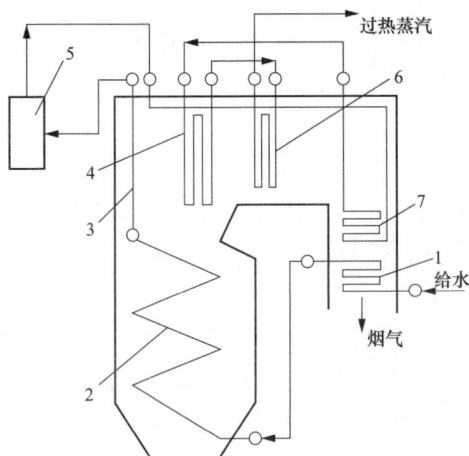

图 2-53 直流锅炉结构简图
1—省煤器;2—螺旋水冷壁;3—垂直水冷壁(和后水冷壁吊挂管);4—屏式过热器(前屏和后屏);5—汽水分离器;6—末级过热器;7——级过热器

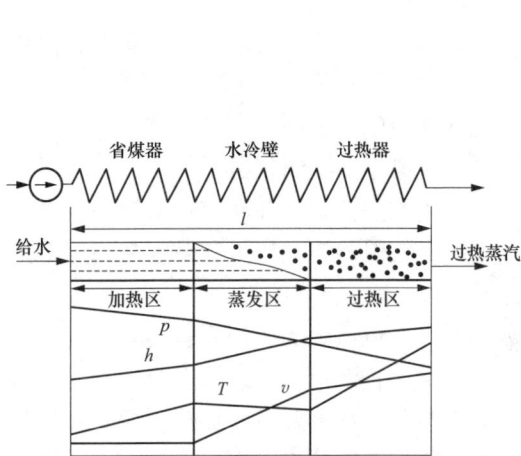

图 2-54 直流锅炉汽水流程工作原理示意图
p—压力;T—温度;h—焓;v—比体积

在正常负荷下,给水泵会强制一定流量的给水进入锅炉内,一次性经历加热、蒸发和过热各段受热面,然后全部转变为过热蒸汽。直流锅炉没有汽包,加热、蒸发和过热三段受热面没有固定分界点,它们的分界点由管道内的工质状态所决定。因此,给水流量、燃料量、给水温度以及汽轮机调节阀开度的变化都会影响三段受热面积的比例,从而影响三段受热面吸热量的分配比例,这对于锅炉出口蒸汽温度的影响很大,而对蒸汽压力和流量的影响方式则较为复杂。

当燃料量增加而给水流量不变时,由于蒸发所需的热量不变,因此加热和蒸发的受热面缩短,蒸发段与过热段之间的分界点向前移动,过热受热面增加,所增加的燃烧热量全部用于使蒸汽过热,过热蒸汽温度将急剧上升。

当给水流量增加而燃料量不变时,由于加热及蒸发段的伸长增加了蒸发,因此蒸发段与过热段之间的分界点向后移动,而过热段的减少,会使过热蒸汽温度下降。

燃料量、给水流量对过热蒸汽温度的影响如图 2-55 所示。

(3)蓄热量小。直流锅炉由于没有汽包,汽水容积小,所用金属也少,因此锅炉蓄热能力显著减小。

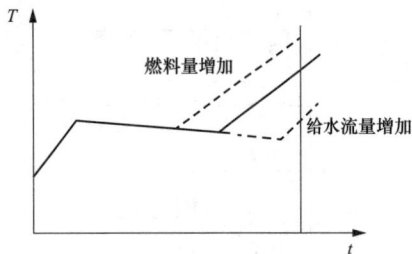

图 2-55 燃料量、给水流量对过热蒸汽温度的影响

由于直流锅炉的蓄热量小,因此对外界负荷扰动比较敏感,在外界负荷变动时,其主蒸汽压

力的波动比汽包锅炉的要剧烈得多，这就给运行和自动控制带来了困难。但对汽包锅炉来说，在外界负荷扰动导致压力下降过快时，会造成下降管中的工质汽化而破坏水循环，因此汽包锅炉对压力变化速度有严格的要求。但在直流锅炉中，工质流动依靠给水泵压力推动，因压力下降而引起的水的蒸发不会阻碍工质的正常流动。因此，直流锅炉允许蒸汽压力有较大的下降速度，这有利于有效地利用锅炉的蓄热能力。在主动变负荷时，由于直流锅炉的热惯性小，其蒸汽流量能迅速变化，所以它在负荷适应性方面比汽包锅炉更快，有利于机组对电网高峰负荷的响应。

（4）对给水品质的要求高。由于没有汽包和汽水分离装置，直流锅炉不能够连续排污，给水带入的盐类除蒸汽带走一部分外，其余部分都将沉积在锅炉的受热面上。因此，直流锅炉对给水品质的要求高。

二、直流锅炉控制任务

直流锅炉的控制任务和汽包锅炉的基本相同，其内容为：①使锅炉的蒸发量迅速适应负荷的需要；②保持蒸汽压力和温度在一定范围内；③保持燃烧的经济性；④保持炉膛压力在一定范围内。

因此，直流锅炉的控制系统也包括给水、燃料、送风、炉膛压力和蒸汽温度等控制系统。但是由于直流锅炉在结构上与汽包锅炉有所不同，因此在具体完成上述控制任务时与汽包锅炉有些差异，主要体现在给水控制和过热蒸汽温度控制方面，而在燃料、送风、炉膛压力和再热蒸汽温度等控制方面原理与汽包锅炉的基本相同。给水控制作为过热蒸汽温度控制的基本手段，是超临界压力锅炉有别于亚临界压力汽包锅炉的显著特征。

三、直流锅炉动态特性

直流锅炉是一个多输入多输出的复杂控制对象，锅炉的燃烧率、给水流量、汽轮机调节阀开度的变化会直接影响主蒸汽压力和主蒸汽温度的稳定。下面分析这几个主要扰动下直流锅炉的动态特性。

微课 2-11　直流锅炉动态特性

（一）燃烧率扰动时的动态特性

正常运行时，进入炉膛的燃料量与风量必须成适当比例，代表这两个成适当比例的变量称为锅炉的燃烧率。燃烧率扰动是锅炉燃料量和风量的扰动，一般可用燃料量 B 代替。燃烧率扰动时，主蒸汽流量 D、过热蒸汽温度 θ、主蒸汽压力 p 的过渡过程曲线可用图 2-56（a）表示。

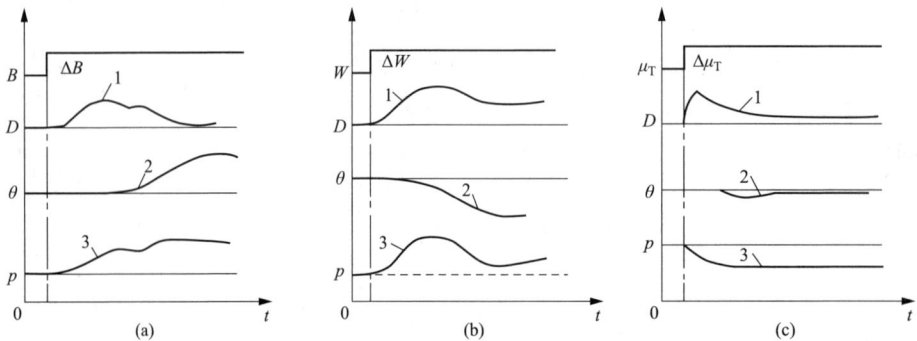

图 2-56　直流锅炉的动态特性
（a）燃烧率扰动；（b）给水流量扰动；（c）负荷扰动

在其他条件不变、燃料量 B 阶跃增加时，蒸发量在短暂延迟后先上升、后下降，最后稳定下来与给水流量保持平衡。因为在扰动刚开始时，炉内热负荷变化，加热段逐步缩短，蒸发段将蒸发出更多的饱和蒸汽，使过热蒸汽流量 D 增大。当蒸发段和加热段的长度减少到与燃料量相适应时，蒸汽流量 D 重新与给水流量相平衡，蒸汽流量 D 趋于稳定，如图 2-56（a）中曲线 1 所示。在这段时间内，蒸发量始终大于给水流量，一部分水容积渐渐为蒸汽容积所取代，锅炉内部的工质存储量不断减少，图 2-56（a）中曲线 1 下的面积即代表锅炉工质减少的数量。

燃料量增加，过热段加长，必然引起过热蒸汽温度升高。但在过渡过程的初始阶段，经燃料量传输和燃烧迟延后，炉内燃烧中心的热负荷急剧增加，蒸发量与燃料发热量近似按比例变化，由于过热器管壁金属储热所起的延缓作用，因此过热蒸汽温度要经过一段迟延后才逐渐上升。当燃料燃烧的发热量与蒸汽带走的热量平衡时，过热蒸汽温度趋于稳定，如图 2-56（a）中曲线 2 所示。

主蒸汽压力如图 2-56（a）中曲线 3 所示，在短暂延迟后逐渐上升，最后稳定在较高的水平。最初的上升是由于蒸发量的增大，后来压力上升是因为在蒸汽温度升高、蒸汽容积增大、汽轮机调节阀开度不变的情况下，蒸汽流速增大，进而使流动阻力增大。实际上，为维持给水流量不变，给水压力比扰动前要高。

燃烧率提高使加热段和蒸发段缩短，过热段加长，过热蒸汽温度经迟延后上升，是燃水比提高的反映。蒸汽温度上升的同时锅炉金属温度也上升，锅炉蓄热增加。

（二）给水流量扰动时的动态特性

给水流量 W 扰动时，主蒸汽流量 D、过热蒸汽温度 θ、主蒸汽压力 p 的过渡过程曲线可用图 2-56（b）表示。给水流量 W 阶跃增加时，由于受热面热负荷未变化，故一开始锅炉的加热段和蒸发段都要伸长，从而推出部分蒸汽，使蒸汽流量增加，最终等于给水流量。随着蒸汽流量的逐渐增大和过热段的减小，过热蒸汽温度逐渐降低。但在蒸汽温度降低时金属放出蓄热，对蒸汽温度的变化速度有一定的减缓作用。故过热蒸汽温度经延时后下降，这显然是燃水比降低的反映。主蒸汽压力开始时由于给水压力的提高和蒸汽流量的增加而提高，但后来由于给水流量增加导致过热蒸汽温度下降，容积流量下降，主蒸汽压力又有所下降。实际蒸汽的容积流量比扰动前增加不多，所以主蒸汽压力保持在比初始值稍高的水平。

由图 2-56（b）可以看出，当给水流量扰动时，蒸发量、蒸汽温度和蒸汽压力的变化都存在迟延。这是因为自扰动开始，给水从入口流动到加热段末端时需要一定的时间，所以蒸发量产生迟延。蒸发量的迟延又引起蒸汽压力和蒸汽温度的迟延。

（三）负荷扰动时的动态特性

在机组运行过程中，外界负荷需求的变化一般是用汽轮机调节阀开度的变化来反映的。在调节阀开度扰动下，主蒸汽流量 D、过热蒸汽温度 θ、主蒸汽压力 p 的过渡过程曲线可用图 2-56（c）表示。

当汽轮机调节阀阶跃增大时，蒸汽流量立即增加。过热器出口压力 p 一开始有较大的下降趋势。随着蒸汽压力的下降，饱和温度下降，锅炉工质"闪蒸"，金属释放蓄热，从而产生附加蒸发量，抑制蒸汽压力的下降。随后，蒸汽流量因蒸汽压力的降低而逐渐减少，最终与给水流量相等，保持平衡。同时蒸汽压力降低的速度也趋缓，最后达到稳定值。

汽轮机调节阀开大减小了汽轮机侧的流动阻力，主蒸汽压力稳定在较扰动前低的水平。

若燃料量和给水流量未变，过热蒸汽的焓值未变，过热蒸汽温度随压力的下降会略有下降。

实际上，若给水压力不变，由于蒸汽压力降低，给水流量是会自发增加的。这样，稳定后给水流量和蒸汽流量会有所增加。在燃料量不变的情况下，这意味着单位工质吸热量必定减小，过热蒸汽温度必然会明显下降。

从上面的分析可以看出：

（1）单独改变燃烧率或给水流量时，动态过程中对蒸汽流量、蒸汽温度、蒸汽压力都有显著影响，尤其是对蒸汽温度的影响更加突出。蒸汽温度变化的特点是具有很长的迟延时间和很大的变化幅度。若等到蒸汽温度已经明显变化后再用改变燃烧率或改变给水流量的方法进行蒸汽温度控制，必然引起严重超温或蒸汽温度大幅下跌。因此，在变负荷过程中，给水流量必须与燃料量以适当比例协调动作。

（2）过热蒸汽温度对燃料量和给水流量扰动都有很大的迟延，为了稳定蒸汽温度，必须有提前反映燃料量和给水流量扰动的蒸汽温度信号。燃水比改变后，汽水流程中各点工质焓值都随之改变，离锅炉末级过热器出口越近，变化越大，同时迟延也越大。因此，锅炉末级过热器出口蒸汽温度虽然可以反映燃水比的变化，但由于迟延很大（通常为400s左右），因此不宜以此作为燃水比的校正信号，即不能采用改变燃料量或给水流量的方法来直接控制锅炉末级过热器出口过热蒸汽温度。因此，一般选择锅炉受热面中间位置某点的蒸汽温度（称为中间点温度）作为燃水比是否适当的校正信号。在超临界压力锅炉中，一般取汽水分离器出口蒸汽温度作为中间点温度。燃水比变化之后，中间点蒸汽温度变化的迟延（通常小于100s）比过热蒸汽温度变化的迟延要小得多，这对于稳定过热蒸汽温度、提高锅炉控制过程品质是非常重要的。

（3）负荷扰动时，蒸汽压力的变化没有迟延，变化很快，且变化幅度较大。这是因为直流锅炉没有汽包，蓄热能力小。若给水流量能保持不变，负荷扰动时蒸汽温度的变化就比较小。

四、直流锅炉负荷控制

从单元机组负荷控制系统来看，由直流锅炉的动态特性可知，单独改变燃料量（燃烧率）或给水流量对主蒸汽压力、机组功率、蒸汽流量和过热蒸汽温度都有显著影响。因此，为了既保持能量平衡，又保持物质平衡，在直流锅炉负荷控制时，需要燃料量（燃烧率）和给水流量协调变化。

此外，当把单独改变燃料量或给水流量作为锅炉的负荷调节手段时，会使过热蒸汽温度发生明显的变化。因此，当负荷改变时，从避免过热蒸汽温度波动的角度来看，也需使燃料量（燃烧率）和给水流量保持适当的比例。

在单元机组负荷控制中，直流锅炉子控制系统中参与负荷控制的主要是燃料控制系统和给水控制系统，这两个子控制系统的协调配合与正确动作，会使锅炉出力满足负荷要求，也会使过热蒸汽温度基本稳定。由于燃料量和给水流量的变化都会对机组功率（或主蒸汽压力）产生明显影响，所以直流锅炉就存在着下面几种不同的负荷控制原则性方案。

第一种控制方案如图2-57所示。锅炉主控指令 P_B 送入给水控制器调节给水流量，给水流量经函数发生器 $f(x)$ 给出相应给水流量下的燃料量需求值。因此，燃料控制系统是根据给水流量来调节燃料量，以保证燃料量和给水流量的合理配比，实现调节负荷的同时维持过热蒸汽温度的基本稳定，即负荷控制采用"煤跟水"的调节方式。

第二种控制方案如图2-58所示。锅炉主控指令 P_B 送入燃料控制器调节燃料量，燃料量

经函数发生器 $f(x)$ 给出给水流量的需求值。因此，给水控制系统是根据燃料量来调节给水流量，以保证燃料量和给水流量的合理配比，实现调节负荷的同时维持过热蒸汽温度的基本稳定，即负荷控制采用"水跟煤"的调节方式。

上述两种控制方案均没有考虑过热蒸汽温度对燃料量和给水流量的动态响应时间的差异，实际上燃料量扰动时的过热蒸汽温度动态响应时间大于给水流量扰动时的过热蒸汽温度动态响应时间，因此在锅炉变负荷过程中，上述两种控制方案都会造成燃水比的动态不匹配，从而使得过热蒸汽温度波动大。为此，需对锅炉主控指令 P_B 进行动态校正，以保证燃料量和给水流量的动态匹配，其控制方案如图 2-59 所示。锅炉主控指令 P_B 不仅送入燃料控制器，还经迟延环节 $f(t)$ 后再经过函数发生器 $f(x)$ 送到给水控制器中，增加滞后环节 $f(t)$ 以实现锅炉主控指令 P_B 的时间延迟，以补偿过热蒸汽温度对燃料响应上的时间滞后。由于燃料量是锅炉主控指令 P_B 的函数，因此函数发生器 $f(x)$ 间接地确定了燃水比。这样当锅炉主控指令 P_B 改变时，燃料量调节先动作，给水流量调节动作滞后于燃料量，通过选择合适的滞后时间，就能使燃料与给水控制系统在完成锅炉负荷控制的同时，减小对过热蒸汽温度的影响。其动态校正效果如图 2-60 所示。该控制方案是目前多数超临界压力机组所采用的一种燃料-给水控制原则性方案。

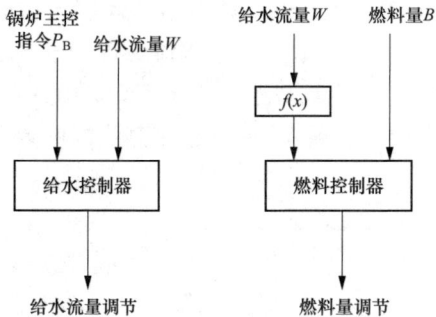

图 2-57　直流锅炉负荷控制方案之一

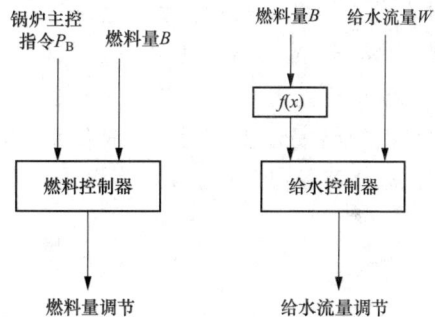

图 2-58　直流锅炉负荷控制方案之二

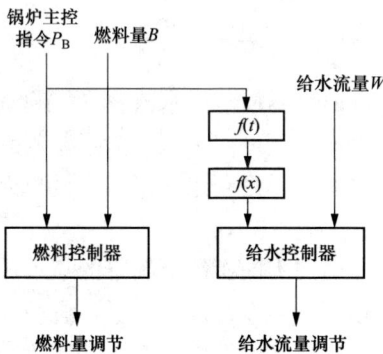

图 2-59　常用直流锅炉负荷控制方案

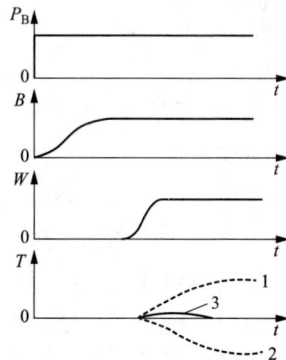

图 2-60　燃水动态校正图

1—燃料量变化时过热蒸汽温度的变化曲线；

2—给水流量变化时过热蒸汽温度的变化曲线；

3—过热蒸汽温度的实际变化曲线

五、直流锅炉给水控制

超临界压力发电机组给水控制系统的主要任务是以汽水分离器出口温度（中间点温度，也称微过热温度）或焓值作为表征量，保证给水流量与燃料量的比例不变，满足机组不同负荷下给水流量的要求。

超临界压力机组通常采用调节给水流量来实现燃水比控制的控制方案。在燃水比控制中，燃水比的失衡会影响过热蒸汽温度，但不能使用过热蒸汽温度作为燃水比的反馈信号。因为过热蒸汽温度对给水流量扰动有很大的迟延，若等到过热蒸汽温度已经明显变化后再调节给水流量的话，必然会使过热蒸汽温度严重超温或大幅降温，因此必须要有一个能快速反映燃水比失衡的反馈信号。

（一）采用中间点温度的给水控制方案

燃水比改变后，汽水流程中各点工质焓值和温度都随之改变，可选择锅炉受热面中间位置某点蒸汽温度作为燃水比是否适当的反馈信号。因为中间点温度不仅变化趋势与过热蒸汽温的变化趋势一致，而且滞后时间比过热蒸汽温度的滞后时间要小得多，这对于稳定过热蒸汽温度、提高锅炉燃水比的调节品质是非常重要的。而且中间点温度过热度越小，滞后越小，也就越靠近汽水行程的入口，温度变化的惯性和滞后越小。采用内置式汽水分离器的超临界压力机组，一般取汽水分离器出口蒸汽温度作为中间点温度来反映燃水比。

图 2-61 所示为直流锅炉的喷水减温示意图，给水流量 W 一般是指省煤器入口给水流量，减温水流量 W_j 是指过热器一、二级减温水流量之和。锅炉总给水流量等于给水流量加上减温水流量再减去汽水分离器疏水量。改变给水流量 W 和减温水流量 W_j 都会影响过热蒸汽温度，因此通常通过改变锅炉总给水流量来改变给水流量 W 进行过热蒸汽温度粗调，通过改变减温水流量 W_j 进行过热蒸汽温度细调。

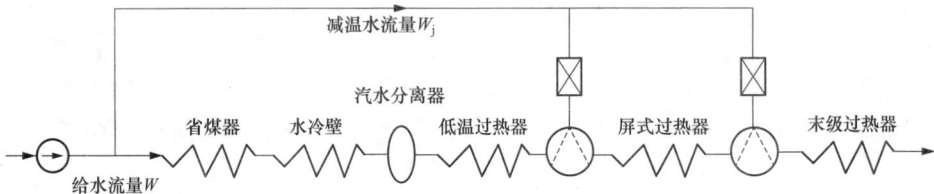

图 2-61　直流锅炉的喷水减温示意图

当由于燃水比失调而引起蒸汽温度变化时，仅依靠调节减温水流量来控制蒸汽温度会使减温水流量大范围变化，有时会超出减温器的减温水流量可调范围。为了避免因燃水比失衡而导致减温水流量变化过大，超出减温水流量可调范围，可利用减温水流量与锅炉总给水流量的比值（喷水比）来对燃水比进行校正。

用喷水比校正燃水比的原则是：根据设计工况确定不同机组负荷下的喷水比，当实际喷水比偏离给定值时，说明是由于燃水比失调使过热蒸汽温度过高或过低，进而导致实际喷水比偏离给定值。这时不能仅依靠调节减温水流量来控制蒸汽温度，而应利用喷水比偏差来修改锅炉总给水流量，也就是进行燃水比校正，进而通过改变给水流量 W 来调节蒸汽温度。

图 2-62 所示为 600MW 机组给水控制基本方案。控制系统采用中间点温度和喷水比来校正燃水比，并通过调节锅炉总给水流量来实现燃水比的控制，从而达到过热蒸汽温度粗调的目的。

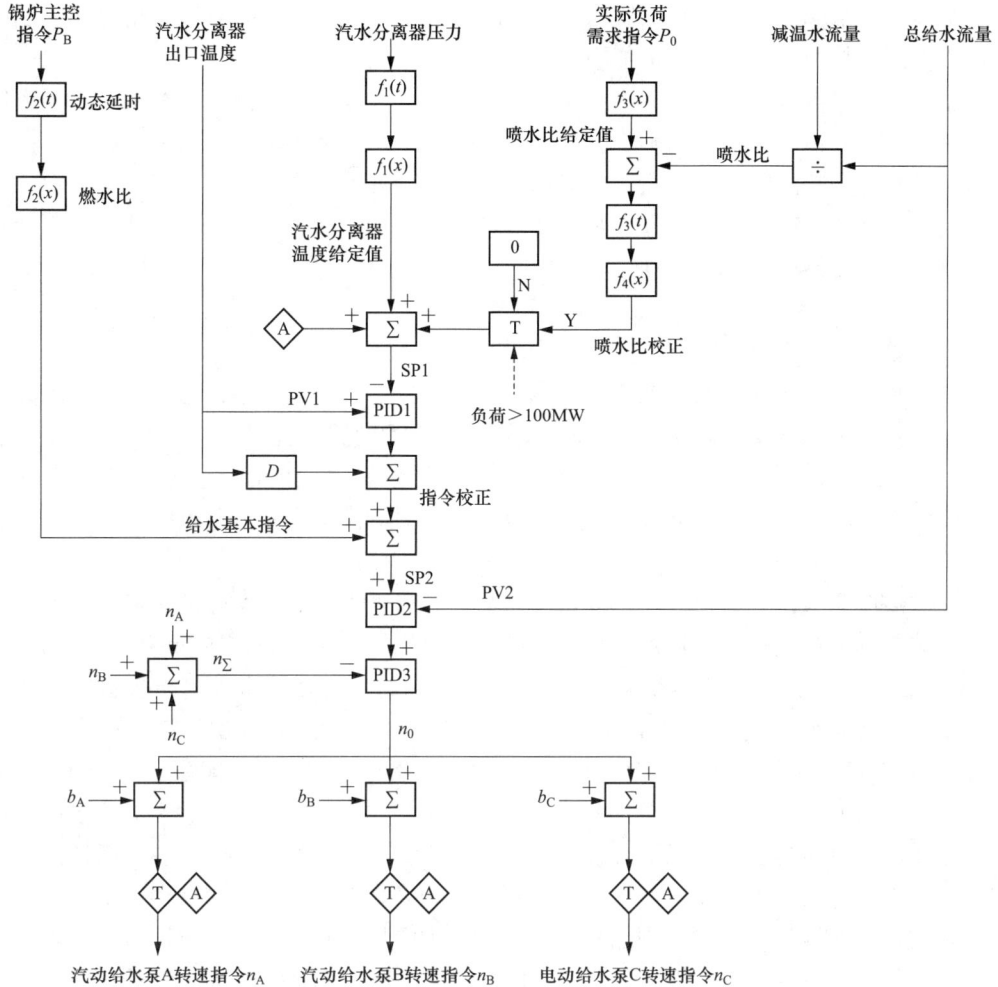

图 2-62　采用中间点温度的给水控制基本方案

图 2-62 所示为一个前馈-串级控制系统。其中，副控制器 PID2 输出给水流量控制指令，通过控制给水泵的转速使得锅炉总给水流量等于给水给定值，以保持合适的燃水比；主控制器 PID1 以中间点温度为被控量，其输出按锅炉主控指令 P_B 形成的给水流量基本指令进行校正，以控制锅炉中间点蒸汽温度在适当范围内。控制系统可分为两大部分，即给水流量指令形成回路和给水泵转速控制回路。这里重点分析给水流量指令形成回路。

锅炉总给水流量给定值 SP2 是由给水基本指令和主控制器 PID1 输出的校正信号两部分叠加而成的。

锅炉主控指令 P_B 作为前馈信号，经动态延时环节 $f_2(t)$ 和函数发生器 $f_2(x)$ 后给出给水流量基本指令，以使燃水比协调变化。其中，$f_2(t)$ 是补偿燃料量和给水流量对水冷壁工质温度的动态特性差异。由于燃料制粉过程的迟延以及燃料燃烧发热与热量传递的迟延，因此给水流量对水冷壁工质温度的影响要比燃料量要快得多，增负荷时应先加燃料，经 $f_2(t)$ 延时后再加水，以防止给水增加过早使水冷壁工质温度下降。锅炉主控指令 P_B 经 $f_2(x)$ 给出不同负荷下的给水流量需求，由于燃料量也是锅炉主控指令 P_B 的函数，所以 $f_2(x)$ 实际上是间接地确定燃水比。这样，当锅炉指令变化时，给水流量和燃料量可以粗略地按一定比例变化，以控制过热蒸汽温度在一定范围内。

校正信号是以汽水分离器蒸汽温度作为中间点温度来修正给水流量基本指令。校正信号由主控制器 PID1 输出的反馈控制信号和微分器 D 输出的前馈控制信号组成，前者根据汽水分离器蒸汽温度和它的给定值之间的偏差运算得到，后者是汽水分离器蒸汽温度的微分。前馈信号起动态补偿作用，当燃料的发热量等因素发生变化，如发热量上升使汽水分离器蒸汽温度上升时，微分器 D 的输出增加，提高给水流量给定值，使给水流量增加，以稳定中间点温度。

中间点温度的给定值由以下三部分组成：

（1）汽水分离器压力信号经函数发生器后给出汽水分离器温度给定值的基本部分。其中，$f_1(t)$ 是为消除汽水分离器压力信号的高频波动而设置的滤波环节。当机组负荷小于100MW 时，函数发生器 $f_1(x)$ 的输出为汽水分离器压力对应的饱和温度；当机组负荷大于 100MW 后，函数发生器 $f_1(x)$ 的输出为汽水分离器压力对应的饱和温度，并加上适当的过热度。

（2）过热器喷水比的修正信号。过热器喷水比的修正信号是由实际的过热器喷水比与其给定值的偏差计算得到的。过热器喷水比的给定值由机组实际负荷需求指令 P_0 经函数发生器 $f_3(x)$ 给出，是根据设计工况（或校正工况）下一、二级减温水总量与机组负荷的关系计算得到的。滤波环节 $f_3(t)$ 用于消除过热器喷水比信号的高频波动。为防止修正信号动态波动较大引起汽水分离器的干、湿切换，喷水比修正作用不能太强，通过图 2-62 中 $f_4(x)$ 对其修正的幅度和变化率进行限制。当喷水比大于 $f_3(x)$ 给出的给定喷水比时，就意味着过热蒸汽温度高于设计工况（或校正工况）值。此时，为了将蒸汽温度降低到设计工况（或校正工况）的水平，需提供一个负的修正值，以降低中间点温度的给定值 SP1。喷水比大于给定值时 SP1 减小，SP1 减小导致主控制器 PID1 输出增加，从而提高了锅炉总给水流量的给定值 SP2。通过增加给水流量，可使蒸汽温度恢复到正常范围，使过热器喷水保持在合适的流量范围内。系统的喷水比修正只在机组的负荷大于 100MW 后才起作用，当机组的负荷小于 100MW 时，中间点温度给定值仅仅是汽水分离器压力的函数。

（3）为了便于运行人员根据机组运行情况调整中间点温度，系统还设置了手动偏置。可见，给水流量串级控制系统的主控制器 PID1 的作用是根据中间点温度与其给定值的偏差进行 PID 运算，其输出为锅炉总给水流量基本指令的校正值，以校正燃水比、稳定中间点温度，实现过热蒸汽温度粗调。当实际运行工况偏离设计工况，如燃料的品质发生变化或燃水比失调使中间点温度偏离给定值时，可通过改变锅炉总给水流量来改变燃水比，以稳定中间点温度。副控制器 PID2 根据锅炉总给水流量的测量值 PV2 与给定值 SP2 的偏差进行 PID 运算，其输出作为给水流量控制指令，调节给水泵转速以满足机组负荷变化对锅炉总给水流量的需求。

给水泵转速控制回路中，泵总转速指令 n_Σ 为汽动给水泵 A 的转速指令 n_A、汽动给水泵 B 的转速指令 n_B 和电动给水泵 C 的转速指令 n_C 之和。给水流量控制指令与泵总转速指令 n_Σ 的偏差送到控制器 PID3 中，利用控制器 PID3 的积分作用，使泵总转速指令 n_Σ 等于给水流量控制指令。这样当某台泵的偏置增加（或减少）时，其对应的泵转速指令也相应增加（或减少）。由于给水流量控制指令未变，积分作用使泵公用转速指令 n_0 和其他泵转速指令减少（或增加），最终使泵总转速指令 n_Σ 保持不变，以维持锅炉总给水流量不变。

（二）采用焓值信号的给水控制方案

当给水流量或燃料量扰动时，汽水流程中各点工质焓值都随之改变，且焓值变化方向与给水流量或燃料量变化方向一致，所以可采用焓值来反映燃水比变化。目前多采用汽水分离器出口过热蒸汽的焓值信号，其原因除了汽水分离器出口焓值（中间点焓值）能快速反映燃水比外，还在于汽水分离器出口过热蒸汽为微过热蒸汽，微过热蒸汽焓值比汽水分离器出口微过热蒸汽温度在反映燃水比的灵敏度和线性度方面具有明显的优势。当机组负荷大范围变化时，工质压力也将在超临界到亚临界的广泛范围内变化。由水和蒸汽的热力特性可知，其焓值-压力-温度之间为非线性关系，蒸汽的过热温度越低，焓值-压力-温度之间关系的非线性度越强，特别是在亚临界压力下的饱和区附近，这种非线性度更强。在过热温度低的区域，当增加或减少同等给水流量时，焓值变化的正负向数值大体相等，但微过热蒸汽温度的正负向变化量则明显不相等。如果微过热蒸汽温度低到接近饱和区，则焓值/温度斜率大，说明给水流量扰动可引起焓值的显著变化，但温度变化却很小。因此，用微过热蒸汽焓值作为燃水比反馈信号可保证燃水比的调节精度和更好的调节性能。

图 2-63 所示为采用焓值信号的给水控制基本方案。该控制方案与图 2-59 所示的控制方案有许多相似之处，锅炉主控指令 P_B 作为前馈信号经函数发生器 $f_1(x)$ 和动态延时环节 $f_1(t)$ 后，给出一个给水流量基本指令。控制系统根据汽水分离器出口焓值偏差及一级减温器前后温差偏差形成燃水比校正信号，对给水流量基本指令进行校正，以确保合适的燃水比。

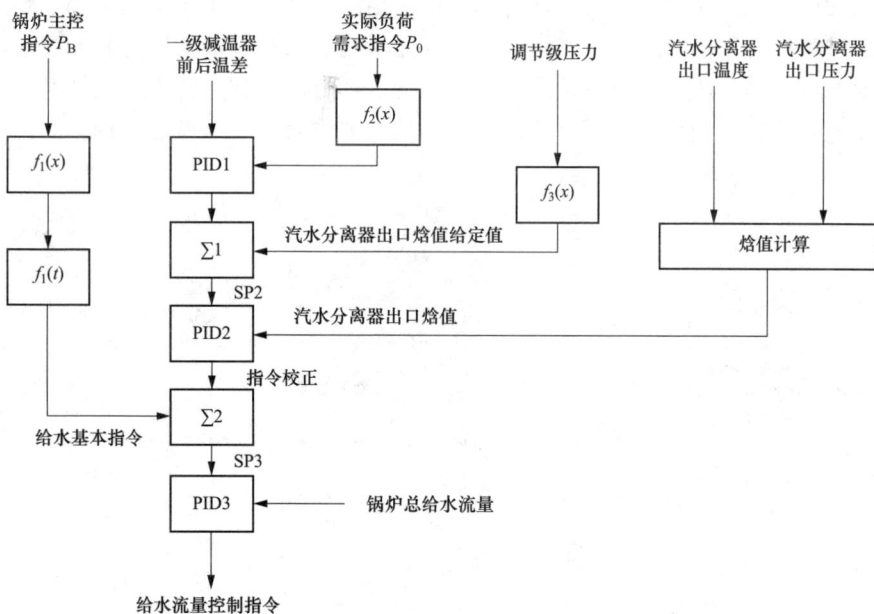

图 2-63　采用焓值信号的给水控制基本方案

机组实际负荷需求指令 P_0 经函数发生器 $f_2(x)$，给出相应负荷下适量减温水流量条件的一级减温器前后温差给定值。当由于各种原因使得实际的一级减温器前后温差偏离给定值时，如果不改变燃水比的话，就意味着各级减温水流量变化较大，有时会超出减温水流量可调范围，因此需用一级减温器前后温差的偏差去修正燃水比，调整后的燃水比将使一级减温器前后温差稳定在温差给定值。引入一级减温器前后温差信号，可将调整燃水比与喷水减温两种控制手段协调起来，使一级减温喷水调节阀工作在适中位置和有适量的减温水流量，以达到用喷水减温控制蒸汽温度的目的。由于给水流量对蒸汽温度的影响较大且滞后也较大，一级减温器前后温差对燃水比的校正作用也相对缓慢，所以控制器 PID1 输出的校正信号变化不能太剧烈，否则会使蒸汽温度的波动较大。

代表锅炉负荷的汽轮机调节级压力信号经函数发生器 $f_3(x)$，给出不同负荷下的汽水分离器出口焓值给定值。焓值给定值加上 PID1 输出的校正信号构成给定值 SP2，由汽水分离器出口压力和温度经焓值计算模块算出汽水分离器出口焓值。该出口焓值与给定值 SP2 的偏差经控制器 PID2 进行 PID 运算后作为校正信号，对给水基本指令进行燃水比校正。控制器 PID3 的给定值 SP3 是由锅炉主控指令 P_B 给出的给水流量基本指令加上控制器 PID2 输出的校正信号构成的。控制器 PID3 根据锅炉总给水流量与流量给定值 SP3 的偏差进行 PID 运算，输出作为给水流量控制指令调节给水泵转速，以满足机组负荷变化对锅炉总给水流量的需求。

六、直流锅炉蒸汽温度控制

直流锅炉过热蒸汽温度的控制采用燃水比粗调（调中间点温度/中间点焓值）、喷水减温细调的方式。其喷水减温控制原理与汽包锅炉过热蒸汽温度的控制原理基本相同。

如图 2-64 所示，该过热器喷水减温系统分别设置一级、二级喷水减温器，每级喷水减温器分 A、B 两侧布置，蒸汽经过 A、B 两侧末级过热器后分别进入出口汇集集箱，最后通过一根蒸汽管道进入汽轮机高压缸。通过 A、B 两侧一级减温水流量来调节 A、B 两侧屏式过热器的出口蒸汽温度，通过 A、B 两侧二级减温水流量来调节 A、B 两侧末级过热器的出口蒸汽温度。对于 A、B 两侧的一级减温来说，由于其出口均有温度测点，且温度设定值可相互单独设定，故其控制系统可设计为两套独立的控制方案。二级减温同理。

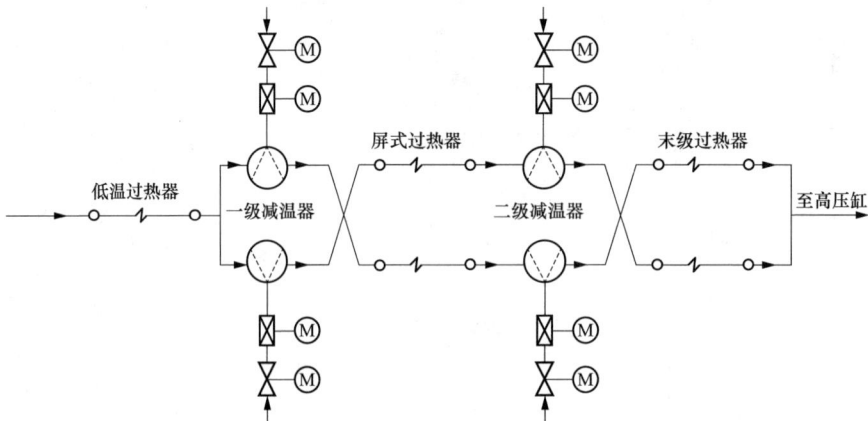

图 2-64 过热器喷水减温工艺流程简图

图 2-65 所示系统为前馈-串级控制结构。二级减温器入口温度与二级减温器出口温度的温差信号作为系统主参数，主控制器 PID1 的输出加上经过动态校正环节 $f_1(t)$ 后的燃烧器

摆角指令以及经过动态校正环节 $f_2(t)$ 后的总风量信号作为副控制器 PID2 的给定值，过热器一级减温器出口温度为系统的副参数。副控制器 PID2 的输出为一级减温水流量指令，去调节一级喷水减温调节阀开度，从而改变一级减温水流量。

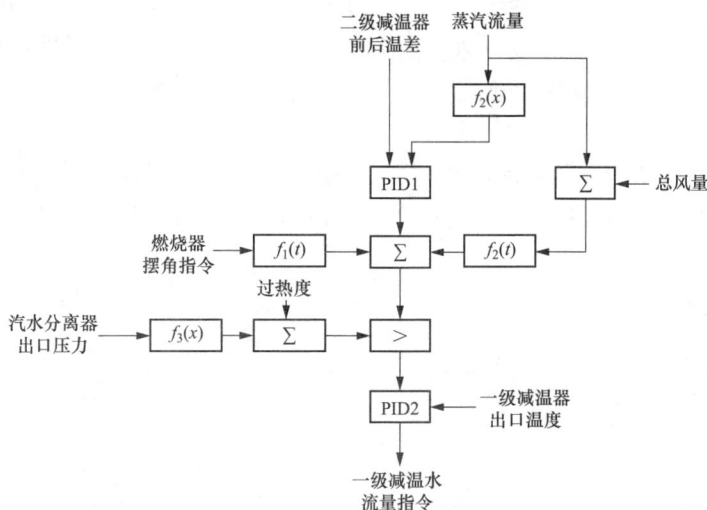

图 2-65 一级喷水减温控制方案

采用二级减温器前后温差作为系统主参数进行控制，主要是因为机组二级减温器前的过热器为屏式过热器，二级减温器后的末级过热器为对流过热器，这两种过热器的温度特性相反，如当负荷增加时，前者出口温度将下降，后者出口温度则上升。若此时减少一级减温水流量，将恶化二级喷水减温的调控能力，从而可能导致末级过热器出口温度超温。因此，主控制器 PID1 的任务就是维持二级减温器前后温差为蒸汽流量的函数 $f_2(x)$，使二级减温器前后温差随负荷（蒸汽流量）而变化。函数 $f_2(x)$ 可防止负荷增加时一级喷水量的减少和二级喷水量的大幅度增加，确保一级喷水量与二级喷水量相差不大，从而保证了一、二级喷水减温控制系统的控温能力。

燃烧器摆角指令、蒸汽流量和总风量经动态校正处理后，作为前馈量加到主控制器的输出端。其目的是当再热蒸汽温度调节或负荷变化引起烟气侧热量扰动时，及时调整减温水流量，消除扰动对过热蒸汽温度的影响，减小过热蒸汽温度的波动。

为了避免过多喷水，保证机组的经济性和安全性，由汽水分离器出口压力经函数发生器 $f_3(x)$ 计算出一级减温器出口饱和温度，再加上相应的过热度后作为一级喷水减温控制的最低温度限制值。当主控制器 PID1 的输出加上相应的前馈信号低于最低温度限制值后，由图 2-65 中的大值选择器选择最低温度限制值作为副控制器 PID2 的给定值来控制一级减温器出口温度。

图 2-66 所示为二级喷水减温控制方案（又称末级过热蒸汽温度控制系统）。该方案与一级喷水减温控制方案在结构上完全一样，为前馈-串级控制结构。末级过热器出口温度为主参数；主控制器 PID1 的输出加上经过动态校正环节 $f_1(t)$ 后的燃烧器摆角指令以及经过动态校正环节 $f_2(t)$ 后的总风量信号作为副控制器 PID2 的给定值；末级过热器入口蒸汽温度为系统的副参数。副控制器 PID2 的输出为二级减温水流量指令，以此去调节二级喷水减温

调节阀开度，调节二级减温水流量。

为了防止末级过热器入口蒸汽温度过低而导致蒸汽带水，在二级喷水减温控制系统中设置了过热度保护。根据末级过热器出口压力经函数发生器 $f_3(x)$ 计算出末级过热器入口蒸汽的饱和温度，加上一定的过热度（10℃左右）后作为末级过热器入口蒸汽温度保护值。当主控制器 PID1 的输出加上相应的前馈信号低于保护值时，由大值选择器选择保护值作为副控制器 PID2 的给定值控制末级过热器入口蒸汽温度，避免末级过热器入口蒸汽带水，影响机组安全运行。

设置燃烧器摆角指令、蒸汽流量和总风量等前馈信号的作用是当再热蒸汽温度调节或负荷变化引起烟气侧热量扰动时，及时调整减温水流量，消除扰动对过热蒸汽温度的影响。

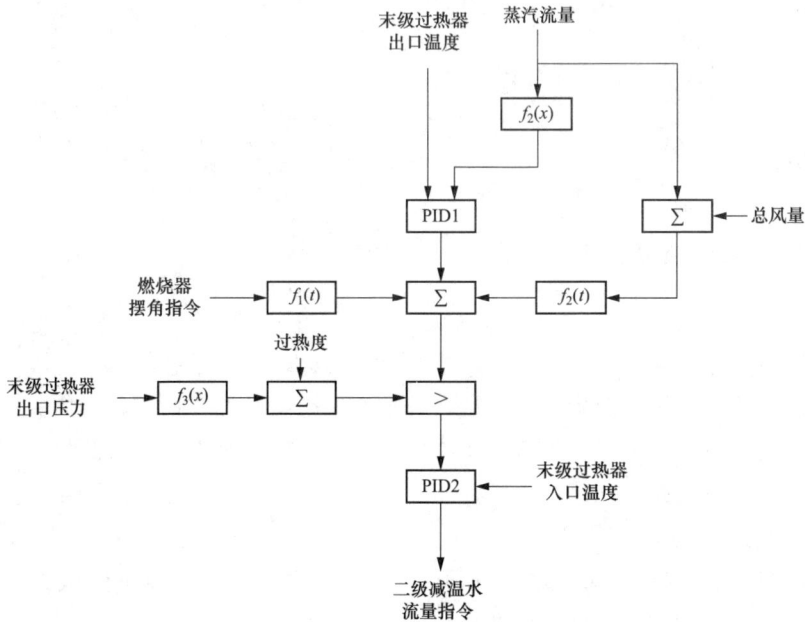

图 2-66　二级喷水减温控制方案

任务实施

分析某 600MW 超临界压力机组给水控制系统、过热蒸汽温度控制系统的结构组成及工作过程。

任务实施 2-5　分析某 600MW 超临界压力机组给水控制系统、过热蒸汽温度控制系统的结构组成及工作过程

微课 2-12　600MW 超临界压力机组给水控制方案分析

任务验收

（1）能说出直流锅炉的特点、控制任务，以及直流锅炉与汽包锅炉的结构差异。

（2）能说明直流锅炉负荷控制、给水控制的控制任务及控制方案。

（3）能比较直流锅炉采用中间点温度的给水控制方案与采用焓值信号的给水控制方案的结构组成、控制过程。

（4）能说明直流锅炉过热蒸汽温度、再热蒸汽温度的主要影响因素。

（5）能分析直流锅炉过热蒸汽温度、再热蒸汽温度的控制方式及工作过程。

（6）能调用各控制系统的监控画面，能对各控制系统进行 A/M 操作。

任务六　垃圾焚烧发电控制系统分析

学习目标

（1）熟悉垃圾电厂的生产工艺流程，了解垃圾电厂控制系统的组成。

（2）了解焚烧炉燃烧控制系统的系统架构及控制方式。

（3）熟悉焚烧炉燃烧控制系统的组成及各子控制系统的控制任务。

（4）理解焚烧炉燃烧控制系统各子控制系统的控制方式及工作过程。

任务描述

能比较焚烧炉与燃煤锅炉的结构差异；能说出垃圾焚烧发电厂控制系统的组成；能说明焚烧炉燃烧控制系统的组成及各子控制系统的控制任务；能分析焚烧炉燃烧控制系统各子控制系统的控制方式及工作过程；能调用各控制系统的监控画面，能对各控制系统进行 A/M 操作。

知识导航

城市生活垃圾伴随着人类的生活而产生，随着城市化进程的加快，我国城市生活垃圾的年产量以 8% 的速度增长，垃圾的快速增长、土地资源的日益紧张以及人们对改善环境的需求与垃圾处理"无害化、资源化、减容减重化"的矛盾日益凸显。这些都要求我们不断提升城市生活垃圾的"无害化处理、资源化利用"水平，这不仅关系到国计民生，更体现了一个国家的发展水平。

垃圾焚烧发电具有无害化彻底、资源化利用率高、减容减重效果好等特点，在世界范围内得到公认，在我国得到了快速发展。

一、垃圾焚烧发电厂生产工艺流程

垃圾焚烧发电的基本原理与常规燃煤发电原理相同，但生产工艺流程略有差异，垃圾焚烧发电厂的锅炉、汽轮机、发电机三大主要设备的容量较小、参数较低，热力系统相对简单。

垃圾焚烧发电厂生产工艺流程如图 2-67 所示。

垃圾焚烧发电厂主要由燃烧系统（以焚烧炉为核心）、汽水系统（主要由汽轮机、各类泵、给水加热器、凝汽器、管道、水冷壁、过热器、省煤器等组成）、电气系统（以发电机、主变压器等为主）、烟气处理系统、控制系统等组成。其中，热力系统和电气系统实现由热能、机械能到电能的转变；烟气处理系统对燃烧过程中产生的有害气体进行有效处理，保证

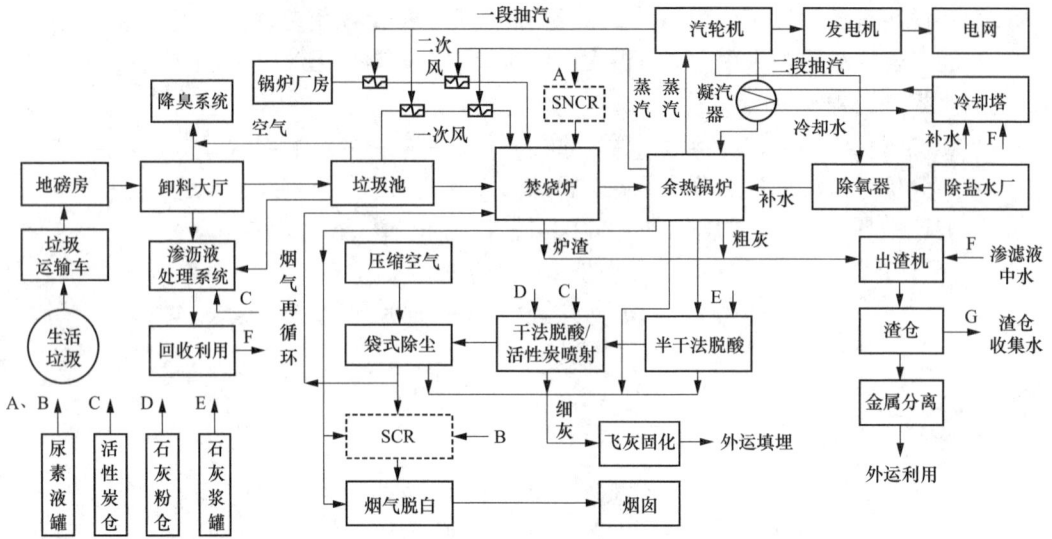

图 2-67　垃圾焚烧发电厂生产工艺流程

烟气达标排放；控制系统保证各系统安全、稳定、经济运行。

生活垃圾收集后，由运输车运至垃圾焚烧发电厂，经地磅称重后，将垃圾卸到垃圾仓。垃圾经过堆放发酵后，用垃圾吊将垃圾送入给料斗，给料斗内的垃圾经推料器进入炉排。垃圾在焚烧炉内燃烧，产生火焰及高温烟气。水冷壁吸收烟气辐射热，将锅水加热成饱和蒸汽。饱和蒸汽和水的混合物进入汽包，在汽包内经过汽水分离的饱和蒸汽进入过热器，进一步加热后变成过热蒸汽。进入汽轮机的过热蒸汽不断膨胀做功，高速流动的蒸汽推动汽轮机的叶片高速转动，汽轮机的转子带动发电机转子转动切割发电机的磁力线产生电流。一、二次风提供燃烧所需的氧量。焚烧所用的空气来自不同的地方：一次风来自垃圾仓，二次风来自锅炉间或用烟气再循环替代部分二次风。烟气再循环的使用不但可以降低氮氧化物的生成，还能减少总的空气量。

在汽轮机中做过功的蒸汽进入凝汽器中被冷凝成水，经过凝结水泵升压后进入加热器和除氧器中进行加热、热力除氧，再经过给水泵升压后送入余热锅炉，之后经余热锅炉加热成为过热蒸汽，由此完成了一个完整的热力循环。

热力系统中难免会产生泄漏，同时为了保证锅炉的汽水品质，要对锅炉进行排污，这些都会造成水、汽的损失，因此必须向系统中补充除盐水。

烟气经脱硫、脱硝、除尘和去除重金属及二噁英，净化后被引入烟囱排入大气；炉渣经出渣机、渣坑后被运至厂外综合利用；飞灰经稳定化、固化后运至填埋场填埋；渗沥液经收集后送至厂内渗沥液处理站集中处理；中水经回收后再利用。

电气系统由励磁机、发电机、变压器、高压断路器、升压站、配电装置等组成。垃圾焚烧发电厂通常采用的无刷同步发电系统由同步发电机、交流励磁机、旋转整流器等主要部分组成。同步发电机转子、励磁机电枢和旋转整流器都装在同一轴上，与汽轮机转子连接，一起旋转；当汽轮机拖动发电机转子旋转时，在转子中形成磁极，切割发电子定子绕组产生交流电。正常运行中励磁机的励磁电源来自发电机输出端。

二、垃圾焚烧发电厂自动燃烧控制

根据垃圾焚烧发电厂工艺流程的特点，其控制系统主要由 DCS、焚烧炉自动燃烧控制

(automatic combustion control，ACC）系统、烟气连续排放监测系统（continous emission monitoring system，CEMS）、汽轮机数字电液控制系统、汽轮机紧急跳闸系统、汽轮机监测仪表系统、辅助车间控制系统（化学水及废水处理系统、除尘系统、电视监控系统等）等几部分组成。其中，ACC 系统是垃圾焚烧发电厂特有的控制系统，其余控制系统与常规燃煤电厂类似。

ACC 系统实现了垃圾入炉燃烧、助燃风量合理配比、各级炉排协调运作乃至锅炉负荷按需调整等燃烧过程设备级工艺的控制，是垃圾焚烧发电工艺流程的重要组成部分。ACC 系统的控制目标为：确保锅炉主蒸汽产量和垃圾供应的稳定化、热灼减量最小化以及降低污染因子的排放，以符合 GB 18485—2014《生活垃圾焚烧污染控制标准》的要求。

作为 DCS 的组成部分，ACC 系统相关控制逻辑在 DCS 控制器中进行组态（也可采用独立的可编程逻辑控制器控制），控制画面整合在锅炉系统主画面中，方便运行人员的操作。参与 ACC 的现场控制设备主要有一次风机、二次风机、推料器液压执行器、各级炉排液压执行器、锅炉出渣机、各级炉排一次风挡板执行器、锅炉二次风执行器、主燃烧器、辅燃烧器等；参与 ACC 的现场检测仪表主要有测量一次风量、二次风量、各级炉排风量、推料器线性反馈、各级炉排末端位置反馈、余热锅炉出口氧量、垃圾料层压差、炉膛各层温度、炉排上部温度、炉膛压力、主蒸汽流量等参数的仪表。

ACC 系统以入炉垃圾热值和汽轮机需求蒸汽量为主要设定参数，计算出焚烧入炉垃圾需求量，再根据入炉垃圾需求量和炉排垃圾层厚度去控制推料器和各级炉排的推料速度；同时，目标蒸汽流量所需热值经过经验公式的转换，可计算出稳定燃烧所需风量，再结合过量空气系数的设定，并通过将风量需求合理分配到各级炉排的一次风量上来完成燃料配风过程。为更加环保、高效地控制燃烧过程，ACC 系统还对一次风温、二次风温、炉膛氧量、炉膛压力进行控制。ACC 系统的基本架构如图 2-68 所示。

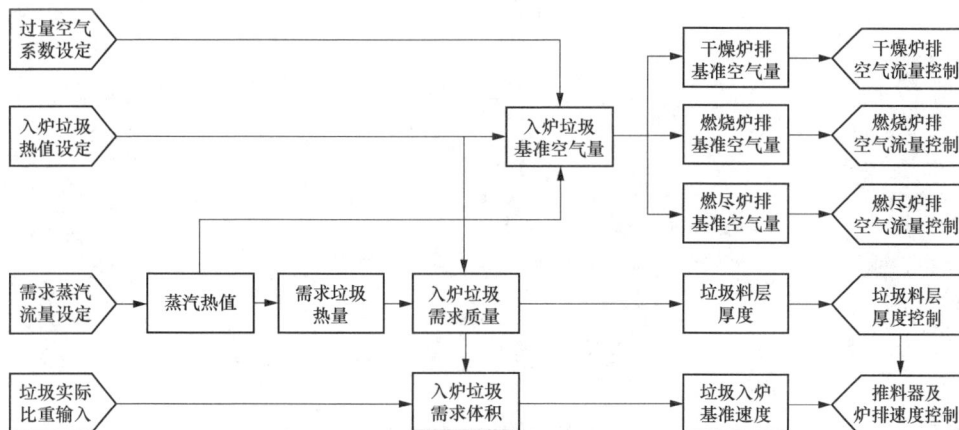

图 2-68　ACC 系统的基本架构

ACC 系统的控制方式有级联模式、自动模式和手动模式三种。

（1）在级联模式下，操作员只需对入炉垃圾热值、需求蒸汽流量、过量空气系数进行设置或调整，后续所有控制环节均由系统自动完成。

（2）在自动模式下，操作员需要对每一个控制环节的给定值进行设定，再由系统完成对应设备的自动控制。

（3）在手动模式下，操作员直接在 DCS 画面上点对点操作设备的启/停运转，此种模式一般用于焚烧炉启/停过程或故障处理状态下。

ACC 系统的入炉垃圾热值的给定值实际应为经验估算值，一般根据焚烧炉前 6h 入炉垃圾热值（反向计算）的平均值加上偏置得来。

ACC 系统主要由以下子控制系统组成：主蒸汽流量控制系统、炉排风量控制系统、垃圾料层厚度控制系统、燃尽炉排上部温度控制系统、推料器速度控制系统、炉排（包括干燥炉排、燃烧炉排和燃尽炉排）速度控制系统、锅炉出口氧浓度控制系统、炉温控制系统、二次风量控制系统。

（一）主蒸汽流量控制系统

主蒸汽流量控制系统的基本原理如图 2-69 所示。由图 2-69 可见，主蒸汽流量测量值在经过温度、压力补偿后减去焚烧炉助燃热值所对应的蒸汽流量，得出焚烧垃圾所产生的蒸汽流量值，该值与操作员设定的需求蒸汽流量的偏差送入控制器进行运算，运算结果在燃烧炉排基准风量的基础上进行调整，最终送至燃烧炉排各段一次风控制系统作为级联设定值。在该控制逻辑中，燃烧炉排基准风量来自图 2-68 中的"燃烧炉排基准空气量"。

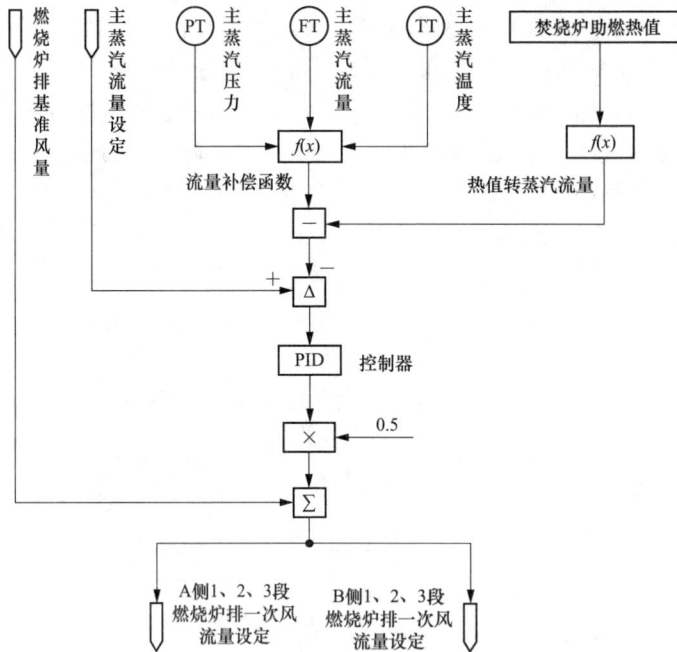

图 2-69　主蒸汽流量控制系统的基本原理

需要注意的是，控制和改变燃烧炉排的风量是改变需求蒸汽流量的最直接手段，但是当需求蒸汽流量改变后，相应的炉排速度也会发生改变，即入炉垃圾量也会发生改变。因此，在 ACC 系统中，无论是级联模式还是自动模式，所有风量和炉排速度设定值的改变都应遵循燃料和助燃空气量协调配比、确保燃烧充分的原则。

（二）燃烧炉排风量控制系统

燃烧炉排风量控制与干燥炉排风量控制的逻辑基本一致，这里以燃烧炉排风量控制为例。燃烧炉排风量控制系统的基本原理如图 2-70 所示。在燃烧炉排风量控制系统中，设定值有两路：一路是图 2-69 中最终验出的风量设定级联指令；另一路是操作员手动设定的风量指令，可通过"级联/自动"模式开关进行切换。燃烧炉排风量平衡系数需要手动设定，设定范围为 0～1，有效范围为该段 A、B 两侧，计算函数输出值为本段设定值/各段设定值之和。图 2-70 中"炉排两侧垃圾料层偏差系数"来自垃圾料层厚度控制系统。

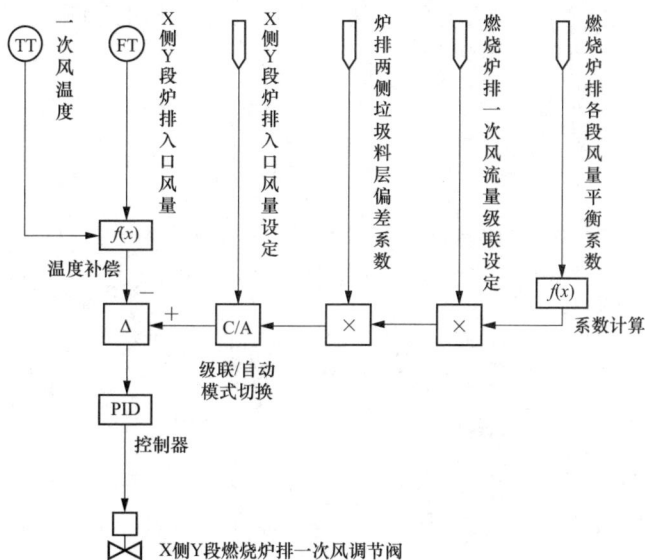

图 2-70　燃烧炉排风量控制系统的基本原理

（三）燃尽炉排风量控制系统

燃尽炉排风量控制系统的基本原理如图 2-71 所示。燃尽炉排风量控制的级联设定值来源于图 2-68 中的"燃尽炉排基准空气量"，并经过氧量和燃尽段上部温度的修正。风量平衡系数需要手动设定，设定范围为 0～1，有效范围为该段 A、B 两侧，计算函数输出值为本段设定值/各段设定值之和。图 2-71 中"氧量调节偏置"和"炉排两侧上部温度偏差系数"分别来自氧量控制系统和燃尽炉排上部温度控制系统。

（四）垃圾料层厚度控制系统

垃圾料层厚度控制系统的基本原理如图 2-72 所示。由图 2-72 可知，垃圾料层厚度是由垃圾料层压差值（即燃烧炉排上下层压差实测值）除以燃烧炉排一次风流量对应垃圾层厚度特征值的分段函数得来，该分段函数实际为经验函数，需现场调试得出。垃圾层厚级联给定值由图 2-68 中"垃圾料层厚度"得来，也可由操作员通过"级联/自动"模式切换后自行设定。垃圾料层厚度控制的输出将直接影响推料器速度和干燥炉排的速度。

垃圾料层厚度控制逻辑中还包含对干燥炉排和燃烧炉排 A、B 侧风量的微调，以确保炉排助燃风量可满足垃圾料层厚度（即入炉垃圾量）的配比需求。

垃圾料层左右侧偏差计算逻辑如图 2-73 所示。

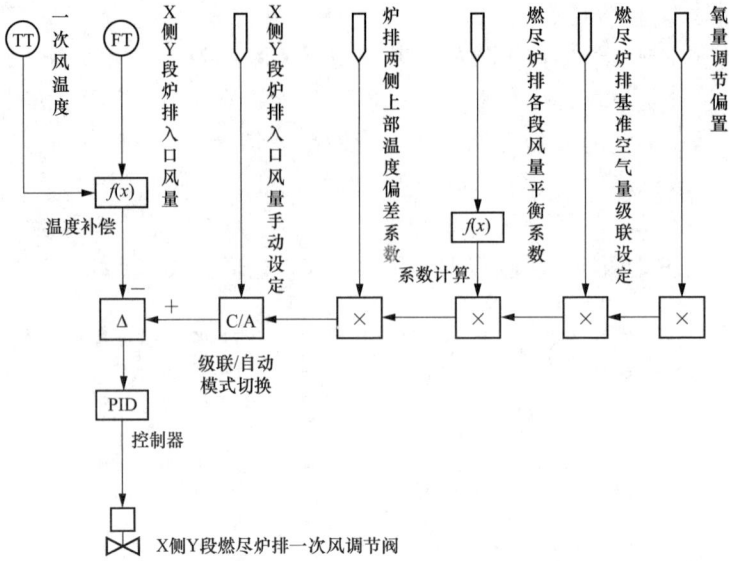

图 2-71　燃尽炉排风量控制系统的基本原理

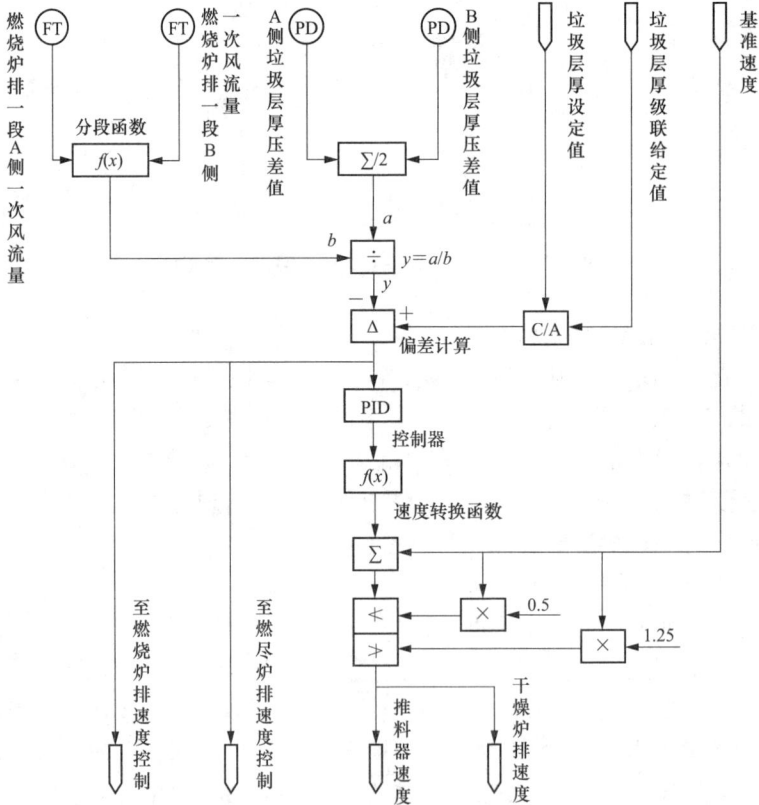

图 2-72　垃圾料层厚度控制系统的基本原理

（五）燃尽炉排上部温度控制系统

燃尽炉排上部温度控制系统的基本原理如图 2-74 所示。该系统通过测量燃尽炉排上部

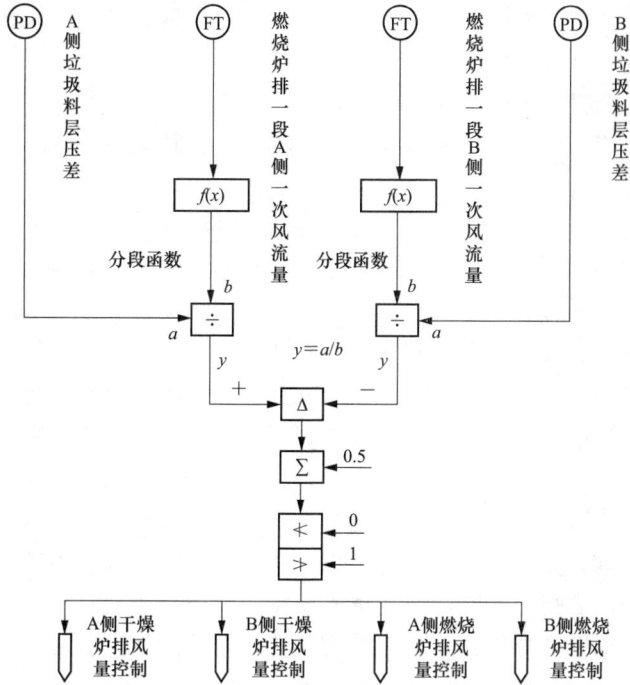

图 2-73　垃圾料层左右侧偏差计算逻辑

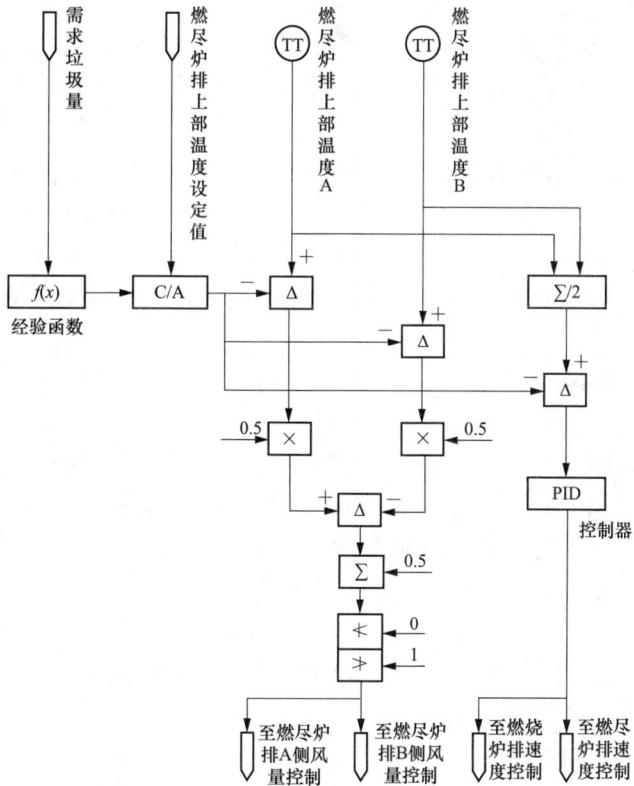

图 2-74　燃尽炉排上部温度控制系统的基本原理

的温度来监测燃尽炉排上未燃烧的垃圾，并根据温度来控制燃尽炉排的速度，同时平衡进入燃尽炉排的空气流量，使得炉排两侧温度一致。当燃尽炉排上有还未燃烧的垃圾时，燃尽炉排上的温度将上升，此时温度控制器的输出将使燃尽炉排减速以获得燃尽所需的足够时间，并增加进入燃尽炉排的空气流量，使得垃圾热灼减率控制在5%以下。因此，燃尽炉排上部温度控制的实际功能为垃圾燃烧后的热灼减量最小化控制。

图2-74中需求垃圾量来源于图2-68中的"入炉垃圾需求质量"，为级联给定值；图2-74中经验函数为垃圾量与燃尽炉排上部温度的转换函数，是由现场调试确定的分段函数。

（六）推料器速度控制系统

垃圾焚烧炉的推料器由液压系统驱动，布置在锅炉前墙、垃圾进料口的下方，是控制焚烧炉入炉垃圾量最主要的设备。同时，为确保入炉垃圾在炉排上部分布均匀，要求所有的推料器动作必须同步，除了特殊情况（故障或燃烧不均时），推料器前进和后退的速度及位置都要保持一致。

推料器的控制方式有位置控制方式和速度控制方式两种。

（1）位置控制方式。该控制方式只能工作在级联模式中。推料器速度的基准值来源于垃圾层厚度控制系统的输出指令，在经过速度平衡系数和操作员速度设定偏置的修正后，该参数将被转换为推料器速度对推料器位置及随着系统时间叠加的位置的指令。例如，在推料器开始运行的第一个系统扫描周期，推料器在位置A，此时速度指令为s_1；在第二个系统扫描周期（间隔时间为t_1），推料器位置指令B_1的值为$B_1 = A + (s_1 \times t_1)$；在第三个系统扫指周期，速度指令改变为$s_2$（间隔时间为$t_2$），推料器位置指令$B_2$的值为$B_2 = A + (s_1 \times t_1) + (s_2 \times t_2)$；以此类推。该位置指令与推料器实际位置反馈进行偏差运算后输入控制器，输出至推料器的液压系统流量比例调节阀，改变液压驱动装置的流量，从而动态地调整推料器速度。

（2）速度控制方式。该控制方式在级联模式和自动模式下均可投入。通过级联/自动模式的切换，流量控制方式的设定值可在垃圾料层厚度控制系统指令与操作员设定值之间切换，再通过"推料器速度-流量比例阀开度"转换函数（该函数需经现场调试，在推料器或控制油路检修后，应根据该函数对推料器进行调整），输出控制指令至推料器液压系统的流量比例调节阀。

推料器控制系统的基本原理如图2-75所示。

（七）干燥炉排速度控制系统

干燥炉排、燃烧炉排、燃尽炉排的运动速度都是固定的，对炉排速度的控制实际上是对炉排的每一个运行周期的控制。以干燥炉排为例，假设干燥炉排往复一次的时间固定为50s，而操作员设定干燥炉排的运行周期为500s，则干燥炉排在运行50s后将等待450s，直至下一个运行周期开始。由图2-72可知，干燥炉排基准速度与推料器基准速度均来源于垃圾料层厚度控制系统的输出，干燥炉排在配合推料器完成入炉垃圾量控制的同时，也对炉膛左右侧垃圾层厚度进行调整。确保将垃圾因体积不均导致两侧料层厚度不均或燃烧不均的影响控制在可以接受的范围之内。

干燥炉排速度控制系统的基本原理如图2-76所示。

（八）燃烧炉排速度控制系统

燃烧炉排速度控制系统的基准速度来源于图2-68中的"垃圾入炉基准速度"，通过垃圾

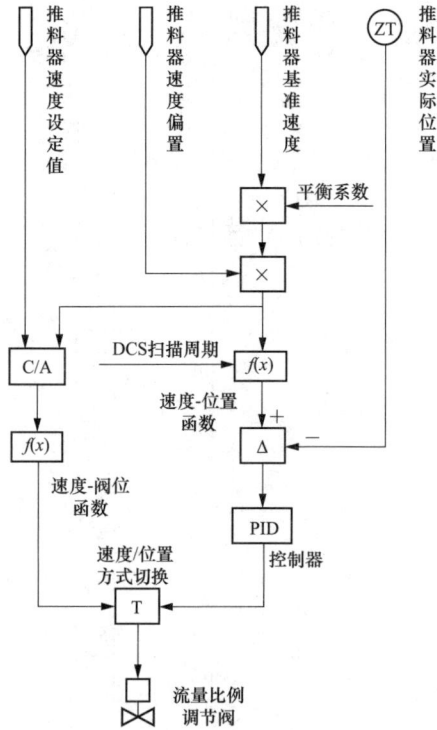

图 2-75 推料器控制系统的基本原理

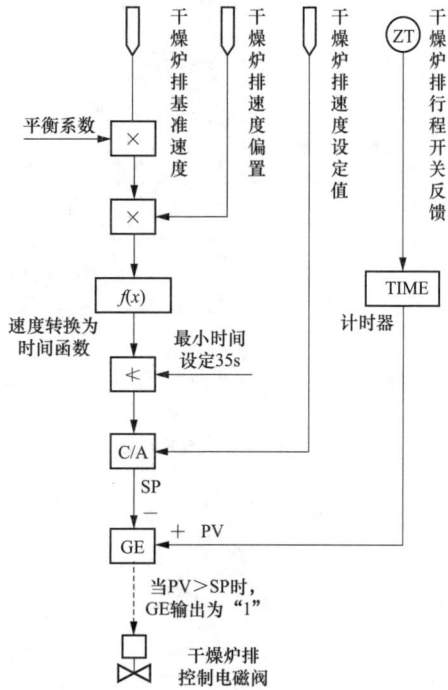

图 2-76 干燥炉排速度控制系统的基本原理

料层厚度偏差系数和燃尽端上部温度偏差系数的修正，可以得出燃烧炉排速度级联指令，速度级联指令经过经验函数转换为燃烧炉排时间指令，对炉排运行周期进行控制。在运行中，当锅炉实际主蒸汽流量小于主蒸汽流量设定值且两者之间的偏差达到主蒸汽流量设定值的 10% 及以上时，控制逻辑会将燃烧炉排时间指令强制设定为 35s，并保持该指令 120s，以炉排的快速推动加强垃圾层的扰动，增加燃烧速度，从而在短时间内提高垃圾燃烧的热量。

燃烧炉排速度控制系统的基本原理如图 2-77 所示。

燃尽炉排速度控制的原理和燃烧炉排速度控制的原理基本相同，这里不再赘述。

（九）锅炉出口氧浓度控制

烟气中氧浓度一般控制在 6%～9%，需通过燃尽炉排一次风量和二次风量的调整维持合适的省煤器出口氧量。氧浓度过低时，焚烧炉燃烧不完全，含氯垃圾的不完全燃烧将加大二噁英的生成，同时空气量的不足也会使排放的烟气中 CO 量升高；氧浓度过高时，空气供应过剩，炉膛温度 T_R 难以保证在 850℃ 以上，同时易造成排放气中的硫化物、NO_x 量升高。

氧浓度控制系统的基本原理如图 2-78 所示。

（十）炉温控制系统

焚烧炉炉膛温度的控制对于烟气排放指标是否能达到 GB 18485—2014《生活垃圾焚烧污染控制标准》的要求具有重要意义，同时也是焚烧炉工艺流程的重要组成部分。炉温控制系统的基本原理如图 2-79 所示。

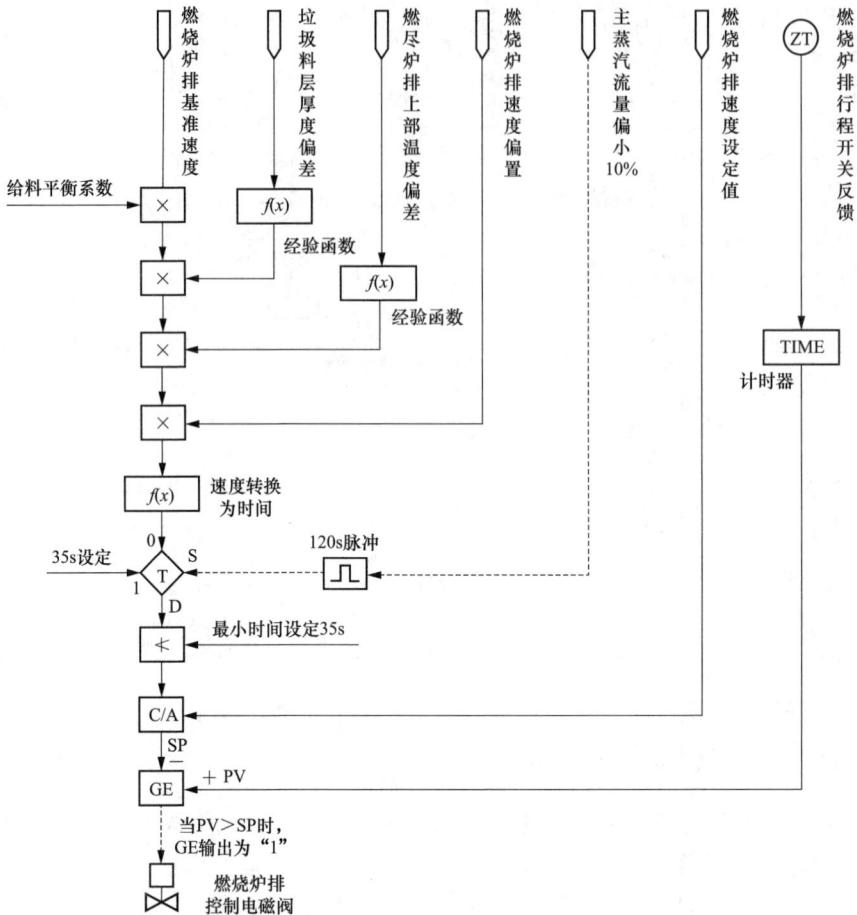

图 2-77　燃烧炉排速度控制系统的基本原理

由图 2-79 可见，运行中对炉温的控制主要是靠调整二次风量来完成的。在 T_R 低于 860℃时，则联锁启辅助燃烧器；当炉温高于 880℃时，延时 300s 停辅助燃烧器，确保 T_R 不低于 850℃这一硬性指标。

任何燃烧过程或多或少均会产生二噁英。控制垃圾焚烧中二噁英生成的措施主要有以下几种：

（1）控制来源。采用分选和破碎等预处理技术，减少氯源和金属催化剂等进入炉内，保证垃圾在炉内充分、稳定地燃烧。

（2）减少焚烧炉内高温生成二噁英。焚烧炉炉膛应满足垃圾完全燃烧的条件，即燃烧温度不低于 850℃，烟气停留时间不少于 2s，保持充分的气固湍动程度以及适度过量空气量，使烟气中 O_2 的浓度维持在 6%～9%，使生活垃圾中原有二噁英在炉内充分分解，同时避免氯苯及氯酚等二噁英前驱物的生成。

（3）降低燃后区低温再生成。改善焚烧工艺，减少生成二噁英类物质的前驱体物质，减少飞灰在设备表面的沉积，从而减少二噁英类物质生成所需要的催化剂和载体等。

（4）提高尾气净化效率。二噁英主要以颗粒状态存在于烟气中或者吸附在飞灰颗粒上，因此必须严格控制粉尘的排放量，提高尾气净化效率。

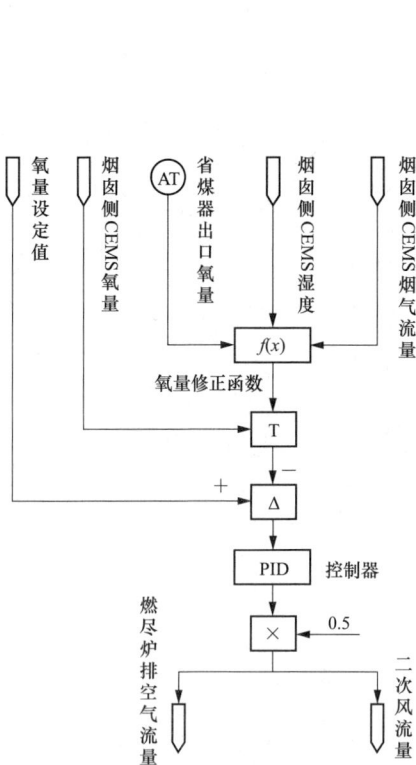

图 2-78　氧浓度控制系统的基本原理

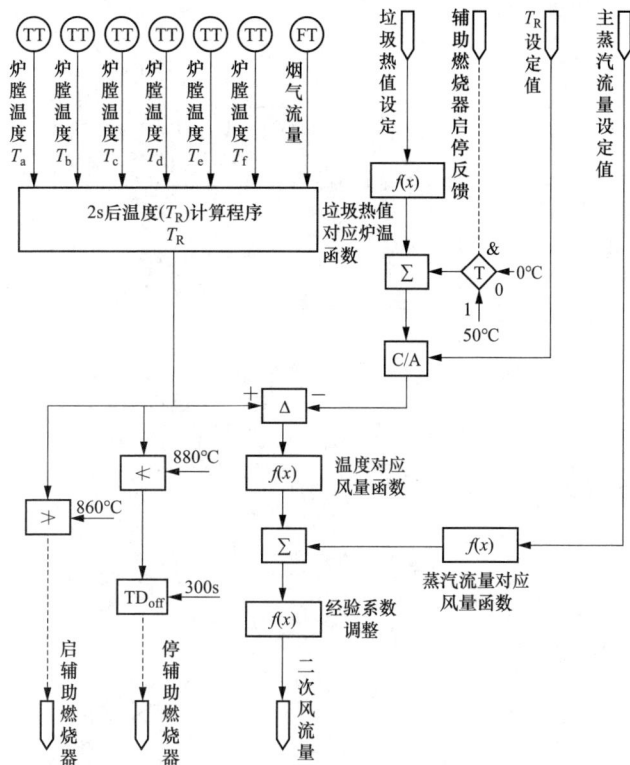

图 2-79　炉温控制系统的基本原理

针对上述措施中的第二条，即烟气停留时间保持 2s，应对其进行有效测量和计算。焚烧炉炉膛区域定义和温度测点分布如图 2-80 所示。

从图 2-80 可见，焚烧炉及第一烟道共安装了 9 支热电偶温度元件，依次为 T_a、T_b、…、T_h、T_i。每一层 3 支，分别装设在锅炉前墙、左侧墙、右侧墙。参与计算 T_R 的测温元件有 T_a、T_b、T_c 及 T_d、T_e、T_f，其中 T_a、T_b、T_c 位于第一烟道顶部，T_d、T_e、T_f 位于焚烧炉炉膛二次燃烧室与余热锅炉第一烟道交界处。T_g、T_h、T_i 为炉膛二次燃烧室入口烟气温度监视测点，位于焚烧炉二次风入口的上方。T_g、T_h、T_i 不参与 T_R 运算，T_R 计算过程此处略去。

目前垃圾焚烧发电厂环保上传参数除了烟囱侧 CEMS 的各项参数外，图 2-80 中的 T_a、T_b、T_c 及 T_d、T_e、T_f 都要实时上传，政府环保部门的监管平台将根据上传温度自行计算 T_R。因此，垃圾焚烧发电厂必须严控炉温，及时调整燃烧工况，以确保温度达标；同时，设定可靠的联锁定值，在必要时自动启动辅助燃烧器进行助燃升温。

（十一）二次风量控制系统

垃圾焚烧炉的二次风从炉膛第一燃烧室和第二燃烧室之间吹入（见图 2-80），主要用来在运行中调整炉膛温度，控制烟气中氧量在合理范围内变动。二次风机的电动机由变频器控制，风机出口设电动调节挡板，风量的调整通过出口电动调节挡板进行。二次风量控制系统的基本原理如图 2-81 所示。

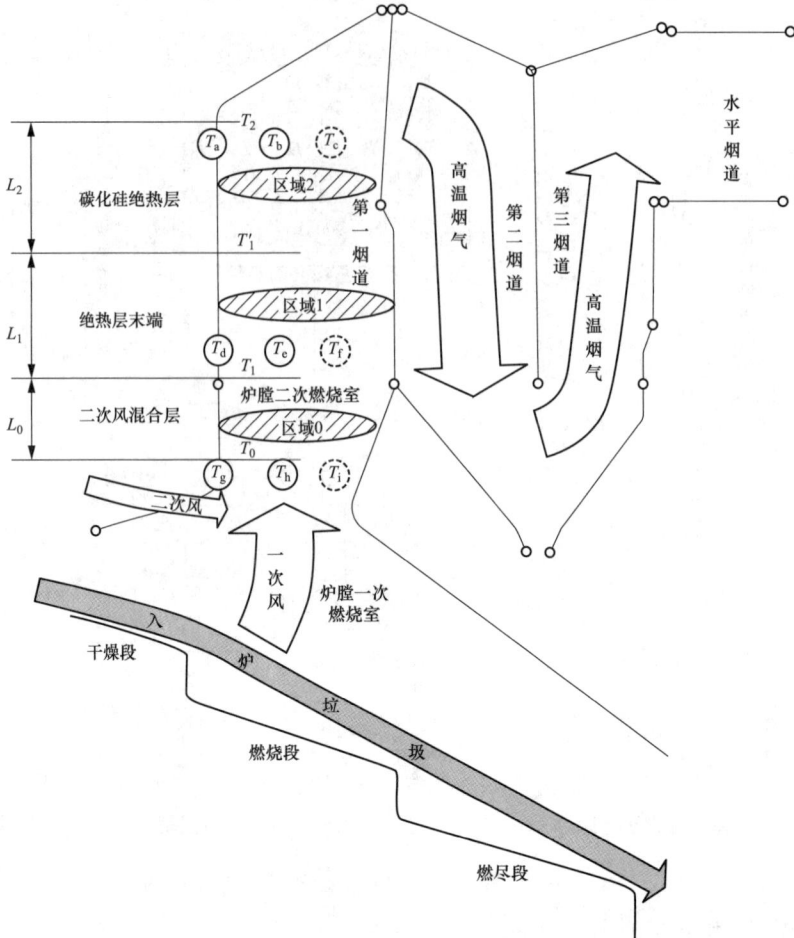

图 2-80　焚烧炉炉膛区域定义和温度测点分布

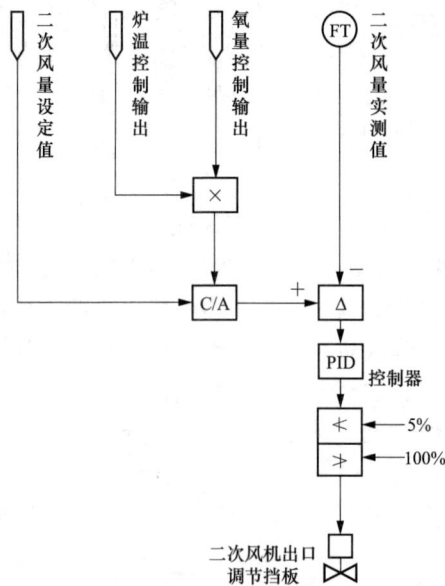

图 2-81　二次风量控制系统的基本原理

ACC 系统是焚烧炉燃烧控制的核心，除包含上述重要模拟量控制系统外，还有一次风温度控制、二次风温度控制等模拟量控制系统，以及辅助燃烧器控制、主燃烧器控制、液压油站控制等顺序控制系统，由于这些系统的控制逻辑较为简单，此处不再赘述。

任务实施

分析某垃圾焚烧发电厂焚烧炉燃烧控制系统的控制方式及工作过程。

任务实施 2-6　分析某垃圾焚烧发电厂焚烧炉燃烧控制系统的控制方式及工作过程

任务验收

（1）能说出垃圾焚烧发电厂的生产工艺流程，以及垃圾焚烧发电厂焚烧炉与燃煤锅炉的结构差异。

（2）能说明焚烧炉燃烧控制系统的组成及各子控制系统的控制任务。

（3）能分析焚烧炉燃烧控制系统各子控制系统的控制方式及工作过程。

（4）能调用各控制系统的监控画面，能对各控制系统进行 A/M 操作。

任务七　循环流化床锅炉控制系统分析

学习目标

（1）熟悉 CFBB 的工艺流程、CFBB 的特点，以及 CFBB 的控制要求。

（2）熟悉 CFBB 燃烧控制系统的组成及各子控制系统的控制任务。

（3）理解 CFBB 燃烧控制系统各子控制系统的控制方式及工作过程。

任务描述

认识 CFBB 的工艺流程即控制对象；能比较 CFBB 与燃煤锅炉的结构差异；能说出 CFBB 的控制要求；能说明 CFBB 燃烧控制系统的组成及各子控制系统的控制任务；能分析 CFBB 燃烧控制系统各子控制系统的控制方式及工作过程；能调用各控制系统的监控画面，能对各控制系统进行 A/M 操作。

知识导航

循环流化床锅炉（circulating fluidized bed boiler，CFBB）是新一代高效、低污染、清洁型的燃煤锅炉，具有煤种适应性广、负荷控制性能好、燃烧效率高、环境污染小等优点，在电力、供热、化工生产等行业中得到越来越广泛的应用。CFBB 自 20 世纪 80 年代初进入燃煤锅炉的商业市场以来，在中小型锅炉市场中已占有了相当的份额，并在技术日趋成熟的同时逐渐向更大容量发展。

一、CFBB 工作原理

在 CFBB 中，当流体向上流过固体颗粒床层时，其运动状态是变化的。流速较低时，颗粒静止不动，流体只在颗粒之间的缝隙中通过。当流速增加到某一速度之后，颗粒不再由布风板支撑，而全部由流区的摩擦力承托。此时，就单个颗粒而言，它不再依靠与其他邻近颗粒的接触维持其空间位置，相反地，在失去了以前的机械支撑后，每个颗粒可在床层中自由运动；就整个床层而言，它具有了许多类似流体的性质，这种状态称为流态化。使颗粒床层从静止状态转变为流态化的最低流体速度，称为临界流化速度。

图 2-82 所示为典型的 CFBB 结构原理图。其基本流程为：煤和脱硫剂送入炉膛后，迅速被大量惰性高温物料包围，着火燃烧，同时进行脱硫反应，并在上升烟气流的作用下向炉膛上部运动，对水冷壁和炉内布置的其他受热面放热。粗大粒子进入悬浮区域后在重力及外力作用下偏离主气流，并最终形成附壁下降粒子流。被夹带出炉膛的粒子气固混合物离开炉膛后进入高温旋风分离器，大量固体颗粒（煤粒、脱硫剂）被分离出来送回炉膛，进行循环燃烧和脱硫。未被分离出来的细粒子随烟气进入尾部烟道，进一步对受热面、空气预热器等放热冷却，经除尘器后，由引风机进入烟囱排入大气。

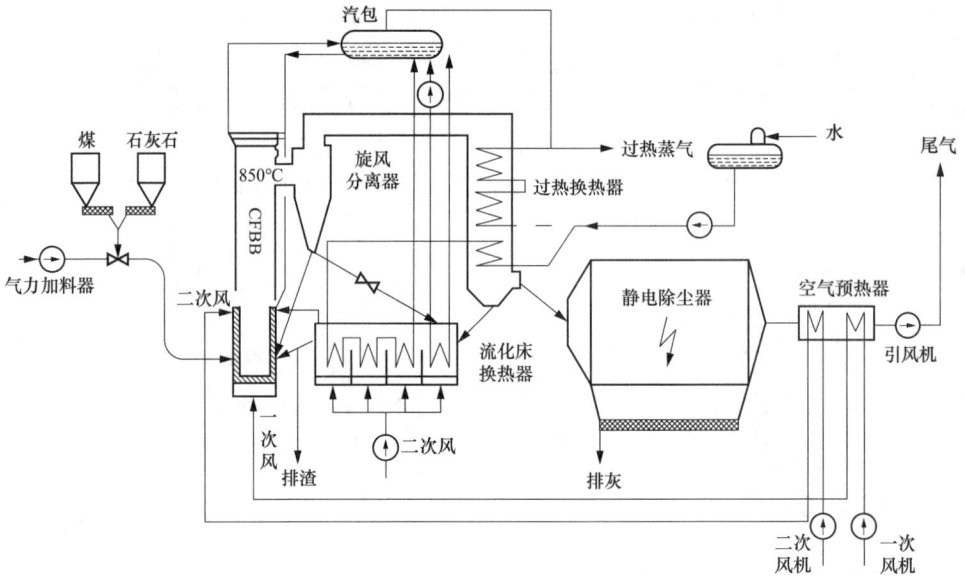

图 2-82　典型的 CFBB 结构原理图

燃料燃烧、气固流体对受热面放热、再循环灰与补充物料及排渣的热量带入与带出，形成了热平衡，使炉膛温度维持在一定温度水平上。大量循环灰的存在，较好地维持了炉膛温度的均匀性，增大了传热；而燃料成灰、脱硫剂与补充物料以及粗渣排除，维持了炉膛的物料平衡。

二、CFBB 的结构与工艺过程

（一）CFBB 的结构

CFBB 的主要结构包括两部分：第一部分由炉膛或快速流化床、气固分离设备（即旋风分离器或气固分离器）、外置热交换器组成；第二部分是对流烟道，布置有过热器、再热器、省煤器和空气预热器等。另外，CFBB 还有排渣设备及颗粒分离设备等。

（二）CFBB 的工艺过程

CFBB 的主要工艺过程如下：

（1）物料系统。新燃料（煤）、脱硫剂（石灰石）不断加入炉膛燃烧室层中，床层底料在一次风的作用下开始流化、破碎、燃烧；被烟风带出燃烧室的粉尘被分离器分离捕捉，由返料设备再送回燃烧室中，形成灰循环流化过程。

（2）风烟系统。循环流化床的一次风（大约 60% 总风量）从炉膛床层底部吹入，推动床料流化，并且形成还原燃烧气；在一定高度加入二次风，二次风促使燃料充分燃烧；高压风使返料返回燃烧室，形成循环闭路。

（3）汽水系统。给水经过省煤器、汽包、水冷壁，向外提供合格的蒸汽（此系统与汽包煤粉锅炉相似）。

三、CFBB 的特点

循环流化床是处于煤的层燃燃烧和煤粉燃烧之间的一种燃烧方式，兼有这两种燃烧方式的优点，同时克服了它们的一些缺点。其主要优点如下：

（1）燃料的适应性广。由于 CFBB 设计有飞灰再循环系统，改变飞灰再循环量的大小可以改变床内的吸热份额，所以对燃料的适应性特别好。CFBB 几乎可以燃烧任何类型的燃料，特别是传统燃烧设备难以燃用的燃料，包括劣质煤和固体废料，而且可以混烧几种不同的燃料。

（2）燃烧效率高，燃烧强度大。CFBB 采用飞灰再循环燃烧，其燃烧效率可达 95%～99%；同时克服了常规的流化床锅炉床内燃烧段放热份额大、悬浮段放热份额小的缺点，提高了炉膛截面热强度和容积热负荷。

（3）低污染燃烧。循环流化床燃烧是一种低温动力控制燃烧，床温被控制在 850～900℃，不仅使燃烧处于燃料灰熔点的温度范围内，而且该温度也是脱硫剂的最佳脱硫温度，脱硫率最高可达 95%。同时，低温燃烧并采用分级燃烧的方式可有效降低 NO_x 的生成。因此，循环流化床燃烧是一种清洁的燃烧方式。

（4）负荷控制性能好，控制范围大。当锅炉负荷变化时，只需控制给煤量和送风量就可以满足负荷的变化，在低负荷时既不像常规流化床锅炉那样采取分床压火，也不像煤粉锅炉那样采用油助燃。CFBB 的热负荷控制范围是 40%～100%，其变化速率为 5%/min～10%/min，因此适合电网调峰机组和热电联产的锅炉。

（5）综合经济效益好。由于 CFBB 的燃烧温度低，因此灰未烧结成渣，内部结构没有被破坏，活性较好。尤其是燃用煤矸石、油页岩等燃料时，其灰渣可以用作水泥生产的良好掺和料，也可作为其他建筑材料。

四、CFBB 控制方案

CFBB 在结构及燃烧方式上均与普通煤粉炉不同，因此其控制要求及控制方案与普通煤粉锅炉也有一定差异。CFBB 采用布风板上床层流化燃烧方式，其燃烧控制方案与煤粉锅炉完全不同。流化床锅炉要在炉内进行石灰石脱硫，故 CFBB 必须增加石灰石给料控制系统。CFBB 烟气中的未燃粒子经过旋风分离器后要由返料装置送回炉床继续燃烧，所以 CFBB 必须具有返料控制系统。CFBB 正常燃烧时需要控制一定的床层厚度，床层厚度由排渣系统进行控制，因此 CFBB 必须具有排渣控制（床层厚度控制）系统。除此之外，CFBB 的其他控制系统与常规煤粉锅炉相关控制系统的控制要求及控制方案基本相同。下面主要介绍 CFBB

的燃烧控制系统。

（一）主蒸汽压力控制系统

CFBB 和煤粉锅炉一样，维持主蒸汽压力恒定是最基本的控制要求。汽轮机或热用户的蒸汽用量发生变化时，主蒸汽压力就会产生波动。此时，为了维持主蒸汽压力的恒定，必须改变进入锅炉的燃料量和助燃空气量。无论是单元制机组还是母管制机组，都要从能量平衡的角度来构造锅炉主控系统，即由燃料加入量来维持主蒸汽压力的恒定。

当机组按单元制运行时，采用主蒸汽压力控制系统进行锅炉主控。在主蒸汽压力控制系统中，通过控制入炉燃料量来控制主蒸汽压力，以满足机组的运行要求。由于入炉燃料量是影响床温的重要因素之一，所以在构造主蒸汽压力控制方案时把床温的影响也纳入其中。床温升高时减小燃料量，床温降低则增大燃料量。由于 CFBB 运行时床温可以在一定范围内波动，所以在上述控制方案中设置了不调温死区，即床温在该死区内时不改变燃料供给量。由于主蒸汽流量变化直接反映了机组的负荷变化，所以在上述控制方案中把主蒸汽流量信号经过函数运算后直接加到控制输出上，通过前馈形式提高系统的响应速度。

主蒸汽压力控制系统如图 2-83 所示。主蒸汽压力控制系统得到的燃料量指令和风量指令，分别送往燃料量控制系统和风量控制系统。

（二）燃料量控制系统

燃料量控制系统如图 2-84 所示。主蒸汽压力控制系统发出的燃料量指令即为总的燃料量指令。总燃料量指令与总风量进行交叉限制后作为控制系统的给定值，在 PID 中与燃料量测量值进行运算。运算结果经过函数处理后，分别作为给煤量控制系统、播煤风控制系统及石灰石控制系统的给定量指令。

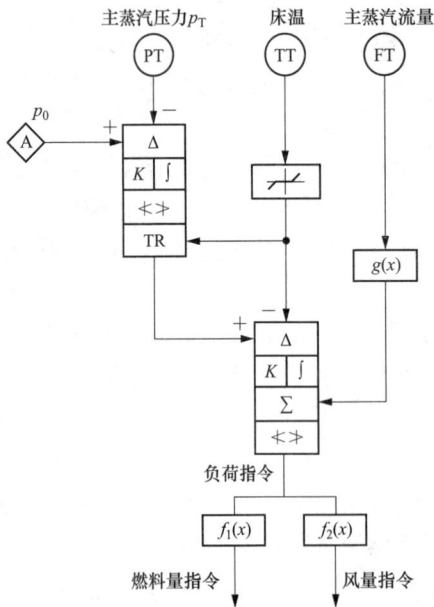

图 2-83　主蒸汽压力控制系统　　　　　图 2-84　燃料量控制系统

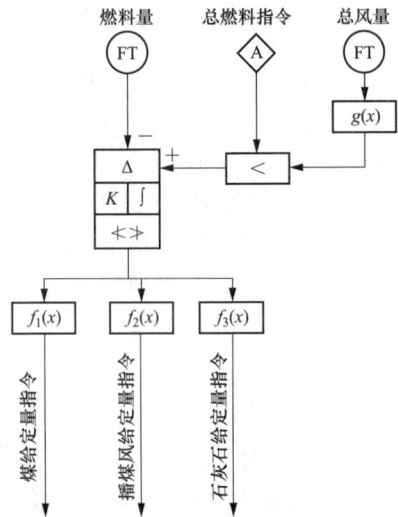

（三）给煤量控制系统

给煤量控制系统如图 2-85 所示。燃料量控制系统得到的煤给定量指令送入给煤量控制系统,与煤给料机转速进行 PID 运算,运算结果控制给料机,使煤的供给量满足机组运行要求。

(四)总风量控制系统

总风量控制系统如图 2-86 所示。主蒸汽压力控制系统发出的风量指令即为总风量指令。总风量中一、二次风所占比例最大,同时一次风和二次风直接影响锅炉的运行及燃烧工况。因此,总风量控制系统通过改变一、二次风量的控制指令来保证锅炉所需的配风。锅炉主控系统得到的总风量指令与燃料量测量值进行交叉限制后作为总风量控制系统的给定值,以满足负荷增加时先加风后加燃料、负荷减小时先减燃料后减风的要求,从而保证一定的过量空气系数。总风量控制系统的给定值在 PID 控制器中与总风量测量值进行运算,运算结果经过函数处理后送往风道燃烧器点火风控制系统、一次风控制系统及二次风控制系统。

(五)一次风量控制系统

一次风量控制系统如图 2-87 所示。总风量控制系统发出的一次风量指令作为一次风量控制系统的给定值,与一次风量的测量值一起送入 PID 控制器中进行运算,运算结果用来控制一次风门挡板开度,以控制送入炉膛的一次风量。一次风量测量值是在考虑了温度修正和压力修正后才送入 PID 控制器中进行运算的。一次风量指令在进行处理时,需要考虑煤质的特性及负荷变化情况。煤种不同时,助燃空气量会有所不同。同时,负荷变化时一次风量占总风量的比例也会发生变化。由于一次风对锅炉床温具有控制作用,所以在构造一次风量控制系统时也考虑了床温修正。如果床温偏高,可在一定范围内减少一次风量;如果床温偏低,可在一定范围内增大一次风量。由于床温主要靠燃料供给量及返料量来控制,一次风量不作为控制床温的主要手段,所以在一次风量控制系统中床温信号仅作为修正信号。

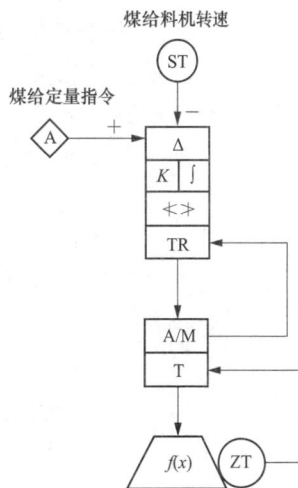

图 2-85　给煤量控制系统

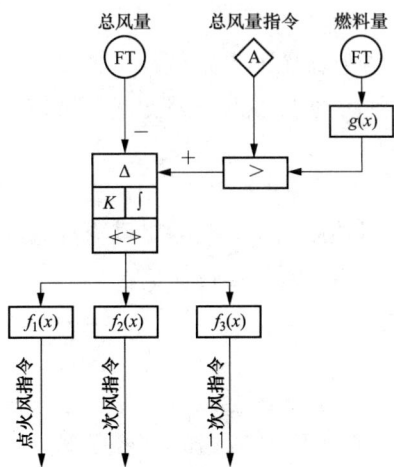

图 2-86　总风量控制系统

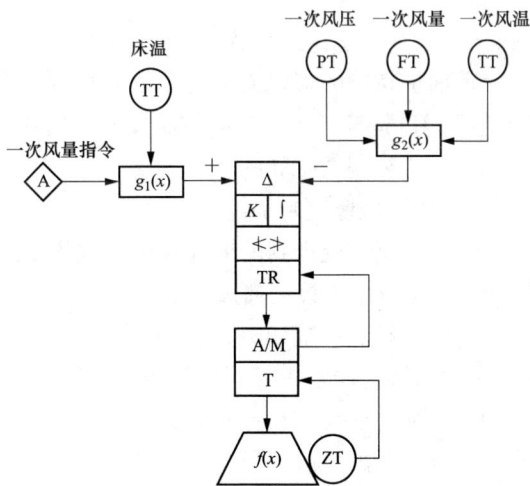

图 2-87　一次风量控制系统

（六）二次风量控制系统

二次风量控制系统如图 2-88 所示。二次风量控制系统采用串级控制系统。烟气含氧量测量值与给定值一起送入主控制器中进行 PID 运算，运算结果与总风量控制系统发出的二次风量指令一起经过函数 $g_3(x)$ 处理后作为副控制器的给定值，与二次风量测量值进行 PID 运算，运算结果分为两路，分别作为上部二次风流量和下部二次风流量的控制指令。由于燃料量变化到烟气含氧量变化需要一段时间，所以在二次风量控制系统中直接对燃料量进行处理，把其结果作为前馈信号加到控制输出中，以提高控制系统的快速响应性。在对给煤量进行处理的 $g_2(x)$ 函数中，考虑了负荷指令及一次风量等因素，其运算结果直接叠加到 PID 运算的输出上。

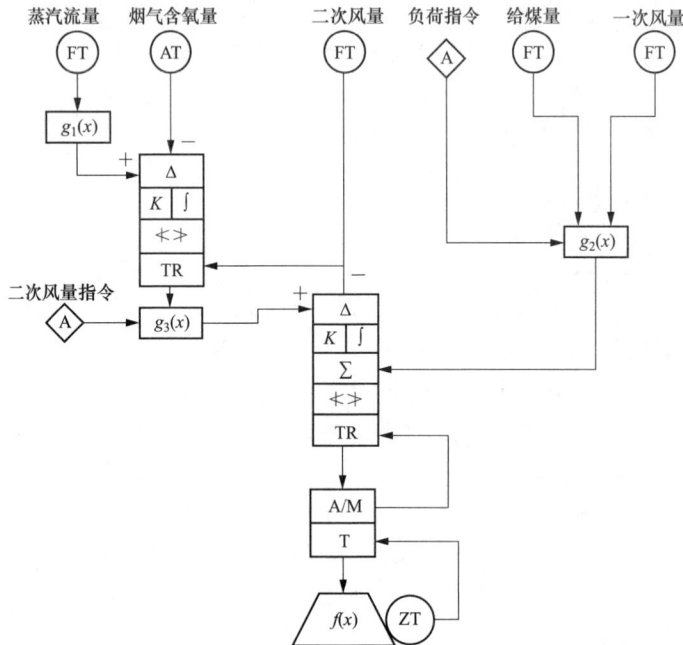

图 2-88　二次风量控制系统

（七）二次风压控制系统

表征锅炉负荷的蒸汽流量经函数运算后作为二次风压控制系统的设定值，与二次风压测量值进行 PID 运算，运算结果控制二次风机入口导叶的开度，使二次风压满足运行要求。

二次风压控制系统如图 2-89 所示。

（八）播煤风量控制系统

燃料量控制系统得到的播煤风给定量指令送入播煤风量控制系统，与播煤风测量值进行 PID 运算，运算结果控制播煤风的执行机构，使播煤风的供给量满足运行要求。

播煤风量控制系统如图 2-90 所示。

（九）床温控制系统（J 阀风量控制系统）

CFBB 的最佳运行床温为 $850\sim900℃$。在这一温度范围内，大多数煤都不易结焦，石灰石脱硫剂具有最佳脱硫效果，并且 NO_x 生成量也很少。影响 CFBB 床温的因素很多，如给煤量、石灰石供给量、排渣量、一次风量、二次风量、返料风量等。给煤量主要用来控制主蒸汽压力，床温对给煤控制的影响仅通过串级系统的内环来体现，因此给煤量仅为控制床温

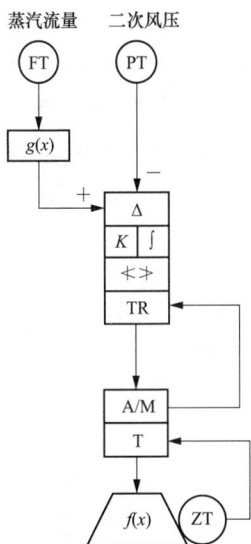

图 2-89　二次风压控制系统

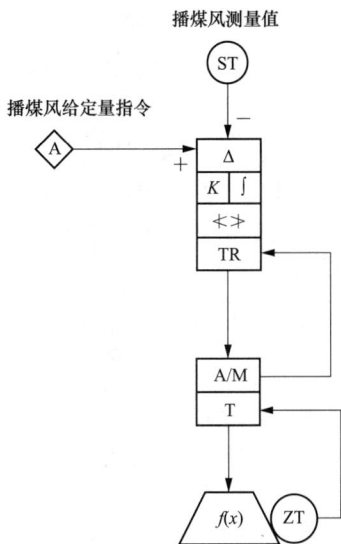

图 2-90　播煤风量控制系统

的手段之一。石灰石供给量对床温的影响比较小，且其影响也可间接体现在给煤量上，所以在构造床温控制系统时不考虑石灰石的影响。排渣量主要用来控制床层厚度，若床层厚度基本恒定，则排渣量对床温的影响也可不予考虑。对于不带外置式换热器且采用高温分离器的 CFBB，可以通过控制一次风和二次风的比例来维持床温稳定；对于带外置式换热器或采用中温分离器的 CFBB，则通过控制返料量来控制床层温度。当床层温度升高时，增加返料可降低床温；相反，当床温降低时，可通过减少返料来升高床温。床温控制系统中床温给定值是在综合考虑了负荷指令、给煤量、一次风量及二次风量等物理量后得到的，该值与床温测量值经过控制运算后，其结果用于控制系统的执行机构，以使床温接近预定的数值。

床温控制系统如图 2-91 所示。

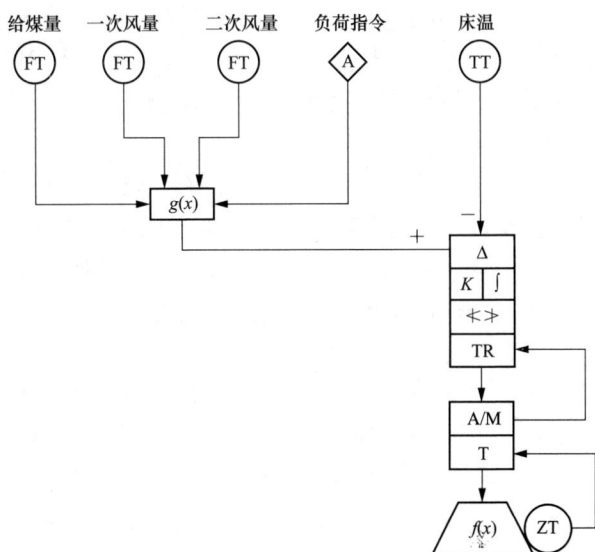

图 2-91　床温控制系统

（十）石灰石给料量控制系统

石灰石给料量控制系统如图 2-92 所示，为一串级控制系统。SO_2 含量测量值与给定值一起送入主控制器，在其中进行 PID 运算后把运算结果与燃料量控制系统中得到的石灰石给定量指令一起进行函数处理。上述处理结果送入副控制器中与石灰石给料量测量值进行 PID 运算，运算结果经限幅处理后控制石灰石给料机的执行机构，以控制进入 CFBB 的石灰石量，从而达到控制 SO_2 排放量的目的。

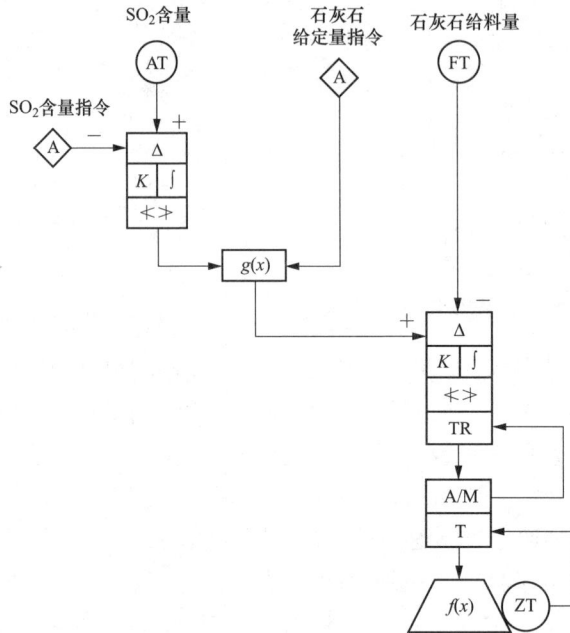

图 2-92　石灰石给料量控制系统

（十一）点火增压风机风量控制系统

点火增压风机风量控制系统如图 2-93 所示。总风量控制系统发出的点火风量指令作为点火增压风机风量控制系统的给定值，与点火风量测量值一起送入 PID 控制器中进行运算，运算结果用来控制点火风的执行机构，以使点火风量满足运行要求。

（十二）床压控制系统

床压控制系统如图 2-94 所示。对于某一特定的锅炉，床层厚度与床压具有一一对应的关系。因此，床层厚度控制可以通过控制床压来实现。在床压控制系统中，床压测量值与床压给定值一起进行 PID 运算，运算结果用来控制排渣机构，以使床压满足运行要求。床压给定值是在综合考虑锅炉负荷、燃用煤种等因素后得到的。

（十三）炉膛压力控制系统

炉膛压力控制系统如图 2-95 所示。在炉膛压力控制系统中，炉膛压力测量值经过惯性延滞处理后与给定值一起送入 PID 控制器中进行运算，运算结果用来控制引风机执行机构，从而控制炉膛压力满足机组运行要求。在有多个炉膛压力测量点的情况下，可以采取多点取中值的办法进行处理。由于一次风量和二次风量发生变化时，需经过一段时间炉膛压力才发生变化，所以在上述控制方案中直接把总风量的微分量作为前馈信号送入 PID 控制器的输出中，以提高一、二次风量变化时控制系统响应的快速性。

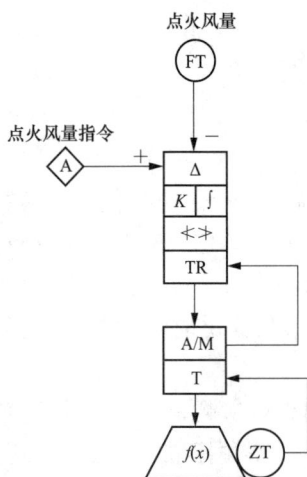

图 2-93　点火增压风机风量控制系统　　图 2-94　床压控制系统　　图 2-95　炉膛压力控制系统

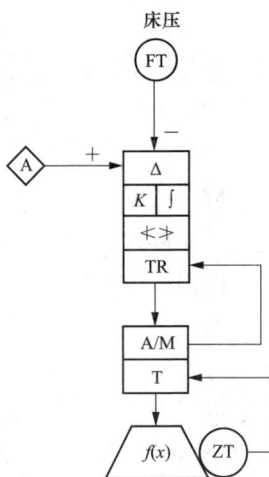

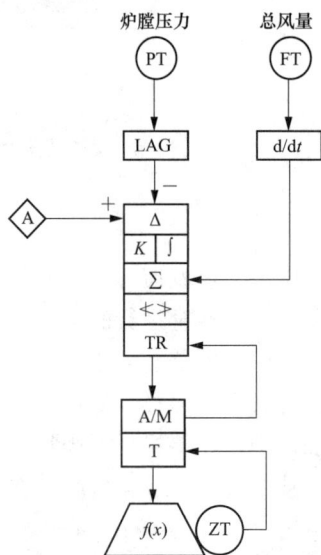

![任务实施]

分析某 300MW 机组 CFBB 燃烧控制系统的控制方式及工作过程。

任务实施 2-7　分析某 300MW 机组 CFBB 燃烧控制系统的控制方式及工作过程

![任务验收]

(1) 能说出 CFBB 的工艺流程，以及 CFBB 与燃煤锅炉的结构差异。

(2) 能说明 CFBB 燃烧控制系统的组成及各子控制系统的控制任务。

(3) 能分析 CFBB 燃烧控制系统各子控制系统的控制方式及工作过程。

(4) 能调用各控制系统的监控画面，能对各控制系统进行 A/M 操作。

项目三　炉膛安全监控系统分析

电力工业发展迅速，已经进入大电网、大机组、高参数、高度自动化的时代。大容量、高参数机组安全运行的重要性日益提高，需要控制的与燃烧有关的设备越来越多，包括点火装置、油燃烧器、煤粉燃烧器、辅助风挡板、燃料风挡板等。这些设备不仅类型复杂，而且操作方式多种多样，操作过程也比较复杂。在锅炉启/停工况和事故工况时，燃烧器的操作更加烦琐，如果操作不当很容易造成意外事故。

从 20 世纪 60 年代起，在国外火电机组上就开始使用一系列火焰检测装置和炉膛安全监控系统（furnace safeguard supervisory system，FSSS），并制定了相关标准。从 20 世纪 70 年代起，我国从国外引进的大型火电机组都配套有锅炉安全运行必不可少的监控手段。我国在 1993 年明文规定："今后凡新投产机组必须安装火焰检测和安全防爆装置，现有机组在条件许可情况下也必须设法加装"。在进行 FSSS 设计时，必须遵循国际、国内一些组织制定的相关标准。这些标准主要有：①美国国家防火协会标准（National Fire Protection Association，NFPA）标准 NFPA 8502；②DL/T 435—2018《电站锅炉炉膛防爆规程》；③DL/T 655—2017《火力发电厂锅炉炉膛安全监控系统验收测试规程》；④DL/T 1091—2018《火力发电厂锅炉炉膛安全监控系统技术规程》。

目前，FSSS 已经成为火电机组自动保护和自动控制系统的一个重要组成部分。

任务一　炉膛爆炸的防止

学习目标

(1) 熟悉 FSSS 的定义，以及 FSSS 的基本组成和各组成部分的作用。
(2) 掌握 FSSS 的基本功能，以及发生炉膛爆燃事故的条件。
(3) 熟悉锅炉炉膛外爆、内爆产生的原因及防止措施。
(4) 了解火焰检测系统的组成及工作原理。

任务描述

能说出 FSSS 的定义和 FSSS 的基本功能；知道外爆、内爆现象，能说出炉膛爆炸的条件及炉膛爆炸的防止措施；能调用 FSSS 的监控画面，能对 FSSS 相关系统进行投入/切除操作。

知识导航

一、FSSS 的定义

FSSS 是指保证锅炉燃烧系统中各设备按规定的操作顺序和条件安全启/停、切投，并能在危急工况下跳闸相关设备或迅速切断进入炉膛的全部燃料（包括点火燃料），防止发生爆燃、爆炸等破坏性事故的安全保护和顺序控制装置。在有些资料中，也把该系统称为燃烧器管理系统（burner management system，BMS）。从 FSSS 的定义可以看出，该系统主要包括两部分内容：①燃烧器控制系统（burner control system，BCS），完成锅炉燃烧器的自动投切控制；②锅炉安全保护系统（furnace safeguard system，FSS），在锅炉正常工作和启/停等各种运行工况下，连续监视燃烧系统的大量参数和状态，进行逻辑判断和运算，必要时发出动作指令，通过各种顺序控制和联锁装置，使燃烧系统中的有关设备严格按照一定的逻辑顺序进行操作，以保证锅炉燃烧系统的安全。

FSSS 不实现连续调节功能，不直接参与负荷和送风量等参数的调节，仅完成锅炉及其辅机的启/停监视和逻辑控制功能。但是，FSSS 能行使超越运行人员和过程控制系统的作用，可靠地保证锅炉安全运行。锅炉的连续调节是由 MCS 完成的，FSSS 与 MCS 之间有一定联系和制约，其中 FSSS 的安全联锁功能的等级最高。同样，如果运行人员违反安全操作规程，FSSS 也将自动停运相关设备。FSSS 的具体联锁条件由各台机组燃烧系统的结构、特性和燃料种类等因素决定。

二、FSSS 的基本功能

总体而言，FSSS 的功能是确保锅炉安全、经济、稳定地运行，可分为燃烧器控制功能和锅炉安全监控功能。FSSS 的基本功能具体可分成以下几个方面。

(一) 点火前炉膛吹扫

炉膛吹扫是指使空气流过炉膛、锅炉烟井及与其相连的烟道，以有效清除任何积聚的可燃物，并用空气予以置换的过程。也可用惰性气体进行吹扫。

锅炉停炉后，尤其是长期停炉后，闲置的炉膛里必然会积聚一些燃料、杂物等，给重新运行带来不安全因素。因此，FSSS 设置了点火前炉膛吹扫功能。在吹扫许可条件满足后，由运行人员启动一次为时 5min 的炉膛吹扫过程。这些吹扫许可条件实际上是全面检查锅炉是否能投入运行的条件。为防止运行人员的疏忽，系统设置了大量的联锁，锅炉如果不经吹扫，就无法进行点火。同时，必须满足 5min 的吹扫时间。如果因为某一个或几个吹扫许可条件失去而引起吹扫中断，必须等待全部吹扫许可条件重新满足后，再启动一次为时 5min 的吹扫，否则锅炉也无法点火。

启动点火前吹扫时应保证炉膛内有足够的风量，一般采用 25%～30% 额定空气量。吹扫时应先启动回转式空气预热器，再按顺序启动引风机和送风机各一台。这样可防止点火后回转式空气预热器因受热不均匀而发生变形，同时也可对回转式空气预热器进行吹扫。在进行锅炉点火前吹扫时，还应切断电除尘器的电源。这是因为如果炉膛内有可燃混合物，在吹扫时这些可燃性混合物将通过电除尘器被吹至烟囱，电除尘器电极上的高压有可能点燃可燃混合物，引起炉膛爆燃。

(二) 燃油投入许可及控制

在锅炉完成点火前吹扫后，控制系统即开始对投油点火所必备的条件进行检查，如吹扫是否完成，油系统泄漏试验是否成功，油源条件、雾化介质条件、油枪和点火枪机械条件是否满足等。上述条件经确认满足以后，FSSS 向运行人员发出点火许可信号。运行人员发出点火指令后，系统会对将要投入的燃油层进行自动程序控制，内容包括：总油源、汽源打开，编排燃烧器启动顺序，油枪点火器推进，油枪阀控制，点火时间控制，点火成功与否判断，点火完成后油枪的吹扫，油层点火不成功跳闸等。

（三）煤粉投入许可及控制

系统成功地进行了锅炉点火及低负荷运行之后，即开始对投入煤粉所必备的条件进行检查，完成大量的条件扫描工作。主要包括：锅炉参数是否合适，煤粉点火能量是否充足，喷燃器工况、有关风门挡板工况是否满足等。待上述条件满足后，系统向运行人员发出投煤粉允许信号。当运行人员发出投粉指令后，系统开始对将要启动的煤层进行自动程序控制，内容包括：编排设备启动顺序，控制启动时间，启动各有关设备，监视各种参数，启动成功与否判断，煤层自动启动，不成功跳闸等。系统还对煤层正常停运进行自动程序控制。

（四）持续运行监视

当锅炉进入稳定运行工况以后，系统全面进入安全监控状态（实际上从点火前吹扫开始锅炉就已置于系统的安全监控之下）。系统连续监视锅炉的主要参数，如汽包水位、炉膛压力、锅炉运行状态、全炉膛火焰、各种辅机工况等。发现各种不安全因素时都会给予声光报警，直至跳闸锅炉。

（五）特殊工况监控

这里的特殊工况是指 RB 和 FCB。当机组发生这两种工况时，FSSS 的任务是与其他控制系统（主要是 MCS）配合，尽快将锅炉负荷减下来。

（六）MFT

锅炉在运行中若出现了某些运行人员无法及时做出反应的危急情况，系统将进行紧急跳闸。如出现炉膛熄火、燃料全部中断等情况时，FSSS 将启动 MFT，同时记录和显示"首出原因"以便于处理。FSSS 还向运行人员提供手动启动 MFT 的手段。发出 MFT 信号后，FSSS 将切除所有燃料设备和有关辅助设备，切断进入炉膛的一切燃料。

（七）跳闸后炉膛吹扫

锅炉紧急跳闸时，炉膛在一瞬间突然熄火，残留大量可燃性混合物，而且温度很高，很可能引起炉膛爆炸。因此，MFT 后仍需维持炉内通风，同时进行吹扫以清除炉膛及尾部烟道中的可燃性混合气体。吹扫结束前，在有关允许条件未满足的情况下，不允许再送燃料至炉膛。系统不允许运行人员在不遵守安全规程的情况下启动设备，如果违反安全规程，设备将无法启动或自动停运。

跳闸后的炉膛吹扫时间也是 5min。与点火前吹扫不同的是，跳闸后的炉膛吹扫被自动启动且许可条件大为减少。如果是由送风机和引风机引起的锅炉跳闸，系统会将全部烟、风挡板开至最大，利用自然通风进行吹扫。

三、FSSS 的组成

FSSS 通常由控制台、逻辑控制系统、执行机构和检测元件四个部分组成，如图 3-1 所示。

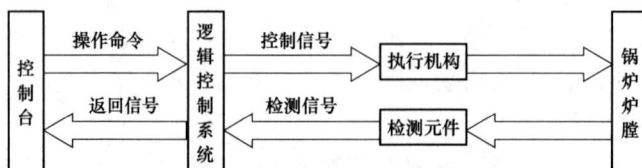

图 3-1　FSSS 组成示意图

（1）控制台。FSSS 的控制台包括运行人员控制盘（操作员 CRT 和键盘）、就地控制盘、系统模拟盘等。FSSS 运行人员控制指令可以通过运行人员控制盘来实现，运行人员控制盘包括指令器件和信息反馈器件。指令器件是指用来操作有关设备的操作按钮或开关，用来对燃烧设备进行操作，如锅炉启动时燃烧器点火和锅炉停炉时燃烧器熄火等操作；信息反馈器件是指用来表示燃烧设备状况信息的指示灯或其他设备，用来向运行人员反馈燃烧设备的运行状况。运行人员控制盘一般安装在中央控制室内，锅炉燃烧设备的启/停操作都可以在该控制盘上进行，燃烧设备状况也可从该控制盘上得到。随着电厂自动化程度的提高，越来越多的电厂已经逐步取消了操作盘台，FSSS 的绝大部分指令和状态信息，都可以通过操作员 CRT 和键盘来实现。为了便于维修、测试和校验现场设备，FSSS 一般需要设置就地控制盘，如给煤机就地盘、磨煤机液力和润滑油系统就地盘等。系统模拟盘是系统调试和故障寻找的有力工具，它一般安装在 FSSS 的逻辑柜中，可以对各层燃烧设备及总体功能进行模拟操作实验。

（2）逻辑控制系统。逻辑控制系统是 FSSS 的核心。FSSS 需要控制的设备多且控制流程和操作方式多变，这使得 FSSS 的逻辑控制系统比较复杂。从图 3-1 可以看出，逻辑控制系统一方面接收运行人员的操作指令，另一方面接收检测元件发送来的实时状态信息，这些状态信息既包括锅炉炉膛的状态信息，也包括执行机构的执行状态。逻辑控制系统综合运行人员的操作指令和检测信号，进行一系列的逻辑运算，逻辑运算的结果驱动执行机构，控制相应对象（如燃料阀、风门挡板等）。同时，逻辑控制系统发送信息给反馈器件，使运行人员随时掌握燃烧设备的运行状态。

（3）执行机构。执行机构也称驱动装置，是 FSSS 系统中的驱动机构。它包括各种电磁阀、控制阀、点火枪的驱动机构、各种挡板的驱动装置、给煤机的电动机控制器等。

（4）检测元件。检测元件是 FSSS 的基础，其主要作用是将反映燃烧系统状态的各种参数变为 FSSS 可接收的信号。检测元件包括反映执行机构位置的限位开关；反映诸如压力、温度、流量是否正常的传感器，如压力开关、温度开关、流量开关等；监视炉膛压力的压力开关；监视炉膛火焰的火焰检测器等。

四、炉膛爆燃（外爆）

（一）炉膛爆燃基本概念

大型锅炉炉膛和制粉系统发生爆燃事故将造成设备严重破坏，危及人身安全。FSSS 最基本的功能就是在锅炉运行的各个阶段，防止炉膛爆燃事故的发生。炉膛爆燃是指在锅炉炉膛、烟道里积存的可燃性混合物瞬间被引燃，由于炉膛的空间有限，使炉膛内烟气侧压力迅猛升高，造成炉膛损坏。炉膛爆燃也称外爆。锅炉正常运行时，进入炉膛的燃料立即着火，燃烧产生的烟气经烟道排入大气。当炉膛内温度足够高、燃料与空气比例适当、燃烧时间充分时，炉膛及烟道里没有积存的可燃性物质，锅炉不会发生炉膛爆燃事故。当燃烧设备或燃烧控制系统出现故障，且运行人员处理操作不当时，就可能发生炉膛爆燃事故。

发生炉膛爆燃事故的三个充分必要条件是：①有燃料和助燃空气的存在；②燃料和空气的混合物达到爆燃浓度（混合比）；③有足够的点火能量。

锅炉炉膛要发生爆燃，以上三个条件缺一不可，若有一个条件不存在，就不会发生爆燃。锅炉处于不同的状态下所具备的爆燃条件也不尽相同。当锅炉处于正常运行状态时，有足够的可燃混合物和点火能源，即上述三个条件中的两个满足，因此要防止锅炉爆燃只有设法防止可燃混合物在炉膛或烟道内积存。避免可燃物的积存是防止锅炉炉膛爆燃的关键所在，但要做到这一点是很困难的。从发现炉膛熄火到保护系统动作、切断进入炉膛内的燃料的这段时间里，实际上已经有一定量的燃料进入炉膛，再加上阀门、挡板等的动作滞后时间和关闭不严，以及从阀门、挡板到炉膛之间还有一段管道，都可能导致将燃料继续送入炉膛而造成可燃物的积存。此外，控制逻辑的不合理设计、误操作、误判断都有可能导致炉膛爆燃。

燃料与空气按一定比例混合时才能形成可燃混合物，混合物中所含燃料浓度过大或过小均不能被点燃。爆燃浓度范围不仅与燃料的种类有关，而且与温度有关。温度高则可燃混合物的浓度变化范围大。在点火期间，可燃混合物浓度范围较小，一定要有更适当的浓度或更大的点火能量（即更高的温度），可燃混合物才能被点燃。如果由于没有足够的点火能量或浓度比不当，送入炉膛的燃料未能着火或正在燃烧的火焰中断，那么将有过剩的燃料和空气混合物进入炉膛，这段时间越长，炉膛内积存的可燃混合物就越多。如送入的混合物经扩散达到可燃范围，突然点燃就可能发生爆燃。

（二）产生炉膛爆燃的典型工况

导致炉膛爆燃的因素是综合性的，它与锅炉机组及其辅机的结构设计、制造质量、安装和运行管理水平等都有一定的关系。在实际运行中，通常有以下几种典型工况容易造成炉膛的爆燃。

（1）锅炉运行中，燃料、风或点火能源突然中断，使锅炉瞬间熄火，从而形成可燃混合物的积聚，继而引起喷火或炉膛爆燃。

（2）点燃或运行中的燃烧器，一个或几个突然失去火焰，就可能使可燃混合物积存在这些燃烧器中，重新着火时引起爆燃。

（3）锅炉运行中燃烧器全部熄灭，使燃料/空气可燃混合物积聚，重新点火或出现其他点火能源时，即可引起炉膛爆燃。

（4）锅炉停运期间，由于燃料关断设备（阀门、挡板）失去控制或泄漏，燃料进入闲置的炉膛形成堆积，锅炉重新启动前未经吹扫或吹扫不完全，积存的燃料突然被点燃而引起爆燃。

（5）重复不成功的点火而未及时吹扫，造成大量可燃物的积聚，当炉膛内具备点火能量时发生爆燃。

（6）异常工况下，封闭的炉膛内某些部分可能形成死区，死区内积有可燃物，当着火条件具备时，这些可燃物就可能被点燃而产生爆燃。

对一系列炉膛爆燃事故进行的调查证明，小爆燃（炉膛喷烟或接近熄火）事故的发生频率远远高于预测。通过改进测量元件、安全联锁和保护装置，规定合理的操作程序，能大大减少炉膛爆燃的危险和实际事故的发生。

五、炉膛内爆

锅炉炉膛除了外爆，有时还会发生内爆。内爆是指，当炉膛压力过低，炉膛内外压差超过炉墙所能承受的压力时，炉墙向内坍塌的现象。

发生炉膛内爆的原因主要有两种：

（1）由于炉膛内燃料燃烧不稳或熄火，使烟气侧压力骤然降低，导致炉膛内外压差过大。

（2）引风机出力较大，造成较大的负压力。这通常是由于控制系统故障或运行人员操作失误造成的。

拓展资源　FSSS 相关设备

任务实施

知晓防止锅炉炉膛爆炸的方法。

任务实施 3-1　知晓防止锅炉炉膛爆炸的方法

任务验收

(1) 知道 FSSS 的定义，能说出 FSSS 的基本功能。

(2) 知道锅炉炉膛外爆、内爆现象，能分析锅炉炉膛发生外爆、内爆的原因。

(3) 知道发生炉膛爆燃事故的条件，能说出防止锅炉炉膛外爆、内爆的方法。

(4) 能调用 FSSS 的监控画面，能对 FSSS 相关系统进行投入/切除操作。

任务二　FSSS 公用逻辑解读

学习目标

(1) 熟悉 FSSS 公用逻辑的功能，以及 FSSS 油系统泄漏试验过程。

(2) 熟悉炉膛吹扫的目的、吹扫条件、吹扫过程及点火允许条件。

(3) 掌握 MFT 的条件，熟悉事故状态下燃烧器投切控制。

任务描述

　　能说出 FSSS 公用逻辑的功能；知道 FSSS 油系统泄漏试验过程；能说出炉膛吹扫的目的、炉膛吹扫条件；能说出点火允许条件；能说明 MFT 条件；熟悉事故状态下燃烧器投切控制，能根据生产现场需要处理机组异常工况。

知识导航

一、公用逻辑

(一) FSSS 控制逻辑概述

逻辑控制系统是 FSSS 的核心，所有运行人员的指令都是通过逻辑控制系统来具体实现的，所有执行元件和检测元件的状态都通过逻辑控制系统进行连续的检测。FSSS 根据运行人员的操作命令和锅炉炉膛传出的检测信号进行逻辑运算，只有在逻辑控制系统验证满足一定的安全允许条件时，才将运算结果用于驱动执行机构、操作相应的被控对象（如燃烧系统的燃料阀门、风门挡板等）。逻辑控制对象完成操作后，经检测再由逻辑控制系统发出返回信号到运行人员控制盘或 CRT，告知运行人员设备的操作运行状况。当出现危及设备和机组安全运行的情况时，逻辑控制系统自动发出停运有关设备的指令。逻辑控制系统采用分层控制的方式，即对每一层分别进行控制。这样一来，一层的故障不会影响整个机组的运行，从而大大提高了系统的整体可靠性和可用率。

FSSS 的控制范围一般分为公用部分、燃油系统、制粉系统三个部分，这三个部分的控制逻辑相应称为公用逻辑、燃油控制逻辑和燃煤控制逻辑。控制保护的范围主要是与燃烧直接相关的设备，如磨煤机、给煤机、油燃烧器、油阀、点火枪等。为了使燃烧设备正常工作，FSSS 也要控制与它们相关的辅助设备。FSSS 控制逻辑的主要功能是控制设备启/停和跳闸。除控制功能外，FSSS 还具有状态指示、操作指导、事件记录等辅助功能。

（二）公用逻辑

FSSS 包括锅炉安全保护及燃烧器控制两大部分，其中公用逻辑部分是 FSSS 的核心，包括整个锅炉安全保护的监控及执行、FSSS 辅机控制、FSSS 内部及与其他系统的接口。公用逻辑在保护锅炉本体的同时控制那些不属于每层煤或每层油的相关设备，不对每一层油或煤发出具体的设备操作指令，而只发出原则性指令，如油、煤层点火允许等；同时对涉及锅炉整体的保护要求发出有关指令，如炉膛吹扫、MFT、RB、FCB 等。FSSS 公用逻辑的具体功能如下：

（1）确保供油母管无泄漏，自动完成油泄漏试验。

（2）确保锅炉点火前炉膛吹扫干净，无燃料积存于炉膛。

（3）预点火操作。建立点火条件，包括炉膛点火条件、油点火条件及煤层点火条件；在未满足相应点火条件时，油层、煤层不得点火。

（4）连续监视有关重要参数，在危险工况下发出报警，并在设备及人身安全受到威胁时发出 MFT。

（5）在 MFT 时，跳闸磨煤机、给煤机、一次风机等设备并向有关系统如 MCS、顺序控制系统、旁路系统、吹灰系统等传送 MFT 指令。

（6）完成 FSSS 辅助设备控制。如主跳闸阀、火检冷却风机、密封风机等的控制。

FSSS 设置 MFT 继电器、点火油燃料跳闸（oil fuel trip，OFT）继电器、启动 OFT 继电器各一个。MFT 继电器为跳闸锁定继电器，由跳闸、复位两个小继电器来控制；OFT 继电器为单线圈继电器，带电跳闸，失电复位。FSSS 的功能决定了它的可靠性及指令的优先级都必须是最高的。按照规程，FSSS 不允许在线组态，其逻辑组态必须满足两个条件：一是锅炉在跳闸状态，二是全部燃料均已切断。

公用逻辑主要包括以下内容：①油系统泄漏试验；②炉膛吹扫；③MFT 及首出记忆；④OFT 及首出记忆；⑤点火条件判断；⑥油系统阀门控制；⑦火检冷却风机控制；⑧密封风机控制；⑨RB 工况判断；⑩点火能量判断。

二、油系统泄漏试验

油系统泄漏试验是对油母管跳闸阀、回油阀、油母管、各层各油角阀所做的密闭性试验，作用是防止燃油泄漏（包括漏入炉膛）引起炉膛爆燃。因此，油系统泄漏试验是保证炉膛点火安全、不产生爆燃的重要措施之一。油系统分点火油系统和启动油系统，各油系统依次进行油泄漏试验。操作员直接在 CRT 上发出启动油泄漏试验指令。油泄漏试验成功是炉膛吹扫的条件之一，按照规程，严禁旁路油泄漏试验。油系统泄漏试验一般由 FSSS 自动完成。目前，各电厂的油系统泄漏试验逻辑不尽相同，以下以某电厂 600MW 机组的油泄漏试验为例进行说明。

微课 3-1　油泄漏试验逻辑分析与试验

（一）试验概述

油系统泄漏试验是针对主跳闸阀及单个油角阀的密闭性所做的试验，作用是防止供油管路泄漏（包括漏入炉膛）。启动炉膛吹扫控制时自动启动泄漏试验，也可由操作员直接在 CRT 上发出启动油泄漏试验指令。油泄漏试验不成功将终止炉膛吹扫程序。

（二）试验过程

（1）以下条件全部满足，就认为油母管泄漏试验准备就绪：①全部油角阀关；②燃油母管压力正常；③风量大于 30% 额定风量；④燃油跳闸阀关；⑤泄漏试验未旁路。

（2）若允许条件满足，将在 CRT 上指示"油泄漏试验允许"，这时可以从 CRT 上发出"启动油泄漏试验"指令或者由"炉膛吹扫请求"来自动进行下列步序：

1）燃油母管压力正常时，泄漏试验开始，开燃油跳闸阀和回油跳闸阀，经过 1min 油循环后关闭回油阀进行充油。在 5min 内若"泄漏试验燃油压力高"开关动作，则充油成功，关燃油跳闸阀；反之，则触发充油失败信号并在操作画面显示。

2）燃油跳闸阀关闭后，等待 90s。如果在 90s 内"泄漏试验燃油压力高"信号消失，则认为油角阀泄漏，试验失败，否则试验成功。

3）油角阀泄漏试验成功后，再进行燃油跳闸阀泄漏试验。打开回油阀泄压至"泄漏试验燃油压力低"开关动作，关闭回油阀等待 90s。如果在 90s 内"泄漏试验燃油压力低"信号消失，则认为燃油跳闸阀泄漏，试验失败，否则试验成功。

（3）在试验过程中，发生以下任一情况即复位油泄漏试验：①MFT 继电器跳闸脉冲；②油泄漏试验成功；③油泄漏试验失败；④泄漏试验充油失败。

（4）发生以下任一情况即复位油泄漏试验成功信号：①MFT 继电器跳闸脉冲；②油泄漏试验进行脉冲（泄漏试验未旁路）。

三、炉膛吹扫

（一）吹扫目的

炉膛吹扫的目的是将炉膛内的残留可燃物质清除掉，以防止锅炉点火时发生爆燃。锅炉点火前、点火失败及 MFT 动作后，都必须进行炉膛吹扫，以清除炉膛内积聚的燃料/空气混合物，这是防止炉膛爆燃最有效的

微课 3-2　炉膛吹扫逻辑分析与试验

方法之一。因此，FSSS 设置了炉膛吹扫的功能。在炉膛吹扫过程中，只有在所有吹扫许可条件都满足的情况下才能成功地完成吹扫任务，否则吹扫过程失败，必须重新进行吹扫。

锅炉点火前必须进行炉膛吹扫，清除炉膛积聚的燃料和可燃气体。吹扫时间一般不得少于 5min，吹扫风量不得小于 25% 额定风量。图 3-2 所示为炉膛吹扫的原理框图。当吹扫许

可条件满足后，操作员站上"吹扫条件准备好"指示灯点亮，提示运行人员在控制界面上启

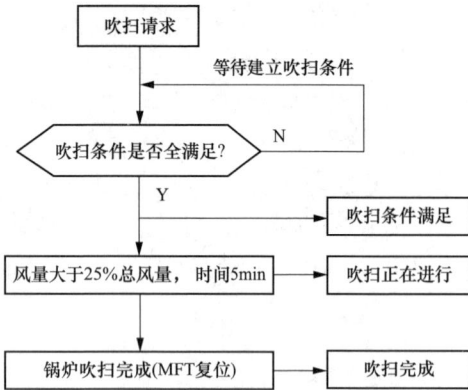

图 3-2　炉膛吹扫的原理框图

动一次为时 5min 的炉膛吹扫过程。这些吹扫许可条件实际上是从各个方面检查锅炉是否能投入运行的条件。为防止运行人员的疏忽，炉膛吹扫设置了大量的联锁，锅炉如果不经过吹扫，就无法进行点火。进行炉膛吹扫时，5min 的吹扫时间必须满足，如果在吹扫过程中某一个或几个吹扫许可条件失去而引起吹扫中断，必须等待吹扫条件全部重新满足后，再次启动一次为时 5min 的吹扫，否则锅炉无法点火。锅炉吹扫的另一个作用是使运行人员在锅炉启动之前已对锅炉有一定了解且精神集中，有利于启动。

（二）吹扫条件

吹扫条件应根据锅炉容量和制粉系统的形式确定。锅炉吹扫不仅仅是吹走炉膛中的可燃性混合物，而且需要检查锅炉启动条件是否完全准备好，以便吹扫后可以直接点火。因此，一般应根据锅炉具体情况设置数个吹扫许可条件，以构成"吹扫允许"信号。在设置这些吹扫条件时必须遵守 DL/T 1091—2018《火力发电厂锅炉炉膛安全监控系统技术规程》的规定。该规程规定的炉膛吹扫条件如下：

（1）MFT 发生。
（2）无 MFT 跳闸条件。
（3）油泄漏试验成功。
（4）两台回转式空气预热器运行。
（5）任一送风机运行。
（6）任一引风机运行。
（7）炉膛压力正常。
（8）所有火检均未检测到火焰。
（9）所有磨煤机停运。
（10）所有给煤机停运。
（11）主燃油跳闸阀关闭。
（12）所有油燃烧器的油跳闸阀关闭。
（13）火检冷却风压力正常。
（14）所有二次风挡板全开或在吹扫位。
（15）锅炉总风量不小于 25% 额定风量，推荐值 30% 额定风量。
（16）所有给粉机停运（储仓制系统）。
（17）汽包水位正常（汽包锅炉）。
（18）任一锅炉水循环泵运行（强制循环汽包锅炉）。
（19）两台一次风机均停运（若配置一次风机）。
（20）所有排粉风机均停运（若配置排粉风机）。
（21）两台电除尘器均停运（若配置电除尘器）。

（22）FSSS 硬件正常（包括主模件及电源系统）（可选）。

（23）所有等离子点火器未启弧（若配置等离子点火器）。

（三）吹扫过程

当吹扫条件全部满足后，在 CRT 上指示"吹扫准备就绪"信号，这时操作员就可以启动吹扫。

使用图 3-3 所示的炉膛吹扫逻辑就可以完成炉膛吹扫过程。当炉膛吹扫的所有条件都满足时，"与门 1"输出 1，"吹扫准备好"灯点亮，提示运行人员可以进行炉膛吹扫。当运行人员操作"吹扫启动按钮"后，"与门 2"输出 1，其输出值使得"与门 2"前的"或门"输出 1。按钮弹起后，"与门 2"的输出仍然保持为 1。按钮、"或门"和"与门 2"一起构成自保持逻辑。"与门 2"输出 1 后，控制逻辑进行 5min 延时，同时经过"非门"后使"与门 4"输出 0，"吹扫中断"指示灯不亮。进行炉膛吹扫时 MFT 为 1，与"与门 2"的输出综合使"与门 3"输出 1，一方面使"吹扫进行"指示灯点亮，另一方面使 RS 触发器置位，输出 1；同时 MFT 通过"非门"使"吹扫完成"指示灯不亮。若吹扫顺利进行，则 5min 延时后发出"吹扫完成"信号，该信号使 MFT 复位为 0，"与门 3"输出 0，"吹扫进行"指示灯熄灭，"吹扫完成"指示灯点亮，表示吹扫完成。MFT 复位为 0 后，RS 触发器的"R"端为 1，"S"端为 0，触发器输出 0，闭锁"吹扫中断"信号。若吹扫过程中发生了吹扫条件不满足的情况，则"与门 1"输出 0，使得"与门 2"输出 0，该信号经过"非门"后与 RS 触发器输出综合，使得"与门 4"输出 1，"吹扫中断"指示灯点亮。"与门 3"输出变为 0，使"吹扫进行"指示灯熄灭，同时 5min 吹扫延时复位。

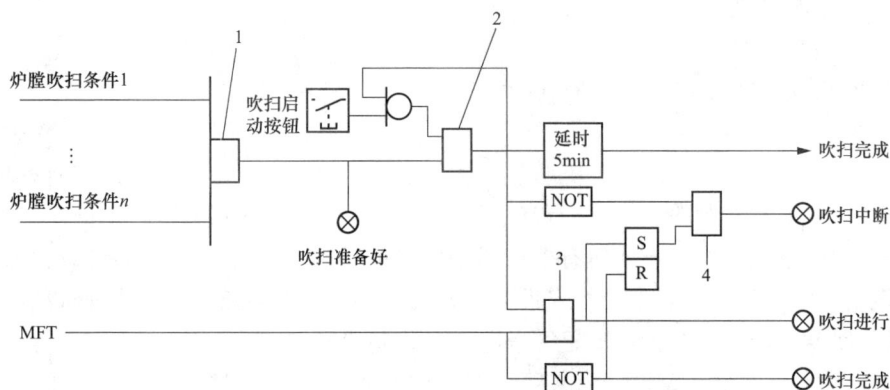

图 3-3　炉膛吹扫逻辑

重新启动吹扫：吹扫条件再次全部满足后，由运行人员重新操作吹扫启动按钮，重新启动一次为时 5min 的炉膛吹扫。

四、MFT

MFT 是 FSSS 的重要功能。在锅炉运行的各个阶段，FSSS 实时、连续地对机组的主要参数和运行状态进行监视，只要这些参数和状态有一个超出了安全运行范围，系统就会发出 MFT 指令。MFT 动作将快速切断所有进入炉膛的燃料，即切断所有输入炉膛的燃油和煤粉，实行紧急停炉，防止炉膛爆燃，并指示引起 MFT 的第一原因。正常工作的机组由于停炉所造成的损失较大，因此无论是从发电角度还是从设备寿命角度来看，都应极其慎重地对待 MFT。FSSS 设计时应该遵循最大限度地消除可能出现的误动作及完全消除可能出现的拒动作的设计原则。可触发 MFT 的信号都应该冗余设置，或采用三选二逻辑，而凡是冗余信号都有拒动和误动的问题。对于两个输入信号，从防拒动的角度考虑应将其"或"使用，而从防误动的角度考虑应将其"与"使用。当机组正常运行时 MFT 逻辑应处于待机状态，机组出现异常时，要求 MFT 逻辑能迅速正确动作。MFT 逻辑要求有高度的可靠性和最高的权威性，应能排除其他系统和运行人员的干扰，确保设备及人身安全。

MFT 保护逻辑由跳闸条件、保护信号、跳闸继电器及首出记忆等组成。

MFT 触发条件的设计应该依据相关的标准和规范，并与锅炉的具体情况相适应。DL/T 1091—2018《火力发电厂锅炉炉膛安全监控系统技术规程》所规定的 MFT 条件如下：

（1）手动操作 MFT 按钮。

（2）汽轮机跳闸且机组负荷高于旁路系统卸载能力负荷。

（3）二次风机全停。

（4）引风机全停。

（5）空气预热器全停。

（6）炉膛压力高于保护定值。

（7）炉膛压力低于保护定值。

（8）汽包水位高（汽包锅炉）。

（9）汽包水位低（汽包锅炉）。

（10）锅炉总风量低（以锅炉厂规定的最低风量为准）。

（11）过热器保护。

（12）再热器保护。

（13）FSSS 电源失去或 FSSS 控制器均故障。

（14）失去全部燃料。

1）所有磨煤机全停，并且任一油燃烧器投运状态下主燃油跳闸阀关闭或所有单个油燃烧器角阀关闭（直吹式制粉系统）；所有给粉机全停或给粉机电源中断，并且任一油燃烧器投运状态下主燃油跳闸阀关闭或所有单个油燃烧器角阀关闭（储仓式制粉系统）。

2）两台一次风机停运且油枪都未投运（直吹式制粉系统或热风送粉储仓式制粉系统）；所有排粉机跳闸且油枪都未投运（乏气送粉储仓式制粉系统）。

（15）多次点火失败（MFT 复位后，常规油枪 3～5 次点火都不成功，少油油枪 8～12 次点火都不成功；"任一油燃烧器投运"信号屏蔽此 MFT 动作条件）。

（16）延时点火（MFT 复位后，5～30min 内炉膛仍未有任一油枪投运）。

（17）失去全部火焰。煤粉及油层投运的情况下油燃烧器均失去层火焰信号。注意：失去层火焰和全部火焰条件应满足锅炉制造厂要求，推荐失去层火焰信号指同一层如配 4 支燃烧器火焰则失去 3 个及以上火焰，或同一层如配 6 支燃烧器火焰则失去 4 个及以上火焰等，即无煤层投运信号，也无油层投运信号。

（18）所有炉水泵停运（强制循环汽包锅炉）。

（19）主蒸汽压力高（直流锅炉，根据锅炉制造厂要求）。

（20）给水流量低或给水泵全停（直流锅炉）。

（21）主蒸汽温度高/低（直流锅炉，根据锅炉制造厂要求）。

（22）启动分离器水位高（直流锅炉，根据锅炉制造厂要求）。

（23）启动分离器出口温度高（直流锅炉，根据锅炉制造厂要求）。

（24）失去火检冷却风（火检冷却风压低，或火检冷却风机都停运）（可选）。

（25）失去临界火焰（适用于直吹式或半直吹式制粉系统）。至少三层煤投运且运行的煤粉燃烧器中部分火焰失去（满足锅炉制造厂要求，其定值推荐为50%）（可选）。

（26）失去角火焰（适用于直吹式或半直吹式制粉系统、四角切圆燃烧锅炉）。至少三层煤投运且某一角从上到下所有燃烧器（煤、油）都失去火焰（可选）。

（27）脱硫系统跳闸保护。

（28）水冷壁温度高（直流锅炉，根据锅炉制造厂要求）。

在发生 MFT 时，FSSS 要将跳闸信号送到各个执行机构，实现机组全面跳闸。MFT 发生后至少应联锁动作以下设备：①跳闸汽轮机；②关闭所有过热器减温水截止阀；③关闭所有再热器减温水截止阀；④关闭主燃油跳闸阀；⑤切除所有油燃烧器；⑥跳闸磨煤机；⑦跳闸给煤机；⑧打开高压旁路（根据负荷、旁路容量等设计要求）；⑨跳闸除尘器；⑩锅炉吹灰器全部退出；⑪将风箱入口二次风门挡板置于吹扫位；⑫跳闸两台一次风机（若配置）；⑬跳闸所有排粉风机（若配置）；⑭跳闸所有给粉机及给粉机电源（若配置）；⑮跳闸所有给水泵；⑯跳闸等离子点火器（若配置）。

FSSS 还将 MFT 信号存储起来，作为禁止点火的条件，直到炉膛吹扫过程完成时才消失。这是为了防止在完成吹扫前有任何燃料或点火能源进入炉膛。

五、点火允许条件

FSSS 的基本功能之一就是对燃烧器的投入许可条件进行判断。锅炉的类型、燃烧器布置的差异等使得机组的点火允许条件不尽相同。这里以某 300MW 机组锅炉（四角切圆）的点火运行条件为例进行说明。

（一）炉膛点火允许

以下条件全部满足，即产生"炉膛点火允许"信号：

（1）无 MFT 条件。

（2）二次风/炉膛压差正常。

（3）火检风/炉膛压差正常。

（4）风量小于40%额定风量且燃烧器在水平位置，或任一煤层已投运。

（5）"初始点火允许"。第一只油枪点火失败后，已延时 60s。任一油枪点火失败，"初始点火允许"条件就中断 1min，在这 1min 内不允许点任何油枪。1min 之后，"初始点火允许"条件再次满足，则运行人员可再次点油枪。当炉膛内已有油枪投运后，"初始点火允许"条件一直满足。

（二）油层点火允许

以下条件全部满足，即产生"油层点火允许"信号：

（1）炉膛点火允许。

（2）燃油压力正常。

（3）燃油主跳闸阀在开状态。

（三）煤层点火允许

以下条件全部满足，即产生"煤层点火允许"信号：

（1）炉膛点火允许。

（2）点火能量。锅炉负荷大于 25%额定负荷且相邻油层投运，或锅炉负荷大于 80%额定负荷。

（3）二次风温大于设定值。

（4）汽包压力大于设定值。

（5）两台一次风机运行，或一台一次风机运行且煤层投运不超过三层。

六、事故状态下燃烧器投切控制

当电力系统发生事故而使主开关跳闸时，汽轮机应该进入无负荷运行或者带厂用电运行状态；当汽轮机发生故障跳闸时，机组应该进入停机不停炉的运行状态，即具有 FCB 功能，以维持锅炉在最低负荷运行，蒸汽经旁路进入凝汽器。待事故消除后，机组可以进行热态启动，迅速并网发电。显然，锅炉在低负荷运行时，需要切除一部分煤粉燃烧器，还要投运部分油燃烧器。当发生 FCB 时，哪些煤粉燃烧器应该保留，哪些煤粉燃烧器应该切除，应该投运哪些油燃烧器，是预先按照控制逻辑来定义的，FSSS 应该自动完成燃烧器的投切工作。当锅炉辅机发生故障时，机组也必须迅速减负荷到辅机允许的情况，即实现 RB。当发生 RB 时，FSSS 应能选择最佳的燃烧器运行层数和组合，并快速切除部分燃烧器，根据锅炉的运行状态决定是否投入油燃烧器来稳定燃烧。

（一）RB

机组的主要辅机设备均安装两台，每台分担 50%的负荷。当这些辅机中的一台发生故障时，要求机组迅速、自动地减负荷到设定值，以保证机组安全运行，这便是 RB 的作用。产生 RB 的信号有：①A 送风机跳闸；②B 送风机跳闸；③A 引风机跳闸；④B 引风机跳闸；⑤A 一次风机跳闸；⑥B 一次风机跳闸。为了实现 RB 功能，要求 MCS 和 FSSS 两大系统协调动作。除了一次风机的 RB 信号由 FSSS 本身发出外，其余的 RB 指令均由 MCS 发出。

图 3-4 所示为 RB 逻辑图。当 MCS 发送 RB 信号到 FSSS 且至少有四台磨煤机运行时，FSSS 先发出报警信号，然后跳闸 F 层磨煤机，由 MCS 降低其他给煤机转速；F 层磨煤机跳闸 10s 后，若 RB 信号仍然存在，则跳闸 E 层磨煤机，MCS 继续降低其他给煤机转速；E 层磨煤机跳闸 10s 后，若 RB 信号仍然存在，则继续跳闸 D 层磨煤机；最后保持三层磨煤机（A、B、C 层）运行，将负荷降低到 50%额定负荷。

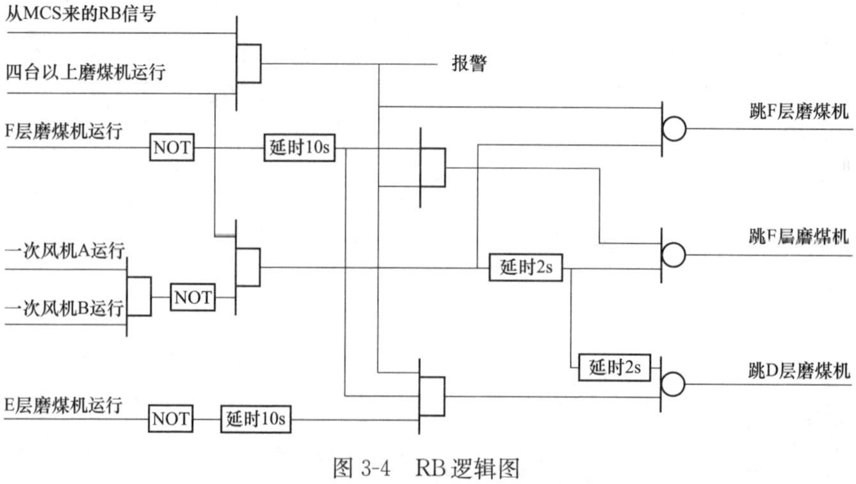

图 3-4　RB 逻辑图

一次风机引起的 RB，其处理方式与从 MCS 发送来的 RB 信号有一些差别。此时，先跳闸 F 层磨煤机，延时 2s 后跳闸 E 层磨煤机，然后延时 2s 后再跳闸 D 层磨煤机，最后保持三层磨煤机运行。

若 D、E、F 三层磨煤机跳闸后，RB 信号仍然存在，则表明另外一台功能相同的辅机也出现故障，其结果导致 MFT。

（二）FCB

当电网故障引起机组甩负荷时，快速切除大部分锅炉燃烧器，使锅炉维持最低负荷运行，而汽轮机仅带厂用电运行（或停机）。待故障消除后，机组可以迅速恢复发电。在 FCB 工况下，锅炉保留两层磨煤机及对应的油层运行，稳定地带 30% 额定负荷，汽轮机高压旁路阀打开。FCB 由电气（或 MCS）发出，该信号发出后有下列情况：①若 A、B 层磨煤机在运行，则启动 A、B 层磨煤机对应的油层，此后以 10s 为时间间隔，依次停 F→E→D→C 层磨煤机；②若磨煤机 C、D 层在运行，则启动对应油层，并以 10s 为时间间隔，依次停 F→E→B→A 层磨煤机；③若 E、F 层磨煤机在运行，则启动 E、F 层磨煤机对应油层，以 10s 为时间间隔，依次停 D→C→B→A 层磨煤机。

在 FCB 启动油层时，发出启动信号 60s 后，对应的油层没有投入，则发出"FCB"失败指令，停所有磨煤机。

◀★ 任务实施 ┼

解读某 1000MW 机组炉膛吹扫条件、MFT 条件。

任务实施 3-2 解读某 1000MW 机组炉膛吹扫条件、MFT 条件

◀ 任务验收 ┼

（1）能说出 FSSS 公用逻辑的功能，知道 FSSS 油系统泄漏试验过程。

（2）知道炉膛吹扫的目的，熟悉炉膛吹扫过程。

（3）能说明炉膛吹扫条件、点火允许条件、MFT 条件。

（4）熟悉事故状态下燃烧器投切控制，能根据生产现场需要处理机组异常工况。

任务三　FSSS 燃油控制逻辑解读

◀ 学习目标 ┼

（1）熟悉 FSSS 燃油控制逻辑的功能，以及油层控制过程。

（2）了解油燃烧器控制逻辑、燃油跳闸逻辑、等离子点火控制逻辑。

微课 3-3　燃油控制逻辑分析

任务描述

能说出 FSSS 燃油控制逻辑的功能；能说明油层、油燃烧器控制过程；能说明燃油跳闸指令的产生与复位条件；能说明等离子点火投入/退出允许条件。

知识导航

一、燃油控制逻辑概述

以煤粉为主燃料的锅炉，在点火工况和低负荷运行时，需投运油燃烧器，以利于点火、助燃和稳定煤粉燃烧。油燃烧器的启/停及其有关设备的启/停，则由 FSSS 系统的燃油控制逻辑进行控制。燃油控制逻辑的主要功能如下：

（1）油层启/停控制，即一个油层中多个油燃烧器的启/停程序控制。

（2）单个油燃烧器的启/停程序控制。

（3）油燃烧器的设备控制，包括油枪、点火器、油角阀等的控制。

（4）油枪的吹扫控制。

（5）燃油系统跳闸及首出原因记忆逻辑。

对油层及单个油燃烧器的启/停控制操作由运行人员根据机组的运行工况，在操作界面站（operator interface stations，OIS）即人机界面上进行。在 OIS 的操作画面上，有各油层程序启动/程序停运操作画面，运行人员可根据需要在 OIS 上通过键盘或鼠标控制油层的程序启动和程序停运。另外，在紧急情况下，运行人员还可以在 OIS 上进行各个油层的紧急停油操作，以达到同时停该油层运行中的所有油燃烧器的目的。

锅炉经过炉膛吹扫，并且所有油点火条件全部满足后，才能点火启动。点火从油燃烧器开始，由下往上逐层点火。油燃烧器只能依靠自身的高能点火器进行点火，不允许依靠其他煤燃烧器的火焰进行点火。燃油控制分为油层控制和单独控制。

二、油层控制

油层控制表示以"层"为单位进行油燃烧器的控制。无论是四角切圆的燃烧器布置方式还是前后墙对冲的燃烧器布置方式，一个油层均包括四只油燃烧器。这种控制方式就是将四只燃烧器编成一组来进行控制，这样可以提高燃烧器控制系统的自动化程度，减少运行人员的操作点和监视点，降低劳动强度。对于燃烧器的控制，最终还是表现在对具体燃烧器设备，如油枪、点火器、油阀等的控制，这部分控制功能是由油燃烧器控制逻辑来完成的。油层控制在控制逻辑中处于承上启下的中间位置，接收上层控制逻辑的控制指令，编排本层中四只燃烧器的启/停顺序，然后按照逻辑要求分别向四油燃烧器发出启/停指令，并发出油层操作的结果。

油层控制逻辑在接收上层控制指令时，可以有多种方式。油层控制的具体控制逻辑与机组控制系统的选型和设计有关，机组与机组之间存在一定的差异。下面以某电厂 600MW 机组为例进行说明。该燃烧器采用前后墙对冲的布置方式，布置了四层启动油。以下两种方式之一都可以产生 A 油层启动指令（"或"运算）：

（1）运行人员启动 A 油层。

（2）A 煤层低负荷时助燃或 A 煤层请求 A 油层投运。

当油层启动时，FSSS 逻辑将按照 1—2—3—4 的顺序自动投运 A 油层，每对间隔时间为 15s。在运行人员手动启动 A 层油的方式下，当运行人员启动 A 油层 1、3 对时，FSSS 逻辑将投入 A1、A3 油燃烧器；当运行人员启动 A 油层 2、4 对时，FSSS 逻辑将投入 A2、A4 油燃烧器。当运行人员停运 A 油层时，FSSS 逻辑将按照 1—3—2—4 的顺序自动停运 OA 油层，每对间隔时间为 15s。当 OA 层油中有至少 3 角投运时，认为 OA 层油投运。

三、A12 油燃烧器控制

油层控制逻辑发送控制指令给各油燃烧器，每只油燃烧器控制逻辑完成具体设备的控制。下面以 A 层油的 A13 燃烧器对为例来说明油燃烧器的控制过程。A13 燃烧器启动控制逻辑如图 3-5 所示。

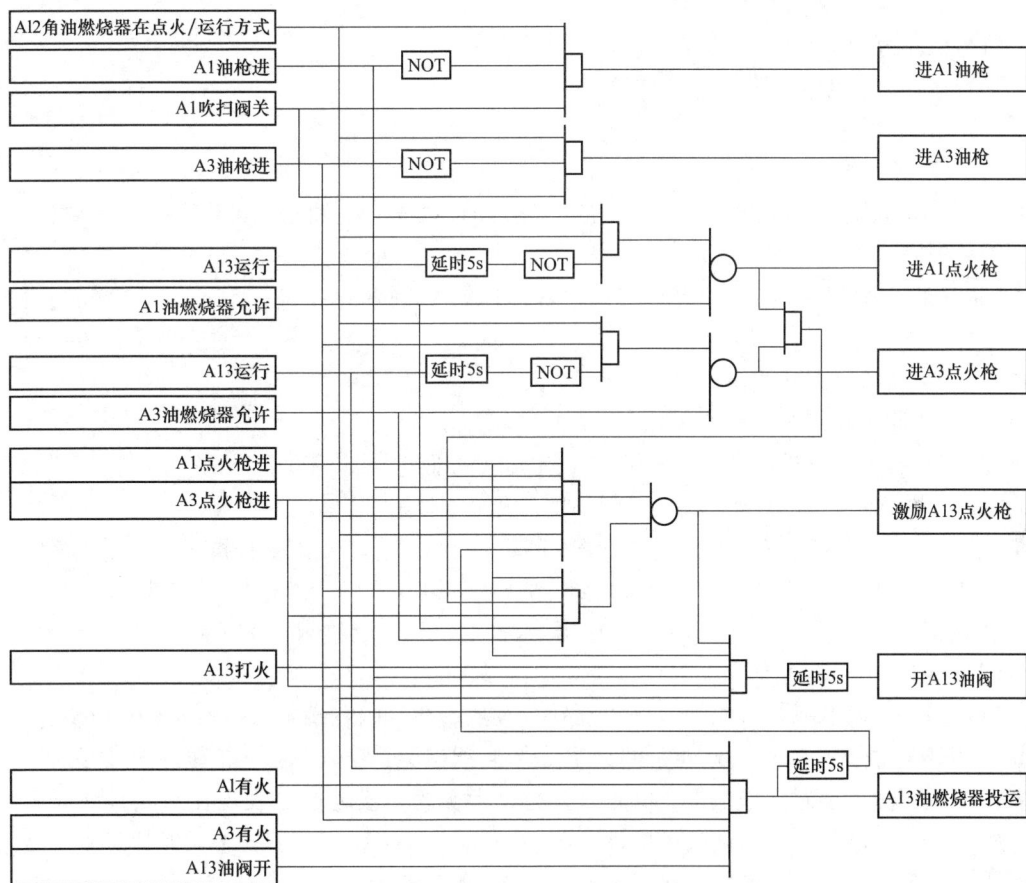

图 3-5　A12 油燃烧器启动控制逻辑

（一）允许条件

在进行油燃烧器控制时，首先应判断燃烧器的允许条件。A13 燃烧器点火允许条件如下：①MFT 复位；②OFT 复位；③炉膛点火允许；④油点火允许；⑤初始点火允许；⑥A1 无火焰检测；⑦A1 无火检故障；⑧A1 油阀关；⑨A3 无火焰检测；⑩A3 无火检故障。

（二）点火步序

在以上允许条件满足的前提下，A13 油燃烧器点火步序如下：

（1）推进 A1、A3 油枪。

（2）A1、A3 油枪均推进到位后，推进 A1、A3 点火枪。

（3）A1、A3 点火枪均推进到位后，激励 A13 高能点火器。

（4）A13 高能点火器开始打火时，打开 A13 角油阀。

当以下条件全部满足（"与"运算），则认为 A13 角油燃烧器投运：①A1 油燃烧器在点火方式下达 30s；②A1 火焰检测达 10s；③A13 油阀开；④A3 油燃烧器在点火方式下达 30s；⑤A3 火焰检测达 10s。

（三）A13 油燃烧器切除

出现以下任一情况（"或"运算）都将产生"A13 油燃烧器在切除方式"信号，此信号将复位"A13 油燃烧器在点火/运行方式"。

（1）程序停止 A13 油燃烧器。

（2）运行人员停止 A13 油燃烧器指令。

（3）MFT 发生。

（4）OFT 发生。

（5）A13 油燃烧器在点火/运行方式达 10s，但 A1 或 A3 油枪未推进（两个条件同时满足，以下类同）。

（6）A13 油燃烧器在点火/运行方式，且 A1 及 A3 油枪已推进达 10s，但 A13 油角阀未打开。

（7）A1 油角阀离开关位达 10s，但 A1 无火焰检测。

（8）A3 油角阀离开关位达 10s，但 A3 无火焰检测。

（9）A1 点火枪推进指令达 5s，但 A1 点火枪未推进。

（10）A3 点火枪推进指令达 5s，但 A3 点火枪未推进。

当 A13 油燃烧器在切除方式时，FSSS 逻辑将发出关闭 A13 油阀指令，切除 A13 油燃烧器。如果不是由于 MFT 发生而引起 A13 油燃烧器切除，FSSS 逻辑还将开始一个 45s 的 A1、A3 油燃烧器吹扫程序。A13 油燃烧器吹扫完成后，退回 A1、A3 油枪。

（四）A13 油燃烧器吹扫

（1）当 A13 油阀已关（脉冲），则产生 A13 油燃烧器吹扫请求。以下条件全部满足，则认为 A13 油燃烧器达到吹扫允许条件：①A13 油阀已关；②A1 油枪已推进；③A3 油枪已推进；④A13 油燃烧器吹扫请求；⑤A13 油燃烧器无吹扫受阻。

（2）A13 油燃烧器吹扫请求可以被以下三个信号之一复位：①A13 油燃烧器在点火/运行方式；②A13 油燃烧器吹扫完成；③A1 或 A3 油枪已退回。

（3）进行燃烧器吹扫时，A13 油燃烧器的吹扫步序如下：①推进 A1、A3 点火枪；②A1 及 A3 点火枪推进到位后，激励 A13 高能点火器；③A13 高能点火器开始打火时，打开 A13 吹扫阀。

（4）吹扫持续 45s 后，A13 油燃烧器吹扫完成，该信号复位 A13 油燃烧器吹扫请求信号，并退回 A1、A3 油枪。但是，在进行吹扫时，当出现以下几种情况时将产生"A13 油燃烧器吹扫受阻"信号：①A13 油燃烧器发出吹扫请求但同时有 MFT 信号出现；②发出 A13 油燃烧器吹扫请求后 A13 吹扫阀 10s 未打开；③在发出 A13 油燃烧器吹扫请求后出现了任一 OFT 条件。

（5）在 A13 油燃烧器吹扫过程中出现吹扫受阻后，FSSS 逻辑将关闭 A13 油吹扫阀并停止点火器打火。如果检修人员将 A1 或 A3 油枪退回，A13 油燃烧器吹扫受阻信号将复位（机械超弛逻辑）；如果吹扫受阻后不做任何处理再次投入 A13 油燃烧器，A13 油燃烧器吹扫受阻信号也将复位（吹扫受阻信号并不影响燃烧器再次投入）；如果在吹扫受阻后希望能再次吹扫，只需运行人员发出停止 A13 油燃烧器指令，该指令可以复位 A13 油燃烧器吹扫受阻信号并产生 A13 油燃烧器吹扫请求信号，这样就可以再次启动 A13 油燃烧器吹扫程序。

另外，在炉膛吹扫完成，还没有复位 MFT 时，运行人员可以启动 A13 油燃烧器吹扫。

四、燃油跳闸逻辑

机组在正常运行的过程中，当遇到某些紧急情况需要迅速切断全部油燃料或部分油燃料时，靠正常停油燃烧器是无法满足要求的。此时应采取紧急停油，即 OFT。FSSS 连续逻辑监视不同的 OFT 条件，如果其中任一个条件满足，FSSS 逻辑就会跳闸 OFT 继电器。OFT 继电器是单线圈继电器。当 OFT 动作后，有首出跳闸原因显示；当 OFT 复位后，首出跳闸记忆清除。

（一）油燃烧器停运与跳闸的区别

油燃烧器由运行状态变成停运状态，既可由程序停运来实现，也可通过 OFT 实现，但这两种停运办法的发生工况、条件及其联锁的动作是相差很大的。程序停油是一种在正常工况下，按照需要有次序地停某一油层运行中的油燃烧器。在程序停油层的过程中，考虑停某油层时对其周边系统的扰动，停油层应该按照一定的顺序来进行。OFT 是一种针对机组运行过程中发生的特殊工况所采取的紧急措施，此时对油层的控制完全是从机组的安全运行角度来考虑的。当油层的运行危及机组安全时，运行人员可手动或由油层控制逻辑自动跳油层。跳油层时，无论油燃烧器的就地/远方开关在何位置，都会同时停掉该油层所有在运行的油燃烧器。

（二）OFT 指令的产生与复位

（1）OFT 条件（"或"运算）如下：①运行人员跳闸（运行人员关闭主跳闸阀指令）；②MFT，OFT 跟随 MFT；③主跳闸阀未打开，即主跳闸阀开状态失去；④燃油调节阀后进油压力低跳闸，该信号至少持续 3s，并且任一油角阀不在关状态；⑤雾化汽压力低跳闸，该信号至少持续 3s，并且任一油角阀不在关状态。

（2）下列条件全部满足时，复位 OFT 继电器：①MFT 已复位；②无 OFT 条件存在；③OFT 继电器已跳闸；④主跳闸阀关闭；⑤单个油角阀关闭；⑥油泄漏试验成功；⑦运行人员打开主跳闸阀指令。

（3）当 OFT 发生后，联锁以下设备动作：①跳闸 OFT 硬继电器；②跳闸所有油燃烧器；③关闭主跳闸阀。

OFT 设计成软、硬两路冗余。当 OFT 条件出现时，软件会送出相应的信号来跳闸相应的设备，同时 OFT 硬继电器也会向这些重要设备送出一个硬接线信号来对其跳闸。例如，OFT 发生时逻辑会通过相应的模块输出信号来关闭主跳闸阀，同时 OFT 硬接点也会送出一个信号来直接关闭主跳闸阀。这种软、硬件互相冗余有效地提高了 OFT 动作的可靠性。该功能在 FSSS 跳闸继电器柜内实现。

★ 任务实施

解读某 1000MW 机组等离子点火控制逻辑。

任务实施 3-3　解读某 1000MW 机组等离子点火控制逻辑

任务验收

（1）能说出 FSSS 燃油控制逻辑的功能，能说明油层、油燃烧器控制过程。
（2）能说明燃油跳闸指令的产生与复位条件，以及等离子点火投入/退出允许条件。

任务四　FSSS 燃煤控制逻辑解读

学习目标

（1）熟悉 FSSS 燃煤控制逻辑的功能，以及煤层的顺序控制。
（2）了解煤层跳闸条件、磨煤机本体跳闸条件、磨煤机控制逻辑。

任务描述

能说出 FSSS 燃煤控制逻辑的功能；知道煤层的启/停步序；能说明磨煤机本体跳闸条件；能说明磨煤机启/停条件及启/停方式。

知识导航

煤层控制逻辑是对磨煤机、给煤机等制粉系统设备启/停的顺序控制，并在正常运行时密切监视各煤层的重要参数，必要时切断进入炉膛的煤粉，以保证炉膛安全。因此，它不仅要考虑到煤粉爆燃的性质，还与磨煤机、给煤机的工作要求密切相关。有些保护逻辑和操作步骤不是为了防爆，而是为了保证磨煤机的正常运行，如润滑油系统等。

由于现在投入的直吹式制粉系统比较多，本部分主要阐述直吹式制粉系统机组的控制逻辑。直吹式制粉系统包括磨煤机、给煤机、磨出口阀门、有关风门挡板、磨煤机油系统、磨煤机密封空气系统等。煤层的点火能量建立起来之后，操作员就可以进行煤层投入的操作。煤点火的允许条件适用于所有煤层。如果煤点火的条件不满足，则任何煤层均不允许点火。煤燃烧器投入以层为单位进行，这是由于每台磨煤机出口的四个挡板是联开联关的。以下条件全部满足时，认为 A 煤层投运：①A 磨煤机合闸；②A 给煤机运行达 1min；③A1～A4 角中至少 3 角有火焰检测。

点火能量是进行煤层启动的必要条件，对防止炉膛爆燃是非常重要的。煤粉进入炉膛应保证能立即被点燃，这就要求在投煤粉前对炉膛内点火能量进行确认，因此设置"点

火能量充足"逻辑。在进行燃煤系统逻辑
分析时，不同的炉型以及不同的燃烧器配
置方式会需要不同的控制逻辑。某电厂锅
炉燃烧设备所配制粉系统为中速磨煤机直
吹式系统，磨煤机型号为 HP983，共 6 台，
其中 1 台备用，锅炉燃烧器采用前后墙对
冲的布置方式。磨煤机与燃烧器的匹配图
如图 3-6 所示。为了使煤粉燃烧器和油燃烧
器可靠地点燃，锅炉共设 24 只简单机械雾
化点火油枪，12 只蒸汽雾化启动油枪。在
进行煤粉燃烧器的投运时，必须保证足够
的点火能量，这样才能保证从燃烧器喷入
炉膛的煤粉全部被点燃，防止炉膛爆燃。
在该电厂的燃煤控制逻辑中，点火能量的
判断方法是：当 A 层油投运或 A 层启动油
投运时，认为 A 煤层点火能量满足；当 B
层油投运或 B 层启动油投运时，认为 B 煤
层点火能量满足；当 C 层油投运时，认为
C 煤层点火能量满足；当 D 层油投运或 D
层启动油投运时，认为 D 煤层点火能量满
足；当 E 层油投运时，认为 E 煤层点火能
量满足；当 F 层油投运时，认为 F 煤层点
火能量满足。

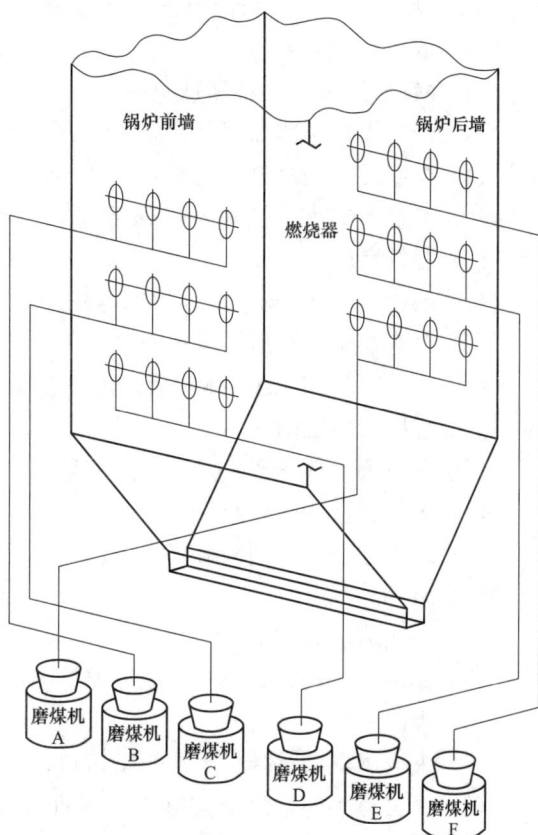

图 3-6　磨煤机与燃烧器的匹配图

一、煤层顺序控制

煤层控制以层为单位进行，每层煤的控制逻辑基本相同，下面仅以 A 层煤控制逻辑为
例进行说明。

（一）A 制粉系统的自动启动步序

（1）启动 A 磨煤机润滑油泵。

（2）开 A 磨煤机密封风电动挡板，同时系统自动复位煤层跳闸继电器。

（3）开 A 磨煤机出口挡板。

（4）开 A 磨煤机入口冷风挡板。

（5）提升磨辊。

（6）A 磨煤机启动条件满足后，启动 A 磨煤机。

（7）开 A 磨煤机入口热风挡板。

（8）开 A 给煤机出口电动煤阀。

（9）A 磨煤机出口温度大于 65℃后，启动 A 给煤机。

（10）开 A 给煤机入口电动煤阀。

（11）下降磨辊。

（二）A 制粉系统的自动停止步序

（1）请求 A 油层投入。

（2）MCS 置 A 给煤机转速为最低。

（3）A 给煤机转速降到最低后，关 A 磨煤机入口热风门。

（4）A 磨煤机入口热风门关闭 5min 后，关 A 给煤机入口电动煤阀。

（5）关 A 给煤机入口电动煤阀后，停 A 给煤机。

（6）提升磨辊。

（7）给煤机停运 5min 后，停磨煤机。

（8）A 磨煤机停运后，停止 MILL A RELAY。

（9）MILL A RELAY 跳闸后，停止磨煤机加载油泵。

二、煤层紧急跳闸

煤层在下列条件下产生紧急跳闸信号（"或"运算）：

（1）运行人员跳闸。

（2）A 煤层顺序控制来跳闸指令。

（3）MFT。

（4）一次风压低跳闸。

（5）A 磨煤机密封风与一次风压差低，该信号必须持续 60s。

（6）失去一次风机。

（7）失去磨煤机跳闸。A 给煤机运行，但 A 磨煤机停运。

（8）失去点火能量跳闸。当 A 给煤机运行且转速低于 40％额定转速时，认为 A 煤层负荷低。如果 A 煤层点火能量不满足，A 煤层将请求 A 油层投入以助燃。2min 后，A 油层未投运且 A 给煤机转速仍然低于 40％额定转速，则产生失去点火能量跳闸。

（9）分离器出口温度大于 100℃。

（10）分离器出口温度大于 90℃，且该信号持续 60s。

（11）三次风门全部关闭。

（12）（对于 D、E、F 煤层）RB 来跳闸指令。

三、磨煤机本体跳闸

(一) 润滑油不满足跳闸

以下任一条件满足时，产生润滑油不满足跳闸（A 磨煤机）：

（1）A 磨煤机润滑油泵未运行。

（2）A 磨煤机润滑油液位不正常。

（3）A 磨煤机润滑油压低且持续 2s。

（4）A 磨煤机轴承温度高于 80℃。

（5）A 磨煤机润滑油温高于 65℃。

（6）A 磨煤机润滑油箱油温低于 15℃。

(二) 磨煤机出口门关跳闸

当 A 磨煤机合闸且 A 磨煤机出口门关闭。

(三) 失去层火焰跳闸

A 给煤机运行达 1min，A1 角及其邻角（包括油、煤）无火焰检测信号时，认为 A1 角煤无火焰。当 4 个角中至少有 2 个角无火焰时，产生失去层火焰跳闸。

四、A 磨煤机控制逻辑

（一）启动逻辑

（1）启动允许条件。不管手动启动还是程控启动，都必须满足启动允许条件。下列条件全部满足时，认为 A 磨煤机启动允许：①A 磨煤机入口热风门关状态；②A 磨煤机出口冷风门开状态；③A 磨煤机出口门打开；④A 磨煤机密封风电动挡板开状态；⑤A 煤层无火焰；⑥煤点火允许；⑦A 煤层点火能量满足；⑧无 A 磨煤机密封风与一次风压差高；⑨MILL A RELAY RESET；⑩一次风压正常；⑪任一密封风机运行；⑫无密封风机出口压力低；⑬A 磨煤机润滑油满足。

以下四个条件全部满足时，认为 A 磨煤机润滑油满足：①A 磨煤机润滑油泵运行；②A 磨煤机润滑油温度大于 30℃；③无 A 磨煤机润滑油滤网压差高。

（2）启动方式。启动方式分为以下两种：

1）手动启动。运行人员通过 CRT 上的"启动"按钮，可以启动 A 磨煤机。

2）程控启动。A 煤层程控来启动 A 磨煤机指令。

（二）停止逻辑

不管手动停止还是程控停止，都必须满足停止允许条件。A 给煤机停运达 5min，即认为 A 磨煤机停止允许。磨煤机停止的方式有以下几种：

（1）手动停止。运行人员通过 CRT 上的"停止"按钮，可以停止 A 磨煤机。

（2）程控停止。A 煤层程控来停止指令，可以停止 A 磨煤机。

（3）保护停止。当 MILL A RELAY TRIPPED 或磨煤机本体跳闸时，保护停止 A 磨煤机。

任务实施

解读某 1000MW 机组磨煤机与给煤机启/停控制逻辑。

任务实施 3-4　解读某 1000MW 机组磨煤机与给煤机启/停控制逻辑

任务验收

（1）能说出 FSSS 燃煤控制逻辑的功能，知道煤层的启/停步序。

（2）能说明磨煤机本体跳闸条件、磨煤机启/停条件及启/停方式。

项目四　汽轮机监控系统分析

随着汽轮机组容量的不断扩大，蒸汽参数越来越高，热力系统也越来越复杂，汽轮机本体及其辅助设备需要监测的参数和保护项目越来越多。汽轮机是在高温、高压下工作的高速旋转机械，为提高机组的热经济性，大型汽轮机的级间间隙和轴封间隙都比较小。在启/停和运行过程中，如果操作、控制不当，很容易造成汽轮机动静部件互相摩擦，引起叶片损坏、主轴弯曲、推力瓦烧毁甚至飞车等严重事故。为保证汽轮机组安全经济运行，必须对汽轮机及其辅助设备、系统的重要参数进行正确有效的严密监视。当参数越限时，发出热工报警信号；当参数超过极限值危及机组安全时，保护装置动作，发出紧急停机信号，关闭主汽阀，实现紧急停机。

目前，大型汽轮机组一般都装设以下监测与保护项目（内容）：①轴向位移监测与保护；②缸胀、差胀监测与保护；③转速监测与超速保护；④汽轮机振动监测与保护；⑤主轴偏心度监测与保护；⑥轴承温度监测与保护；⑦润滑油压、油位及油温监测与保护；⑧凝汽器真空监测与保护；⑨推力瓦温度监测与保护；⑩高压加热器水位监测与保护；⑪汽缸热应力监测；⑫汽轮机进水保护等。

我国大型汽轮发电机组都采用进口的汽轮机监测仪表，如美国本特利（Bently Nevada）公司的 3300 系列、3500 系列，德国艾普 Epro（飞利浦 Philips）公司的 RMS700、MMS3000、MMS6000 系列，以及瑞士韦伯（Vibro Meter）公司的 VM600 系列等。这些汽轮机监测仪表系统，以其高可靠性为大型汽轮机组的安全运行提供了保证。

任务一　汽轮机监测仪表系统认知

学习目标

（1）熟悉汽轮机组热工保护的作用，以及汽轮机组热工保护的内容。

（2）了解电涡流传感器、LVDT 传感器、转速传感器、振动传感器的结构及工作原理，熟悉键相器的作用及工作原理。

（3）掌握 TSI 系统的组成及功能，熟悉汽轮机轴向位移、缸胀、差胀、转速、振动、主轴偏心度产生的原因及危害。

任务描述

能说出汽轮机组热工保护的作用及热工保护的内容；知道电涡流传感器、LVDT 传感器、转速传感器、振动传感器的结构及工作原理；知道键相器的作用及工作原理；能说出 TSI 系统的组成及功能；能分析汽轮机轴向位移、缸胀、差胀、转速、振动、主轴偏心度产生的原因及危害；能调用 TSI 系统的监控画面，能查看 TSI 系统的参数曲线。

知识导航

汽轮机监测仪表（turbine supervisory instrumentation，TSI）系统是一种监测大型旋转机械运行参数的多路监测系统，用于全面、连续地监测汽轮机组转子、汽缸、轴承等部件的重要机械量运行参数，提供显示、记录、报警、保护信号，还可提供用于故障诊断的各种测量数据。TSI 系统采用积木式方法，便于扩展或逐步改善系统功能。

TSI 系统能连续地监测汽轮机的各种重要参数，如可对转速、偏心度、振动、轴向位移、缸胀、差胀（胀差）等参数进行监测，帮助运行人员判明机器故障，使机器能在不正常工作引起的严重损坏前遮断汽轮发电机组，保护机组安全。另外，TSI 系统的监测信息提供了动平衡和在线诊断数据，维修人员可通过诊断数据的帮助，分析可能的机器故障，提出机器预测维修方案，推测出旋转机械的维修需要，减少维修时间，使机器维修更有计划性，其结果是减少了维修费用和提高汽轮机组的可用率。

一、TSI 采用的传感器

（一）电涡流传感器

电涡流传感器是利用高频电磁场与被测物体间的涡流效应原理制成的一种非接触式监测仪表，具有结构简单、线性范围大、精度和灵敏度高、频响范围宽、抗干扰性和温度特性好、安装和调整方便、测量值不受油污或蒸汽等介质影响等优点，在电厂中应用广泛。RMS700 系列监测仪表中，轴振动、轴位移、高中压缸差胀均采用电涡流传感器进行测量，即用电涡流传感器测量金属物体的位移量。

电涡流传感器可分为高频反射式和低频透射式两类，下面介绍应用广泛的高频反射式电涡流传感器。

1. 电涡流传感器的结构组成及工作原理

电涡流传感器由探头、延伸电缆、前置器三部分组成，如图 4-1 所示。图 4-2 所示为电涡流传感器探头外形图。它的外形与普通螺栓十分相似，头部有扁平的感应线圈，把它固定在不锈钢螺栓一端，感应线圈的引线从螺栓另一端与高频电缆相连。

当头部线圈通上高频（1.2MHz）电流 i 时，线圈 L 周围就产生了高频电磁场。如果线圈附近有一金属板，金属板内就会产生感应电流 i_e。这种电流在金属板内是闭合的，所以称为涡流，如图 4-3 所示。根据焦耳-楞次定律，电涡流 i_e 产生的电磁场与感应线圈的电磁场方向相反，这两个磁场相互叠加，改变了线圈的电感。

图 4-1　电涡流传感器的组成

微课 4-1/动画 4-1　电涡流传感器

电感的变化程度与线圈的外形尺寸、线圈及金属板之间的距离 d、金属体材料的电阻率 ρ、磁导率 μ、激励电流强度 i、频率 f 及线圈的几何形状 r 等参数有关。假定金属体是均质的，

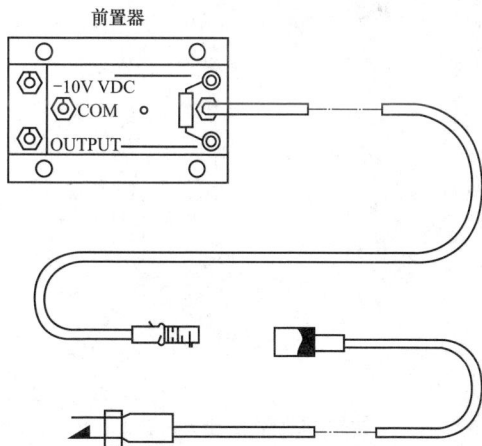

其性能是线性和各向同性的，则线圈的电感 L 可表示为

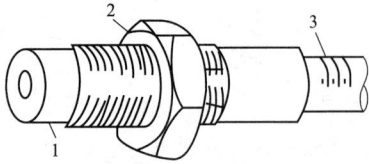

图 4-2　电涡流传感器探头外形
1—头部线圈；2—固定螺母；3—高频电缆

$$L = F(\rho, \mu, i, f, r, d) \tag{4-1}$$

当被测材料一定时，ρ、μ 为常数；具体仪表中，i、f 为定值；传感器制成后，r 也为常数。可见，如果控制 ρ、μ、i、f、r 恒定不变，那么电感 L 就成为距离 d 的单值函数。

假如保持传感器与被测体间的距离 d 不变，则传感器的输出值将与被测体材料的电阻率、磁导率成函数关系，这个关系可以用来测量金属材料的导电率、磁导率、硬度等参数，还可以用来检测裂纹。

2. 电涡流传感器的前置器（信号转换器）

电涡流传感器配以相应的前置放大器，就可将被测的非电量信号转换成电压信号。再经过监测仪表，向指示器、记录器提供信号，以便进行指示和记录，同时进行报警判别。当被测值达到报警值时，发出报警信号；当被测值达到危险值时发出停机信号，实行停机保护。下面以 RMS700 系列中的 CON010 信号转换器为例进行介绍。

CON010 信号转换器由高频振荡器、振幅解调器、低通滤波器、放大器和线性化网络组成，如图 4-4 所示。电涡流传感器与测量件之间的距离 d 发生变化时，传感器测量线圈的电感量也随之改变，即传感器与被测件之间相对位置的变化，导致振荡器的振幅也做相对的变化，这样便可使位移的变化（如旋转轴的振动、轴向位移等）转换成相应振荡幅度的调制信号。

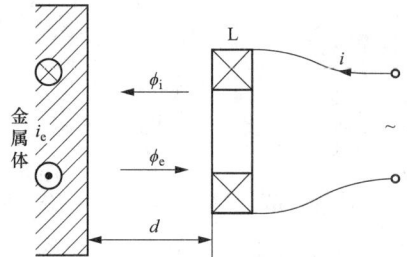

图 4-3　电涡流传感器工作原理示意

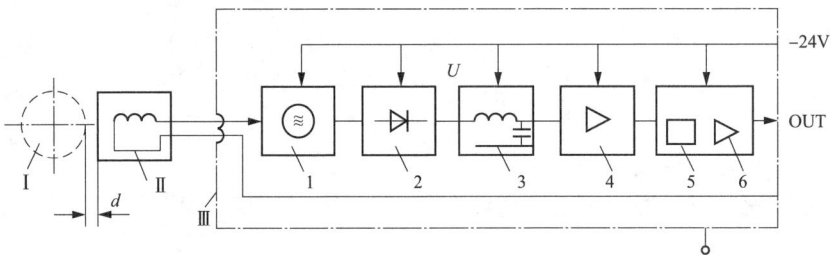

图 4-4　电涡流传感器与信号转换器的工作原理
Ⅰ—测量件（轴或测量环）；Ⅱ—涡流传感器；Ⅲ—信号转换器
1—高频振荡器；2—振幅解调器；3—低通滤波器；4—放大器；5—线性化网络；6—输出放大器

由振荡器输出的振荡幅度调制信号，送入振幅解调器解调成直流电压信号，高频的残留波由低通滤波器滤去，然后送入放大器进行放大。由于传感器与测量件之间的间隙变化与经转换成直流电压的信号是非线性关系，所以经低通滤波器后输出的直流电压信号，需要送入线性化网络进行线性化，再经输出放大器放大后，得到所需的测量电压信号。

利用电涡流传感器测量位移和振幅时，输出电压与距离 d 的单值函数关系是在其他条件不变的假设下得到的，这些条件变化均会影响测量的精度和灵敏度。

电涡流传感器主要用于转速、位移、振动、偏心度等参数的测量与监视，也可用于厚度、表面温度、温度变化率的测量，以及材质、应力、硬度的判别和金属探伤等。

（二）LVDT 传感器

线性差动变压器（linear variable differential transducers，LVDT）传感器的结构示意图如图 4-5 所示。它由一个振荡器、一个解调器、一个激励绕组 L0 和 2 个输出绕组 L1、L2 组成。振荡器为激励绕组提供振荡频率为 1kHz 的激励电压，输出绕组 L1、L2 反向串接，将铁芯的位移 d 线性地转换为交流输出电压，经解调器检波、放大及滤波等环节处理后，输出直流电压。

图 4-5 LVDT 结构示意图

动画 4-2 线性差动
变压器（LVDT）传感器

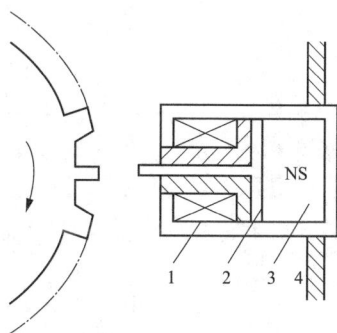

当用 LVDT 传感器测量缸胀时，传感器外壳固定于汽轮机基础上，铁芯与汽缸相连；当用 LVDT 传感器测量差胀时，传感器外壳固定于汽缸上，铁芯则与汽轮机转轴上的凸缘相耦合。

（三）转速传感器

1. 磁阻式测速传感器

磁阻式测速传感器由测速齿轮和磁阻传感器组成，如图 4-6 所示。在被测轴上安装一个由导磁材料制成的齿轮，正对齿轮顶方或侧方安装一个磁阻传感器。磁阻传感器由永久磁钢和感应线圈组成。当汽轮机轴带动测速齿轮转动时，磁阻传感器与齿轮间磁路的磁阻产生交变，于是感应线圈的磁通随之发生交变，感应线圈产生交变感应电动势，计算式为

$$e=-W\frac{\mathrm{d}\Phi}{\mathrm{d}t}\times10^{-8} \tag{4-2}$$

式中：W 为线圈匝数；Φ 为磁通（Wb）。

感应电动势的交变频率为

$$f=\frac{nz}{60} \tag{4-3}$$

式中：z 为齿轮齿数；n 为转速（r/min）。

图 4-6 磁阻式传感器
1—感应线圈；2—软铁磁轭；
3—永久磁钢；4—支架

磁阻式测速传感器具有简单、可靠和测量精度较高等优点，在汽轮机测速中得到了广泛应用。

2. 磁敏式测速传感器

磁敏电阻是磁敏式测速传感器的核心部件，它由半导体材料霍尔片制成。当霍尔片受到与电流方向垂直的磁场作用时，其电阻率和电阻值增大，这种现象称为磁阻效应，利用磁阻效应制成的电阻称为磁敏电阻。

磁敏式测速装置由测速传感器和测量电路组成，如图 4-7 所示。磁敏式测速传感器内装有一个永久磁钢，在磁钢上装有两个串联的磁敏电阻。当由导磁材料制成的测速齿轮在紧靠传感器的位置旋转时，传感器内部的磁场受到干扰，磁力线发生偏转，引起磁敏电阻阻值发

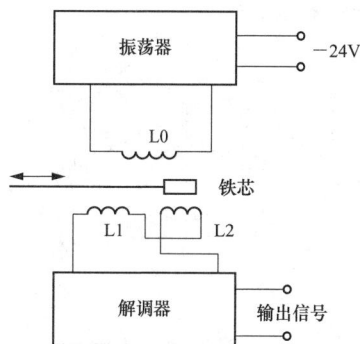

生变化。两个磁敏电阻 R1 和 R2 串联成差动电路，与测量电路中的两个定值电阻组成一个惠斯顿电桥。

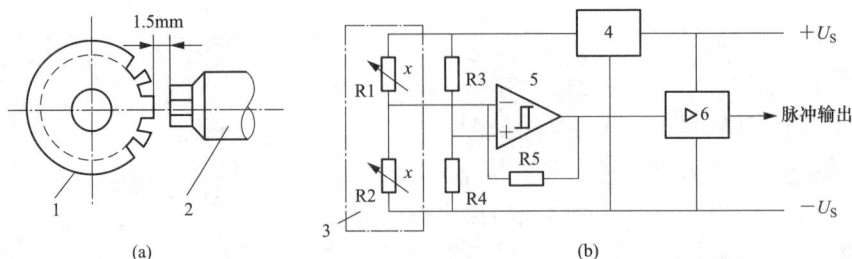

图 4-7　磁敏式测速装置

(a) 结构；(b) 测量电路

1—测速齿轮；2—传感器；3—磁敏电阻；4—稳压器；5—触发电路；6—放大电路

当测速齿轮随主轴旋转，某个齿顶接近传感器时，由于磁场的变化，两个磁敏电阻 R1 和 R2 的阻值发生变化（其中一个增大、另一个减小），电桥失去平衡，输出电压信号。当该齿离开传感器时，磁敏电阻的变化相反，电桥的输出电压反向。这样，每转过一个齿，电桥的输出电压就交变一次。电桥输出的交变信号，经触发电路 5 和快速推挽直流放大器 6 整形、放大后，转换成脉冲信号。该脉冲信号的频率为

$$f = \frac{nz}{60} \tag{4-4}$$

式中：z 为齿轮齿数；n 为转速（r/min）。

飞利浦 RMS700 系列中的转速测量装置即属于磁敏式测速装置。它由磁敏式测速传感器和 60 齿测速齿轮组成，产生与转速成正比的脉冲信号，由数字表进行转速显示；也可以通过 f-V 转换电路输出 0～10V 或 0/4～20mA 的直流信号，对外供显示、记录使用；还可以通过继电器回路，送出超速报警和保护逻辑信号。这种磁敏式测速装置的测量范围很宽，为 0～20kHz。

3. 电涡流式速度传感器

电涡流式速度传感器与电涡流式位移传感器的工作原理是一致的。用电涡流传感器测速时，需在被测轴上开若干条槽（称为标记），或在轴上安装一个带齿的圆盘。每当一个槽或齿经过传感器位置时，传感器探头测量线圈的等效电感就会发生变化，测量电路的输出电压随之发生变化，该电压经过整形后转换为脉冲信号。当主轴转动时，轴上的开槽或圆盘上的齿周期性地经过传感器位置，于是就会产生一系列的脉冲信号。将此脉冲信号送入频率测量电路，测出频率值。由于开槽数或圆盘齿数是固定的，所以测得的频率值就代表了被测转速的大小。这就是电涡流式速度传感器的测速原理。

4. 数字式转速表

数字式转速表的测量原理一般为测频法，即在一定的时间间隔内对被测脉冲信号进行计数，计数值与计数时间间隔之比即为频率。数字式转速表的原理框图如图 4-8 所示。

转速传感器将转速转换为数字脉冲信号 f_x，经过整形电路 1 将脉冲输入转换成窄脉冲信号，送到门控电路。门控电路实际上是一个"与"门，它的另一个输入信号为门控信号。

由晶体振荡器产生的振荡信号经过整形电路 2 整形、分频电路分频后，作为门控信号送

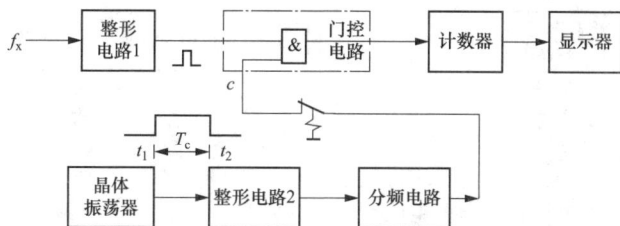

图 4-8　数字式转速表的原理框图

到门控电路。当门控信号为高电平时，被测脉冲信号进入计数器进行计数；当门控信号为低电平时，被测脉冲被封锁，计数停止。门控信号是宽度为 T_c 的一个矩形脉冲，即计数器的计数时间等于 T_c。如果计数器在计数时间 T_c 内的计数值为 N，则被测转速 n 为

$$n = \frac{60N}{zT_c} \tag{4-5}$$

式中：N 为计数器计数；z 为轴上开槽数或圆盘齿数；T_c 为计数时间（s）。

这种数字式测频方法，由于计数值 N 存在 ± 1 个字的固有量化误差，当被测转速很低时，相对误差很大。因此，数字式转速表有一个最低转速测量值。例如，本特利 3500 系列数字转速表（或称转速监视器），当被测转速低于 300r/min 时（标记为 1 个），最低转速闭锁电路产生闭锁信号，数字表显示空白，而模拟信号和记录信号强制为最小值。

5. 零转速监视器

汽轮机在启/停过程中的低转速状态（转速低于 300r/min）称为零转速。由于被测转速很低，如果还采用计数法测量频率，将会有较大的测量误差。例如，假设被测转速 $n = 120r/min$，主轴标记数 $z = 1$，门控时间 $T_c = 1s$，则脉冲频率 $f_x = 2Hz$，计数器计数 N 应为 ± 2，± 1 个字的量化误差带来的相对误差为 $\pm 50\%$。可见，为提高零转速的测量精度，采用测频法时，必须提高主轴上的标记数，或改用其他测量方法。通常，零转速测量采用测周期法，即先测得被测信号的周期 T_x，然后再求被测频率 f_x。

测周期法的原理框图如图 4-9 所示。与图 4-8 的差别是，被测信号 f_x 经整形电路 1 后，作为门控电路的门控信号，门控时间即为被测周期 T_x；而晶体振荡器的脉冲输出经整形电路 2 后，作为被计数信号。设晶体振荡器的振荡频率、振荡周期分别为 f_c、T_c，被测周期为 T_x，计数值为 N，则

$$T_x = \frac{N}{f_c} = NT_c \tag{4-6}$$

或

$$f_x = \frac{1}{T_x} = \frac{1}{NT_c} \tag{4-7}$$

由于晶体振荡器振荡频率较高，所以计数器 ± 1 个字的固有量化误差带来的相对误差较小。又因为晶体振荡器的输出为高精度的固定频率信号，所以测得的周期、频率具有较高的测量精度。

在停机过程中，当被测脉冲周期大于预定的报警值时，说明转速已经很低，为防止主轴弯曲，必须启动盘车装置。此时，零转速测量装置通过报警控制电路，使报警继电器动作，送出转速低信号，用于报警和（或）启动盘车装置。

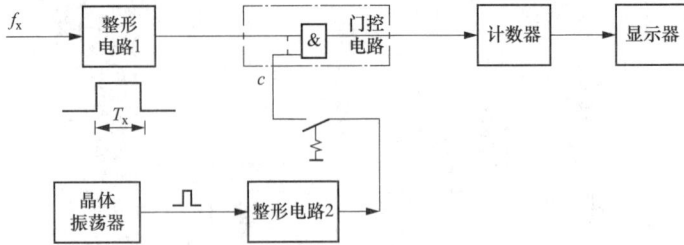

图 4-9　测周期法原理框图

（四）振动传感器

汽轮机组的振动监测包括轴承座的绝对振动、主轴与轴承座之间的相对振动以及主轴的绝对振动。监测参数包括测振点的振动幅值、相位、频率和频谱图等。振动传感器分为接触式和非接触式。接触式又可分为磁电式、压电式等；非接触式又可分为电容式、电感式和电涡流式等。目前，汽轮机振动传感器大多采用磁电式和电涡流式振动传感器。

1. 磁电式振动传感器

磁电式振动传感器有很多种类，按力学原理可分为惯性式和直接式；按活动部件可分为动线圈式和动钢式。下面介绍惯性动钢式振动传感器。

惯性动钢式振动传感器的结构示意图如图 4-10 所示。它主要由永久磁钢、线圈、芯轴、弹簧片、阻尼环及外壳组成。传感器固定于被测物体上，与其一起振动。空心永久磁钢与外壳固定在一起，芯轴穿过磁钢的中心孔，并与左右侧弹簧片支承在壳体上。芯轴的一端固定工作线圈，另一端则与圆筒形钢环（阻尼环）相连。

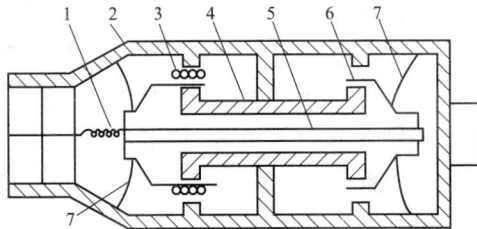

图 4-10　惯性动钢式振动传感器的结构示意图
1—引线；2—外壳；3—线圈；4—永久磁钢；5—芯轴；6—阻尼环；7—弹簧片

磁电式振动传感器利用电磁感应原理，将运动速度转换成线圈的感应电动势。

当永久磁钢随被测物体一起振动时，测量线圈近似静止不动。测量线圈与永久磁钢之间的相对速度 $\dfrac{\mathrm{d}z}{\mathrm{d}t}$ 等于被测物体的振动速度 $\dfrac{\mathrm{d}x}{\mathrm{d}t}$。因此，当测量线圈以相对速度切割磁力线时，线圈中产生感应电动势，且感应电动势 e 与振动速度成正比，即

$$e = BL\frac{\mathrm{d}z}{\mathrm{d}t} \tag{4-8}$$

式中：B 为工作气隙的磁感应强度（T）；L 为线圈导线的总长度（m）。

因此，这种磁电式振动传感器又称速度式传感器或地震传感器。它可用于测量速度、位移和加速度。

当用磁电式振动传感器测量振动位移时，由于位移与速度之间为积分关系，所以需要采

用积分电路。假定被测振动为正弦振动，则积分电路的输出与振幅 Z_m 成正比；当被测振动为随机振动时，则积分电路的输出与有效振动幅值成正比。

2. 电涡流式振动传感器

目前电涡流式传感器被广泛地用于振动的测量，并有替代磁电式振动传感器的趋势。电涡流式振动传感器与前面介绍的电涡流式位移传感器的工作原理是一致的。

图 4-11 所示为用电涡流式振动传感器测量汽轮机主轴振动的安装示意图。传感器探头通过支架固定在机体上，传感器的位置尽量靠近轴承座附近。当主轴振动时，周期性地改变主轴与传感器探头的距离，采用前面介绍的测量方法，即可将振动位移线性地转换为电压、频率等信号，经处理后供显示、报警和保护电路或记录仪表使用。

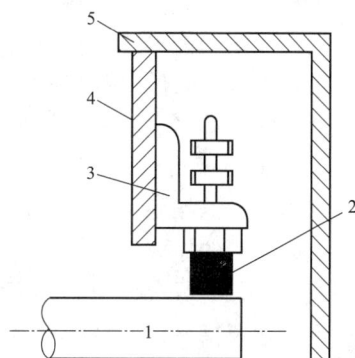

图 4-11　电涡流式振动传感器
安装示意图
1—主轴；2—传感器；3、4—支架；
5—机体

3. 复合式振动传感器

单个振动传感器一般只能监测汽轮机轴承座的振动及主轴与轴承座的相对振动。由于主轴是引起振动的主要原因，当出现振动超限异常时，反映在主轴的振动变化要比反映在轴承座的振动变化明显得多，所以监测主轴的绝对振动显得更为重要。复合式振动传感器即可用于主轴振动的测量。

复合式振动传感器由一个电涡流式传感器和一个磁电式传感器组成，两者放在同一个壳体内，壳体可以安装在汽轮机的同一测点上，如图 4-12 所示。

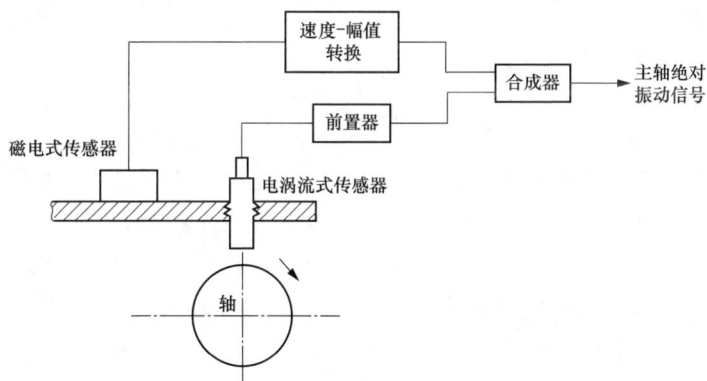

图 4-12　复合式振动传感器示意图

电涡流式传感器用于测量主轴与轴承座之间的相对振动，磁电式传感器用于测量轴承座的绝对振动。主轴的绝对振动不是两个直接测得的振动值的简单相加，而是两者的矢量和，即

$$\vec{V} = \vec{V_1} + \vec{V_2} \tag{4-9}$$

式中：$\vec{V_1}$ 为轴承座绝对振动矢量，即轴承座相对于自由空间的振动矢量；$\vec{V_2}$ 为主轴相对于轴承座的振动矢量；$\vec{V}$ 为主轴的绝对振动矢量，即主轴相对于自由空间的振动矢量。

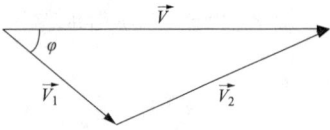

图 4-13　振动矢量合成示意图

主轴的绝对振动的矢量合成示意图如图 4-13 所示。$\vec{V}$ 和 $\vec{V_1}$ 之间存在相位差 φ，这是由油膜及轴承结构等因素决定的。测得 $\vec{V_1}$ 和 $\vec{V_2}$ 即可合成得出 $\vec{V}$，这就是主轴绝对振动的测量原理。即将测得的主轴与轴承座的相对振动和轴承座的绝对振动一起送到矢量合成器中进行矢量合成，然后输出主轴的绝对振动值。

复合式振动传感器除能用以上原理测得主轴的绝对振动外，还能测量主轴相对于轴承座的振动（电涡流式传感器测得）、轴承座的绝对振动（磁电式传感器测得）和主轴在轴承间隙内的径向位移（电涡流式传感器测得）。

4. 键相器及矢量监视器

前面介绍的振动测量方法都是通过监测振动的位移、速度和加速度信号，然后经转换电路转换为振动的振幅进行指示的。但实际上，振动是十分复杂的，振动监测不仅要测量振动的幅值，而且要测量振动的频率和相位。振幅是指振动幅度的峰-峰值，是表征机组振动严重程度的重要指标；振动频率一般是指同步振动，即常以转子转动转速（频率）x 的倍数形式来表示，如 $1x$（1 倍频）、$2x$（2 倍频）、$\frac{1}{2}x\left(\frac{1}{2}\text{分频}\right)$ 等；振动相位是描述转子在某一瞬间所在位置的一个物理量，在转子做动平衡试验、确定临界转速及做故障诊断、分析时，离不开精确的相位测量。

测量振动相位有许多方法，早先采用的方法有转子上划线法、凸轮接触法、示波器法，后来采用闪光测相法，目前采用标准脉冲法。

（1）键相器。对于采用标准脉冲法测相的振动仪，要正确地测量振动相位，最关键的是正确地取得标准脉冲信号。要获得标准脉冲信号，可使用光电传感器（可见光光电传感器或红外光光电传感器），但光电传感器存在抗光、抗热干扰能力差、反光带易失效等缺点，所以现在普遍使用电涡流传感器作为键相器。即在主轴上做一标记（如键槽等），利用电涡流传感器监测标记位置，主轴每转动一转，传感器发出一个脉冲，并以此脉冲作为相位测量的参考基准。

键相器的信号是由一个单独的电涡流传感器提供的，该传感器可观测转轴上每转一次的不连续点。电涡流传感器可以观测转轴上的凹槽或键槽，或转轴上的凸出部分。很明显，键相器传感器必须装在转轴与任何振动探测传感器不同的轴向位置处，如图 4-14（a）所示。转轴不连续点每次经过键相器传感器下方时，传感器就会感受到在间隙距离上有很大变化，因而输出的电压值也会有相应变化，这项电压输出的变化，发生在不连续点出现的很短的时间内，因而表现为每转一次所产生的电压脉冲。

图 4-14 所示为振动信号相对于同步脉冲的相位图。图 4-14（a）所示为振动探头、键相器探头、键相记号、振动高点等的相对位置图；图 4-14（b）所示为检测到的振动信号同步分量的波形和键相器检测到的每转一圈所产生的电压脉冲的波形图。键相器的输出是振动输入信号的转速分量，用图 4-14（b）的正弦曲线表示。相位角 φ 定义为从同步信号（键相脉冲）前缘到正弦曲线正峰值（振动高点）之间的角度。

（2）矢量监视器（DVFR）。矢量监视器也称矢量滤波器，用于连续监测振动信号，即测量以键相器输出为参考点的相位、轴的转速（r/min）和经过滤波后的振动的峰-峰值。

矢量监视器接受位移、速度、加速度传感器的输出信号，以及键相传感器的键相脉冲信

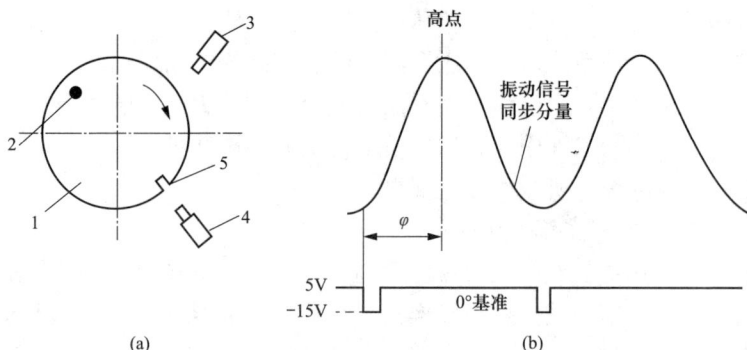

图 4-14 振动信号相对于同步脉冲的相位图
（a）相对位置图；（b）波形图
1—转子；2—振动高点；3—振动探头；4—键相器探头；5—键相记号

号，可用于连续检测振动信号相对于同步脉冲的相位、转子的转速以及经滤波后的振幅。

二、TSI 监测的主要参数

（一）轴向位移的监测与保护

1. 汽轮机产生轴向位移的原因

汽轮机转子高速旋转，而汽缸及隔板是静止不动的，所以动静部分之间必须留有一定的间隙。

汽轮机叶片具有一定的反动度，叶片的叶轮前后两侧存在着压差，形成一个与汽流方向相同的轴向推力；轮毂两侧转子轴的直径不等，隔板汽封处转子凸肩两侧的压力不等，也要产生作用于转子的轴向力，所以转子受到一个由高压端指向低压端的轴向推力。在这个轴向推力的作用下，转子会产生轴向位移，使动静之间的间隙减小甚至消失，这是绝对不允许的，因此要设法平衡轴向推力。采取高中压缸反向布置、中低压缸对称分流、开设平衡孔等措施，可以平衡部分轴向推力，其余的则由推力轴承来负担。对冲动式汽轮机，轴向推力全部由推力轴承来承受；对反动式汽轮机，轴向推力大部分由平衡盘来抵消，其余的轴向推力由推力轴承来承受。

汽轮机在运行过程中，引起轴向推力增大的原因有以下几方面：

（1）汽轮机发生水冲击。由于含有大量水分的蒸汽进入汽轮机内，水珠冲击叶片使轴向推力增大，同时水珠在汽轮机内流动速度慢，堵塞蒸汽通路，在叶轮前后造成很大的压差，使轴向推力增大。

（2）隔板轴封间隙增大。由于不正确地启动汽轮机或机组发生强烈振动，将隔板轴封的梳齿磨损，间隙增大，漏汽增多，于是叶轮前后压差增加，致使轴向推力增大。

（3）动叶片结垢。蒸汽品质不良，含有较多盐分时，会使动叶片结垢。动叶片结垢后，蒸汽流通面积缩小，引起动叶片前后的蒸汽压差增大，因而增大了转子轴向推力。

（4）新蒸汽温度急剧下降。新蒸汽温度急剧下降，转子温度也随之降低，由于转子的收缩量大于汽缸的收缩量，致使推力轴承的负荷增加。当汽轮发电机采用挠性靠背轮时，靠背轮对转子的移动起到制动闸的作用，因而使推力轴承上承受的推力增大。若采用齿形靠背轮，当齿或爪有磨损或卡涩情况时情况会更严重，极易使推力轴承发生事故。

（5）真空下降。汽轮机凝汽器真空下降，增大了级内反动度，致使轴向推力增大。

（6）汽轮机超负荷运行。汽轮机超负荷运行时，蒸汽流量增加，会使轴向推力增大。

（7）油膜破坏。润滑油系统由于油压过低、油温过高等缺陷使油膜破坏而导致推力瓦块乌金烧熔，也会使转子产生轴向位移。润滑油系统会造成油膜破坏的原因有：①润滑油压过低；②润滑油温过高；③润滑油中断；④油质不良；⑤润滑油中有水；⑥轴瓦与轴之间的间隙过大；⑦乌金脱落；⑧发电机或励磁机漏电。

2. 汽轮机转子产生轴向位移的危害和监视保护措施

推力轴承包括固定在主轴上的推力盘、两侧的工作推力瓦和非工作推力瓦。推力瓦上浇有乌金，正常情况下，转子的轴向推力经推力盘传到推力瓦块上，由工作推力瓦块来承受。当转子轴向推力过大时，推力轴承过负荷，将破坏油膜，致使推力瓦块乌金烧熔，转子窜动；当轴向位移超过动静部件之间预留的间隙时，将会造成叶片折断、大轴弯曲、隔板和叶轮碎裂等恶性事故。因此，严密监视机组的轴向位移显得特别重要。一般在推力瓦块上装有温度测点，在推力瓦块回油处装有回油温度测点等，以监视汽轮机推力轴承的状态。此外，还装设有各种轴向位移监测保护装置，以监视转子的轴向位移变化。

轴向位移监测器在正常工况下指示轴的位移量。当位移超过一定限值时，发出报警信息，提醒运行人员严密监视机组状态，及时采取处理措施；当轴向位移达到"危险"限值时，保护装置动作，发出危急遮断高、中压调节阀与主汽阀的信号，关闭主汽阀、调速阀和抽汽止回阀，实现紧急停机，以保证机组设备和人身的安全。

3. 轴向位移保护的作用

轴向位移保护是为了防止汽轮机转子推力轴承磨损导致汽轮机转子与静子部分相碰撞。制造厂规定轴向位移应小于±1.2mm，其中轴向位移向推力瓦工作面（即发电机方向）为"＋"，轴向位移向非推力瓦工作面（即汽轮机机头方向）为"－"。冷态时，将转子向推力瓦工作面推足，此时定轴向位移表为零。

轴向位移测量装置安装在尽量靠近推力轴承处，用以排除转子膨胀的影响。

4. 轴向位移的测量方法

动画 4-3 电涡流传感器测量位移

轴向位移测量装置通常有机械式、液压式、电感式和电涡流式四大类。其中，机械式、液压式轴向位移测量装置因可靠性差、精度低等原因，在大型汽轮机上已基本淘汰。电感式轴向位移测量装置利用电磁感应原理，将转子的轴向位移转换为感应电压，以进行指示、报警和停机保护。电涡流式轴向位移测量装置利用电涡流原理，将汽轮机转子的轴向位移转换为电压量，以进行指示、报警和停机保护。

（二）缸胀和差胀的监测与保护

1. 机组热膨胀的原因

汽轮机在启/停过程中，或在运行工况发生变化时，都会由于温度变化而使汽缸产生不同程度的热膨胀。

汽缸受热而膨胀的现象称为"缸胀"。发生缸胀时，由于滑销系统死点位置不同，汽缸可能向高压侧伸长或向低压侧伸长，也可能向左侧或右侧膨胀。为了保证机组的安全运行，防止汽缸热膨胀不均，发生卡涩或动静部分摩擦事故，必须对汽缸的热膨胀进行监视。缸胀监视仪表指示汽缸受热膨胀变化的数值，也称汽缸的绝对膨胀值。

转子受热时也要发生膨胀，因为转子受推力轴承的限制，所以只能沿轴向往低压侧伸长。由于转子的体积小，而且直接受蒸汽冲刷，因此温升和热膨胀较快；而汽缸的体积大，温升和热膨胀就比较慢。转子和汽缸之间的相对膨胀差值，称为"差胀"（或"胀差"）。

汽轮机在启动或运行过程中，都可能引起差胀过大。汽轮机在启动或增负荷时，是一个蒸汽对金属的加热过程，转子升温快于汽缸，转子的轴向膨胀值大于汽缸的膨胀值，称为正差胀；在停机或减负荷时，是一个降温过程，转子降温快于汽缸，所以转子收缩得快，也就是转子的轴向膨胀值小于汽缸的膨胀值，称为负差胀。

（1）引起差胀正值变化过大的原因有：①启动时暖机时间不够，升速过快；②带负荷运行时，增负荷速度过快。

（2）引起差胀负值变化过大的原因有：①减负荷速度过快，或由满负荷突然甩到空负荷；②空负荷或低负荷运行时间过长；③发生水冲击（包括主蒸汽温度过低的情况）；④停机过程中用轴封蒸汽冷却汽轮机速度过快；⑤真空急剧下降，排汽温度迅速上升，使低压缸负差胀增大。

2. 机组差胀过大的危害和监视措施

随着机组功率增大，级间效率提高，机组轴封和动静叶片之间的轴向间隙设计得越来越小。若启/停或运行过程中差胀变化过大，超过了设计时预留的间隙，将会使动静部件发生摩擦，引起机组强烈振动，甚至造成机组损坏事故。为此，一般汽轮机都规定有差胀允许的极限值，它是根据动静叶片或轴封轴向最小间隙确定的，即当转子与汽缸相对差胀值达到极限值时，动静叶片或轴封轴向最小间隙仍留有一定的合理间隙。

因此，为了在汽轮机启动、暖机和升速过程中，或在运行、停机过程中，保护机组的安全，必须设置汽轮机热膨胀测量装置和转子与汽缸相对膨胀测量装置。当缸胀或差胀超过一定限值时，立即发出声光报警信号，以便运行人员及时采取相应措施，保护机组的安全；当缸胀或差胀达到危险值时，送出停机保护指令。停机保护一般只在机组启/停过程中及低负荷运行时投入。因为在正常运行时，差胀一般变化不大。

3. 缸胀、差胀监测与保护装置

汽轮机缸胀和差胀的测量方法与轴向位移测量方法相同，过去常用电感式测量方法，现在一般都采用电涡流式或 LVDT 式测量方法。

缸胀监测装置由一个 LVDT 和缸胀监视器组成，用于连续监测汽轮机的汽缸相对于机座基准点的膨胀值。LVDT 探头将缸胀线性地转换为电压值，并送缸胀监视器进行显示或外接记录。缸胀监视器内设有 OK 电路，但不带报警电路。

差胀监测装置由一个 LVDT 和差胀监视器组成，用于连续监测主轴对于汽缸某一点的膨胀差值。它由 LVDT 提供汽缸与轴间的膨胀差值成比例的直流电压信号，然后驱动监视器，供指示和外接记录。差胀监视器内有 OK 电路及报警、危险电路。

（三）机组转速监测与保护

1. 汽轮机超速的原因

汽轮机运行中的转速是由调速器自动控制并保持恒定的。当负荷变动时，汽轮机转速将发生变化。这时调速器动作，调速阀随之开大或关小，改变进汽量，使转速维持在额定转速。汽轮机发生超速的原因，主要是负荷突变且（或）调速系统工作不正常，不能起到控制转速的作用。

（1）汽轮机的负荷突然变化且调速系统工作不正常。在下列情况下，汽轮机的负荷变化很快，这时若调速系统工作不正常，失去控制转速的作用，就会发生超速。

1）汽轮发电机组运行中，由于电力系统线路故障，使发电机油断路器跳闸，汽轮机负荷突然甩到零。

2）单个机组带负荷运行时，负荷骤然下降。

3）正常停机过程中，汽轮机解列时或解列后空负荷运行时。

4）汽轮机启动过程中，闯过临界速度后应定速时或定速后空负荷运行时。

5）危急保安器作超速试验时。

6）运行操作不当。如运行中同步器加得太多，远远超过高限位置，开启升速主汽阀开得太快，或停机过程中带负荷解列等。

（2）调速系统工作不正常。调速系统工作不正常导致超速的主要原因如下：

1）调速器同步器的下限太高，当汽轮机甩负荷降至零时，转速上升速度太大以致超速。

2）速度变动率过大，当负荷骤然由满负荷降至零时，转速上升速度太大以致超速。

3）调速系统迟缓率过大，在甩负荷时，调速阀不能迅速关闭，立即切断进汽。

4）调速系统连杆卡涩或调速阀卡住，失去控制转速的作用。

2. 汽轮机超速的危害

汽轮机是高速旋转的机械，转动时各转动部件会产生很大的离心力，这个离心力直接与材料承受的应力有关，与转速的平方成正比。当转速增加 10％时，应力将增加 21％；转速增加 20％时，应力将增加 44％。在设计时，转动件的强度裕量是有限的，与叶轮等紧力配合的旋转件，其松动转速通常是按高于额定转速的 20％考虑的。

汽轮机正常运行时转速为 3000r/min。在正常运行时，由于受到电网频率及负荷的影响，汽轮机的转速波动较小。但在突然发生机组甩负荷等事故时，如果调速系统的动作失效，关闭较慢或不严，则汽轮机转速会迅速上升，造成汽轮机超速。这时往往会出现转子叶片脱落击穿汽缸等事故，甚至挣脱汽缸盖造成整机解体，即通常所说的"飞车"事故。由此可知，汽轮机超速事故轻则会损坏设备，重则将伤及人身或其他设备，造成重大经济损失。因此，为了保护汽轮机组的安全，必须严格监视汽轮机的转速并设置超速保护装置。

一般制造厂规定汽轮机的转速不允许超过额定转速的 110％～112％，最大不允许超过额定转速的 115％。

3. 汽轮机的超速保护

为了防止汽轮机超速，当汽轮机转速升高到异常值时，应立即切断进入汽轮机的蒸汽。传统的液动调速系统中有多重防止超速的措施，其中最主要的是危急保安器（或称危急遮断器）。但由于机械部分有可能失灵，因此还设置了后备的保护措施。汽轮机的主汽阀是利用调速系统中的高压油动机开启使蒸汽进入汽轮机的，控制主汽阀的油是由主油泵出口经节流孔板提供的，控制主汽阀的油路被称为安全油系统。危急保安器的错油门开启时，可以泄去安全油路的油压，使主汽阀迅速关闭。

图 4-15 所示为汽轮机安全油路及危急保安器的原理示意图。

当汽轮机的转速升高时，装在汽轮机轴内的离心飞锤的离心力克服弹簧的压力甩出轴外。凸出轴外的飞锤端部通过杠杆使危急保安器的滑阀开启，泄去安全油路的油压。汽轮机的主汽阀由油动机控制，执行机构活塞下部的油压建立时，活塞克服弹簧的压力使主汽阀打开。一旦油压泄去，活塞受弹簧的压力会使主汽阀立即关闭。

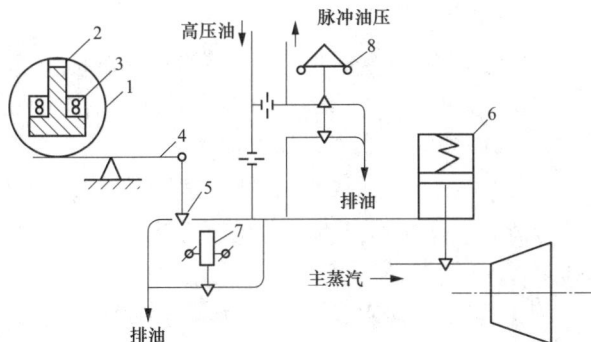

图 4-15 汽轮机安全油路及危急保安器的原理示意图

1—汽轮机轴；2—离心飞锤；3—弹簧；4—杠杆；5—危急保安器滑阀；

6—主汽阀油动机；7—电磁滑阀；8—调速器

在安全油路中还设有由其他保护条件控制的泄油门。在图 4-15 中，电磁滑阀是由电磁铁控制的泄油阀，当汽轮机转速达到设定值时，电磁滑阀被打开，泄去安全油路的油压，控制汽轮机跳闸。

危急保安器离心飞锤的动作可以用弹簧进行整定。为保险起见，一般汽轮机有两个离心飞锤，分别整定为两个动作值：汽轮机正常转速的 110% 和 111%，即转速为 3300r/min 和 3330r/min。

为切实防止汽轮机超速事故的发生，除了危急保安器之外，在液压调速系统中还设有超速后备保护滑阀，该滑阀通常放在调速器的滑阀上。当汽轮机转速过大时，调速器滑阀行程增大，带动超速后备保护滑阀将安全油压泄去。一般超速后备保护滑阀的动作值为正常转速的 112%～114%，对应转速为 3360～3420r/min。

对于汽轮机的超速保护，还设有电气式超速监测保护装置，它由转速测量部分和保护部分组成。当转速达到危险值（不同机组的整定值不同）时，电气式超速监测保护装置动作，发出紧急停机保护信号。

另外，大型汽轮机组均设有零转速监测装置，用于在停机过程中监视零转速状态，以确保盘车装置及时投入，防止在停机过程中造成主轴永久性弯曲。

（四）振动监测与保护

1. 汽轮机发生振动的原因

汽轮机组在启/停和运行中产生不正常的振动是比较普遍的现象，而且是一个严重的问题。产生振动的原因是多种多样的，可以是某一个因素引起的，也可以是多方面的因素引起的。一般说来，有以下几方面的原因。

微课 4-2 汽轮机振动监测

（1）由于机组运行中中心不正而引起振动。具体表现为：

1）汽轮机启动时，如暖机时间不够，升速或加负荷太快，将引起汽缸受热膨胀不均匀，或者滑销系统有卡涩，使汽缸不能自由膨胀，均会使汽缸对转子发生相对歪斜，机组产生不正常的位移，造成振动。在机组升速过程中，应严格监视各轴承的振动。

2）机组在运行中，若真空下降，将使排汽温度升高，后轴承上抬，从而破坏机组的中心，引起振动。

3）靠背轮安装不正确，中心没找准，也会在运行时产生振动，且该振动是随负荷的增

加而增加的。

4）机组在进汽温度超过设计规范的条件下运行，将使其膨胀差和汽缸变形增加，如高压轴封向上抬起等。这样会造成机组中心移动超过允许限度，引起振动。

（2）由于转子质量不平衡而引起振动。具体表现为：

1）运行中叶片折断、脱落或不均匀磨损、腐蚀、结垢，使转子发生质量不平衡。

2）转子找平衡时，平衡质量选择不当或安放位置不当、转子上某些零件松动、发电机转子绕组松动或不平衡等，均会使转子发生质量不平衡。

由于上述两方面的原因使转子出现质量不平衡时，转子每转一圈，就要受到一次不平衡质量所产生的离心力的冲击，这种离心力周期作用的结果就会产生振动。

（3）由于转子发生弹性弯曲而引起振动。转子发生弯曲，即使不引起汽轮机动静部分之间的摩擦，也会引起振动。其振动特性和由于转子质量不平衡引起振动的情况相似，不同之处是这种振动较显著地表现为轴向振动，尤其当通过临界转速时，其轴向振幅增大得更为显著。

（4）由于轴承油膜不稳定或受到破坏而引起振动。油膜不稳定或被破坏，将会使轴瓦乌金很快烧毁，使轴颈因受热而弯曲，导致产生剧烈的振动。

（5）由于汽轮机内部发生摩擦而引起振动。工作叶片和导向叶片相摩擦，以及通汽部分轴向间隙不够或安装不当；隔板弯曲、叶片变形、推力轴承工作不正常或安置不当、轴颈与轴承乌金侧向间隙太小等，均会引起摩擦，进而造成振动。

（6）由于水冲击而引起振动。当蒸汽带水进入汽轮机内发生水冲击时，将造成转子轴向推力增大和产生很大的不平衡扭力，进而使转子产生剧烈的振动，甚至烧毁推力瓦。

（7）由于发电机内部故障而引起振动。如发电机转子与静子之间的空气不均匀、发电机转子绕组短路等，均会引起机组振动。

（8）由于汽轮机机械安装部件松动而引起振动。汽轮机外部零件如地脚螺栓、基础等松动，将会引起振动。

2. 汽轮机振动过大的危害

汽轮机运行中振动的大小，是机组安全与经济运行的重要指标，也是判断机组检修质量的重要指标。汽轮机运行中振动大，可能造成以下危害和后果：

（1）端部轴封磨损。低压端端部轴封磨损，密封作用被破坏，空气漏入低压缸中，因而破坏真空；高压端端部轴封磨损，自高压缸向外漏汽增大，会使转子轴颈局部受热而发生弯曲，蒸汽进入轴承中使润滑油内混入水分，破坏了油膜，并进而引起轴瓦乌金熔化。同时，漏汽损失增大，还会影响机组的经济性。

（2）隔板汽封磨损。隔板汽封磨损严重时，将使级间漏汽增大，除影响经济性外，还会增加转子上的轴向推力，以致引起推力瓦乌金熔化。

（3）滑销磨损。滑销严重磨损时，会影响机组的正常热膨胀，进而引起更严重的事故。

（4）轴瓦乌金破裂，紧固螺钉松脱、断裂。

（5）转动部件材料的疲劳强度降低，将引起叶片、轮盘等的损坏。

（6）调速系统不稳定。调速系统不稳定，将引起调速系统事故。

（7）危急保安器误动作。

（8）发电机励磁机部件松动、损坏。

　　由上述可见，汽轮机运行中发生振动，不仅会影响机组的经济性，而且会直接威胁机组的安全运行。因此，在汽轮机启/停和运行中，对轴承和大轴的振动必须严格进行监视。如振动超过允许值，应及时采取相应措施，以免造成事故。为此，一般汽轮机都装设轴承振动测量装置和大轴振动测量装置，用于监视机组振动情况。当振动达到允许极限时，就发出声光报警信号，以提醒运行人员注意，同时发出脉冲信号去驱动保护控制电路，自动关闭主汽阀，实行紧急停机，以保护机组的安全。

　　（五）主轴偏心度的监测与保护

　　1. 主轴弯曲的原因与危害

　　汽轮机在启动、运行和停机过程中，由于各种原因都会使主轴产生一定的弯曲。当主轴弯曲后，在转动过程中就会产生晃动。主轴最大晃动值的一半称为轴的弯曲度，也称偏心度。偏心度是衡量主轴弯曲程度的一项重要指标。

　　造成主轴弯曲的原因主要有以下几方面：

　　（1）主轴与静止部件之间发生摩擦引起弯曲。由于摩擦主轴产生高热而膨胀，从而产生反向压缩应力，促使主轴弯曲。当反向压缩应力小于主轴材料的弹性极限时，主轴在冷却后仍能恢复原状，在以后的正常运行过程中不会因此而弯曲，这种类型的弯曲变形是暂时的，称为弹性弯曲；当反向压缩应力大于主轴材料的弹性极限时，主轴在冷却后不能恢复原状，这种弯曲称为永久性弯曲。

　　（2）制造和安装不良引起的弯曲。在制造过程中，因热处理不当或加工不良，使主轴内部还存在残余应力。在运行过程中，这种残余应力局部或全部消失，致使主轴弯曲。在安装过程中，由于叶轮安装不当、叶轮变形或膨胀不均都会使主轴弯曲。

　　（3）检修后调整不当引起弯曲。①通汽部分轴向间隙调整不当，使隔板与叶轮或其他部分产生单向摩擦，使主轴产生局部过热而造成弯曲；②轴封、汽封间隙不均匀或过小，与主轴产生摩擦，造成主轴弯曲；③转子中心未对正，滑销系统未清理干净或转子质量不平衡，在启动过程中产生较大的振动，造成主轴与静止部件摩擦，致使主轴弯曲；④汽封门或调速阀检修不良，在停机过程中造成漏汽，致使主轴局部弯曲。

　　（4）运行中操作不当引起弯曲。机组停转后，由于转子和汽缸的冷却速度不同，以及上下汽缸的冷却速度不同，转子上、下部形成温差，转子上部比下部热，转子下部收缩得较快，致使转子向上弯曲。这种弯曲属于弹性弯曲。停机后，如果弹性弯曲尚未恢复又再次启动，而暖机时间不够，主轴仍处于弯曲状态，此时机组将发生较大振动。严重时会造成主轴与轴封片发生摩擦，使轴局部受热产生不均匀的膨胀，从而导致永久弯曲。

　　（5）汽轮机发生水冲击引起弯曲。在运行过程中，如果汽轮机发生水冲击，转子推力就会急剧增大，产生不平衡的扭力，使转子剧烈振动，造成主轴弯曲。

　　汽轮机主轴弯曲后，使主轴的重心偏离运转中心，会造成转子转动不稳定，振动增大。当弯曲严重时，就会引起或进一步加大动静部件之间的摩擦、碰撞，以致造成设备损坏的严重事故。可见，主轴弯曲严重影响汽轮机组的安全运行，所以大型汽轮机组都装设偏心度监测保护装置。在机组启/停和运行过程中，必须严密监视主轴的偏心度。当偏心度超过报警值时，发出报警信号，提醒运行人员注意，及时采取措施；当偏心度达到危险值时，发出危险信号。如果主轴弯曲过大，形成永久性弯曲，则必须停机，进行直轴，否则机组不能正常运行。

2. 偏心度的监测与保护

主轴偏心度的监测装置，通常有电感式、LVDT 式和电涡流式等类型。目前采用最多的是电涡流式，其工作原理与前面所述的电涡流式位移传感器是一致的。德国飞利浦 RMS700 系列、美国本特利 3500 系列偏心度监测系统均由电涡流式偏心度传感器、键相器和监视器组成，用于监测主轴偏心度的峰-峰值、瞬时值。

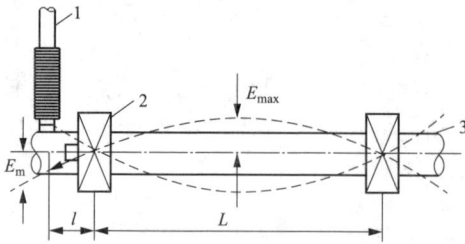

图 4-16 所示为主轴偏心度测量示意图。偏心度传感器一般安装在主轴的轴颈上或轴向位移传感器处的测量圆盘上。由图 4-16 可知，测量位置的偏心度并非最大值。最大偏心度可由测得的偏心度值、轴的长度、轴承与测点之间的距离进行估算，即

$$E_{max} = 0.25 \frac{L}{l} E_m \qquad (4\text{-}10)$$

式中：E_m 为测得的偏心度值（$\times 10 \mu m$）；L 为两轴承之间的转子长度（mm）；l 为测点与轴承之间的距离（mm）。

实际上，转子的弹性弯曲经常发生在调节级范围内。根据比例关系可知，由式（4-10）估算出的数值比实际的偏心度大。因此，以此估算值监视转子的弹性弯曲有较大的安全裕度，可以有效地实现主轴弯曲监视。

图 4-16 主轴偏心度测量示意图
1—传感器；2—轴承；3—主轴

动画 4-4 主轴偏心度测量

三、美国本特利公司 3500 系列 TSI 系统

3500 系列 TSI 系统是本特利公司最先进的 TSI 系统，目前在我国大机组上应用较为广泛。3500 系列 TSI 系统能提供连续的在线监测功能，适用于机械保护，并为早期识别机械故障提供重要的信息。该系统采用模块化的设计。

系统的工作流程是：从现场取得的传感器输入信号提供给 3500 框架内的监测器和键相位通道，数据被采集后，与报警点比较并从监测器框架送到一个或多个地方处理。

3500 框架中模件的共同特征是带电插拔和具有内外部接线端子。任何主模件（安装在 3500 框架前端）能够在系统供电状态中拆除和更换而不影响不相关模块的工作，如果框架有两个电源，插拔其中一块电源不会影响 3500 框架的工作。外部端子使用多芯电缆（每个模块一根线）把输入/输出模块与终端连接起来，内部端子则用于把传感器与输入/输出模块直接连接起来。外部端子块不能与内部端子输入/输出模块一起使用。

（一）3500 系列 TSI 系统的特点

3500 系列 TSI 系统具有仪表精度高，组态调整灵活，模件、前置放大器、探头可替换，安装后对细微偏差可调整等功能，给调试、使用提供了很多方便。

该系统的主要技术特点有：①单元模块化结构安装于标准框架中，这些模块主要包括电源模块、接口模块、键相模块、监测模块、通信模块等；②各功能模块都有单片微控制器（MCU），用于实现各模块的智能化功能，如组态设置、自诊断、信号测试、报警保护输出、数据通信等；③各模块间通过 RS232/RS422/RS485 总线和 MODBUS 协议进行数据通信，最高通信速率为 115.2kbit/s；④可通过上位机的组态软件对各个模块进行组态设置，并下

载到各个模块的非易失性存储器中；⑤双重冗余供电电源模块；⑥支持带电拔插功能。

3500 系列 TSI 系统与 3300 系列 TSI 系统不同，它没有面板显示，其测量值通过上位机显示或直接触发继电器模块输出，大部分内部设置都在软件中完成。3500 系列 TSI 系统具有多种通信方式。在调试过程中，可以用本特利公司提供的 RS232 通信接口直接与 DCS 连接，在 DCS 操作员站进行组态配置和参数显示。另外，还有相对振动、轴位移、差胀等参数转换成直流 4～20mA 信号送到汽轮机数字电液控制系统进行显示。

（二）3500 系列 TSI 系统的硬件组成

3500 系列 TSI 系统的硬件主要包括监控装置和现场探头两部分。其中，现场测量探头采用了电涡流探头，与监控装置框架内相应的模块配合使用，用来监测来自机组的振动、位移等状态信号。监控装置采用上、下两层框架结构。在上层框架中，布置的模块有电源模块、框架接口模块、振动监测模块及继电器模块；在下层框架中，布置的模块有电源模块、框架接口模块、位移监测模块、转速模块、键相模块、偏心模块以及继电器模块等。

1．3500/05 框架

3500/05 框架用于安装所有的监测器模块和框架电源。它为 3500 各个框架提供背板通信，并为每个模块提供所要求的电源。

3500/05 框架有两种尺寸：

（1）全尺寸框架。19in 标准机柜框架，有 16 个可用模块插槽；框架最左端是专为两个电源模块和一个框架接口模块预留的位置，框架中的其余 14 个插槽可以被监测器、显示模块、继电器模块、键相器模块和通信网关模块的任意组合所占用。

（2）迷你型框架。12in 框架，有 9 个可用模块插槽；电源和框架接口模块必须安装在最左边的两个插槽中，其余 7 个框架位置可以安装任何模块。

2．3500/15 电源模块

3500/15 电源模块是半高度模块，必须安装在框架左边有特殊设计的槽口内。3500 框架可装有一个或两个电源模块（交流或直流的任意组合），它们分别位于框架最左端插槽的上部和下部。其中，任何一个电源模块都可给整个框架供电。如果安装两个电源模块，第二个电源模块可作为第一个电源模块的备份。当安装两个电源模块时，上边的电源模块作为主电源，下边的电源模块作为备用电源。一旦主电源发生故障，备用电源立即自动行使主电源功能，避免框架运行发生中断。

3500/15 电源模块具有自检功能，可以监测所有的输出电压是否都符合规范，并通过电源模块前面板上的绿色"Supply OK"LED 显示出来。

3500/15 电源模块能接受大范围的输入电压，并可把该输入电压转换成其他 3500 模块能接受的电压。3500/15 电源模块有交流电源模块、高压直流电源模块、低压直流电源模块三种。

3．3500/20 框架接口模块

3500/20 框架接口模块（RIM）是 3500 框架与组态、显示和状态监测软件连接的主要接口。每个框架要求有一个 RIM，且必须放在框架中的第一个槽位（紧靠电源模块的位置）。

RIM 支持本特利用于框架组态并调出机组中信息的专有协议。当本特利的状态监测软件与 3500 系列 TSI 系统配合使用时，RIM 还通过专有的数据管理者协议连接到相应的外部通信处理器，如 TDXnet、TDIX 或 DDIX 等。

3500 系列 TSI 系统要求使用三重模块冗余（triple module redundancy，TMR）形式的

RIM。除了所有的标准 RIM 功能外，TMR RIM 还具有"监测器通道比较"功能。3500 系列的 TMR 组态根据监测器选项中规定的设置执行监测表决。采用这种方法，TMR RIM 连续比较来自三个互为冗余监测器的输出。如果 TMR RIM 检测到其中一个监测器的信息与其他两个监测器的信息不相等（在设定的百分比之内），它将把监测器标记为错误状态，并且在系统事件列表中生成一个事件。

RIM 为其本身提供"自检"功能。同时，除了为各个独立的监测器、继电器、通信以及其他模块提供监测功能外，它也为框架提供"自检"功能。虽然 RIM 为整个框架提供一定的通用功能，但它并不是关键监测通道的组成部分，不影响整个 3500 系列 TSI 系统的正常运行或其机械保护功能。

RIM 有四个前面板 LED：

（1）OK：指示框架接口模块及其 I/O 模块工作正常。

（2）TX/RX：当 RIM 与其他框架模块通信时闪亮。

（3）TM：指示框架处于报警倍增模式。

（4）CONFIG OK：指示框架中的任一模块未被组态或组态错误；框架接口模块的预存组态与框架的物理组态不匹配；或不符合安全选项条件。

RIM 中包含系统 OK 继电器，由 RIM 自身以及框架中其他模块的 NOT OK 状态触发。RIM 前面板上具有一个系统复位开关，可以清除系统中任何闭锁的报警以及闭锁的 NOT OK 状态。RIM 的后面板上还提供一套接口，允许远程激活复位开关。

4. 3500/25 键相器模块

3500/25 键相器模块是一个半高度、二通道模块，用来为 3500 框架中的监视器模块提供键相位信号。该模块接收来自电涡流传感器或电磁式传感器的输入信号，并将此信号转换为数字键相位信号，该数字信号可指示何时将转轴上的键相位标记通过键相位探头。3500 机械保护系统可接收 4 个键相位信号。

键相位信号是来自旋转轴或齿轮的每转一次或每转多次的脉冲信号，提供精确的时间测量。允许 3500 监测器模块和外部故障诊断设备测量诸如 1X 幅值和相位等向量参数。

当 TMR 的应用要求有一个系统键相位信号输入时，3500 系列 TSI 系统应安装两个键相器模块。当使用两个 3500/25 键相器模块时，它们必须安装在同一个框架插槽中，一个位于另一个的上部，两个模块以并联方式工作，同时提供基本的和辅助的两种键相位信号给框架中的其他模块。

当键相位信号以并联方式与其他多种设备相连接并且需要与这些系统（如控制系统）绝缘时，将提供绝缘的键相器 I/O 模块。绝缘的 I/O 模块专门为电磁式传感器应用而设计，但当有外部电源时，它也可为电涡流传感器应用提供绝缘。该 I/O 模块主要用于测量轴转速，而不用于相位测量；当用于相位测量时，它将产生稍高于非绝缘 I/O 模块的相位漂移。

5. 3500/32 四通道继电器模块

3500/32 四通道继电器模块是一个全高度的模块，它可提供四个继电器的输出量，组态后可以根据 3500 监测器模块内的报警状态触发。组态软件允许对各种报警组合编程，范围从单个通道的警告或危险状态到将两个或多个通道状态结合起来提供特定的 AND（与）或 OR（或）表决的复杂布尔逻辑。通过增加继电器模块的数量，可以提供每个通道的独立触点、报警类型和通道组的全球报警通知功能。

任何数量的四通道继电器模块，都可放置在框架接口模块右边的任一个槽位里。继电器虽然不是 3500 系列 TSI 系统要求的组件，但它是该系统在自动停机应用时较合适的连接方式。模拟（如 4～20mA）和数字（如 MODBUS）连接只用于为运行人员发出通知和进行趋势分析，不能为高可靠性机械的停机提供必要的容错功能或完整性分析。

框架中除所有报警继电器外，还提供一个通用系统 OK 继电器。该继电器位于 RIM 中，可连接到框架所有模块的 OK 电路上。这些电路监测每个模块的运行状态。当模块及其传感器或相关的传感器现场连线发生任何故障时，OK 继电器将发出通知，它是单极双掷（SP-DT）类型，通常带电，当主电源发生故障时提供附加通知功能。

6. 3500/34 TMR 继电器模块

为了满足对安全仪表系统的极高可靠性要求，3500 系列 TSI 系统支持 TMR 继电器模块。TMR 继电器模块采用三个独立的继电器提供一个继电器输出。TMR 继电器模块与专门的 TMR 框架接口模块和三个监测器模块一起使用，提供三选二表决输出。

TMR 继电器模块中的每个继电器包含"报警驱动逻辑"。报警驱动逻辑采用"与"和"或"逻辑编程，可以应用于来自框架中任何监测器通道或几个监测器通道的报警输入（警告和危险）。报警驱动逻辑由 3500 框架组态软件根据不同的应用需要编程。

3500/34 TMR 继电器模块由 TMR 继电器模块（两个）和 TMR 继电器输入/输出（I/O）模块两部分组成。通过编程，两个 TMR 继电器模块同时行使同样的功能，有效地提供冗余支持。各部分的功能如下：

（1）TMR 继电器模块。TMR 继电器模块根据用户编程的报警驱动逻辑，为 4 个继电器通道的每个通道提供 3 个独立的报警触点信号。每个继电器通道的报警驱动逻辑由 3500 框架组态软件编程。在 TMR 框架内，用于报警驱动逻辑的报警信号（通道警告、通道危险、监测器警告等）由 3 个监测器通过 3 个独立的数据通道同时提供。TMR 继电器模块分别检测每个数据通道，生成 3 个报警触点信号，并发送到 TMR 继电器 I/O 模块。如果某一个数据通道的 OK 状态为 NOT OK，则与该通道相关的报警触点信号将被置为无效。

（2）TMR 继电器 I/O 模块。TMR 继电器 I/O 模块包含 12 个继电器，分为 4 个通道组，每组 3 个继电器。这种方式为 4 个继电器通道提供三选二继电器表决功能。对于每个继电器通道，TMR 继电器模块提供 3 个报警触点信号。每个报警触点信号输入通道组中的一个继电器。这些继电器通道组从电气设计上可以提供三选二表决。此外，每个 TMR 继电器模块提供一个经 TMR 继电器 I/O 模块检测的 OK 状态。如果模块处于 NOT OK 状态，来自该模块的报警触点信号将不被检测。

7. 监测器

3500 系列 TSI 系统中有多种类型的监测器，每个监测器占用框架中的一个插槽。监测器接收现场传感器的信号，对其进行处理，完成所监测参数的测量，并将处理后的信号与设定的报警点进行比较，当信号达到报警点时发出报警。所有监测器都是基于微处理器设计的，并且可以对每个通道的报警设置点和危险设置点进行数字化调节。报警可以组态为闭锁或非闭锁操作。每个监测器和通道的状态通过前面板上的 LED 显示出来，不需要操作人员干预就可以直接观察，操作简单方便。

根据组态，每一通道可将输入信号处理为称作"比例值"的各种参数。每 1 个有效比例值可组态为报警设置点，2 个有效比例值可组态为危险设置点。

多数监测器都可以通过 I/O 模块为每个通道输出 4～20mA 的比例值，连接到纸带记录仪或不具备数字接口的老式过程控制系统中。监测器 I/O 模块上的短路保护端子可以为传感器提供电源。每个监测器内的 OK 检测路径连续检测每个传感器及其相应的现场连线的完整性。传感器输出信号经缓冲处理后传送到前面板的同轴接头。RIM I/O 模块的后部具有缓冲输出端子的功能。

四、瑞士韦伯公司 VM600 系统

（一）VM600 系统的特点

瑞士韦伯公司 VM600 系统的最大特点是只有一种 4+2 通道的模块 MPC4 即可实现 TSI 系统中各种参数的监测和保护，各通道完全由软件进行组态和设定。每块 MPC4 模块上有 4 个通道，可以设定为绝对振动、相对振动、复合振动、位移、差胀、偏心、缸胀、动态压力和其他模拟量；另有 2 个通道为转速或相位通道。

VM600 系统的主要特点有：①各种测量只用一种模块 MPC4，减少了备件及维护量；②仪表上带数字就地显示，便于系统安装调试；③轴位移和差胀可以反向处理和显示；④电源可以冗余，直流电源可以双电源供电；⑤所有模块均为热插拔；⑥机组保护模块 MPC4 在没有 CPU 或 CPU 出现故障时能正常工作；⑦更换 MPC4 卡时不需要重新组态，数据自动从 CPU 模块下载；⑧继电器模块从 VM600 系统框架后面安装，不占 VM600 系统插槽，有逻辑组态功能；⑨系统具有自检功能和传感器故障自动识别功能；⑩冗余以太网通信和 RS485/RS422/RS232 通信方式；⑪支持 MODBUS RTU、MODBUS TCP 以及 TCP/IP 等多种通信协议；⑫进行状态监测也在同一个系统中，不需外部接线，通过总线采集数据。

（二）VM600 系统的硬件组成

VM600 系统仪表硬件由电源、CMC16 数据采集卡、MPC4 模块（机组保护模块）、CPU 模块、输入输出卡、继电器卡和通信接口组成。

1. 机组保护模块 MPC4

（1）MPC4 监测的参数。MPC4 模块经过组态可以测量以下物理量：①绝对振动（加速度传感器、速度传感器）；②相对轴振动（径向测量）；③绝对轴振动（加速度传感器或速度传感器与电涡流式传感器复合）；④轴位移（轴向或径向位移）；⑤轴振动最大值 S_{max}；⑥轴偏心；⑦动态压力；⑧绝对膨胀；⑨差胀；⑩缸体膨胀；⑪位移（阀位）；⑫空气间隙。

（2）MPC4 工作特性。①连续在线的机组保护；②采用数字信号处理（digital signal processing，DSP）技术实时测量和监测；③完全 VME 兼容的从属接口；④通过 RS232 或以太网完成软件组态；⑤4 个可编程动态信号输入（如振动、位移等）和 2 个可编程的转速/相位输入；⑥可编程的宽带和跟踪滤波器；⑦在阶次跟踪模式下同时实现振幅和相位监测；⑧可编程设定报警、停机和 OK 值；⑨自适应设定报警和停机值；⑩前面板 BNC 接口方便原始信号分析；⑪为加速度、速度、电涡流式传感器提供工作电源；⑫可热插拔。

（3）MPC4 技术说明。MPC4 机组保护模块是韦伯公司 VM600 系统的中心元件。

1）能够同时测量和监测 4 个动态信号输入和两个转速/相位信号输入；可以连接各种转速传感器（如涡流、磁阻、TTL 等）；动态信号输入完全可编程，能接受加速度、速度和位移信号或其他信号；模块的多通道处理技术可以实现各种物理量测量，如相对轴振动、绝对轴振动、S_{max}、偏心、轴位移、绝对和相对膨胀、动态压力等。

2）数字处理包括数字滤波，数字积分或微分，数字校正（均方根、平均值、峰值、峰-

峰值等），振幅、相位和传感器间隙测量。

3）标定可以用公制或英制。报警和停机值设定完全可编程，以及报警时间延时、滞后和锁定。报警和停机等级可以设定为转速的函数或其他任何外部信息的函数。每一个报警值都具有数字输出（在 IOC4T 模块上）。这些报警信号可以在框架内组态去驱动 RLC16 继电器上的继电器。

4）在框架后面有动态信号和转速信号的模拟量输出信号，0～10V 或 4～20mA 可选。

5）MPC4 模块具有自检功能，模块内置了 OK 系统连续监测传感器输入的信号等级，判断并指出传感器或前置器故障或电缆故障等。在 MPC4 前面板上的 LED 指示灯指示运行模式，以及 OK 系统探测到的某通道故障和报警状态。

2. 输入输出模块 IOC4T

IOC4T 输入输出模块作为 VM600 系统 MPC4 模块的信号接口，安装在 ABE04X 框架的后部，通过 2 个接头直接连接到框架的背板上。

（1）工作特性。①MPC4 的 6 通道信号接口卡；②附带端子排（48 个端子）；③保证所有输入和输出具有电磁干扰保护；④附带 4 个继电器通过组态进行报警信号设定；⑤32 个完全可编程触点输出到 RLC16 继电器模块；⑥提供缓冲输出、电压输出和电流输出；⑦可热插拔。

（2）技术说明。每个 IOC4T 直接安装在 MPC4 模块的后面。IOC4T 以从属方式工作，从 MPC4 上读取数据和时钟信号。IOC4T 的端子排连接传感器/前置器的传送电缆，同时用于信号的输入和输出。该模块保护所有输入输出免受电磁干扰，并且满足电磁兼容标准。DAC 转换器提供标定的 0～10V 的输出，电压-电流转换器将信号转换成 4～20mA。IOC4T 附带的 4 个本地继电器通过软件进行组态，可以用于监测 MPC4 的故障或其他公共报警（如传感器 OK、报警和危险）。

另外，32 个数字信号可用于触发安装在框架后部的继电器模块 RLC。

★ 任务实施

熟悉 3500 系列 TSI 系统、VM600 系统在火电厂中的应用。

任务实施 4-1　熟悉 3500 系列 TSI 系统、VM600 系统在火电厂中的应用

任务验收

（1）知道汽轮机组热工保护的作用、热工保护的内容。

（2）知道电涡流传感器、LVDT 传感器、转速传感器、振动传感器的结构及工作原理，知道键相器的作用及工作原理。

（3）能说出 TSI 系统的组成及功能，能分析汽轮机轴向位移、缸胀、差胀、转速、振动、主轴偏心度产生的原因及危害。

（4）能调用 TSI 系统的监控画面，能分析 TSI 系统监测的参数。

任务二　汽轮机数字电液控制系统认知

学习目标

（1）掌握 DEH 系统的构成及功能，了解 DEH 系统的工作原理及工作过程。
（2）了解 DEH 系统的启动方式及负荷控制方式。
（3）了解 DEH 系统的转速和负荷控制原理。
（4）熟悉汽轮机的自启/停控制系统的组成。

任务描述

能说出 DEH 系统的组成及功能、DEH 系统的启动方式及负荷控制方式；知道 DEH 系统的工作原理及工作过程；能分析 DEH 系统的转速和负荷控制原理；能说出汽轮机的自启/停控制系统的组成；能调用 DEH 系统的监控画面，能对 DEH 系统进行启/停操作。

知识导航

再热汽轮机的控制系统，经历了机械液压控制（mechanical-hydraulic control，MHC）、模拟电液控制（analog electro-hydraulic control，AEH）和数字电液控制（digital electro-hydraulic control，DEH）的发展阶段。从 1971 年西屋公司推出的第一套数字电液控制系统开始，由于数字计算机的小型化及其性能价格比的提高，加上数字电液控制精度高、组态灵活，以及适应各种控制过程、满足各种运行方式要求、可以实现数据传输和监控等优点，使得数字电液控制仅用十年左右的时间便迅速取代了模拟电液控制，为现代再热汽轮机所普遍采用。

一、DEH 系统的构成

DEH 系统由被控对象、操作员站、数字控制器及抗燃油系统构成，如图 4-17 所示。

图 4-18 所示为 DEH 系统的被控对象示意图。由锅炉来的主蒸汽经高压主汽阀（TV）和高压调节阀（GV）进入高压缸，高压缸的排汽经再热器再热后，通过中压主汽阀（RSV）和中压调节阀（IV）进入中、低压缸，蒸汽在高、中、低压缸膨胀做功，冲转汽轮机，从而带动发电机发电。调节阀门开度或蒸汽参数可达到调节汽轮发电机组的电功率或频率的目的。一般情况下，600MW 机组设有两个高压主汽阀、四个高压调节阀和两个中压调节阀、两个中压主汽阀。两个中压主汽阀在机组正常运行时不参与调节；在异常工况时，关闭所有的阀门可起到保护机组的作用。

随着 DCS 技术的发展，DEH 的硬件系统也成为 DCS 的一部分，即在 DCS 中设置控制站和操作员站，以实现 DEH 的控制功能。集控室内的操作员站由 CRT 显示器、工业用个人计算机、打印机、操作盘和显示盘等外围设备构成，用来实现人机对话功能。操作员可将对机组的控制命令（如目标转速/负荷、变化率）、运行方式、控制方式和阀门试验方式的选择等操作指令通过操作盘送至主控制器，从中获得机组的状态信息并进行监视。

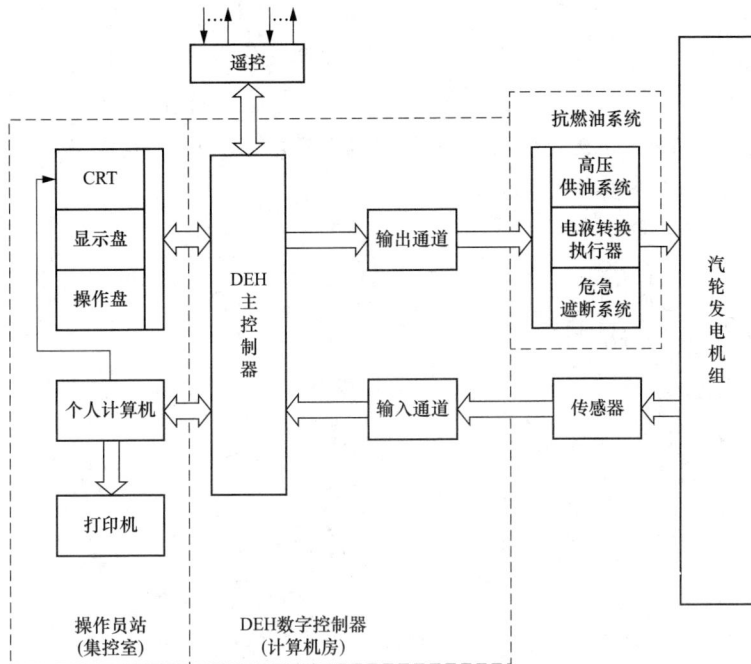

图 4-17　DEH 系统结构组成图

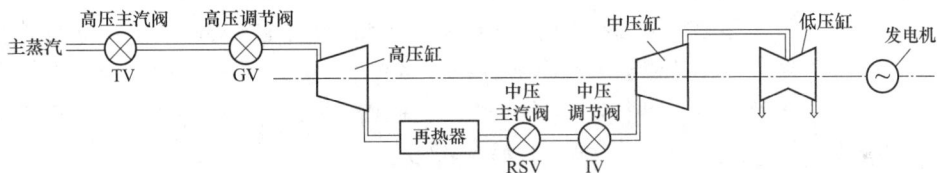

图 4-18　DEH 系统被控对象示意图

　　计算机室内的数字控制器一般为 DCS 的控制站，由输入通道、主控制器和输出通道等构成。输入通道通过传感器将反映机组状态的参数（如油开关状态、金属温度、振动等）和被控量（转速、发电机功率、调节级压力等）进行转换、隔离、放大等处理后送入主控制器。在主控制器内部，一方面对外部命令和机组状态量进行处理后送 CRT 显示屏、打印机等，将系统的运行方式以及目前机组的状态告诉操作员，为操作运行提供信息；另一方面将运行人员输入或者外部输入的增、减机组转速/负荷的命令变成机组所能接受的指令，经现时刻被控量的校正（如频率校正、发电机功率校正、调节级压力校正）后，形成相应的控制量。该控制量经输出通道校正、D/A 转换、比较及功率放大后送至电液转换执行机构以改变阀门的开度，实现机组的转速（或负荷）控制。

　　抗燃油系统由高压供油系统（EH 供油系统）、电液转换执行器和危急遮断系统构成。高压供油系统向电液转换执行机构提供高压抗燃油；电液转换执行器将 DEH 控制器来的控制信号转换成液压信号，直接操纵各个蒸汽阀门（高、中压主汽阀和调节阀）的开度；危急遮断系统将其形成的危急遮断系统所形成的遮断汽轮机的电信号转换成液压信号，关闭所有的进汽阀门，实现紧急停机以保证机组的安全。

二、DEH 系统的工作原理

图 4-19 所示为引进型 300MW 汽轮机 DEH 系统的原理框图。其中，该系统的输出是转速 n，外扰是负荷变化 R，内扰是蒸汽压力 p，λ_n 和 λ_p 分别由转速和功率给定。被控对象考虑了调节级压力特性、发电机功率特性和电网特性，并基于此设置了调节级压力 p_T、机组功率 P 和转速 n 三种反馈信号。

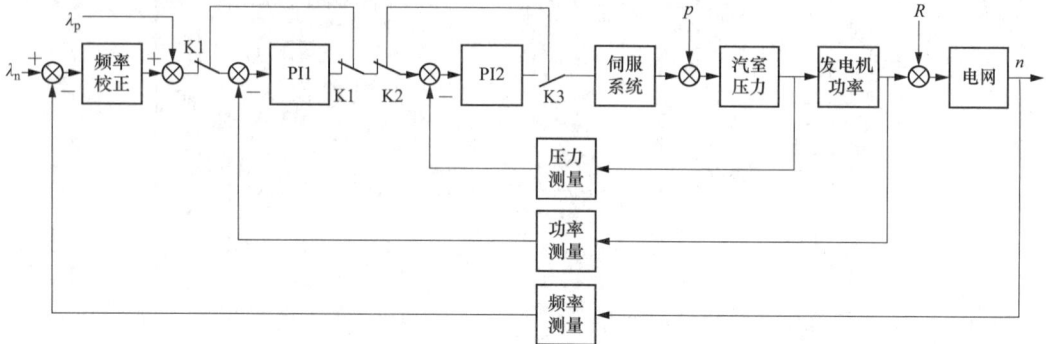

图 4-19　300MW 汽轮机 DEH 系统的原理框图

动画 4-5　高压主汽阀和调节阀的工作原理

该系统是由伺服放大器、电液伺服阀、油动机及 LVDT 组成的伺服系统，承担功率放大、电液转换和改变阀门开度的任务，调节阀则因其阀门开度的变化而改变进汽量，执行对机组控制的任务。

该系统为串级 PI 控制系统，控制运算由数字部分完成。系统由内回路和外回路组成，内回路促进控制过程的快速性，外回路则保证输出严格等于给定值。PI 控制中的比例环节对控制偏差信号迅速放大，积分环节则保证消除系统的静差，因此该系统是一种无差控制系统。

系统中"开关" K1、K2 的指向，提供了不同的控制方式，使系统既可按串级 PI 控制，也可按单级 PI1 或 PI2 控制方式运行，以保证系统中某一回路发生故障时，系统仍能保持正常工作。

当系统受外扰时，进入汽轮机的蒸汽流量变化，首先引起调节级压力的变化，对凝汽式机组，该压力能准确反映其功率的变化，并使该回路作出迅速响应。由于再热蒸汽滞后的影响，发电机的功率回路的响应较慢。机组参与调频时，其转速取决于电网的频率，但由于它只是网内的一台机组，在电网容量较大的情况下，转速回路的反馈一般较小。

系统工作时，一般来说，转速给定值代表要求的目标转速，功率给定值代表目标负荷。但在机组参与调频时，转速给定值与转速反馈信号的偏差，则反映电网的负荷状态，即外扰的大小和方向。此时若功率给定值不变，则该给定值与控制系统保持的负荷值并不相同，而被转速偏差修正后的功率给定值，才是系统所保持的负荷值。

DEH 系统可按调频方式运行，也可按基本负荷方式运行。当系统按调频方式运行时，若电网的负荷增加，则其频率下降，机组的转速也随之下降，经与转速给定值比较，输出为正偏差。经 PI 控制器校正后的信号输入伺服放大器，再经电液伺服阀、油动机，然后开大调节阀，于是发电机的功率增加。此时，系统有两种平衡方式：一种是增加功率给定值，直到与电网要求的负荷相适应，电网的频率回升，转速偏差为零，实际转速等于给定转速，电网的频率保持不变；另一种是功率给定值仍保持不变，此时增加的负荷值是靠转速偏差增大平衡的，于是转速的偏差就代表了功率的增加部分，这实际上是以损害电网频率为代价获得平衡的。用增加转速给定值来满足负荷的增加是不适合的，会使机组遇到甩负荷时的动态品质变坏，甚至有超速的危险。正确的办法是变转速给定值为额定值，用增加功率给定值的方法，适应外界负荷的增加。

机组在电网中带基本负荷运行时，由于转速的偏差能反映电网对机组负荷的要求，因此只要不把该偏差信号接入系统，或者将该偏差乘以很小的百分数，使之对外界负荷的变化不敏感，即成为所谓的"死区"，则控制系统就能按本身的功率给定值去控制机组，保持基本负荷运行。

DEH 系统在内扰作用下（如主蒸汽参数降低，则输出功率下降），由于功率给定值与功率反馈输出正偏差，要求调节阀开大，使输出功率等于功率给定值，系统达到平衡，因此系统具有很强的抗内扰能力。

系统的内回路有调节级压力和功率反馈两个回路。受扰时调节级压力回路反应最快，其通过 PI2 的作用，迅速改变调节阀的开度；功率反馈回路则需通过 PI1 和 PI2 去改变调节阀的开度，控制过程要慢一些。无论哪种内回路，都只起粗调作用，系统的最后稳定，都要在反馈值与给定值相等时才能达到，因此外回路起细调作用。由于两个内回路均具有对外扰和内扰迅速响应的能力，所以就控制原理而言，系统的串级 PI 控制为最佳运行方式，而单级 PI1 或 PI2 控制方式的控制品质较差，只作为备用运行方式。

外扰、内扰或给定值的变化，均会导致系统的动作。给定值的变化意味着改变目标转速或负荷，它是人为操作的，一般比较缓慢。内扰与电厂内部设备运行的状态有关，幅度相对较小。外界负荷扰动则具有突发性，扰动最大，其中最严重的是机组甩额定负荷。此时，在进汽阀关闭过程中还有蒸汽进入汽轮机，这些剩余蒸汽的热能将全部转变为动能，使机组仍有超速的危险。控制系统可能有两种动作方式：一种是功率给定值未同时切除，在此情况下，转速回路输出的负偏差是关门信号，功率回路输出的正偏差则是开门信号，这种现象称为"反调"，只有转速偏差的关门信号克服功率偏差的开门信号后，系统才能趋于稳定，结果导致系统的动态品质变坏，稳定转速高于额定转速，其值恰好为速度变动率值；另一种是甩负荷的同时切除功率给定值，在此情况下，功率回路无偏差输出，系统依靠转速回路输出的负偏差信号迅速关闭调节阀，其动态特性最好，稳定转速等于额定转速。因此，甩负荷时将功率给定值同时切除，是 DEH 系统首选的也是正常的动作方式。

尽管如此，由于超速的后果非常严重，为防万一，DEH 系统还设有超速保护控制系统（OPC）、机械超速遮断系统以及紧急跳闸系统，实行多重保护。危急时，任一系统动作均可关闭调节阀或同时关闭主汽阀和调节阀，确保机组的安全。

三、DEH 系统的主要功能

（一）实现汽轮机的自动启/停

DEH 系统配置了冷态和热态两种机组启动方式。

冷态启动时，用高压缸启动方式。中压主汽阀和中压调节阀保持全开，由高压主汽阀和高压调节阀进行控制。其中，从盘车至转速达到 2900r/min，由高压主汽阀控制转速；转速达 2900r/min 后，切换至由高压调节阀控制升速和并网到带初负荷；在系统转入负荷控制回路工作后，负荷一直由高压调节阀进行控制。

热态启动时，用联合启动方式，中压调节阀也参与控制。中压主汽阀为开关型，启动时全开，高压主汽阀全关，高压调节阀保持全开，由中压调节阀进汽并控制转速；当转速升至2600r/min时，中压调节阀开度保持不变，然后切换至由高压主汽阀控制转速；当转速升至2900r/min时，再切换至由高压调节阀控制转速，切换成功后，高压主汽阀保持全开，由高压调节阀控制升速、并网和带初负荷，负荷值约为3%～10%额定负荷；然后再由高、中压调节阀共同控制升负荷，到达约35%额定负荷后，中压调节阀全开，由高压调节阀继续控制升负荷直至启动结束。

两种启动方式下各阀门的状态见表4-1和表4-2。

表 4-1　　　　　　　　　　　冷态启动时阀门在升速阶段所对应的状态

阀门	冲转前	0～2900（r/min）	阀切换（2900r/min）	2900～3000（r/min）
TV	全关	控制	控制→全开	全开
GV	全关	全开	全开→控制	控制
IV	全关	全开	全开	全开

表 4-2　　　　　　　　　　　热态启动时阀门在升速阶段所对应的状态

阀门	冲转前	0～2600 (r/min)	阀切换 (2600r/min)	2600～2900 (r/min)	阀切换 (2900r/min)	2900～3000 (r/min)
TV	全关	全关	全关→控制	控制	控制→全开	全开
GV	全关	全开	全开	全开	全开→控制	控制
IV	全关	控制	控制→保持	保持	保持	保持

上述两种启动方式均由相应的转速或负荷回路进行控制。系统中设计了自动汽轮机控制（ATC）、自动同步控制（AS）、操作员自动控制（OA）和手动控制等可供选择的运行方式，其中手动控制是自动控制方式故障时的后备控制手段。

（二）实现汽轮机的负荷自动控制

汽轮机的负荷控制是从机组启动带初负荷开始，冷态启动时由高压调节阀进行控制，热态启动时由高、中压调节阀进行控制；至35%额定负荷且中压调节阀全开后，负荷由高压调节阀进行控制。

DEH系统在负荷控制阶段，具有下列自动控制方式。

1. 操作员自动控制（OA）方式

OA方式是DEH系统的基本运行方式。在机组第一次启动时，指定使用OA方式。在该方式下，操作员通过操作盘输入目标负荷和负荷变化率，DEH控制器完成控制变量的运算和处理，最后实现负荷的自动控制。

不论机组是处于转速控制还是处于负荷控制，DEH系统均根据操作员在操作台上设定的转速（或负荷）目标值及升速率等来控制机组升速（或带负荷）。在机组运行的各个阶段，如盘车、暖机、升速、同步、并网、升负荷等，操作台上均有人工确定断点按钮，在由操作员确认上一阶段的进程后，才进入下一个流程。

2. 远方遥控（REMOTE）方式

在该方式下，由机炉协调控制系统（CCS）的LMCC或ADS来的信号，通过遥控接口改变DEH的负荷指令（目标负荷和负荷变化率），通过DEH系统对机组的负荷进行控制。

3. 电厂级计算机控制（PLANT COMP）方式

当有厂级计算机时，由厂级计算机发出目标负荷和负荷变化率的指令，通过DEH的接口对机组的负荷进行自动控制。

4. 自动汽轮机控制（ATC）方式

当机组选择 ATC 方式时，若机组处于转速控制下，ATC 程序在监控汽轮机运行的同时，决定其转速目标值和适应转子应力的升速率；处于负荷控制下，由操作员给定目标值后，ATC 程序监控汽轮发电机组运行报警和跳闸情况的同时，将控制升负荷率；处于综合控制下，当遥控源如 ADS、CCS 投入且"ATC 启动"同时按下时，目标值和给定值都受遥控源控制，ATC 程序监视与转子应力有关的负荷率。

在负荷控制阶段，ATC 方式除了在线监控汽轮机的状态外，还可与上述三种控制方式组成联合控制方式。

（1）OA-ATC 联合控制方式。在该方式下，操作员通过操作盘输入机组的目标负荷和负荷变化率，ATC 从下列速率中选择最小的速率作为机组的实际负荷变化率：①由 ATC 软件包计算转子应力所确定的最佳速率；②汽轮发电机组限制的负荷变化率；③由操作盘输入的负荷变化率；④电厂允许的负荷变化率。

当机组的负荷达到操作员所设置的目标负荷时，ATC 方式自动地转换为 OA 方式。

（2）ATC-CCS、ATC-ADS 或 ATC-PLANT COMP 联合控制方式。在这些方式下，与上述类似，负荷指令来自 CCS、ADS 或 PLANT COMP，即操作员选择的负荷和负荷变化率由协调控制、遥控源或电厂级计算机指令所替代；ATC 对相应的速率进行监视，如所要求的速率高于机组允许的速率，则 ATC 转入"保持"方式，外部的负荷增减指令被禁止，直到"保持"结束。

在机组的正常运行阶段，负荷都是由高压调节阀控制的。

此外，DEH 系统还设有主蒸汽压力控制（TPC）和外部负荷返回（RB）控制方式，以便当机组运行异常时对主辅机进行保护。主蒸汽压力控制实质上是一种低蒸汽压力保护，在主蒸汽压力降低时，通过关小调节阀来减小机组的负荷，维持主蒸汽压力的稳定；外部负荷返回控制是考虑辅机局部故障的一种控制方式，如单个给水泵或单侧风机故障时，DEH 系统将以一定的速率去关小调节阀，将负荷迅速减小到 50% 额定负荷或预定值。一旦故障消除，这些控制回路将自动退出，恢复正常控制。

（三）实现汽轮发电机组的运行监控

DEH 的监控系统用于启/停过程及运行中对机组和 DEH 装置本身进行状态监控。在操作盘上设有 ATC 切除、ATC 监视、ATC 进行、ATC 启动四个带灯按钮，用来确定 ATC 的状态。

在机组启动过程中，若在 ATC 监视下，且满足 ATC 启动条件时，按"ATC 启动"键可进入 ATC 启动方式。此时 ATC 软件包将根据机组的状态参数与相关数据进行分析、计算，向 DEH 系统提供机组当前的目标值、升速率、升负荷率、是否要求保持以及请求脱机的信息等，将汽轮发电机组从静止状态开始，逐渐进行盘车、升速、暖机，直至同步并网，实现汽轮机的全自动启动。当按下"ATC 监视"键时，可进入汽轮发电机的自动监视和报警。一旦有参数越限，就在 CRT 上显示或由打印机打印，供运行人员参考。CRT 画面显示的信息包括机组和 DEH 系统的重要参数、运行曲线、趋势图、故障显示和画面拷贝，以及越限报警和事故追忆等。

从"ATC 监视"可进入"ATC 切除"状态。这时，系统只执行 ATC 扫描，把越限参数存储起来，一旦重新进入"ATC 监视"状态，就把已存的越限参数写入，从 CRT 或打印机上输出。

（四）实现汽轮发电机组的自动保护

DEH 系统在对汽轮机组实现有效控制的同时，也有对机组进行自动保护的系统。

1. 超速保护控制系统（OPC）

该系统由中压调节阀的快关功能（CIV）、负荷下跌预测功能（LDA）和超速保护控制功能三部分组成。中压调节阀的快关功能，是指在电力系统发生瞬间短路或某一相发生接地故障，引起发电机功率突降的情况下，快关中压调节阀，延迟 $0.3\sim1\mathrm{s}$ 后再开启，以便在部分甩负荷的瞬间维持电力系统的稳定。负荷下跌预测功能，是指在发电机油开关跳闸，而汽轮机仍带有 30% 以上负荷时，保护系统迅速关闭高、中压调节阀，避免因大量蒸汽流入汽轮机而引起严重超速以及危急遮断系统动作而导致停机。超速保护控制功能，是指当机组在非 OPC 测试情况下转速超过 103% 额定转速（n_0）时，将高、中压调节阀关闭，并将负荷控制改变为转速控制；等转速下降后再开启中压调节阀，通过调整中压调节阀，逐渐将中间再热器内积聚的蒸汽排出，延迟一段时间后，如不再出现升速，再开高压调节阀，使机组保持空载运行，减少机组启动损失，并能迅速重新并网。超速保护功能是通过超速保护控制器使 OPC 电磁阀动作，释放 OPC 母管的油压来实现的。

动画 4-6　机械超速危急遮断系统

2. 机械超速遮断系统和手动脱扣系统

该系统是在机组转速超过 110% n_0 或操作员因故请求停机时，通过机械超速遮断系统和手动脱扣系统，释放润滑油系统经节流孔在机械超速遮断系统和手动脱扣母管建立的压力油，打开常闭隔膜阀，释放自动停机跳闸母管的油压，将所有的主汽阀和调节阀同时关闭，实现紧急停机。

3. 紧急跳闸系统

在危及机组安全的重要参数超过设定值时，DEH 系统配合紧急跳闸系统，使 AST 电磁阀失电，释放自动停机跳闸母管中的压力油，泄去油动机的压力油，使所有汽阀在弹簧力的作用下迅速关闭，实行紧急停机。

超速保护和紧急跳闸保护均用软件和硬件来实现。硬件保护是采用完全相同的三套设备对输出部分进行三选二处理，然后才起作用，以避免保护系统产生误动或拒动，确保停机可靠。

此外，DEH 的保护系统还可以配合紧急跳闸系统在运行中做 103% n_0 超速试验、110% n_0 超速试验、紧急停机超速试验和各电磁阀的定期试验，以保证系统始终能处于良好的备用状态。

（五）实现手动控制、无扰切换、冗余切换

DEH 系统的手动控制是通过阀门控制卡（VCC）和操作盘上的增、减按钮及快、慢选择按键来直接调节阀门的开度。手动控制有一级手动与二级手动两种方式，如图 4-20 所示。

一级手动与二级手动的区别在于：一级手动增减阀门时还有一些逻辑条件，起到防止误操作和保护机组的作用；二级手动是 DEH 最后一级硬件备用，通过操作台上的增减按钮，对每种阀门进行控制，无其他逻辑条件。此外，一级手动精度高于二级手动精度，故常采用一级手动。

自动、一级手动、二级手动三者中任何一种投入控制时，其他两种均处于自动跟踪状

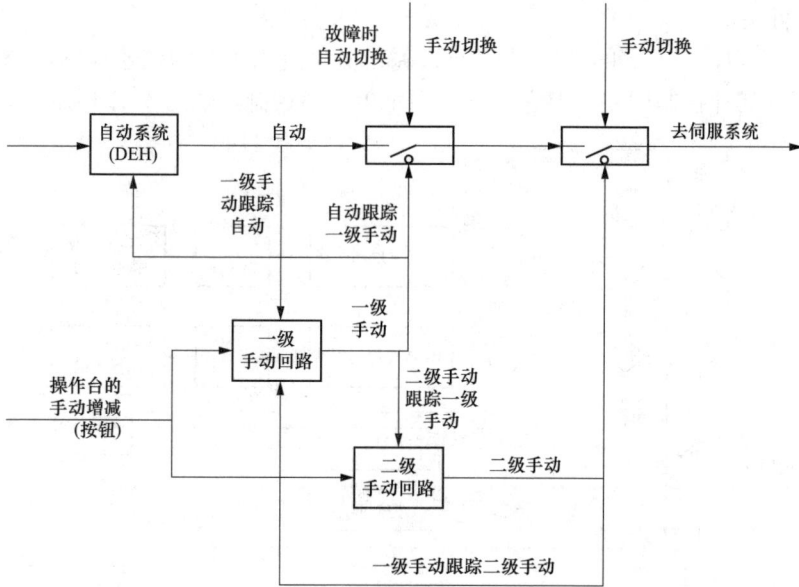

图 4-20 手动控制回路

态。当自动故障时由容错系统切换到一级手动，一级手动故障时由操作员切换到二级手动。切换与投入的顺序如下：

DEH 系统采用 A、B 机切换运行的方式，A 机故障时切换至 B 机，反之亦然。故障的检测、判别和切换由容错系统进行。故障类型包括电源故障、通信故障、差值故障、通道检测故障等。

四、DEH 系统的转速和负荷控制原理

根据机组所选取的运行方式的不同及运行状态的不同，DEH 系统有三种不同的控制方式，即高压主汽阀控制（TV 控制）、高压调节阀控制（GV 控制）、中压调节阀控制（IV 控制）。各阀门的控制可分自动控制和手动控制两部分。

DEH 系统在发电机主开关合闸之前（BR＝0）所控制的是机组的转速，合闸之后（BR＝1）控制机组负荷，故又可将汽轮发电机组的控制分为转速控制与负荷控制，其控制原理如图 4-21 所示。

（一）设定值形成回路

设定值形成回路的作用是将相应工作方式下的转速（或负荷）目标值及其变化率转变成机组所能接受的转速（或负荷）设定值（也称实际设定值）。

设定值形成回路的工作原理是：在比较器的输入端，如果实际设定值小于目标值，则输出一个增加信号，使计数器以给定的速率趋近于目标值；反之亦然，直到实际设定值与目标值相等时，设定值回路才停止工作。

（二）转速控制

由 DEH 系统的自动启动功能可知，当机组处于转速控制阶段，无论 DEH 选择哪种控制方式以及哪种运行方式，在启动过程中只有一个阀门处于控制状态，其阀门控制状态由图 4-22

所示的逻辑条件决定。

　　由图 4-22 可知，在不同的条件下，DEH 系统分别进入不同的转速控制回路。虽然不同的阀门有不同的转速控制回路，但它们都采用了单回路控制，如图 4-23 所示。

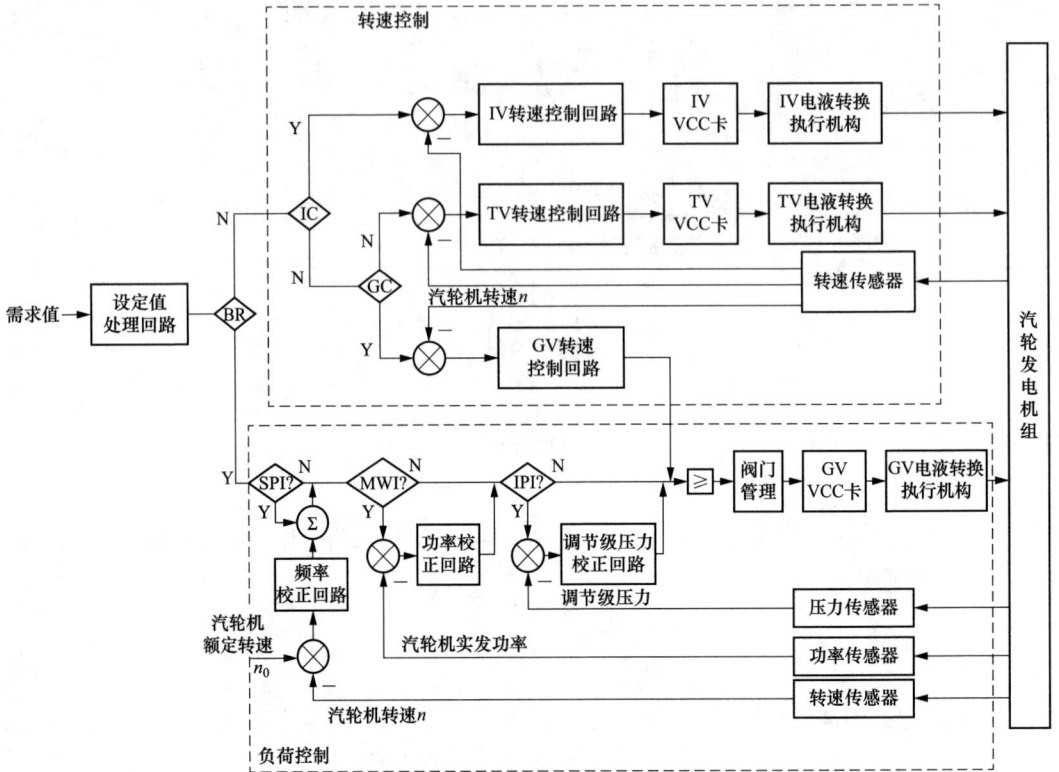

图 4-21　DEH 系统控制原理框图

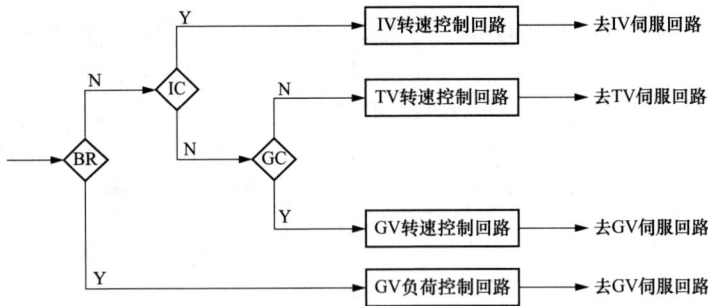

图 4-22　阀门控制逻辑框图

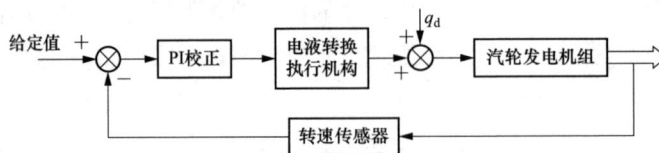

图 4-23　转速控制原理

其共同点是给定值与机组的被控量进行比较，再经 PI 校正环节后去调节阀门的开度，从而达到控制汽轮发电机组转速的目的；不同点表现在对于不同的控制方式，给定值的来源不同。对于不同的启动方式和不同的启动阶段，控制变量送至不同的阀门执行机构，不同的阀门执行机构对应不同的控制回路。DEH 系统中设计有高压主汽阀（TV）转速控制回路、高压调节阀（GV）转速控制回路和中压调节阀（IV）转速控制回路，各回路按一定的逻辑协调工作。

（三）负荷控制

机组并网后（BR＝1）进入负荷控制阶段。若为冷态启动，整个负荷控制阶段都由高压调节阀来进行调节；若为热态启动，在机组带 35％额定负荷之前，中压调节阀与高压调节阀一起进行负荷控制，此时中压调节阀控制系统为一随动系统，它以一定的旁通流量的百分比随高压调节阀的开度而变。图 4-24 所示为调节阀负荷控制原理框图。

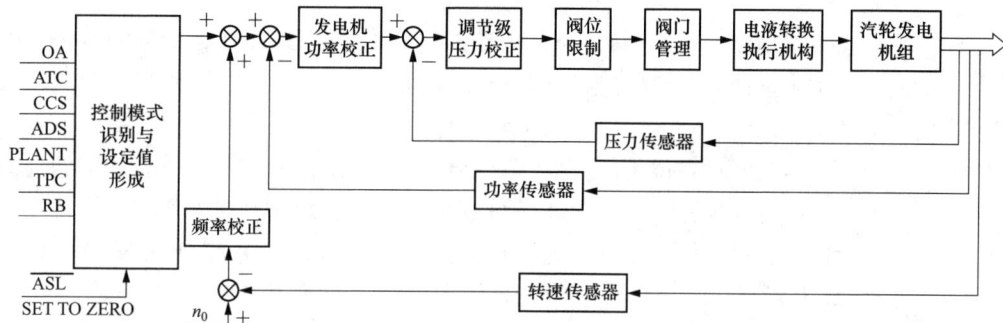

图 4-24　调节阀负荷控制原理框图

由"控制模式识别与设定值形成回路"所得到的负荷指令 REF，在调节阀控制回路中经频率校正、发电机功率校正、调节级压力校正后，作为现工况下的流量请求值，再经限幅处理和阀门管理程序处理后，送电液转换执行机构，改变调节阀的开度，以控制机组的负荷。

（1）转速控制回路。其作用是当电网负荷变化引起电网频率变化时，并网运行的机组应改变其出力，以维持电网频率的稳定，即 DEH 系统的负荷指令要经过转速控制回路进行频率校正，改变其出力的大小。该回路也称一次调频回路。

当机组并网运行时，转速控制回路是自动投入的。该回路一旦投入，运行人员无法将其切除，除非油开关跳闸（非 BR＝1）或者转速通道故障，才会自动切除。

转速控制回路将机组的实际转速 n 与额定转速 n_0（$n_0＝3000r/min$）比较后的差，经过"频率校正"环节非线性处理后得到频率修正值，负荷设定值 REF 经它校正后形成 REF1，送至"发电机功率校正"回路。

（2）发电机功率校正回路。负荷指令 REF1 是否需要经过发电机功率校正，取决于发电机功率反馈回路是否投入。处于自动控制方式下的机组，一旦并网发电，功率反馈回路是由操作员键入"功率投入"按键来投入的。

在功率控制回路投入逻辑 MWI＝1 的情况下，如果机组处于正常运行状态，将功率反馈信号与功率给定值 REF1 进行比较，比较的结果经"发电机功率校正"环节校正，形成 REF2，送至调节级压力校正回路。

如果功率反馈回路切除，则功率设定值 REF1 直接送调节级压力校正环节。

（3）调节级压力校正回路。负荷指令 REF2 经标度变换后，应判断是否需要进行调节级压力校正（即 IPI=1）。如"调节级后压力投入"中标（IPI=1），则状态标志 IPI 可以通过操作盘上"调节压力投入"中标。在 IPI=1 时，以压力单位表示的功率请求值 PISP（REF2 通过标度变换得到）与调节级压力反馈信号比较（OPRT=0），经 PI 校正及上、下限幅后，转换成流量百分比送阀门管理程序。

在调节级压力反馈回路切除时，PISP 将被转换成流量百分比，并经高限值处理后，作为流量的请求信号直接送阀门管理程序。

与功率信号及转速信号相比，汽轮机第一级汽室压力信号能快速反映汽轮机侧功率的变化及蒸汽参数的内部扰动，故由第一级压力反馈信号组成的 PI 校正网络是一快速内回路，起消除内扰、粗调机组负荷的作用。机组负荷的细调是通过功率反馈回路进一步调整、修正 REF2 完成的。

（4）阀门位置限制功能。在 DEH 系统中，无论是转速控制程序计算得到的调节阀开度值（SPD），还是负荷控制程序计算得到的调节阀开度值（GVSP），它们都要受到阀位限制（VPOSL）的处理。

如图 4-25 所示，VPOSL 方框的箭头表明该阀值可由控制盘上的增高或降低按钮连续地进行调整。如果机组跳闸，VPOSL 复位置零。在机组未挂闸之前，系统禁止操作员提高 VPOSL。当流量请求值等于阀位上限时，阀位限制逻辑置零，点亮操作盘上的指示灯或 CRT 画面上的系统图，提示运行人员阀位限制正在起作用。

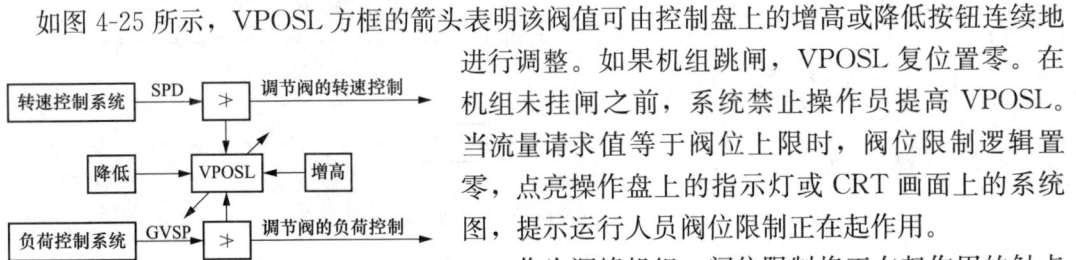

图 4-25　调节阀位置限制框图

作为调峰机组，阀位限制将正在起作用的触点信号送至 CCS，可投滑压运行；同时它将切除功率反馈和调节级压力反馈回路，GV 全开或限制在某一阀位，不参与调节。

当用增加或降低按钮调节阀门位置时，VPOSL 的变化率由一个键盘输入的常数 VPOSLINC 控制，在按钮被按下并保持按下状态时，VPOSL 随时间的变化是一个非线性函数。

（5）阀门管理程序。DEH 系统可通过调节阀门的开度来改变进汽流量，达到转速和负荷控制的目的。DEH 系统对阀门的控制有"单阀"和"顺序阀"两种形式。通过阀门管理程序，DEH 系统可实现不同工况下在线地进行两种方式的无扰切换及阀门流量特性线性化等工作。其主要功能有：

1）保证机组在"单阀"控制与"顺序阀"控制之间切换时，负荷基本不变。

2）实现阀门流量特性的线性化，将某一控制方式下的流量请求转换为阀门开度信号。

3）在阀门控制方式转换期间，流量请求值如有变化，阀门管理程序能提供流量改变信号。

4）保证 DEH 系统能平稳地从手动方式切换到自动方式。

5）主蒸汽压力的改变为汽轮机的进汽流量提供前馈信号。

6）提供最佳阀位指示。

在 DEH 控制器内部，控制任务程序调用阀门管理程序，将计算得到的流量请求值转换成阀门位置请求值，去控制 GV。如果直接以流量请求值去定位 GV，则无法克服阀门的非线性影响。

经过上述处理后，所产生的阀门控制指令送至对应的阀门伺服回路，通过电液转换装置转换成液压信号去调节阀门开度，从而达到控制机组转速或负荷的目的。

五、汽轮机的自启/停控制系统

在汽轮机的控制过程中，有些电厂的 ATC 系统还具有自动启/停功能，因此 ATC 系统又称汽轮机的自启/停控制系统。

汽轮机启动是指汽轮机从静止的或备用的状态，按一定的程序进行冲转、升速暖机、定速、并网带负荷至额定值的全部过程。汽轮机启动过程可分为启动前准备、冲转升速暖机和并网带负荷三个阶段。

汽轮机停机是指机组由带负荷运行状态到卸去全部负荷、发电机从电网中解列、汽轮发电机组转子由转动至静止的过程。汽轮机停机过程是金属部件逐渐冷却的过程。

汽轮机的启动和停机是汽轮机最重要的运行阶段。在启/停过程中，汽轮机各金属部件和管道处于不稳定的传热过程，机械状态的变化比较复杂。因此，启动和停机过程应充分考虑并处理各个金属部件的机械应力、热应力及在应力作用下的变形、推力、振动，以及汽缸和转子的热膨胀和差胀等问题。

汽轮机自动启动及自动停止就是依据其启/停的特点，设计控制程序来实现自动启/停汽轮机。汽轮机自启/停控制程序按功能分为三部分：①参数检测、监视程序；②应力计算程序；③控制程序。

实现自启动的核心问题是应力控制。

（一）参数检测、监视

为确保机组的安全运行，在汽轮机的自启/停控制系统中对各种各样的参数进行监视并记录其变化趋势。当参数越限时，发出报警信号；当传感器有故障时，可由运行人员操作"超驰"（OVERRIDE），以旁路坏的传感器或以相近的值替代，使汽轮机的自启/停控制系统继续运行。被监视的参数由变送器转换后送到子模件处理，然后送到汽轮机自启/停程序的处理器。还有一些参数通过模件总线输入，如机组功率、主蒸汽压力、机组转速等。

（二）应力计算

在自启动方式下，汽轮机转子的应力大小决定着升速过程中的升速率，以及并网时带初负荷的升负荷率。

为了控制汽轮机部件的应力，常把应力变化及应力大的高压转子、中压转子及中压排汽转子作为重点监视部位。根据检测出的温度、压力等数据进行的应力计算，一般由专用的应力计算软件实现。

（三）控制程序

控制程序根据机组的启动状态及转子的热应力，确定机组是否能够冲转，确定目标转速、升速率、升负荷率等；按照机组的启动顺序，执行汽轮机从盘车启动到同期并网、带初负荷的自动控制；并对跳闸参数进行监视，发出汽轮机自启/停跳闸指令。

⭐ 任务实施

熟悉某 1000MW 机组的 DEH 系统。

任务实施 4-2　熟悉某 1000MW 机组的 DEH 系统

任务验收

（1）能说出 DEH 系统的组成及功能，以及 DEH 系统的启动方式及负荷控制方式。

（2）知道 DEH 系统的工作原理及工作过程。

（3）能分析 DEH 系统的转速和负荷控制原理。

（4）能说出汽轮机的自启/停控制系统的组成。

（5）能调用 DEH 系统的监控画面，能对 DEH 系统进行启/停操作。

任务三　汽轮机紧急跳闸系统解读

学习目标

（1）掌握 ETS 的功能，理解 ETS 的遮断控制继电器总逻辑。

（2）熟悉 ETS 保护动作条件。

任务描述

能说出 ETS 的功能；能分析 ETS 的遮断控制继电器总逻辑；知道 ETS 保护动作条件；能调用 ETS 的监控画面，能对 ETS 进行投入/切除、复位操作。

知识导航

大型汽轮机组均装设有紧急跳闸系统（emergency trip system，ETS），又称汽轮机危急遮断控制系统。ETS 的任务是对机组的一些重要参数进行监视，并在其中之一达到设定值时，发出遮断信号给 DEH 系统去关闭汽轮机的全部进汽阀门，实行紧急停机，确保机组的安全。

ETS 是汽轮机组在危急情况下的保护系统，它与 TSI 系统、DEH 系统一起构成了汽轮机组的监控系统。

一、ETS 的功能

ETS 的保护功能有：①超速保护；②轴向位移保护；③润滑油压低保护；④抗燃油油压低保护；⑤凝汽器真空低保护。

ETS 还提供了一个外部遥控遮断接口，接受轴振动、MFT、电气故障等用户需要的保护信号。此外，机械超速遮断为独立系统，不纳入 ETS 的范围，用以实现对机组超速的多重保护。

每一种功能都有一个与之对应的保护逻辑，其中任一动作均能通过遮断总逻辑实现对机组的遮断。

图 4-26 所示为某 300MW 引进机组汽轮机 ETS 框图。该系统提供了 12 项保护功能，分别是：①超速保护；②轴承油压低保护；③抗燃油油压低保护；④凝汽器真空低保护；⑤轴向位移大保护；⑥MFT 保护；⑦DEH 失电保护；⑧轴承振动大保护；⑨差胀大保护；⑩高压缸排汽压力高保护；⑪发电机内部故障保护；⑫手动紧急停机保护。

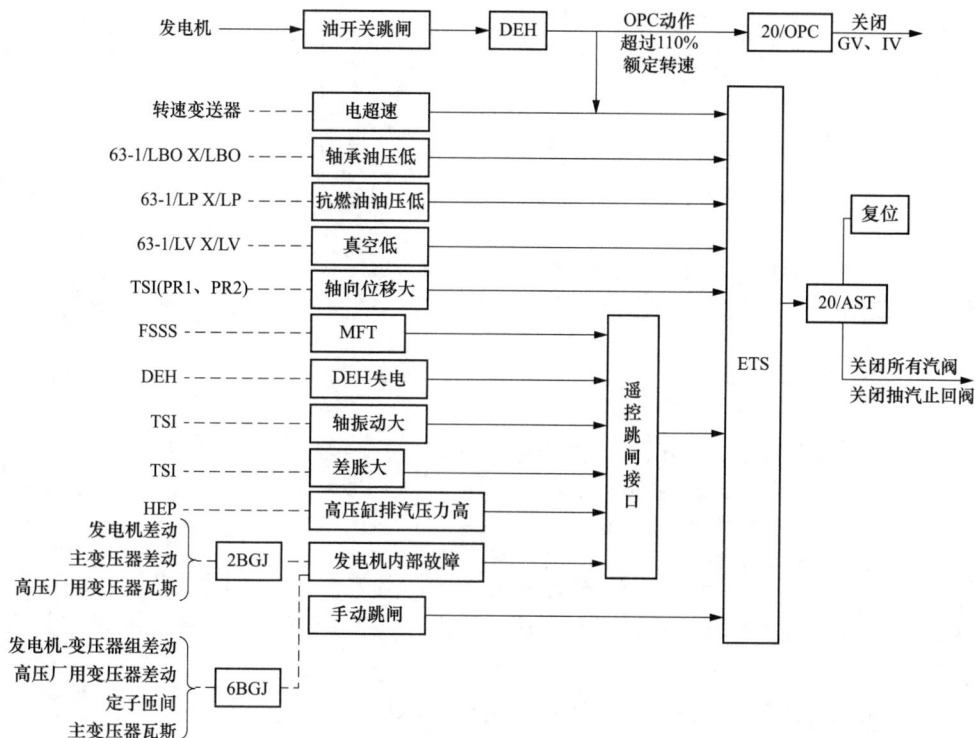

图 4-26　汽轮机 ETS 框图

其中，第①～⑤项功能是由各自通道接受控制继电器或压力开关触点信号实现的；第⑥～⑪项功能是由外部信号送到保护系统的遥控接口实现的；第⑫项功能则是在操作盘上手动实现的。当上述 12 个跳闸条件中的任何一个满足时，跳闸保护系统动作，通过双通道 AST 电磁阀，关闭汽轮机的所有进汽阀，使汽轮机紧急跳闸停机。

二、ETS 的遮断控制继电器总逻辑

ETS 的硬件由电气遮断组件、电源板、继电器板、遮断和保持继电器板以及端子排等组成，统一布置在遮断电气柜内，承担 ETS 遮断全部保护项目的控制任务。

ETS 遮断控制继电器总逻辑如图 4-27 所示，机组的所有电气遮断信号均通过该回路去遮断汽轮机。为了提高遮断的可靠性，回路采用双通道连接方式，每一通道均由遮断项目中的相应继电器的触点串联实现保护逻辑。通道 1 出口为奇数通道，遮断电磁阀（20-1）/AST 和（20-3）/AST；通道 2 出口为偶数通道，遮断电磁阀（20-2）/AST 和（20-4）/AST。

机组正常运行时，遮断继电器 A、B 的触点闭合，使回路处于通电状态，各电磁阀因通电而关闭，危急遮断油总管建立安全油压。当任何一个遮断条件满足时，对应的遮断继电器触点由原来的闭合状态转为开路状态，对应的遮断继电器 1A、1B 或 2A、2B 失电，对应的

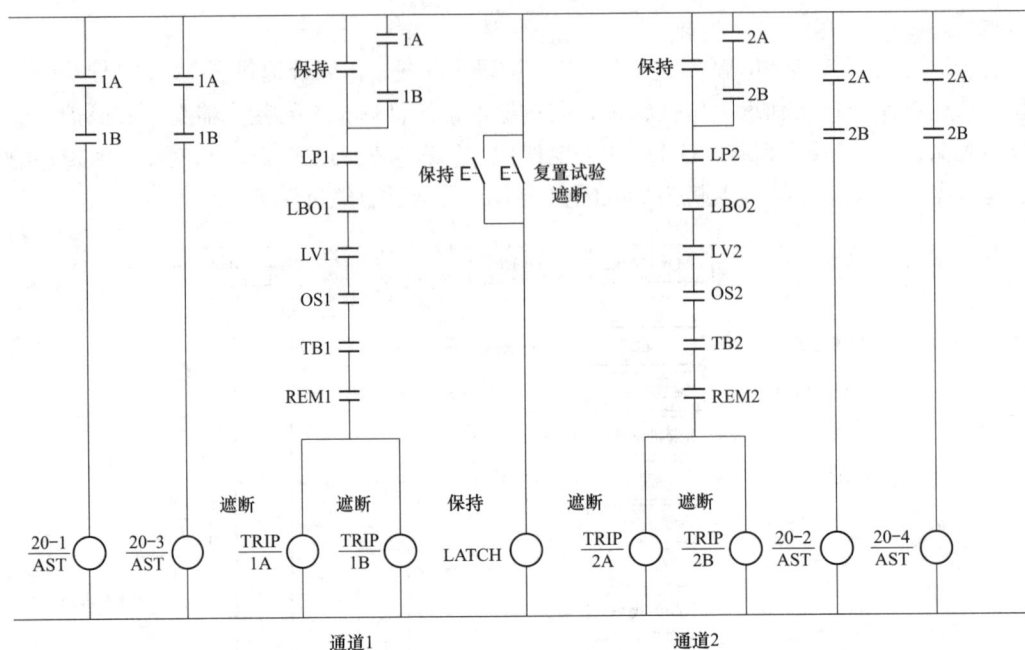

图 4-27　ETS 遮断控制继电器总逻辑

AST—自动跳闸电磁阀；LP—抗燃油油压低；LBO—轴承油压低；

LV—凝汽器真空低；OS—超速；TB—轴向位移大；REM—遥控跳闸

触点 1A、1B 或 2A、2B 断开，对应的电磁阀失电；当单、双通道同时发生，遮断电磁阀 AST 被打开，泄去危急遮断油总管上的油压，各主汽阀和调节阀因控制油失压而关闭，实现紧急停机。

　　大型汽轮机组 ETS 的控制电路通常由可编程逻辑控制器（programmable logic controller，PLC）或 DCS 实现。

拓展资源

拓展资源　可编程逻辑控制器

任务实施

解读某 600MW 机组 ETS 保护动作条件。

任务实施 4-3　解读某 600MW 机组 ETS 动作条件

任务验收

（1）能说出 ETS 的功能，能分析 ETS 的遮断控制继电器总逻辑。

（2）知道 ETS 保护动作条件。

（3）能调用 ETS 的监控画面，能对 ETS 进行投入/切除、复位操作。

任务四　给水泵汽轮机数字电液控制系统认知

学习目标

（1）了解给水泵的驱动方式及其系统，熟悉 MEH 系统的组成及功能。

（2）了解 MEH 系统的转速控制原理，知道 MEH 系统的运行方式。

任务描述

能说出 MEH 系统的组成及功能，以及 MEH 系统的运行方式；能分析 MEH 系统的转速控制原理；能调用 MEH 系统的监控画面，能对 MEH 系统进行投入、运行及 A/M 操作。

知识导航

给水泵是热力发电厂消耗大量厂用电的主要辅助设备之一，其驱动机械包括交流电动机和汽轮机两种。随着大机组的发展，减小给水泵的能耗，使之具有更好的控制特性，已成为广受关注的问题。由于电动给水泵使用节流调节阀或液力联轴器调节给水流量，其能源耗损大且液力联轴器调速范围窄，而且大容量电动机制造困难，因此采用蒸汽代替电力，用汽动给水泵代替电动给水泵成为绝大多数电厂的首选。

一、给水泵的驱动方式及其系统

目前，600MW 及以上的火电机组，通常配置 2 台容量各为 50％额定容量的汽动给水泵（或配置 1 台容量为 100％额定容量的汽动给水泵）、1 台容量为 25％～30％（或 50％）额定容量的电动给水泵。机组冷态启动时使用电动给水泵供水，正常运行时则使用汽动给水泵供水，电动给水泵处于待机热备用状态。

（一）具有液力联轴器的给水泵系统

一般定速的电动泵给水系统，给水泵出口阀门是全开的，锅炉给水流量的改变是通过调节锅炉给水调节阀的开度实现的；而采用液力联轴器泵组的给水系统，则是通过改变给水泵的转速实现的，因而可以避免节流损失，提高运行的经济性。

具有液力联轴器的泵组机构，是在给水泵和交流电动机之间增加一套液力联轴器变速机构，以液力耦合代替给水泵和电动机之间的刚性连接。图 4-28 所示为具有液力联轴器的给水泵示意图。该泵组由前置泵、电动机、具有液力联轴器的变速箱和主给水泵组成。电动机两端出轴，一端带动前置泵，另一端通过变速箱带动主给水泵，在主给水泵前装设联合过滤器，即利用磁棒电磁力吸收给水中的铁质，利用过滤网过滤非铁性杂物，以确保高压泵叶轮的安全。

液力联轴器的作用，一是传递原动机的转矩，二是实现无级调速，解决给水泵的变速运

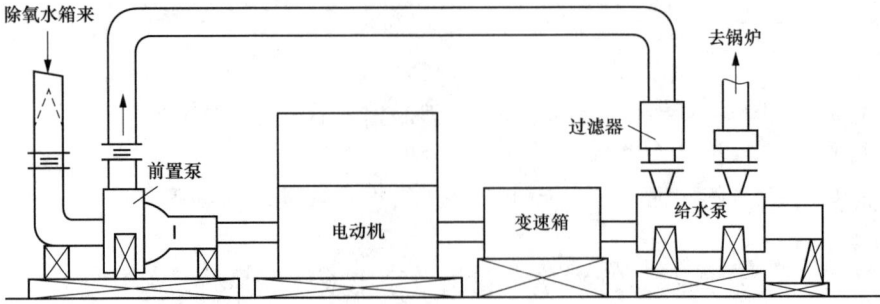

图 4-28　具有液力联轴器的给水泵示意图

行问题，提高经济性。设置变速箱可提高给水泵的转速，克服制造大型高速电动机的困难，提高泵的效率，并使其结构紧凑，减少投资和运行费用。

　　具有液力联轴器的锅炉给水控制系统原理框图如图 4-29 所示。当出现水位偏差时，偏差信号经 PI 控制器校正后进入定位器，经伺服电动机去改变勺管的位置，从而改变给水泵的转速，直到给水流量满足要求、保持汽包水位等于要求值。

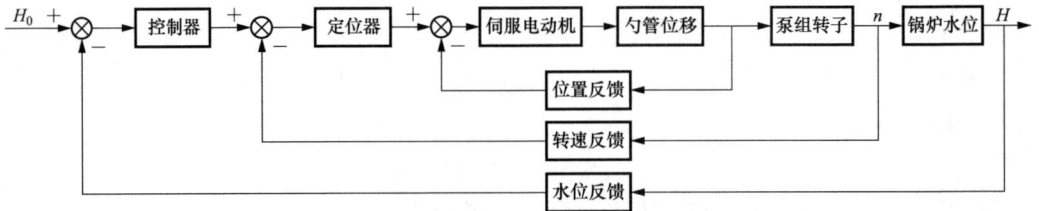

图 4-29　具有液力联轴器的锅炉给水控制系统原理框图

（二）具有给水泵汽轮机的给水泵系统

　　这是一种使用给水泵汽轮机代替电动机拖动给水泵的系统，除解决给水泵的变速运行问题外，还可通过提高汽轮机的转速，使汽轮机和泵的效率都得到提高。给水泵汽轮机的动力来源于蒸汽，为了提高热经济性，给水泵汽轮机几乎都采用主汽轮机的抽汽作为汽源。

　　图 4-30 所示为引进型 300MW 机组给水泵汽轮机在主机热力系统中连接的原则性系统图。它是由两台并联的汽轮机拖动给水泵，各向锅炉提供 50% 额定给水流量。该机组主给水泵和前置泵独立布置，主给水泵由给水泵汽轮机拖动，汽源为第四段回热抽汽，与除氧器共用，其排汽直接引入主机凝汽器。

　　该给水泵汽轮机有低压汽源（四段抽汽，0.765MPa/335.4℃）和高压汽源两种，分别设有两套独立的主汽阀和调节阀。其中，低压汽源为主要工作汽源；高压新汽为启动用辅助汽源，仅在锅炉点火初期或邻机高压供汽作为汽源时采用。

　　目前给水泵转速一般在 4000～6000r/min，个别可达 7000r/min，最高可达 12000r/min。采用变速调节比调节阀节流调节，可减小能耗约 15%；采用汽动给水泵变速调节比电动给水泵液力联轴器变速调节，因无变速箱损失和改善了主机末级排汽温度，可再提高效率 0.3%～0.6%。给水泵汽轮机的驱动方式无论在容量、效率和控制方式等方面，都具有明显的优势，因此，现代大型电厂的给水泵几乎都是以汽轮机驱动的给水泵为主给水泵，液力联轴器驱动的给水泵为备用给水泵。

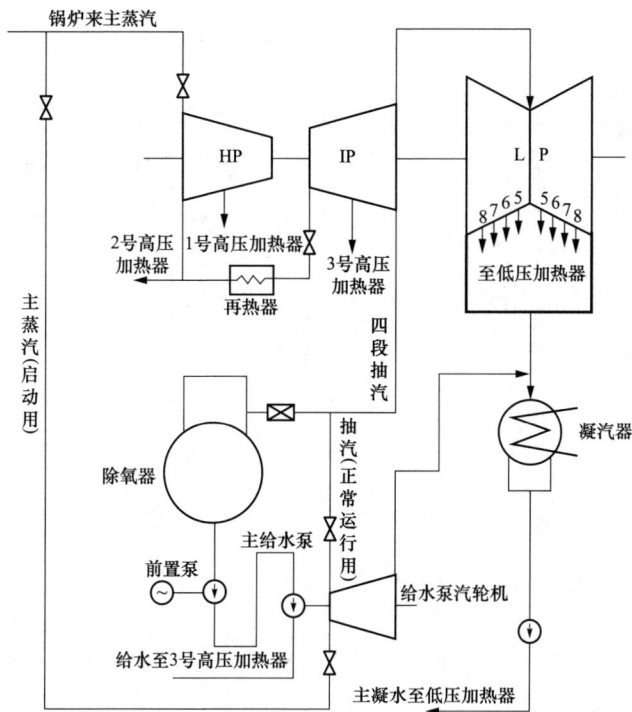

图 4-30　给水泵汽轮机在热力系统中连接的原则性系统图

二、给水泵汽轮机数字电液控制系统（MEH）

300MW 及以上火电机组给水泵汽轮机大都配置基于微处理机的电液控制系统（microprocessor-based electro-hydraulic control system，MEH）。由于汽动给水泵是通过控制给水泵的转速来实现锅炉给水流量控制的，因此给水泵汽轮机的转速控制贯穿于机组运行的全部过程。

MEH 的控制系统可以是独立的系统，也可以是机组 DCS 的一个组成部分。当 MEH 纳入 DCS 时，MEH 为 DCS 的一个或数个"站"，是 DCS 的一部分。MEH 接受来自 CCS 的锅炉给水自动控制系统的转速控制信号，直接控制给水泵汽轮机进汽调节阀，改变进汽量以满足锅炉所需要的汽动给水泵转速。

某 600MW 机组的 MEH 组成原理如图 4-31 所示。该系统采用 Ovation DCS 控制。驱动给水泵汽轮机的蒸汽设计有两路汽源：一路是高压汽源，采用锅炉输出的新蒸汽；另一路是主机四段抽汽。每路设有主汽阀和调节阀各一个，当主汽轮机在 25％ 负荷以下时，因为抽汽压力太低，故全部采用高压汽源，由高压调节阀（HPGV）来控制进入给水泵汽轮机的蒸汽流量，以改变给水泵汽轮机的转速，控制给水泵的出水流量，满足锅炉给水流量要求；当主汽轮机在 25％～40％ 负荷时，由高压汽源和抽汽汽源同时供汽，主要由高压调节阀控制，低压调节阀（LPGV）全开；当主汽轮机在 40％ 负荷以上时，全部采用抽汽汽源，由低压调节阀控制汽轮机的转速。

（一）MEH 的基本组成

MEH 的基本组成和 DEH 的基本组成大致相同，由控制系统（包括数字部分和模拟部分）、液压伺服回路以及接口部件组成。数字部分主要包括 CPU 和过程 I/O 通道，是 MEH 的核心。控制系统数字部分连续采集、监视给水泵汽轮机当前的运行参数，并通过逻辑运算

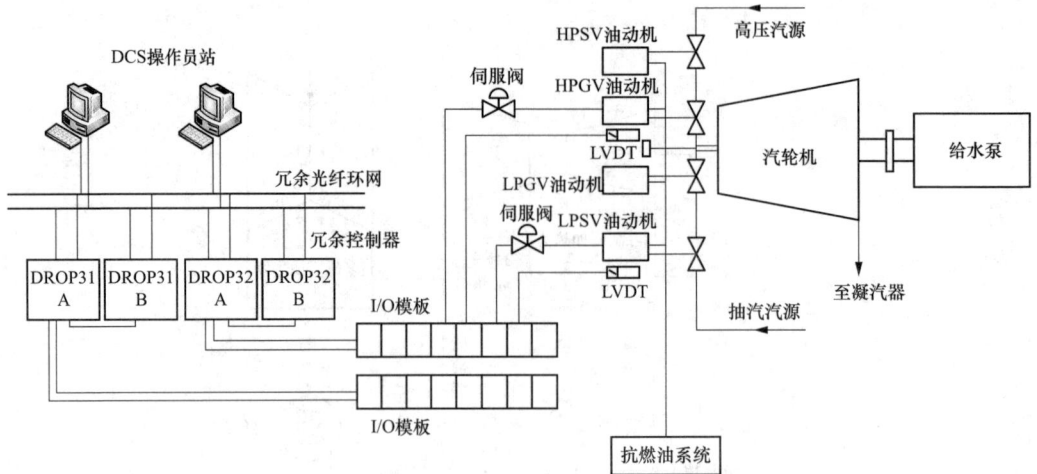

图 4-31　某 600MW 机组的 MEH 组成原理图

和调节运算对给水泵汽轮机的转速进行控制；模拟部分是将现场来的模拟量信号进行预处理后送给控制系统数字部分，并将数字部分输出的阀位需求转换为相应的模拟量信号送到阀门驱动回路。液压伺服回路则包括电液伺服系统和油系统（供油系统、蓄能器组件和油管路系统）。MEH 的供油系统可以是独立的供油系统，也可以是来自主汽轮机的 DEH 的供油。

1. MEH 的软件

MEH 的软件主要由系统任务调度管理程序、应用软件和容错软件等几部分组成。

（1）系统任务调度管理程序。系统任务调度管理程序是 MEH 的主程序，负责硬件初始化、数据初始化、模拟量输入/输出、开关量输入/输出、模拟操作盘、制表打印等程序，以及应用软件和容错软件的调度管理。

（2）应用软件。应用软件是实现给水泵汽轮机自动控制、启/停操作、运行方式选择、故障处理等功能的一套程序，主要由三个程序模块组成，即操作盘任务模块、逻辑任务模块和控制任务模块。

（3）容错软件。容错软件主要对 A、B 双机系统进行校核、监视以及错误检测并进行切换，包括双机通信、双机 CPU 自诊断、出错处理等程序模块。

2. MEH 的伺服机构

MEH 的伺服机构分为开关型执行机构和控制型执行机构两类。高压主汽阀伺服机构和低压主汽阀伺服机构属于开关型执行机构；高压调节阀伺服机构和低压调节阀伺服机构属于控制型执行机构。

（1）开关型执行机构。开关型执行机构使阀门工作在全开或全关位置，其组成部件有油缸、二位四通电磁阀、卸荷阀、节流孔以及液压集成块等。电磁阀接受控制信号，接通或关闭其油路。当电磁阀接通时，从油系统来的高压油经过节流孔进入油缸活塞下腔，使活塞杆上移，通过杠杆机构打开汽阀；当电磁阀关闭时，油缸中不再有高压油进入，电磁阀通过回油管路排油，弹簧力使汽阀关闭。另外，卸荷阀接收危急遮断信号，使进入油缸的高压油通过卸荷阀迅速释放，汽阀在弹簧力作用下迅速关闭。

（2）控制型执行机构。控制型执行机构可以将汽阀控制在任意位置上，成比例地调节给水泵汽轮机的进汽量，从而达到控制给水泵流量的目的。该伺服机构由电液伺服阀、油缸、滤网、LVDT 以及液压集成块组成。MEH 控制器按照给水控制系统来的指令和采集的给水泵汽轮机转速信号，经运算处理以后输出一个电信号（即阀位控制信号）到伺服放大器。被放大后的电信号送入电液伺服阀，电液伺服阀将电信号转换成液压信号，使伺服阀的主调节阀（即滑阀）移动。滑阀移动的结果是接通传递动力的主回路，使高压油进入活塞的上腔或下腔，这样活塞杆就向上或向下移动，并经过杠杆机构带动调节阀使之开启或关闭。当活塞杆移动时，带动 LVDT 一起运动，LVDT 输出信号经过一个与之配套使用的变送器，使机械位移信号转换成电气反馈信号，并送入控制器的伺服放大器，伺服放大器把这个信号与阀位指令相比较，以调整、控制调节阀的开度。如果输入伺服阀的阀位信号与伺服放大器负反馈信号的偏差为零，则伺服阀的滑阀回到零位，油缸活塞上下腔处于压力平衡状态，活塞杆停止移动，调节阀则停留在该工作位置，直到新的阀位指令进来。MEH 的电液伺服阀由一个力矩马达和两级液压放大及机械反馈系统组成，其结构和工作原理与 DEH 系统的电液伺服阀基本相同。

（二）MEH 的功能

MEH 的主要功能是通过控制给水泵汽轮机的转速控制锅炉给水流量。MEH 除具有数据通信、CRT 显示、打印记录等功能外，还具有给水泵汽轮机的超速保护功能。

MEH 通常有以下三种运行方式：

（1）锅炉自动。根据锅炉给水控制系统来的给水流量需求信号控制汽轮机的转速。

（2）转速自动。根据操作员在控制盘上给出的转速定值信号控制汽轮机的转速。

（3）手动。根据操作员在控制盘上给出的调节阀阀位增加或减小信号直接操作调节阀开度，控制汽轮机的转速。

MEH 的核心是转速自动控制回路。在稳定工况下，实际转速与转速定值是相等的。当转速定值变化后，实际转速与转速定值间产生一个差值，此差值经过放大和运算后，得到一个控制信号送到伺服放大器，再经功率放大后，操纵伺服阀，使调节阀开度发生变化，从而改变进汽量，最终使给水泵汽轮机的转速等于给定值。系统设有手动和自动相互跟踪回路，为无扰切换。

MEH 系统控制器还承担着超速保护功能，当汽轮机转速达 $110\%n_0$ 时超速保护动作，使主汽阀和调节阀全部关闭，汽轮机脱扣；同时机械超速保护动作，使汽轮机脱扣。为确保超速保护功能的可靠性，系统设有另一通道的汽轮机转速达 $120\%n_0$ 时的超速保护，保证汽轮机转速不超过最大极限转速（$120\%n_0$），以满足汽轮机和给水泵的安全运行要求。

1. MEH 的转速控制

为了提高给水泵汽轮机控制系统的安全性和可靠性，MEH 控制器采用冗余 CPU。A 机和 B 机都设有转速自动控制回路，包括转速设定值形成回路与转速控制回路两个部分，如图 4-32 和图 4-33 所示。

转速设定值形成回路由两个逻辑判别块和一个速率限制器组成。逻辑判别块起选择转速指令的作用，当 MEH 处于遥控方式时，目标转速取来自 CCS 的遥控指令；当 MEH 处于转速自动方式时，目标转速取运行人员设定的转速指令。目标转速经速率限制器限速处理，形成转速给定值。

转速控制回路是一个单回路闭环控制系统。在稳定工况下，实际转速与转速定值是相等的。当转速定值或实际转速发生变化时，其偏差信号经 PID 运算后，得到一个控制信号送到 LPGV 和 HPGV 伺服放大器，操纵伺服阀，改变 LPGV 与 HPGV 的开度，使给水泵汽轮机的实际转速回到与转速定值相等的稳定工况。

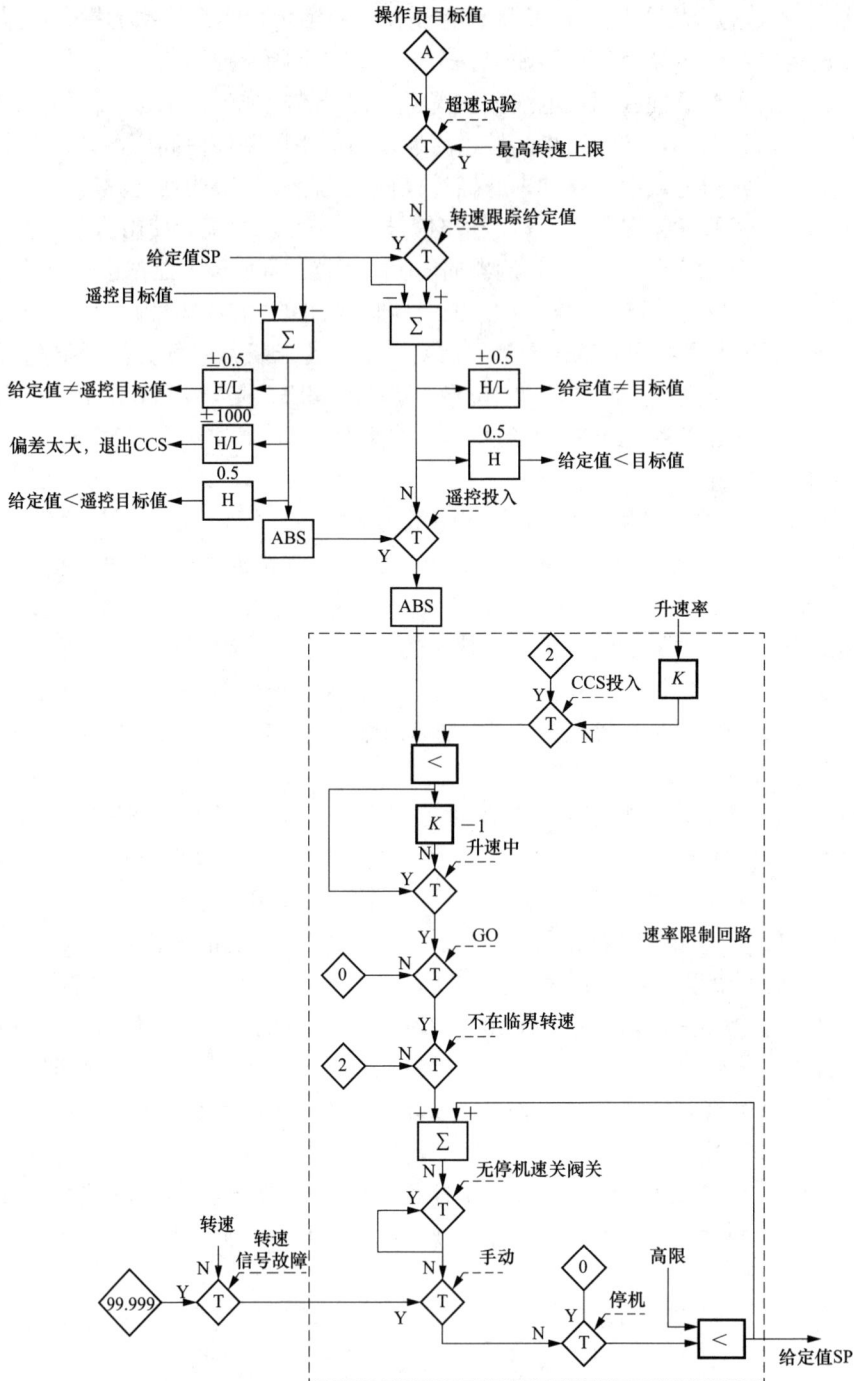

图 4-32　给水泵汽轮机转速设定值形成回路

2. 运行方式及其切换

（1）手动方式。为了保证 MEH 控制器的可靠运行，在双机故障或计算机电源失去时，确保锅炉给水泵能继续运行，设计了以硬件来实现的手动控制回路。手动方式下，在操作盘上按下"阀位增加"或"阀位减小"按钮，手动直接改变阀位，控制给水泵汽轮机的转速。

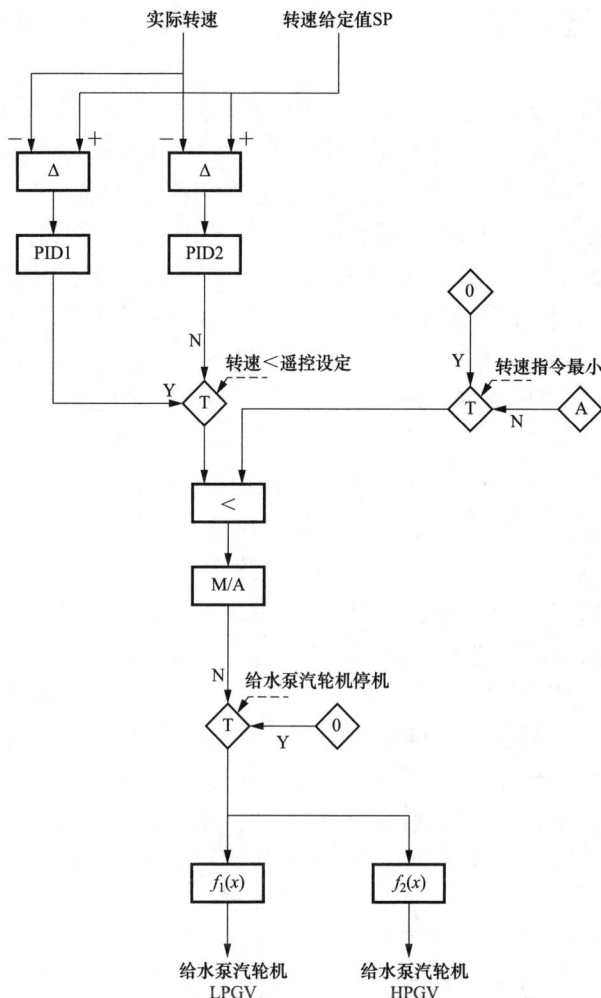

图 4-33　给水泵汽轮机转速控制回路

手动方式是 MEH 的后备操作方式，正常运行情况下，转速控制范围为 600r/min 以下。当运行中发生双机故障、失去电源、转速通道故障、实际转速与转速定值偏差大、给水泵汽轮机脱扣等异常情况时，系统强制转为手动方式；运行人员也可选择手动方式。在手动方式下，MEH 的转速定值跟踪实际转速。

（2）自动方式。当手动升速到转速大于 600r/min 时，若无双机故障信号，运行人员在 DCS 画面上按下"转速自动"按钮时，即可投入转速自动。在转速自动方式下，运行人员在 DCS 操作上按下"转速增加""转速减少"按钮，可设定转速目标值。

（3）遥控方式。MEH 进入遥控方式的条件有：①MEH 目标转速在 2600～6250r/min；②给水泵汽轮机已挂闸（速关阀已打开）；③MEH 给定转速在 2600～6250r/min；④给水泵汽轮机实际转速在 2600～6250r/min；⑤没有出现汽轮机跳闸条件；⑥MEH 给定转速与 CCS 给定转速相差不超过 1000r/min；⑦MEH 不在超速试验状态；⑧MEH 处于转速自动状态；⑨遥控转速指令在 2600～6250r/min。

当上述条件全部满足时，在 MEH 画面上按下"遥控"按钮，MEH 进入遥控方式。在遥控方式下，MEH 接受锅炉给水控制系统的汽动给水泵转速指令，使给水流量满足机组负荷需求。

　　给水泵汽轮机刚启动（转速低于 600r/min）或脱扣后复位，以及计算机电源刚合上时，控制器的初始状态处于手动方式。按 DCS 操作画面上的"阀位调整"按钮，使调节阀开启，给水泵汽轮机升速。当转速大于 600r/min 时，按"转速自动"按钮，MEH 从手动控制方式切换到转速自动控制方式。按 DCS 操作画面上"转速增加"按钮，增加转速目标值，可使给水泵汽轮机继续升速。从手动切换到自动时，由于切换前转速定值跟踪实际转速，故切换时可保持阀位开度不变，以保证无扰切换。在转速自动方式下，转速达 3100r/min 时，主机接收到 CCS 来的"遥控允许"信号后，按"遥控"按钮，MEH 系统切换至遥控方式，MEH 以来自 CCS 的 4～20mA 给水流量需求信号控制给水泵汽轮机的转速。

　　3. 汽轮机脱扣与超速保护

　　当汽轮机发生异常工况需要紧急停机时，可在操作盘上按下"汽轮机脱扣"按钮来实现。脱扣动作使所有调节阀和主汽阀全部关闭，MEH 控制器自动切换到手动控制方式，使给水泵汽轮机转速降到 600r/min 以下，直到盘车转速。

　　手动脱扣有三条回路：第一路是通过软件使控制板输出脱扣信号，动作脱扣继电器；第二路由硬件实现，通过超速保护板，动作脱扣继电器，输出开关量信号；第三路也通过硬件实现，直接按手动脱扣按钮，输出"脱扣按钮动作"开关量信号，可以直接到就地盘实现汽轮机脱扣。汽轮机脱扣信号发出，操作盘上的"汽轮机脱扣"指示灯亮；当确已脱扣时，"已脱扣"指示灯亮。当给水泵汽轮机复位条件满足时，按下"汽轮机复位"按钮，所有阀门都在关闭状态复位。复位后，"已脱扣"灯灭，"汽轮机复位"灯亮，此时即可启动给水泵汽轮机，打开主汽阀。控制器处于手动方式时，按"阀位增加"按钮，使调节阀开启，给水泵汽轮机冲转、升速。

　　4. MEH 超速试验

　　在 DCS 操作画面上可进行电超速试验和机械超速试验。

　　正常超速保护动作转速为 $110\%n_0$，即 6325r/min。给水泵汽轮机运行过程中，实际转速到达动作转速 6325r/min 时，测速板发出信号，通过超速保护板使主汽阀和调节阀全部关闭，控制器软件超速保护动作转速定为 6300r/min，到此转速后输出脱扣开关量。为确保安全，如果额定转速脱扣信号发生故障，当汽轮机转速达 $120\%n_0$（6900r/min）时，再次发出脱扣信号，不管是否在进行超速试验，立即脱扣。遇到紧急情况需立即脱扣时，可手动按"脱扣"按钮。

　　（1）电气超速保护试验。电气超速保护试验钥匙开关处于"电气"位置，MEH 控制器切换到转速自动方式时，按"转速增加"按钮使汽轮机升速，直到电气超速保护动作。在试验过程中，需要到就地盘上操作机械超速保护闭锁阀，屏蔽机械超速保护动作。一次试验后，应按汽轮机复位的操作步骤，使汽轮机复位到正常工况，才可进行第二次试验。试验结束时，超速试验钥匙开关置正常位置，并将机械超速闭锁阀复位。

　　（2）机械超速保护试验。机械超速保护试验钥匙开关置"机械"位，MEH 处于转速自动方式，机械超速试验指示灯亮，$110\%n_0$ 动作脱扣转速信号被隔离。按"转速增加"按钮进行升速试验。为确保安全，$120\%n_0$ 脱扣转速信号仍然有效。试验结束，超速试验钥匙开关置正常位置。电超速隔离撤销，$110\%n_0$ 脱扣信号有效，"电超速隔离"指示灯灭。

⭐ 任务实施

熟悉某 1000MW 机组的 MEH 系统。

任务实施 4-4 熟悉某 1000MW 机组的 MEH 系统

🔍 任务验收

(1) 能说出给水泵的驱动方式、MEH 系统的组成及功能。
(2) 知道 MEH 系统的运行方式,能分析 MEH 系统的转速控制原理。
(3) 能调用 MEH 系统的监控画面,能对 MEH 系统进行投入、运行及 A/M 操作。

任务五 汽轮机旁路控制系统认知

🔖 学习目标

(1) 知道汽轮机旁路控制系统的类型,掌握汽轮机旁路控制系统的功能。
(2) 熟悉汽轮机旁路控制系统的组成,了解高压旁路控制系统的 3 种运行方式。
(3) 理解高压旁路压力和高压旁路温度控制系统、低压旁路压力和低压旁路温度控制系统的工作原理。

🔍 任务描述

知道旁路控制系统的类型;能说出旁路控制系统的组成及功能;知道高压旁路控制系统的运行方式;能分析高压旁路压力和高压旁路温度控制系统、低压旁路压力和低压旁路温度控制系统的工作原理;能调用旁路控制系统的监控画面,能对旁路控制系统进行投入/切除及 A/M 操作。

📁 知识导航

一、汽轮机旁路控制系统概述

大型火电机组都采用中间再热式热力系统,按一机一炉的单元配置。汽轮机和锅炉特性的不同会带来机、炉不匹配的问题。例如,汽轮机空负荷运行,蒸汽流量仅为额定流量的 5%~8%,而锅炉最低稳定负荷为额定负荷的 15%~50%,一般在 30% 左右,负荷再低时锅炉就不能长时间稳定运行。另外,启动工况要回收锅炉产生的多余蒸汽,避免对空排汽造成工质损失;有的再热器位置在锅炉较高温度的烟温区,因此要求有一定流量的蒸汽冷却管道,最小冷却流量为额定值的 14%。所以机组启动时和机组空载时,要解决再热器的保护问题。在中间再热机组上设置旁路控制系统,就可以解决单元机组机、炉不匹配的问题。除了回收汽水和保护再热器外，还可适应机组的各种启动方式（冷态、热态，定压、滑压）、带厂用电、低负荷运行以及甩负荷等工况的要求。

汽轮机旁路控制系统是指与汽轮机并联的蒸汽减温、减压系统。它由阀门、管道及调节机构等组成。其作用是在机组启动阶段或事故状态下将锅炉产生的蒸汽不经过汽轮机而引入下一级管道或凝汽器。根据各机组的不同情况，汽轮机旁路控制系统配置有不同的型号和不同的容量。旁路容量在国内多数设计为 30%MCR 或 40%MCR，少数引进机组旁路容量达100%MCR。

旁路控制系统一般分为高压旁路、低压旁路及大旁路等形式。

（1）高压旁路（Ⅰ级旁路）。它可使主蒸汽绕过汽轮机高压缸，蒸汽的压力和温度经高压旁路降至再热器入口处的蒸汽参数后直接进入再热器。

（2）低压旁路（Ⅱ级旁路）。它可使再热器出来的蒸汽绕过汽轮机中、低压缸，通过减压降温装置将再热器出口蒸汽参数降至凝汽器的相应参数后直接引入凝汽器。

（3）大旁路。即整机旁路，它是将过热器出来的蒸汽绕过整个汽轮机，经减压降温后直接引入凝汽器。

旁路形式的选取主要取决于锅炉的结构布置、再热器材料及机组运行方式。若再热器布置在烟气高温区，在锅炉点火及甩负荷情况下必须通汽冷却时，宜用Ⅰ、Ⅱ级旁路串联的双级旁路控制系统或者用Ⅰ级旁路与大旁路并联的双级旁路控制系统。若再热器所用的材料较好或再热器布置在烟气低温区，允许干烧，则可采用大旁路的单级旁路控制系统。对于要求有较大灵活性的机组，如调峰运行机组、两班制运行机组，为了热态启动时迅速提高再热蒸汽温度，低负荷时也能保持较高的再热蒸汽温度，且再热器布置在烟气高温区，此时必须选用Ⅰ、Ⅱ级旁路串联的双级旁路控制系统。

二、旁路控制系统的功能

汽轮机旁路的主要作用是协助机组以最短的时间完成热态启动，以及在机组甩负荷时进行蒸汽压力保护，与锅炉或与整个机组配合，实现甩负荷后的一些较复杂的运行方式。合适的旁路容量和完善的自动控制系统可以配合机组协调控制系统来完成机组的压力全程控制。汽轮机旁路控制系统具有以下功能：

（1）改善机组启动性能。机组冷态或热态启动初期，当锅炉输出的蒸汽参数尚未达到汽轮机冲转条件时，这部分蒸汽就由旁路控制系统通流到凝汽器，以回收汽水和热能，适应系统暖管和储能的要求。特别是在热态启动时，锅炉可用较大的燃烧率、较高的蒸发量运行，加速提高蒸汽温度，使之与汽轮机的金属温度匹配，从而缩短启动时间。

（2）能够适应机组定压和滑压运行的要求。在机组启动时可以控制新蒸汽压力和中压缸进汽压力；正常运行时，监视锅炉出口压力，防止超压。

（3）保护再热器。启动工况或者汽轮机跳闸时，旁路控制系统可保证再热器有一定的蒸汽流量，使其得到足够的冷却，从而起到保护作用。

（4）实现机组 FCB 功能。事故状态下缩短安全门动作时间或完全不起跳，节约补给水。电网发生事故时，可以使机组保持空负荷或带厂用电运行；汽轮机发生事故时，若有关系统正常，则允许停机不停炉，锅炉处在热备用状态，以便故障排除后能迅速恢复发电，从而减少停机时间，有利于整个系统的稳定。

（5）正常工况下，若负荷变化太大，旁路控制系统将帮助锅炉、汽轮机协调控制系统调节锅炉主蒸汽压力。

综上所述，汽轮机旁路控制系统有启动、溢流和安全等功能，这些功能在调峰运行机组上作用更为明显。单元制机组实行两班制运行时，要求缩短热态启动时间、提高负荷适应性，只有在配备了汽轮机旁路后机组才能适应电网对这种运行方式的要求。

国内大型火电机组使用较多的是瑞士苏尔寿公司生产的带液压执行机构的旁路控制系统和德国西门子公司生产的带电动执行机构的旁路控制系统，有的成套引进机组选用的是带气动执行机构的旁路控制系统。

三、旁路控制系统的组成

在旁路控制系统中，没有做功的主蒸汽和再热蒸汽将分别旁通到再热器和凝汽器，为了防止再热器超压、超温和凝汽器过负荷，必须对旁通蒸汽进行减压、降温。故旁路控制系统由高压旁路压力和高压旁路温度控制系统、低压旁路压力和低压旁路温度控制系统组成，如图 4-34 所示。其中，BP 是高压旁路减压阀，BPE 是高压旁路喷水减温阀，BD 是喷水隔离阀，减温水为高压给水（BD 也具有减压作用）；LBP 是低压旁路减压阀，LBPE 是低压旁路喷水减温阀，减温水为凝结水。

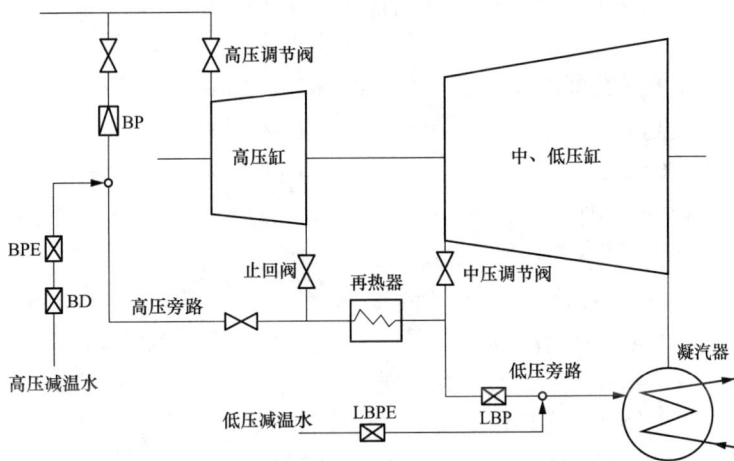

图 4-34　汽轮机旁路控制系统的组成

（一）高压旁路控制系统

1. 高压旁路控制系统的运行方式

高压旁路控制系统的主要作用是在机组启动过程中，通过调节高压旁路阀门的开度控制主蒸汽压力，以适应机组启动的各阶段对主蒸汽压力的要求。高压旁路控制系统由高压旁路减压阀 BP 控制回路、高压旁路喷水减温阀 BPE 控制回路和喷水隔离阀 BD 控制回路 3 部分组成。

高压旁路控制系统有 3 种运行方式，机组从锅炉点火、升温升压到带负荷运行至满负荷，旁路控制系统经历阀位方式、定压方式、滑压方式 3 个运行阶段。3 种运行方式的逻辑关系如图 4-35 所示。

当旁路控制系统投入自动、锅炉点火且主蒸汽压力小于汽轮机冲转压力时，运行人员可以选择阀位方式；当主蒸汽压力达到汽轮机冲转压力时，旁路控制系统进入定压运行方式；当主蒸汽压力达到 8.0MPa（可调），机组负荷达 30% 时，高压旁路减压阀 BP 关闭，系统

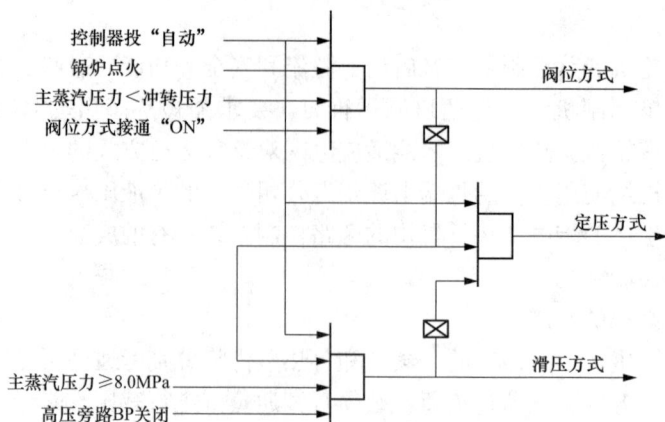

图 4-35　高压旁路控制系统的运行方式

自动转入滑压运行方式，对主蒸汽压力进行监视和保护。

（1）阀位方式（启动方式）。阀位方式是指从锅炉点火到汽轮机冲转前的旁路运行方式。开始阶段采用最小开度（y_{min}）控制方式，锅炉点火初期，因主蒸汽压力 p 小于最小压力定值 p_{min}（0.6MPa），所以高压旁路减压阀 BP 不能自动打开，而是通过预置一个最小开度 y_{min} 来强制打开。最小开度可根据机组运行情况确定，如 25% 左右开度。这时高压旁路减压阀 BP 保持最小开度，蒸汽通过高压旁路流动，并经过再热器和低压旁路加热管道系统。当主蒸汽压力升高到最小压力定值 p_{min} 时，控制回路维持最小压力定值，使高压旁路减压阀 BP 逐渐开大，最后达到所设定的最大开度 y_{max}，此时高压旁路减压阀 BP 保持最大开度，并随着主蒸汽压力 p 的不断增加，其定值 p_{set} 跟踪升高。

（2）定压方式。当主蒸汽压力达到汽轮机冲转压力（2.0MPa）时，旁路控制系统自动转为定压运行方式。这时压力定值 p_{set} 保持一定，以保证汽轮机启动时的主蒸汽压力稳定，实现定压启动。当主蒸汽压力和主蒸汽温度满足冲转要求时，汽轮机开始冲转升速。随着耗汽量的增加，高压旁路减压阀 BP 相应关小，以维持机前主蒸汽压力在 2.0MPa。在此压力下，汽轮机达到中速暖机转速。在暖机结束后，操作人员将压力定值手动增加到 3.5～4.2MPa，汽轮机升速到 3000r/min。在机组并网带 5% 的初负荷时，旁路控制系统仍在定压运行状态，高压旁路减压阀 BP 起调节主蒸汽压力的作用，即 $p>p_{set}$ 时高压旁路减压阀 BP 开大，$p<p_{set}$ 时高压旁路减压阀 BP 关小。

随着锅炉燃烧率的增加，逐渐增加压力定值 p_{set}，高压旁路减压阀 BP 渐渐关小，当主蒸汽压力增加到 8.0MPa 且高压旁路减压阀 BP 关闭时，系统自动切换为滑压运行方式。

在定压方式下，压力定值由运行人员设定，具体数值可根据运行需要确定。

（3）滑压方式。以滑压方式运行时，主蒸汽压力设定值自动跟踪主蒸汽压力实际值，只要主蒸汽压力的升压率小于设定的升压率限制值，压力定值总是稍大于实际压力值，即 $p_{set}=p+\Delta p$，这样就能保持旁路阀门在关闭状态。

在运行中，如果锅炉出口主蒸汽压力受到某种扰动，使其变化率大于设定的压力变化率（一般设定在 0.5MPa/min），则高压旁路减压阀 BP 会瞬间打开。扰动消失后，压力定值大于实际压力，高压旁路减压阀 BP 再度关闭。高压旁路减压阀 BP 一旦开启，滑压方式立即转为定压方式。压力定值等于转变瞬间的压力值加上压力阀限值 Δp。

图 4-36 所示为某 300MW 机组滑参数启动时，高压旁路的三种运行方式启动曲线。

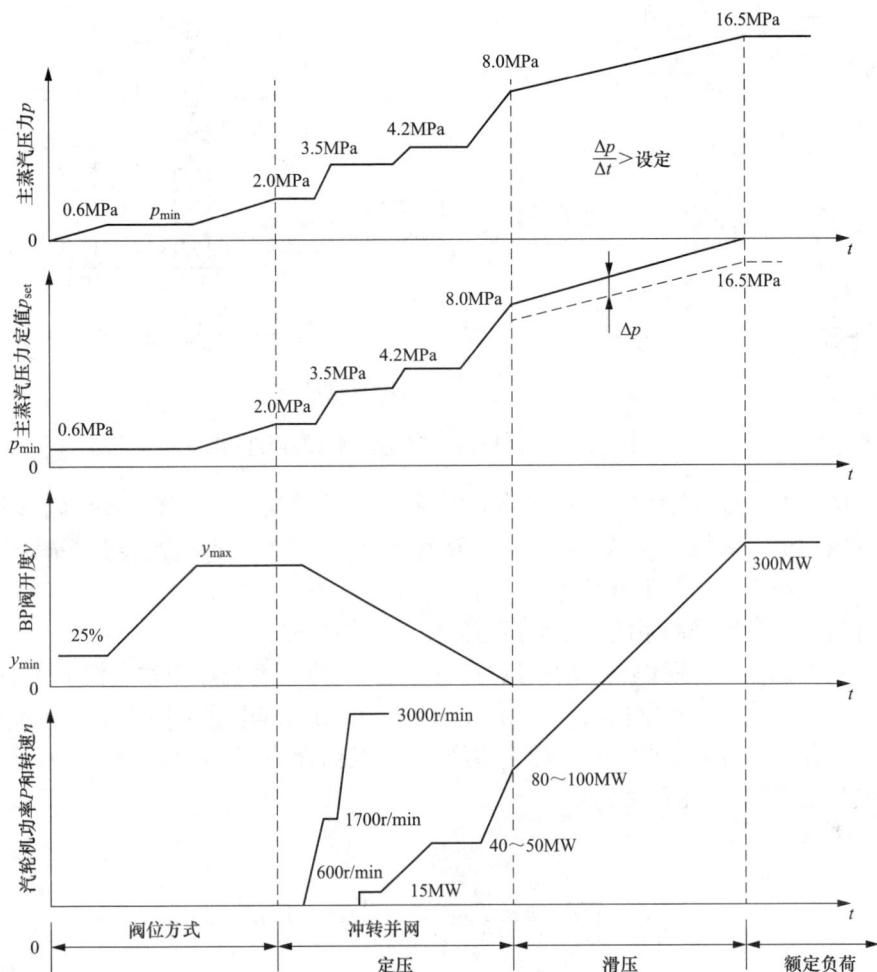

图 4-36 高压旁路三种运行方式的启动曲线

2. 高压旁路压力控制系统的工作原理

如图 4-37 所示，高压旁路压力控制系统主要由 P 控制器、压力定值发生器 RIB、PI1 控制器及切换继电器 KE、KF 等组成。

压力定值发生器 RIB 的工作原理和 DEH 设定值计算回路相似，由压力变化率限制器和上、下限幅环节组成。当输入压力定值的变化率小于设定的变化率 $\Delta p/\Delta t$ 时，输出压力定值等于输入压力定值；当输入压力定值的变化率大于设定的变化率时，按设定的压力变化率形成输出压力定值；当输入压力定值高于压力上限 p_{max} 时，输出压力定值取压力上限值；当输入压力定值低于压力下限 p_{min} 时，输出压力定值取压力下限值。

在汽轮机未冲转前，主蒸汽压力的大小取决于锅炉燃烧率的大小和蒸汽管路的流动阻力，因此可以通过调节高压旁路减压阀 BP 的开度将主蒸汽压力控制为给定值。在图 4-37 中，高压旁路减压阀 BP 的开度跟随 PI1 控制器输出的控制指令 y 变化，控制指令 y 是 PI1 控制器对输入偏差 Δp 进行运算处理后的输出信号。当主蒸汽压力 $p>p_{set}$ 时，Δp 为正，

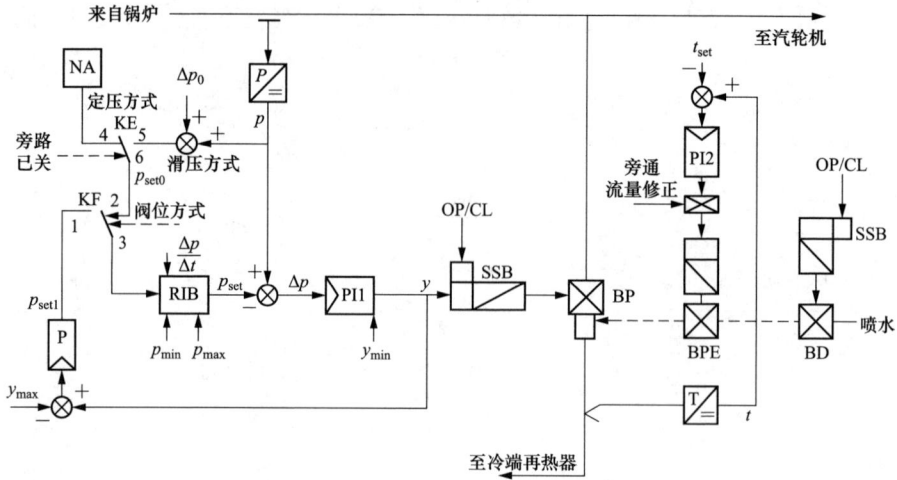

图 4-37　高压旁路压力、温度控制系统原理简图

控制器输出的控制指令 y 增加，高压旁路减压阀 BP 开大；若主蒸汽压力 $p < p_{set}$ 时，Δp 为负，控制器输出的控制指令 y 减小，高压旁路减压阀 BP 关小。调整高压旁路减压阀 BP 的开度可使主蒸汽压力 p 等于其设定值 p_{set}。

下面分析高压旁路控制系统在不同运行阶段的工作原理。

（1）阀位控制阶段。锅炉点火后，运行人员在旁路控制系统操作站上按下锅炉"启动"按钮，并将高压旁路压力控制投入"自动"，图 4-37 中切换继电器 KF 动作，使触点 1-触点 3 接通。阀位指令 y 与最大阀位 y_{max} 的偏差经 P 控制器后形成主蒸汽压力设定值 p_{set1}，输入压力定值发生器 RIB，如图 4-38 所示。

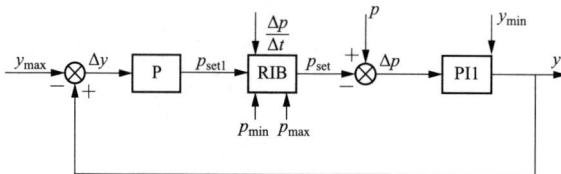

图 4-38　阀位控制阶段高压旁路压力控制原理图

由于压力定值发生器 RIB 设置了最小压力限值 p_{min}，在锅炉点火之后，主蒸汽压力 p 从零开始增加，PI1 控制器前压力偏差 Δp 为负，其输出的高压旁路减压阀 BP 的控制指令 y 应为 0。为了疏水和加速锅炉的升温升压过程，需要给控制器设定最小开度 y_{min}（一般为 25% 左右）和最大开度 y_{max}（一般为 50% 左右）。锅炉启动初期，在主蒸汽压力 $p < p_{min}$ 时，PI1 控制器输出一直保持在 y_{min}，即高压旁路减压阀 BP 一直保持在最小开度上。这一阶段也称最小开度控制阶段。

随着锅炉燃烧率的提高，一旦主蒸汽压力 p 上升到高于最小压力 p_{min}，则 $\Delta p > 0$，控制器的输出 y 就在 y_{min} 基础上增加，高压旁路减压阀 BP 的开度从最小开度开始逐步开大。此后，只要开度指令 $y < y_{max}$，尽管锅炉燃烧率在不断增加，但由于高压旁路减压阀 BP 也在同时开大，所以通过 PI1 控制器的比例积分控制作用，使主蒸汽压力维持在 p_{min} 附近。因为这一阶段 $y < y_{max}$，$\Delta y < 0$，P 控制器输出的压力定值 p_{set1} 小于 0，压力定值发生器 RIB

的输出只能限制在最小压力 p_{min} 上。

随着锅炉燃烧率的进一步提高，高压旁路减压阀 BP 开度继续增加，当其开度大于设定的最大开度时，$\Delta y > 0$，经 P 控制器放大后，其输出 $p_{set1} > 0$，压力定值发生器 RIB 以设定的压力变化率计算其输出，p_{set} 在 p_{min} 基础上线性上升。p_{set} 上升的结果是使 Δp 减小或小于零，从而抑制了高压旁路减压阀 BP 控制指令的增加。

事实上，当高压旁路减压阀 BP 开度 y 达到设定的最大开度 y_{max} 后，可以基本上维持开度不变。从图 4-38 可以看出，因为 P 控制器的放大倍数很高，如果燃烧率的增加使主蒸汽压力上升，Δp 增加导致控制指令 y 上升时，只要 y 稍有增加，使 Δy 为正，尽管偏差很小，经 P 控制器也能使 p_{set1} 增加较大幅度，从而使压力定值发生器 RIB 输出的压力定值 p_{set} 增加，造成 $p_{set} > p$，使 $\Delta p < 0$，经 PI1 控制器运算又使 y 下降。相反，如果主蒸汽压力降低，通过 PI1 控制器使 p 减小，Δy 为负，使压力定值发生器 RIB 输出的压力定值 p_{set} 下降，压力偏差 Δp 增加，经 PI1 控制器运算又使 y 上升。压力控制系统动作的结果是，使压力设定值以不大于压力定值发生器 RIB 设定的压力变化率跟踪主蒸汽压力上升。但是，如果锅炉燃烧率增加过快，主蒸汽压力的上升速度超过了压力定值发生器 RIB 设定的压力变化率，就会产生很大的压力偏差 Δp，这时如果限制了高压旁路减压阀 BP 的最大开度 y_{max}，系统就会脱离正常工作状态。所以在此阶段，如果燃烧率调整得当，主蒸汽压力的上升速度始终小于或等于压力定值发生器 RIB 设定的压力变化率时，压力定值 p_{set} 就会跟踪实际压力变化，而高压旁路减压阀 BP 维持在最大开度附近。这一阶段也称最大开度控制阶段。

在阀位控制阶段，旁路减压阀开度指令 y、主蒸汽压力定值 p_{set}、主蒸汽压力 p 随时间变化的规律如图 4-36 所示，这一过程直到主蒸汽压力达到汽轮机冲转压力为止。

（2）定压控制阶段。当主蒸汽压力达到汽轮机冲转压力时，旁路控制系统进入定压运行方式。图 4-37 中的开关 KF 复归，触点 2-触点 3 接通，KE 的触点 4-触点 6 接通。这时，主蒸汽压力定值不再是 P 控制器输出的 p_{set1}，而是采用运行人员通过压力给定器 NA 设定的 p_{set0}。在阀位控制方式时，NA 跟踪压力设定值信号 p_{set}（跟踪电路未画出），故转入定压方式时不会因压力定值切换而发生扰动。

在定压控制方式下，高压旁路压力控制系统是一个单回路控制系统，运行人员设定的压力定值 p_{set0} 经压力定值发生器 RIB 进行限幅、限速后，形成实际压力定值 p_{set}，与主蒸汽压力 p 比较，经 PI1 控制器控制高压旁路减压阀 BP 的开度，以维持实际压力 p 等于压力设定值 p_{set}。

汽轮机开始冲转后，用汽量逐渐增加，主蒸汽压力下降，PI1 控制器的输入偏差下降，其输出减小，高压旁路减压阀 BP 逐步关小，从而使主蒸汽压力回升。所以，在汽轮机冲转、升速至并网带负荷之前，是用旁路控制系统维持主蒸汽压力，用逐步关小旁路门的方法，使原先完全由高压旁路控制系统旁通的蒸汽，逐步进入汽轮机高压缸做功。

机组并网后，在提高锅炉燃烧率的同时，可逐步提高主蒸汽压力的设定值 p_{set0}，使 p_{set} 增加，高压旁路减压阀 BP 继续关小，主蒸汽压力 p 进一步上升。当主蒸汽压力 p 达到 80MPa，机组负荷达到 30% 左右时，高压旁路减压阀 BP 完全关闭，即原先通过高压旁路的蒸汽流量完全转移到汽轮机。

在定压运行阶段，主蒸汽压力并不是不变的，而是由运行人员根据运行情况逐步提升。当运行人员改变压力定值后，旁路控制系统就通过改变高压旁路减压阀 BP 的开度，来控制主蒸汽压力为运行人员设定的压力定值。

从锅炉点火到机组带约 30％负荷这一启动过程可以看出，高压旁路控制系统的作用是利用旁路控制系统来平衡机、炉之间的能量需求不平衡矛盾。在汽轮机启动之前，锅炉产生的蒸汽由旁路通流，而不需要对外排汽，避免损失大量工质。一旦汽轮机启动，旁路控制系统自动将蒸汽逐步转移到汽轮机去做功，这就是高压旁路的自动控制功能。

（3）滑压控制阶段。当高压旁路减压阀 BP 关闭后，图 4-37 中继电器 KE 的触点 5-触点 6 接通，系统进入滑压控制方式。主蒸汽压力设定值为实际压力 p 加上 Δp_0，从而使得压力定值高于实际压力一个 Δp_0，即

$$p_{set0} = p + \Delta p_0$$

而实际压力定值 p_{set} 是 p_{set0} 经压力定值发生器 RIB 进行限幅、限速后形成的。当主蒸汽压力的变化率小于或等于压力定值发生器 RIB 设定的变化率 $\Delta p/\Delta t$ 时，$p_{set} = p_{set0}$，PI1 控制器前的输入偏差正好等于 Δp_0，控制器输出等于零，高压旁路减压阀 BP 处于关闭状态（该阶段最小开度限制已由逻辑回路取消）。如果由于某种外部原因使主蒸汽压力发生突变，如上升时 p_{set} 跟不上 p 的变化速度，而使 PI1 控制器前的输入偏差大于零，高压旁路减压阀 BP 开启，进行泄流减压。

（4）高压旁路减压阀 BP 的保护功能。高压旁路减压阀 BP 设有快速开行程开关和快速关行程开关 SSB。在机组运行过程中，如果汽轮机甩负荷或主蒸汽压力超过设定值，逻辑回路发出快开指令（OP）到执行机构，执行快开动作，快速开启高压旁路减压阀 BP，实行泄流减压，当压力恢复时自行关闭。

若高压旁路减压阀 BP 已开启而低压旁路减压阀 LBP 打不开，或高压旁路后蒸汽温度过高或减温水压力低，逻辑回路发出快关指令（CL），高压旁路减压阀 BP 快速关闭，而且快关优先于快开。

3. 高压旁路温度控制系统的工作原理

在机组启动过程中，高压旁路流通的蒸汽将直接引入再热器，根据再热器运行要求，其入口温度要保持在一定范围，一般要求再热器冷端温度保持在 330℃左右。而机组在正常运行时，主蒸汽温度达 540℃，因此不减温的蒸汽是不能进入再热器的。

高压旁路温度控制系统是通过改变高压旁路喷水减温阀 BPE 的开度，调节减温水量来控制高压旁路后的蒸汽温度的。图 4-37 所示为一个单回路控制系统，由变送器测得的高压旁路后的蒸汽温度 t，与运行人员的设定值 t_{set} 进行比较，其偏差送 PI2 控制器，运算结果控制高压旁路喷水减温阀 BPE 的开度，以实现蒸汽温度的控制。

为了改善温度控制特性，该系统引入了旁路蒸汽流量来修正喷水控制强度。考虑到在不同负荷下，相同的温度差应有不同的喷水强度，系统中使用主蒸汽压力与高压旁路减压阀 BP 开度，经处理计算出旁通蒸汽流量，用该蒸汽流量信号修正喷水量控制信号，使喷水阀开度指令随着旁通蒸汽流量的增加而增加。

在机组启动过程中，如果高压旁路减压阀 BP 快速关闭，则高压旁路喷水减温阀 BPE 也快速关闭。

图 4-37 中高压旁路喷水先经过高压旁路喷水隔离阀 BD。喷水隔断阀 BD 的作用有两个：①降低给水压力，喷水隔断阀 BD 前后压力在喷水隔断阀 BD 全开时，大约降低为原来的 60％；②在旁路阀门关闭后，作为隔离阀使用。喷水隔离阀 BD 是两位式控制，与高压旁

路减压阀 BP 经逻辑回路联锁。高压旁路减压阀 BP 开度大于 2％时，喷水隔离阀 BD 全开；高压旁路减压阀 BP 开度小于 2％时，喷水隔离阀 BD 全关。喷水隔离阀 BD 的开启或关闭在操作台上有灯光显示。如果喷水隔离阀 BD 不在"关"或"开"的位置，故障指示灯将闪光。

（二）低压旁路控制系统

1. 低压旁路压力控制系统

对于高压旁路和低压旁路以串联方式构成的旁路控制系统，在机组启动过程中，高、低压旁路必须协调动作，才能实现旁路控制系统的功能。在汽轮机未冲转前，锅炉产生的新蒸汽经高压旁路进入再热器，再热器送出的蒸汽由低压旁路通流至凝汽器。因此，低压旁路控制系统的运行状态会影响凝汽器的安全运行，这是旁路控制系统运行时必须注意的问题。

低压旁路压力和温度控制系统的组成原理简图如图 4-39 所示。低压旁路压力控制系统由压力定值形成回路、低压旁路压力控制器 PI3、低压旁路减压阀 LBP 等组成。

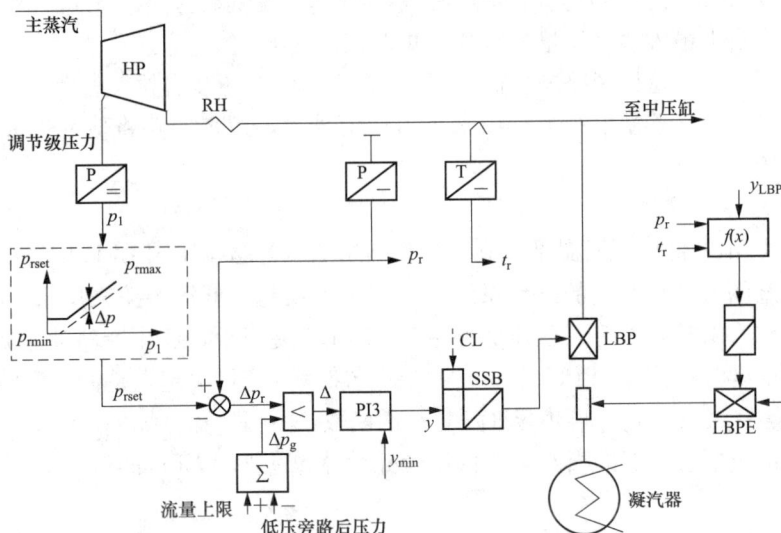

图 4-39　低压旁路压力和温度控制系统的组成原理简图

（1）低压旁路压力设定值。在启动、低负荷阶段或甩负荷时，低压旁路压力控制系统为定压运行方式，压力设定值为最小值 p_{rmin}。p_{rmin} 可以由运行人员设定，以维持一定的蒸汽流量通过再热器。在额定负荷的 30％以上时，再热器出口压力定值与负荷成正比。在此阶段，低压旁路运行在滑压方式，低压旁路的压力定值为再热器出口压力定值 p_{rset} 加上一个小的限值 Δp，以保持低压旁路减压阀 LBP 在关闭状态。再热器出口压力定值由实测的汽轮机调节级压力 p_1 乘上一个系数后得到。该系数为机组 100％负荷时，再热器出口压力设计值与调节级压力设计值的比值。例如，某机组再热器出口压力与调节级压力设计额定值分别为 3.3MPa 和 12.9MPa，则其比值为 0.256。在滑压阶段，再热器出口压力定值为

$$p_{rset} = 0.256p_1 + \Delta p$$

在图 4-39 中，p_{rmax} 为低压旁路最大压力设定值，它略小于再热器安全门的动作压力；p_{rmin}、p_{rset}、Δp 的值都可预先设定。

（2）低压旁路压力控制回路的工作原理。启动初期系统以阀位方式运行，低压旁路减压阀 LBP 与高压旁路减压阀 BP 相同，有一个最小开度值 y_{min}。当再热器压力 p_r 低于最小压

力 p_{rmin} 时，低压旁路减压阀 LBP 保持最小开度 y_{min}。低压旁路压力设定值 p_{rset} 由汽轮机调节级压力信号 p_1 乘以转换系数后与 Δp 叠加，再经过上、下限幅后得到，p_{rset} 与再热器出口压力 p_r 进行比较得到压力偏差 Δp_r。当再热器出口压力 p_r 低于最小压力 p_{rmin} 时，Δp_r 为负，经小值选择后加到控制器 PI3 输入端的偏差信号也为负，低压旁路减压阀 LBP 保持在最小开度 y_{min}。当再热器出口压力大于最小压力时，系统进入滑压运行状态。如果再热器出口压力 p_r 高于压力定值 p_{rset}，Δp_r 将大于零。在正常情况下，该偏差信号经小值选择后送入低压旁路压力控制器 PI3 进行处理，其输出将使低压旁路减压阀 LBP 的开度增加，从而使再热器出口压力与机组负荷相适应，即与代表机组负荷的调节级压力呈比例变化。

为了防止汽轮机旁路运行时凝汽器过载，必须限制低压旁路的蒸汽流量。再热器出口压力一定时，低压旁路后压力越高，低压旁路流量越大。这里用低压旁路减压阀 LBP 后压力来代表低压旁路流量，当低压旁路后压力高于某一代表低压旁路流量上限的压力值时，其差值 $\Delta p_g < 0$，经小值选择作为偏差信号输入控制器 PI3，使低压旁路减压阀 LBP 向关闭方向动作，此时操作台上最大蒸汽流量显示灯亮并报警。

为了保护凝汽器，低压旁路减压阀 LBP 的执行机构上还装有快关行程开关 SSB。当出现凝汽器压力高、凝汽器温度高或凝结水压力低信号时，逻辑回路将使 SSB 动作，优先关闭低压旁路减压阀 LBP。

2. 低压旁路温度控制系统

如图 4-39 所示，低压旁路温度控制系统是利用低压旁路减压阀 LBP 开度 y_{LBP} 来控制低压旁路喷水减温阀 LBPE 开度的随动系统。其逻辑关系是：低压旁路减压阀 LBP 开，低压旁路喷水减温阀 LBPE 就可开；低压旁路减压阀 LBP 关闭后，低压旁路喷水减温阀 LBPE 可关。低压旁路喷水减温阀 LBPE 的开度由低压旁路蒸汽流量决定，是低压旁路减压阀 LBP 开度 y_{LBP}、再热蒸汽压力 p_r、再热蒸汽温度 t_r 的函数，由函数发生器 $f(x)$ 计算得到。

为了在小流量下有足够的喷水量，低压旁路喷水减温阀 LBPE 的最小开度一般在 20% 左右。

◀★ 任务实施

熟悉某 1000MW 机组的旁路控制系统。

任务实施 4-5　熟悉某 1000MW 机组的旁路控制系统

◀ 任务验收

（1）知道旁路控制系统的类型，能说出旁路控制系统的组成及功能。

（2）能分析高压旁路控制系统的运行方式。

（3）能分析高压旁路压力和高压旁路温度控制系统、低压旁路压力和低压旁路温度控制系统的工作原理。

（4）能调用旁路控制系统的监控画面，能对旁路控制系统进行投入/切除及 A/M 操作。

任务六　单元机组联锁保护系统分析

学习目标

（1）熟悉单元机组热工自动保护的作用，以及单元机组热工自动保护的动作条件。
（2）掌握单元机组热工自动保护的保护方式。
（3）掌握单元机组炉、机、电大联锁保护系统的动作原理及动作过程。

任务描述

知道单元机组热工自动保护的作用；能说出单元机组热工自动保护的动作条件；知道单元机组炉、机、电大联锁保护系统的动作原理；能分析单元机组炉、机、电大联锁保护系统的动作过程；能调用单元机组炉、机、电大联锁保护系统的监控画面，能对单元机组炉、机、电大联锁保护系统进行投入/切除操作。

知识导航

单元机组是由锅炉、汽轮机和发电机三者构成的一个整体，在机组运行过程中，任何一个局部出现异常时，都将影响其他部分的安全运行。为此，单元机组的热工自动保护既包含各局部的自动保护，又包括三个局部间的关系。

一、单元机组热工自动保护的作用

大型单元机组是一个有机的整体。当任何部分发生危及机组安全运行的事故时，热工保护系统必须发出各种指令送到有关控制系统和被控设备中，自动进行减负荷、投旁路控制系统、停机或停炉等处理，以确保机组的安全。

单元机组热工自动保护的作用是，当单元机组某一部分发生事故时，根据事故的具体情况迅速、准确地将单元机组按预先拟定好的保护程序减负荷或停机、停炉。

二、单元机组热工自动保护的动作条件

（1）当保护动作紧急停机时，将自动投入旁路，开启凝汽器喷水阀，跳发电机断路器，使锅炉出力降至点火负荷，同时启动备用电动泵。

（2）当发生事故停炉时，将自动停机和停全部给水泵。

（3）当发生事故停止全部给水泵时，将自动停炉、停机。

（4）当辅机出力不足时，将自动减负荷至辅机所能承受的出力为止。

目前，单元机组保护在汽轮机事故停机时，作用于锅炉的保护方案有两种：①当汽轮机事故停机时，立即停炉；②当汽轮机事故停机时，立即开启旁路控制系统，同时将锅炉出力降至并维持在点火负荷。

第二种方案最大的优点是当误动作引起汽轮机停机时，能快速地将机组恢复运行。

三、单元机组热工自动保护的保护方式

一般来说，大型单元机组所发生的带有全局性影响的事故，其保护方式主要有以下三类。

　　第一类是全局性的危险事故，如炉膛灭火、送风机全部跳闸、引风机全部跳闸和汽包严重缺水等。这时应停止机组运行，切除全部燃料，这种方式称为 MFT。

　　第二类是锅炉运行正常，而机、电方面发生事故，如电网故障、汽轮机或发电机本身发生故障等。这时热工保护系统应使锅炉维持在尽可能低的负荷下运行，可以使汽轮机、发电机跳闸，也可以在一定的条件限制下尽可能使汽轮机空载运行或自带厂用电运行，以便故障消除后较快地恢复运行，这种方式称为 FCB。

　　第三类是锅炉主要辅机发生局部重大故障，而汽轮机和发电机正常，如个别送风机跳闸、个别引风机跳闸等。这时锅炉必须减少燃料，机组相应地减负荷运行，这种方式称为 RB。

　　综上所述，单元机组热工保护可以根据不同危险工况采用不同的运行方式完成保护功能。

四、炉、机、电大联锁保护系统

　　单元机组的锅炉、汽轮机、发电机三大主机是一个完整的整体。每一部分都拥有自己的保护系统，而任何部分的保护系统动作都将影响其他部分的安全运行，因此需要综合处理故障情况下的炉、机、电三者之间的关系。目前大型单元机组逐渐采用具有较完整的逻辑判断和控制功能的专用系统进行处理，该专用系统就是单元机组的炉、机、电大联锁保护系统。

　　单元机组炉、机、电大联锁保护系统主要是指锅炉、汽轮机、发电机等主机之间，以及与给水泵、送风机、引风机等主要辅机之间的联锁保护。根据电网故障或机组主要设备故障情况，它可以自动进行减负荷、投旁路控制系统、停机、停炉等事故处理。

　　炉、机、电大联锁保护系统框图如图 4-40 所示，其动作过程如下：

　　（1）当锅炉故障而产生锅炉 MFT 条件时，延时联锁汽轮机跳闸、发电机跳闸，以保证锅炉的泄压和充分利用蓄热。

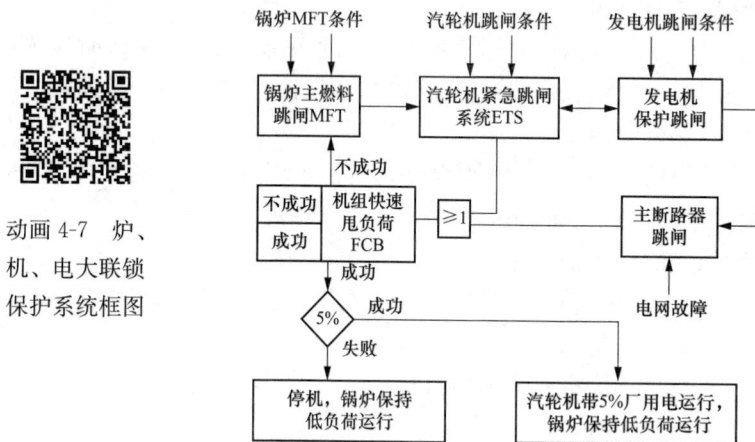

动画 4-7　炉、机、电大联锁保护系统框图

图 4-40　炉、机、电大联锁保护系统框图

　　（2）汽轮机和发电机互为联锁，即汽轮机跳闸条件满足而 ETS 动作时，将引起发电机跳闸；当发电机跳闸条件满足而跳闸时，也会导致汽轮机紧急跳闸。不论何种情况都将使机组 FCB 动作。若 FCB 成功，则锅炉保持30%低负荷运行；若 FCB 不成功，则锅炉 MFT 而紧急停炉。

　　（3）当发电机-变压器组故障，或电网故障而引起主断路器跳闸时，将导致 FCB 动作。

若 FCB 成功，锅炉保持 30% 低负荷运行。发电机有两种情况：发电机-变压器故障时，其发电机负荷只能为零；而电网故障时，发电机可带 5% 厂用电运行。若 FCB 失败，则导致 MFT 动作，迫使紧急停炉。

　　炉、机、电大联锁保护系统具有自己的独立回路，且与其他系统相互隔离，以免产生误操作。但炉、机、电大联锁应该是直接动作的，不受人为干预。

任务实施

分析某 600MW 机组的炉、机、电大联锁保护系统。

任务实施 4-6　分析某 600MW 机组的炉、机、电大联锁保护系统

动画 4-8　单元机组联锁保护框图

任务验收

　　(1) 能说出单元机组热工自动保护的作用，以及单元机组热工自动保护的动作条件。

　　(2) 能说出单元机组炉、机、电大联锁保护系统的动作原理。

　　(3) 能分析单元机组炉、机、电大联锁保护系统的动作过程。

　　(4) 能调用单元机组炉、机、电大联锁保护系统的监控画面，能对单元机组炉、机、电大联锁保护系统进行投入/切除操作。

项目五　顺序控制系统分析

顺序控制系统（sequence control system，SCS）是按预先规定的顺序、条件和时间要求，对工艺系统各有关对象自动地进行一系列操作控制的系统。顺序控制只与设备的启/停和开/关等状态有关，它是根据生产过程的工况和被控制设备状态的条件，按照事先拟定好的顺序启/停、开/关被控设备，因而它是一种开关量控制技术。如果大多数操作是按时间始发进行顺序控制的，则称为时间定序顺序控制；如果大多数操作是按条件始发进行顺序控制的，则称为条件定序顺序控制。

任务一　顺序控制与联锁控制分析

学习目标

(1) 熟悉 SCS 的定义、SCS 的作用，了解 SCS 的基本组成。
(2) 掌握 SCS 的控制级，以及联锁控制的定义、作用及实现方法。
(3) 熟悉火电机组的联锁条件、闭锁条件。

任务描述

能说出 SCS 的定义、SCS 的类型；知道 SCS 的作用、SCS 的基本组成；能说出 SCS 的控制级；知道联锁控制的定义、作用及实现方法；知道火电机组的联锁条件、闭锁条件；能分析联锁控制的控制过程；能调用 SCS 的监控画面，能对 SCS 进行投入/切除操作。

知识导航

一、顺序控制系统的作用

在火电厂中，顺序控制系统主要用于主辅机自动启/停操作及局部工艺系统的运行操作。这种操作尽管量值关系简单，但随着机组容量的增大和参数的提高，辅机数量和热力系统复杂程度的增加，在机组启/停过程中操作的对象多，而且操作步骤复杂、人工操作工作量大，因此难免出错。而采用顺序控制后，对一个热力系统和辅机的启/停操作只需按下一个按钮，则热力系统的辅机和相关设备按安全启/停规定的顺序和时间间隔自动动作，运行人员只需观察各程序步骤执行的情况，从而简化了操作手续，减轻了运行人员的劳动强度，有利于保证操作的及时和准确。同时，由于在 SCS 设计中，各个设备的动作都设置了严密的安全联锁条件，无论是自动顺序操作，还是单台设备手动，只要设备的动作条件不满足，设备都将被闭锁，从而避免了运行操作人员的误操作，保证了设备的安全运行。

微课 5-1　顺序控制功能组逻辑分析

二、SCS 的组成

图 5-1 为 SCS 的基本组成框图。

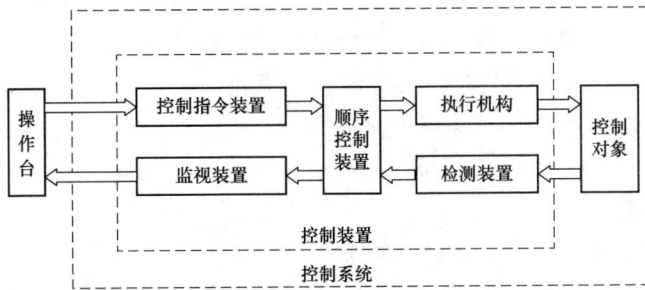

图 5-1　SCS 的基本组成框图

(1) 检测装置。包括温度开关、压力开关、压差开关、位置开关、流量开关、液位开关、火焰检测开关、光电开关、电位器、电量转换开关、译码器、编码器等。

(2) 监视装置。包括指示灯、蜂鸣器、指示计、CRT 显示器等。

(3) 顺序控制装置。包括继电器、计数器、可编程控制器、计时器等。

(4) 执行机构。包括气动执行机构、液动执行机构、阀门电动装置、电动机、电磁阀等。

目前，大型火电机组将 SCS 作为一个子系统纳入 DCS，完成机组主要辅机及工艺系统中阀门、挡板等设备的顺序控制。

三、SCS 的控制级

大型火电机组的 SCS 一般是分级控制的，最多可分为四级，如图 5-2 所示。

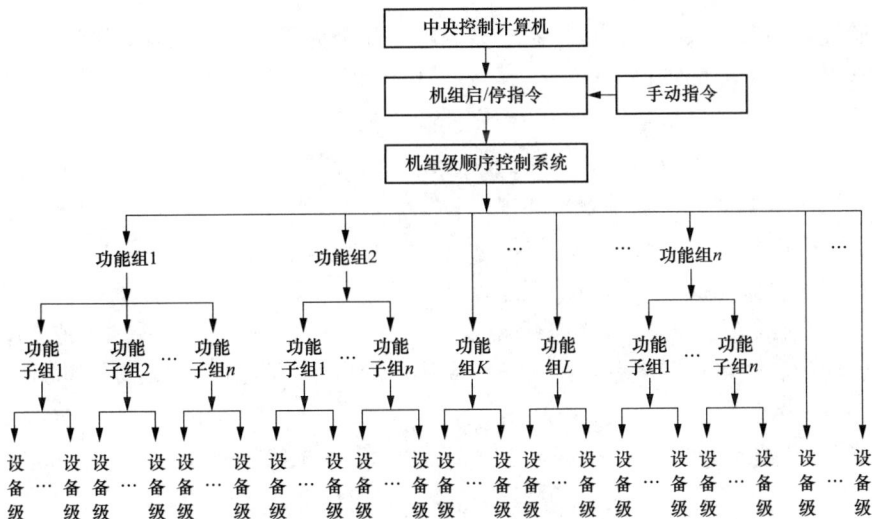

图 5-2　SCS 控制级关系图

(一) 机组级控制

机组级控制是 SCS 结构中最高一级的控制。它在最少人工干预下完成整套机组的启/停操作。

当 SCS 接到启/停指令后，机组级控制的一个主要任务是按设定的逻辑综合实际运行工况的要求，判断应采用何种启动方式（如温态、热态和冷态）或停机。随后再对各有关的功能组级下发相应的启/停指令，使机组从初始状态逐步启动到某一负荷，或从某一负荷逐渐减负荷或解列直到机组停止状态。它只需设置少量断点，由运行人员确认并按下按钮后，程序就继续进行。当功能执行完毕后，发出"完成"信号反馈给主控系统，表示这一控制功能已结束。可见，机组级控制并非将机组启/停全部都自动控制，它需要有必要的人工干预，必须在一些重要的操作开始前或结束后设置中断点，由运行操作人员进行确认操作或给予新的指令，在得到确认或指令后，机组级才继续下一步的顺序控制。

（二）功能组级控制

功能组级控制是将相关联的一些设备相对集中地进行启/停的顺序控制。它接受机组级下发的启/停、联锁、跳闸信号，也接受其他相关功能组级的联锁、跳闸等信号，再根据功能组级自身的顺序控制要求和条件进行逻辑判断和运算，然后将操作指令送至功能子组级控制或设备级控制。

一个完整的功能组可包含三种操作：第一种操作是启/停和自动/手动切换。在使用功能组级控制时，应将开关先切换到"手动"位置，然后再进行启/停操作。第二种操作是"闭锁"（halt）和"释放"（release）切换。当控制顺序被置于"释放"状态时，可对功能组随意进行启/停操作。当功能组在执行启/停指令时，若控制方式被置于"闭锁"状态，则控制顺序被停止执行，转入设定的闭锁状态。第三种是"首台控制设定"操作。即对有备用辅机的系统，可通过本操作选择其中某一台作为首先启动的设备，并有自动/手动切换开关。一般说来，当选择好"首台设备"之后，应将开关切换到"自动"位置，这样当第一台设备启动完成之后，系统便会自动选择第二台设备作为"首台设备"，为备用设备启动做好准备。

（三）功能子组级控制

一个比较大的工艺系统可以按控制功能分解为几个局部独立的过程分别进行控制。一个功能子组常以一个重要的辅机为中心，并包括其辅助设备和关联设备，组成一个相对独立的小系统。例如，某台送风机功能子组的顺序控制，包括了送风机及其相应的冷却风机、风机油站、电动机油站、进出口挡板和连通挡板等设备的控制，在一个启动操作指令发生后，将按预定顺序依次自动地操作辅助设备和主设备。

功能子组级的功能主要有：①顺序启动（投入）和顺序停止（切除）控制；②主、备用设备预选；③主、备用设备联锁启动或停止。

功能子组级控制程序的启动方式有两种：①由操作人员通过计算机键盘或 CRT 操作画面发出"启动"和"停止"指令，来启动相应的控制程序；②由上一级功能组发出下属子组的控制程序启/停指令。

在 600MW 大机组的 SCS 中，按照工艺系统的特点，机组辅机设备和系统一般包括 40 个左右的功能组，这些功能组接受启/停操作指令，完成相应的控制功能。

（四）设备级控制

设备级控制又称驱动级控制，是 SCS 中最基本的控制回路。每个需要顺序控制的辅机如电动机、阀门、挡板等，都有一个设备级控制回路，一般要求设备级控制可通过 CRT 屏幕监视设备的受控状态，也可在集控室控制台或操作盘上进行操作。

设备级的主要功能有：①启（开）/停（关）联锁和保护；②在人机界面操作启（开）/停（关）；③启（开）/停（关）、正在开、正在关及故障等信号的监视。

设备级控制是一种一对一的操作，即一个启/停操作指令对应一个驱动装置，如操作一个截流阀。这种单一性操作可通过计算机键盘上相应键的操作来完成。

设备级控制也有自动和手动两种方式。在自动方式下，既可以接收功能组的启/停指令，又可以根据有关设备的运行状态和运行参数，而自动进行启/停操作。

被控设备有如下几种：①6kV 电动机（如送风机、引风机等）；②400kV 电动机；③挡板；④电动门；⑤气动门等。

四、顺序控制装置

早期的顺序控制装置通常是由继电器、分立式元件或中、小规模集成电路构成的一种固定型顺序控制器，其特点是逻辑元件全部由硬件组成，逻辑部件用硬接线连接，一般采用传统的逻辑电路设计方法进行逻辑功能设计。

随着大规模集成电路的发展，在 20 世纪 70 年代初期出现的 PLC 是目前火力发电生产过程中使用比较普遍的一种顺序控制装置。PLC 全部由软件实现，易于组态和修改，在火电厂的辅机顺序控制和局部工艺系统顺序控制中迅速得到了推广。

从 20 世纪 80 年代开始，DCS 以其功能分散、危险分散、信息共享、组态灵活的优点，在火电机组的自动控制中得到广泛应用。基于 DCS 的 SCS 逐步取代其他类型的 SCS。采用 DCS 实现的 SCS 有两种：①由 DCS 和 PLC 共同组成 SCS；②全部由 DCS 构成 SCS。

拓展资源

拓展资源　采用 DCS 实现的顺序控制

五、联锁控制

（一）联锁控制概述

在火电厂的热力系统中，总是由若干个被控对象共同协作去完成同一个任务的。因此，对每个被控对象的控制都不是孤立的，而是与其他被控对象的工作状态以及热力系统中各部分的热工参数有着直接关联。一般来说，大部分被控对象之间的关系都比较单纯。例如，工作水泵出口水压降低到设定值以下时应该启动备用水泵；水泵启动后应该开启泵的出口阀门；转动机械停止后应该停止向其轴承供油的润滑油泵；转动机械的润滑油压力未建立前不应该启动转动机械等。

1. 联锁控制的概念

被控对象之间的关系虽然比较单纯，但这种关系被破坏时，对系统设备的影响却可能是相当严重的。例如，在轴承润滑油压力未建立之前启动转动机械，必然会造成转动机械轴承损坏。根据被控对象之间的关系，将它们各自的控制电路连接起来，使其互相关联，形成联锁反应，从而实现自动控制，这种控制称为联锁控制。例如，引风机因故障全部跳闸时，引起送风机、排粉机、给煤机、磨煤机等相继依次跳闸；汽轮机润滑油压低时，自动启动交流油泵，油压继续降低时，启动直流油泵，停止交流油泵的运行等。前者有时称为闭锁控制，后者有时称为联动控制，它们统称为联锁控制，都是一种处理事故的控制方式。

联锁控制是最简单的顺序控制。它并不需要专门的控制装置，其功能仅是执行成组执行机构的联锁指令，因而联锁控制本身属于执行级，每组联锁控制都是基础级的一个大单元。

2. 联锁控制的实现方法

在生产过程中，有些设备的正常运行是以其他设备的正常运行为条件的。当某一设备发生故障时，如果没有及时对相关设备进行适当的控制，不仅会影响系统正常运行，而且还可能引发更大的事故。例如，若某侧送风机跳闸，应立即关闭同侧烟气入口挡板，同时停止同侧引风机，否则空气预热器就会因烟气温度过高而损坏。为了及时、准确地实现对设备的控制，加速故障处理过程，减少误操作，可以根据设备之间的相互关系设计联锁控制电路，在某些设备发生故障或事故停运时，根据设备和机组运行安全的要求，自动停止相关设备的运行。这种联锁控制实际上起保护作用，故也称联锁保护。

为了实现联锁控制，必须取得表示被控对象之间关系的开关量信号，并将这一信号引入被控对象的控制电路。例如，将工作水泵出口管路上的压力开关在水压降低时提供的开关量信号，引入备用水泵控制电路的启动回路，即可实现备用水泵低水压启动联锁控制。当然，在选择开关量信号时，必须考虑到可能出现的矛盾情况。在上例中，就存在如何保证人工发出停止水泵指令时，备用水泵不会自启动的问题，因为这时工作水泵出口水压低的信号是存在的。此外，对于多台泵并列运行的系统，还存在如何区别备用泵的问题，因为这时任何一台泵都有可能作为备用泵。水压低自启动的联锁控制动作时，究竟应该启动哪台泵，备用泵是人工预先指定，还是由电路按照某一预定的规律进行自动选择等，这些问题都必须在设计联锁控制方案时考虑并确定下来。

3. 联动功能及联锁条件

如前所述，联动是在某设备动作后自行引起的相关设备动作，联动动作在一步内可引起一个或多个设备动作，联动设备动作后也可引起下一级设备动作，因此联动可以有一级联动，也可有二级或多级联动。

在联动控制中，输入某一被控对象的控制电路并使其动作的信号，称为联锁条件。在开关量控制系统中，所有被控对象都只具有两种状态，如转动机械的运行和停止状态，阀门的开启和关闭状态等。因此，对每个被控对象来说，都有接受两种联锁条件的可能。例如，转动机械接受了启动联锁条件可以实现联动启动，接受了停止联锁条件可以实现联动停止；阀门接受了开启的联锁条件可以联动开启，接受了关闭的联锁条件可以联动关闭。

火电厂常见的联动有如下几类：

（1）备用设备联动启动（又称备用自投功能）。如两台各100％容量的泵（给水泵、凝结水泵、射水泵、疏水泵）或低负荷时一台辅机运行的系统，当运行设备故障跳闸时联动备用设备启动运行。

（2）运行的设备不能维持系统参数需启动备用设备时，联动启动备用设备。例如，给水母管压力低、凝结水母管压力低、凝汽器真空低时应相应启动备用给水泵、凝结水泵和射水泵。

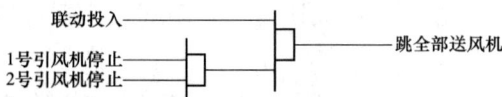

图 5-3　风机跳闸逻辑

（3）运行的设备跳闸能引起系统危险或异常时，必须停止另外相关的设备。例如，当引风机全停时，必须停止送风机，其跳闸逻辑如图 5-3 所示。

4. 闭锁功能及闭锁条件

除了联锁条件之外，从有些实例中还可以看到被控对象之间的另一类关系。例如，润滑油压力未建立前不得启动转动机械。这一类条件和联锁条件不同，它是禁止被控对象动作的条件，是使被控对象的控制电路关闭的条件，因此这类条件称为闭锁条件。和联锁条件一样，闭锁条件也可以按两种情况引入被控对象的控制电路。

闭锁功能是利用逻辑回路禁止某些不满足运行条件的设备启动运行，禁止某些非法操作信号的传递，禁止不允许同时存在的一对矛盾事件同时发生的功能。例如，给水泵启动闭锁，其逻辑图如图 5-4 所示，其中除启动指令外的其他逻辑条件不满足时均为给水泵启动的闭锁条件。

火电厂常用的闭锁功能大致有：

(1) 引风机未运行闭锁送风机启动。

(2) 磨煤机未运行闭锁给煤机启动。

(3) 前置泵未运行闭锁给水泵启动。

(4) 辅助油泵未运行或油压未建立闭锁给
水泵、磨煤机等辅机启动。

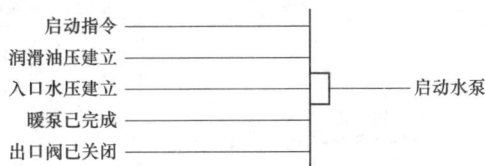

图 5-4　给水泵启动闭锁逻辑

(5) 磨煤机出口温度低、风量小、密封风压未建立、冷却油压未建立等闭锁中速磨煤机启动。

(6) 离心泵出口阀未关，闭锁泵启动。

(7) 抽真空负压未建立，闭锁空气阀打开。

(二) 火电厂联锁系统的类型

火电厂最常用的联锁有下面几种。

1. 辅机小联锁

(1) 辅机间的横向小联锁。若在热力系统中设计两台 100% 容量的泵（如凝结水泵、给水泵、射水泵等）或在低负荷状态运行一台辅机（如送风机、引风机等），则在两台相同的泵或辅机间设横向小联锁，以备运行的泵或辅机跳闸时联锁启动备用泵或辅机，其控制逻辑示意图如图 5-5 所示。图 5-5 中，为防止备用泵启动后又跳闸联动原来的运行泵，设置了一次性投入联锁回路（用 RS 触发器）。当备自投动作后，自动解除联锁投入记忆，以防两泵之间反复互联造成频繁启动。新停运的泵如有条件投入备自投，可再次按下联锁按钮重新投入备自投状态。

(2) 辅机间的纵向小联锁。两台在热力系统流程中有纵向先后关系的辅机或设备之间，为了系统安全合理地运行，设纵向小联锁。例如，泵出口阀与泵之间的联锁，当泵出口阀未关时闭锁泵启动，只有关闭出口阀泵才能启动，当泵启动后可联开出口阀。又如，磨煤机启动后联启给煤机，磨煤机停止后联停给煤机，其逻辑示意如图 5-6 所示。

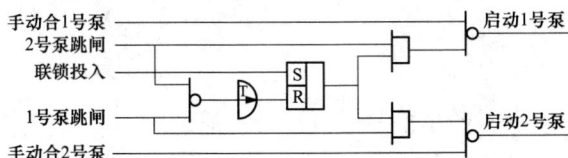

图 5-5　给水泵横向联锁逻辑

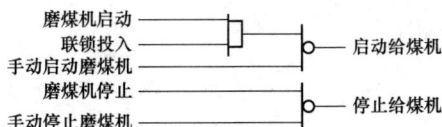

图 5-6　纵向联锁逻辑

2. 锅炉大联锁

常见的锅炉大联锁主要是为了防止炉膛超压，一般要求当引风机停运时停止送风机，有的锅炉要求送风机全停时也要全停引风机。锅炉停止送风时必须停止燃料，磨煤机停止时必须停止给煤机，以防止磨煤机内堵煤。有的锅炉设有回转式空气预热器，为防止该空气预热器停运时干烧，必须停止与之相关的送风机和引风机，这些设备之间的联锁关系构成了锅炉大联锁，其动作框图如图 5-7 所示，系统中还有一些相关的烟风挡板、导向装置、风机动叶等做相关动作。

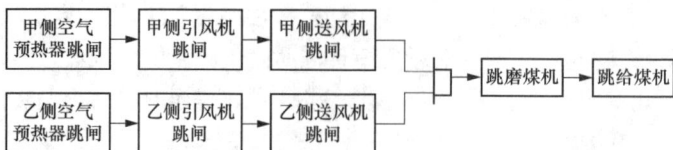

图 5-7　锅炉大联锁框图

任务实施

分析某 600MW 机组两台互为备用的水泵的联锁控制。

任务实施 5-1　分析某 600MW 机组两台互为备用的水泵的联锁控制

任务验收

（1）知道 SCS 的定义、SCS 的类型，能说出 SCS 的作用。
（2）知道 SCS 的基本组成，能说出 SCS 的控制级。
（3）知道联锁控制的定义、作用及实现方法。
（4）能举例说明火电机组联锁条件、闭锁条件，能分析联锁控制的控制过程。
（5）能调用 SCS 的监控画面，能对 SCS 进行投入/切除操作。

任务二　机组级顺序控制系统解读

学习目标

（1）熟悉 APS 的功能、APS 的构成，了解 APS 的层次与断点设计。
（2）熟悉 APS 启动过程断点、APS 停机过程断点，了解 APS 的人机接口。

任务描述

能说出 APS 的功能、APS 的构成；知道 APS 的层次与断点设计；能说出 APS 启动过程断点、APS 停机过程断点；能调用 APS 的监控画面。

知识导航

机组自启/停控制系统（automatic powerplant startup and shut-down，APS）是实现机

组启动和停止过程自动化的系统。APS 是机组自动启动和自动停运的信息控制中心，它按规定好的程序发出各个设备/系统的启动或停运命令，并由模拟量控制系统（MCS）、协调控制系统（CCS）、锅炉炉膛安全监控系统（FSSS）、汽轮机数字电液控制系统（DEH）、锅炉给水泵汽轮机控制系统（MEH）、汽轮机旁路控制系统、锅炉汽轮机顺序控制系统（SCS）、给水全程控制系统、燃烧器负荷控制系统及其他控制系统（如电气控制系统、电压自动控制系统等）协调完成，以最终实现发电机组的自动启动或自动停运。

一、APS 的功能

APS 是一个机组级的 SCS，它充分考虑机组启/停运行特性、主辅设备运行状态和工艺系统过程参数，并通过相关的逻辑发出对其他顺序控制功能组、FSSS、MCS、汽轮机控制系统、旁路控制系统等的控制指令来完成机组的自启/停控制。

APS 对电厂的控制是应用电厂常规控制系统与上层控制逻辑共同实现的。在没有投入 APS 的情况下，常规控制系统独立于 APS 实现对电厂的控制；在 APS 投入时，常规控制系统给 APS 提供支持，实现对电厂机组的自动启/停控制。例如，在给水全程控制系统中，APS 与 MEH、SCS 等系统相互协调，自动完成电动给水泵、汽动给水泵之间的启/停、并泵、倒泵等功能，以满足全程给水自动控制功能。

APS 功能包括机组自动启动与自动停止。APS 设计有冷态启动、温态启动、热态启动、极热态启动 4 种启动方式，启动方式的判断根据 DEH 热应力计算结果确定，冲转参数以机侧为准。对于汽轮机来说，这 4 种启动方式的区别主要在于汽轮机自动开始冲转时对主蒸汽参数的要求不同，因而汽轮机冲转前锅炉升压的时间不同；对于锅炉来说，这 4 种启动方式的区别主要取决于锅炉壁温、分离器压力和停炉时间等。

APS 停机方式设计有滑参数停机和额定参数停机两种。

二、APS 的构成

APS 是机组的最高管理级，其作用是机组在冷态、温态（机组停运不足 36h）、热态（机组停运不超过 10h）或极热态等方式下启动，直到机组带一定负荷（如满负荷），以及在任何负荷下，将机组负荷降到零。

在大型单元机组的 SCS 中，APS 作为 SCS 的一部分，一般在 DCS 中实现，故 APS 作为 DCS 的一个独立结点，占有 DCS 一个单独的过程控制单元（process control unit，PCU）。它与就地设备没有直接的输入/输出联系，仅与网上的其他控制站进行数据传递交换。

APS 的控制动作并不都是自动完成的，它还需要一定的人工干预。在系统中，人工干预的介入是采用断点程序设计方式来完成的，即对机组启动和停止过程进行阶段划分，设置断点。程序执行到断点处后暂停执行，在断点处需继续执行时，需运行人员点击"完成"，程序才能执行下一阶段任务。

三、APS 的层次与断点设计

在实际功能设计中，APS 采用分级控制结构，将热力系统按工艺流程分解成若干局部的独立过程。分级控制使系统结构清晰严谨，有利于提高设计、组态及调试的工作效率。同时，分级控制在同级之间相互独立，具有很大的灵活性，有利于投运后的运行管理和热工维护。运行人员可以根据具体情况选择各种控制方式。总体而言，APS 总体架构分为三层。

（一）第一层——操作管理逻辑

操作管理逻辑的作用是选择和判断 APS 是否投入；选择启动模式还是停止模式；选择

哪个断点及判断该断点允许进行条件是否成立，如果条件成立则产生使断点进行的信号；显示启动的状态是冷态启动、温态启动、热态启动还是极热态启动。

（二）第二层——步进程序

步进程序是 APS 的核心内容，每个断点都具有逻辑结构大致相同的步进程序。步进程序结构分为允许条件判断、步复位条件产生及步进计时。当该断点启动命令发出且该断点无结束信号时，步进程序开始进行，每一步需确认条件是否成立，在该步开始进行的同时使上一步复位。如果发生步进时间超时，则发出该断点不正常的报警。

步进程序控制操作界面如图 5-8 所示。步进程序控制操作有两种模式：一种是自动模式，在程序控制操作允许条件满足的情况下可按自动和启动按钮开始顺序控制程序，如顺序控制某一步执行过程中反馈信号没有及时返回，则发出故障报警，中断顺序控制操作的执行。在故障处理完毕后可按确认按钮确认故障，按自动按钮继续顺序控制操作的执行；也可按跳步按钮，跳过这一步的故障，执行下一步的操作。在顺序控制开始执行后也可按手动和步进按钮，单步执行顺序控制操作。在各断点投运时建议采用单步操作的方式进行调试。另一种是复位模式，选择复位模式复位顺序控制步序，程序控制禁止信号也复位顺序控制步序。

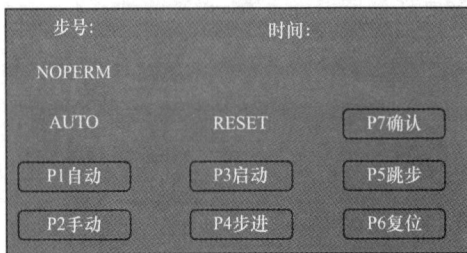

图 5-8 步进程序控制操作界面

步号：		时间：
NOPERM		
AUTO	RESET	P7确认
P1自动	P3启动	P5跳步
P2手动	P4步进	P6复位

（三）第三层——使各步进行的指令

指令送到各个顺序控制功能组实现各个功能组的启/停，各个组启/停完毕后，均返回一个完毕信号到 APS。

APS 使用断点方式进行机组自启/停控制，可以实现从机组启动准备到带 100％MCR 负荷的机组启动，以及由减负荷至停炉的自动进行。

某 1000MW 机组 APS 启动过程从凝补水系统启动开始，终点至机组带 500MW 负荷（高压加热器投入完成，第二台汽动给水泵并泵完成，至少 3 台磨煤机投入，以及协调投入），投入给煤机自动管理系统，设定 1000MW 目标负荷，退出自启/停控制启动模式。APS 停止过程从机组当前负荷开始，减负荷至投汽轮机盘车结束、风烟系统停运。

根据机组启/停工艺要求，APS 启动过程设置 6 个断点，停止过程设置 3 个断点。只有在上一断点启动完成后，运行人员才能通过操作启/停控制画面上的按钮启动下一断点。在每一断点的执行过程中，均设计"GO/HOLD"逻辑。

四、APS 人机接口

因机组启/停涉及的系统和设备数量多，同时现场的设备运行状况变化大，因此 APS 设计了灵活的运行方式。在操作员控制站（OPS）的 APS 操作画面上可以进行机组的自动启/停操作，也可以单独进行断点的操作，各断点执行过程中功能组的状态在 CRT 上均有显示，同时通过点击还可进入相应的功能子组画面。APS 操作执行的过程及相应的子功能组执行过程一目了然，当 APS 执行过程中遇到故障时，操作画面能直观地显示故障出现的子功能组及相应的执行步，就能立即找到故障所在的部位，以便消除故障使 APS 继续执行下去。

为便于运行人员操作以及检修人员维护，APS 人机接口提供了多种信息以便监视机组启/停过程中系统的进展情况以及设备、系统的异常状态。CRT 上会显示下列状态及报警数据：

（1）各断点及相关子回路的进展情况。

（2）各断点及相关子回路的完成条件。

（3）各断点的超时报警信息。

（4）子回路的异常报警。

任务实施

解读某 1000MW 机组的 APS。

任务实施 5-2　解读某 1000MW 机组的 APS

任务验收

（1）能说出 APS 的功能、APS 的构成，知道 APS 的层次与断点设计。

（2）能说出 APS 启动过程断点、APS 停机过程断点，能调用 APS 的监控画面。

任务三　锅炉风烟系统的顺序控制系统解读

学习目标

（1）熟悉 BSCS 的内容。

（2）熟悉锅炉风烟系统的基本组成，知道开通锅炉风烟系统通道的顺序。

（3）熟悉空气预热器、引风机、送风机、一次风机的顺序控制。

任务描述

知道 BSCS 的内容；能说出锅炉风烟系统的基本组成；知道开通锅炉风烟系统通道的顺序；能分析空气预热器、引风机、送风机、一次风机的顺序控制；能调用 BSCS 的监控画面，能对 BSCS 进行投入/切除操作。

知识导航

火电厂 SCS 分为锅炉顺序控制系统（BSCS）和汽轮机顺序控制系统（TSCS）。BSCS 包括锅炉风烟系统、锅炉辅机设备及系统的控制、联锁和保护功能，TSCS 包括汽轮机侧主要辅机设备及系统的控制、联锁和保护功能。

典型 300MW 机组 BSCS 包括：①空气预热器 A、B 系统；②送风机 A、B 启/停系统；③引风机 A、B 启/停系统；④一次风机 A、B 启/停系统；⑤锅炉控制循环水泵 A、B、C 系统；⑥锅炉排汽、疏水系统；⑦锅炉给水、减温水系统；⑧锅炉吹灰系统；⑨锅炉定期排污系统；⑩锅炉除灰、除渣系统。

一、风烟系统基本组成

锅炉风烟系统是锅炉保证燃烧运行的基本系统。某国产 300MW 机组风烟系统的主要设备包括两台三分仓回转式空气预热器、两台送风机、两台引风机和两台一次风机，以及它们各自的附属设备（电动机、润滑油泵及油系统等）和风烟道挡板等（见拓展资源某国产 300MW 机组锅炉风烟系统图）。

二次风由两台轴流式送风机送出，经过空气预热器加热，送至炉膛两侧风箱后进入 4 个角风箱，通过各层二次风调节挡板和二次风喷嘴进入炉膛。二次风总风量由 CCS 通过调节送风机动叶开度以及热风循环门开度来实现。

一次风从一次风机出来后分成两路：一路通过空气预热器加热为一次热风；另一路不经过空气预热器，为一次冷风。两路风分别经过调节挡板后混合至适当温度，进入磨煤机。磨煤机出口的煤粉由一次风输送，经过制粉系统管路，分别送到炉膛四角的该磨煤机层的 4 个煤粉喷嘴后被吹入炉膛。正常运行时，一次风总风量由 CCS 通过调节一次风机静叶开度及热风内循环门开度来实现。

两台轴流式引风机为锅炉提供抽吸烟气的动力。从炉膛出来的高温烟气经过过热器、再热器、省煤器和空气预热器释放热量后，进入静电除尘器除尘，再经引风机排入烟囱。烟气流量由 CCS 通过调节引风机动叶开度实现。

风烟系统的设备都是左右对称布置的，左右风烟系统自成送、吸风平衡系统。连接送风机 A、空气预热器 A 和引风机 A 的风烟通道称为 A 通道；连接送风机 B、空气预热器 B 和引风机 B 的风烟通道称为 B 通道。在 A 通道（或 B 通道）上的所有风机进出口和空气预热器烟、风侧进出口以及除尘器进口均装设有截止挡板或调节挡板；在送风机出口、空气预热器二次风出口均分别装设有连通风道和挡板；在空气预热器烟道出口设有 A、B 侧连通烟道和挡板。上述风烟截止挡板、风烟调节挡板及连通挡板，在锅炉运行或停止中都应放在适当位置或适当组合，以满足单侧空气预热器、送风机、引风机运行或交叉运行的需要。在除尘器出口未设连通烟道，因此同侧的除尘器与引风机必须同时运行。

拓展资源

拓展资源　某国产 300MW 机组锅炉风烟系统图

二、风烟系统的顺序控制

该机组锅炉风烟系统的顺序控制设计了功能组级和设备级两级。功能组级有打开风烟通道功能组、空气预热器功能组、引风机功能组、送风机功能组和一次风机功能组。风烟系统内的设备级操作主要分为电动机和挡板两类。

根据风烟系统的设备特点和运行要求，要防止回转式空气预热器转子受热不均而膨胀变形，保持锅炉在合适的负压状态下运行，各个功能组必须遵循一定的启/停顺序，满足规定的安全联锁条件。一般情况下，风烟系统投入运行时，首先开通整个风烟通道，把 A、B 侧风烟系统的所有截止挡板和调节挡板均打开，然后依次启动空气预热器功能组、引风机功能组、送风机功能组、一次风机功能组。风烟系统退出运行时，则依次停一次风机功能组、送风机功能组、引风机功能组、空气预热器功能组，最后打开 A、B 侧风烟通道的所有截止挡板和调节挡板。

在风烟系统的控制中，应注意以下问题：

（1）一次风机的启/停由制粉系统的运行与否决定，可以独立于送风机、引风机和空气预热器功能组的启/停。

（2）在锅炉不停炉而减负荷时，若要求单侧风烟系统运行，则各功能组的启/停次序应根据实际情况决定。

三、开通锅炉风烟系统通道的顺序

在锅炉风烟通道主要设备启动前，首先应把所有风烟通道上的截止挡板和调节挡板打开，其目的是：①排除锅炉通道内剩余的混合可燃气体；②各功能组启动前，统一必要的各控制状态。

风烟系统通道的开通操作可以设计为自动控制，也可以设计为手动操作。设计为自动控制时，分为两个子程序，分别称为开 A 通道程序和开 B 通道程序，开 A、B 通道程序完全相同。以开 A 通道程序为例，按风烟流程方向依次打开 A 通道所有挡板，动作顺序如下：

发出指令打开送风机 A 出口挡板，把动叶开度开至 100%→启动空气预热器 A 辅助电机，打开二次风出口挡板→打开所有辅助风挡板→打开空气预热器 A 烟气侧进口挡板→打开引风机出口挡板，将引风机动叶开度开至 100%→发出信号使该子程序复位。

任务实施

解读某国产 300MW 机组锅炉风烟系统 SCS 的功能和控制逻辑。

任务实施 5-3　解读某国产 300MW 机组锅炉风烟系统 SCS 的功能和控制逻辑

任务验收

（1）知道 BSCS 的内容。

（2）能说出锅炉风烟系统的基本组成，知道开通锅炉风烟系统通道的顺序。

（3）能分析空气预热器、引风机、送风机、一次风机的顺序控制。

（4）能调用 BSCS 的监控画面，能对 BSCS 进行投入/切除操作。

任务四　汽轮机给水系统的顺序控制系统解读

学习目标

（1）熟悉汽轮机发电机部分 SCS 的内容。

（2）熟悉给水系统的任务、给水系统的基本组成。

（3）知道驱动汽动给水泵汽轮机的汽源的来源，熟悉给水系统的顺序控制。

任务描述

知道 TSCS 的内容；能说出给水系统的任务、给水系统的基本组成；知道驱动汽动给水泵汽轮机的汽源的来源；能分析给水系统的顺序控制；能调用 TSCS 的监控画面，能对TSCS 进行投入/切除操作。

知识导航

典型 300MW 机组汽轮机发电机部分 SCS 包括以下项目：①汽动给水泵 A、B 及电动给水泵系统；②汽轮机低压油系统；③汽封系统；④除氧器系统；⑤凝结水系统；⑥开（闭）式循环水系统；⑦高压加热器系统；⑧低压加热器系统；⑨汽轮机轴封系统；⑩汽轮机（包括给水泵汽轮机）疏水系统；⑪发电机冷却水系统（A、B组）；⑫发电机密封油系统。

一、给水系统的任务

给水系统的主要任务是将除氧器中被加热了的热水通过给水泵升压，再通过高压加热器加热，然后经过省煤器进入汽包，以保障锅炉蒸发量的需求，维持锅炉工质的平衡。

给水系统为过热器和再热器提供减温水，用以调节过热蒸汽温度，防止过热器和再热器超温；给水系统还为汽轮机高压旁路系统提供减温水，为锅炉炉水循环泵电动机提供高压冷却水的补充水。

二、给水系统的组成

给水系统主要由两台汽动给水泵（steam feed pump，SFP）和一台电动给水泵（motor driven feed pump，MDFP）及其管系设备组成。为防止空蚀，三台泵各有一台升压前置泵。汽动给水泵的前置泵为 SFBP（steam feed booster pump）A、B；电动给水泵也称锅炉启动给水泵（boiler feed startup pump，BFSP），其前置泵为 BFSBP（boiler feed startup booster pump）。

锅炉正常运行中使用汽动给水泵。在机组启动或汽动给水泵发生故障时，启用电动给水泵工作。每台前置泵都装有电动阀门，给水管引自除氧器的给水箱。前置泵后串有主给水泵，主给水泵出口依次装有一个止回阀、一套流量测量装置和一个电动阀门（称为出口隔离阀），在止回阀阀瓣前引出最小流量再循环管道，接至除氧器给水箱。

在再循环管道上装有给水再循环调节阀。最小流量再循环阀的动作信号来自给水泵出口的流量测量装置。当给水泵出口流量小于其允许的最小流量时，最小流量再循环阀打开，给水经最小流量再循环管道返回给水箱，以确保流经泵体的流量不小于其允许的最小流量，防止泵内流体汽化。

电动给水前置泵与电动给水泵由液力联轴器连接，共用一台电动机驱动。电动给水泵转速由液力联轴器中的勺管来调节，从而达到调节给水泵出水流量的目的。

电动给水泵出口阀之后，给水管的旁路水管上还装有启动流量调节阀，用以实现锅炉启动时低流量的调节。

电动给水泵轴承、主电动机轴承以及泵组的推力轴承都需要润滑油，因此给水泵配有油泵系统。在正常运行时，由汽动给水泵汽轮机的主油泵供油；在启动过程中，启动辅助油泵（交流油泵）来供油。

给水泵在运行中，泵体内流体压力很高，为防止流体从泵体向外泄漏，给水泵都配备有密封水系统。具有压力的密封水通常从凝结水母管中引出。

汽动给水泵由给水泵汽轮机驱动。给水泵汽轮机都采用双进汽口，共有以下三方面的汽源。

（1）从主汽轮机四段抽汽管引来的低压抽汽，分两路送到汽动给水泵的给水泵汽轮机。这是给水泵汽轮机正常运行时的汽源。

（2）从主汽轮机高压缸抽汽引来（或从启动锅炉引来）的高压蒸汽，也分两路送到汽动给水泵的给水泵汽轮机。这是机组启动和低负荷时驱动汽动给水泵的汽源。

（3）从辅助蒸汽系统来的蒸汽源，主要供给水泵汽轮机调试时用。

高压汽源和低压汽源在运行中可以切换。给水泵汽轮机设有独立的汽封系统，轴封蒸汽来自主汽轮机的轴封系统。给水泵汽轮机排汽通过排汽隔离阀（电动阀）排入主凝汽器。给水泵汽轮机和汽动给水泵以及电动前置泵的轴承润滑油均由主油泵提供。事故油泵用作主油泵故障情况下的备用油泵。

任务实施

解读某国产 300MW 机组汽轮机给水系统 SCS 的功能和控制逻辑。

任务实施 5-4   解读某国产 300MW 机组汽轮机给水系统 SCS 的功能和控制逻辑

任务验收

（1）知道 TSCS 的内容，能说出给水系统的任务、给水系统的基本组成。

（2）知道驱动汽动给水泵汽轮机的汽源的来源，能分析给水系统的顺序控制。

（3）能调用 TSCS 的监控画面，能对 TSCS 进行投入/切除操作。

任务五   辅助系统的顺序控制系统认知

学习目标

（1）熟悉辅助系统的 SCS。

（2）熟悉输煤程序控制系统的控制内容及控制方式。

（3）熟悉水处理程序控制系统的工艺流程及控制方式。

（4）熟悉燃煤电厂的除灰方式，以及锅炉除灰程序控制系统的工作过程。

🔍 **任务描述**

能说出输煤程序控制系统的控制内容及控制方式；知道水处理程序控制系统的工艺流程及控制方式；知道燃煤电厂的除灰方式，能分析锅炉除灰程序控制系统的工作过程；能调用辅助系统 SCS 的监控画面，能对辅助系统的 SCS 进行投入/切除操作。

📁 **知识导航**

一、火电厂辅助系统

火电厂辅助系统一般指除主厂房以外的系统，主要包括：

（1）输煤系统。包括火车卸煤、储煤场、碎煤机、煤仓间、皮带转运设备及煤泥水处理设备等。

（2）灰渣系统。包括飞灰、除渣和电除尘系统等。

（3）水处理系统。包括化学补给水、超滤反渗透、凝结水精处理、机组汽水取样/化学加药、净水处理、废水处理、循环水加药和生活污水处理系统等。

辅助系统的工艺特点如下：

（1）重要性。电厂运行需要随时掌握各辅助系统的运行状况，以保证整个电厂的正常运行。辅助系统一旦出现问题必须及时处理，否则将影响全厂的安全经济运行。

（2）分散性。输煤系统、灰渣系统、水处理系统等遍布于全厂。

（3）非连续性。各系统属间歇式运行，即在运行需要时才进行操作，满足一定的条件后，辅助系统停止运行，等待下一次运行。

（4）开关量控制为主。开关量控制占据着辅助系统过程控制的核心。

二、辅助系统控制方式

单机 600MW 及以上电厂的出现对辅助系统的监控和管理提出了新的要求。一是要求提高工艺设备本身的经济性及可靠性，二是要求降低投资成本和减员增效。针对大机组辅助系统工艺子系统控制点多、运行方式差异大的特点，要实现降低投资成本和减员增效，就要采用集中监控的方式来减少控制点，从而减少值班人员，降低运行成本。

2000 年燃煤示范电厂方案及 DL 5000—2000《火力发电厂设计技术规程》对辅助系统的控制方式提出的要求为"相邻的辅助生产车间或性质相近的辅助工艺系统宜合并控制系统及控制点，辅助系统控制点不宜超过三个（输煤、除灰、化水），其余车间均按无人值班设计"。新建电厂大多采用 PLC＋上位机及统一的监控软件和先进的网络通信技术，来实现辅助系统的联网监控。这是目前辅助系统控制系统的主流常规应用方式。

随着控制技术的不断发展，DCS、现场总线控制系统（fieldbus control system，FCS）也推广应用于辅助系统的控制中。

三、输煤程序控制系统

（一）系统特点

输煤系统是火电厂中的一个重要部分，承担着从煤码头或卸煤沟至储煤场或主厂房的运煤任务。输煤系统的安全、可靠运行是保证全厂安全、高效运行必不可少的环节。输煤系统的特点如下：

（1）运行环境差、劳动强度大。输煤系统基本处于半露天状态，由于各种因素造成输煤系统的运行环境恶劣、脏污，需要占用大量的辅助劳动力，劳动强度大。

（2）一次启动设备多且安全联锁要求高。在输煤系统启动时，需要同时启动的设备多达几十台。这些设备在启动和停止过程中，必须按照严格的顺序，保证逆煤流方向启动，顺煤流方向停止运行。

（3）任务重。为了保证锅炉用煤，输煤系统必须始终处于完好状态，日累计运行时间达8～10h。

（二）系统设备

输煤系统使用的设备多，分布范围广。

电厂输煤系统有皮带机、刮板机、底开车卸煤或翻斗车卸煤装置、斗轮堆/取料机、碎煤机、筛煤机、三通落煤管等设备，另设有筒仓、犁煤车、给煤车、辅助除铁/除木块/除石块装置、取样装置、计量装置、保护装置、报警装置等。系统分为上煤设备和配煤设备。

输煤系统采用逆流程启动，顺流程停机。配煤方式为顺序配煤、交叉配煤、低煤位优先配煤。系统异常时，采用逆流程联锁停机。整个系统分为筒仓前、后两部分，这两部分又分别分为上煤、配煤两部分。从控制角度分析，上煤部分和配煤部分之间既有独立性又相互联系。在就地沿皮带机和刮板机装设有拉线开关，以备事故停机。根据不同的出力方式、三通落煤管分煤挡板切换位置等，又将各类运行方式分成若干不同的运行路径。

（三）控制内容

输煤系统的工艺随着锅炉容量、燃料品种、进厂煤的运输方式、环境气候条件、卸煤方式和场地条件的不同而有很大差别，但输煤系统的控制内容基本相同。

（1）卸煤控制。按火车运输或驳船运输，卸煤控制可以分成底开车、翻车机或卸船机控制。其中也包括叶轮给煤机或皮带给煤机控制。

（2）运煤控制。主要解决运煤皮带机的启/停控制及保护联锁、出力指示、紧急跳闸保护等。

（3）斗轮堆取料机控制。用于堆煤和取煤。

（4）配煤控制。由质量传感器、超声波料位计或其他物位探测装置测定主厂房原煤仓的煤位，从而决定各煤仓的煤量分配。常用的设备有犁式卸煤器、卸煤车等。

（5）转运站控制。用于运行方式及路径的切换，主要控制各种分流设备（如挡板、分煤门、闸板门等），也包括辅助设备（如磁铁分离器、金属探测器、木块分离器及给煤机）的控制。

（6）碎煤机控制。用于碎煤机启/停控制、负荷保护，以及振动、超温保护联锁。

（7）计量设备。带有瞬时值、累计值指示、打印、记录的电子皮带秤，可显示并记录进煤量、耗煤量等。

（8）辅助设备控制。包括取样装置、除尘和集尘装置、暖通空调、冲洗排污、消防火警等装置的控制。

（9）信号报警系统。设备和人员的安全保护动作，设备异常，煤仓间煤位高、低、超高、超低，动力电源故障，输煤设备及辅助、火警、除尘、集尘、取样、暖通系统的故障等均有事故报警。

（10）控制屏。实现上述各种控制要求及信号指示，屏上有全系统的模拟流程指示。

（四）控制方式

图 5-9 所示为典型的输煤程序控制系统网络结构图。该系统采用双主机热备用配置的 PLC 实现，用上位机进行监控和操作，双上位机配置。系统不另设操作控制台及显示模拟屏，只在上位机监控台上设紧急停机按钮。系统的输入/输出配置分布式 I/O（Remote I/O，

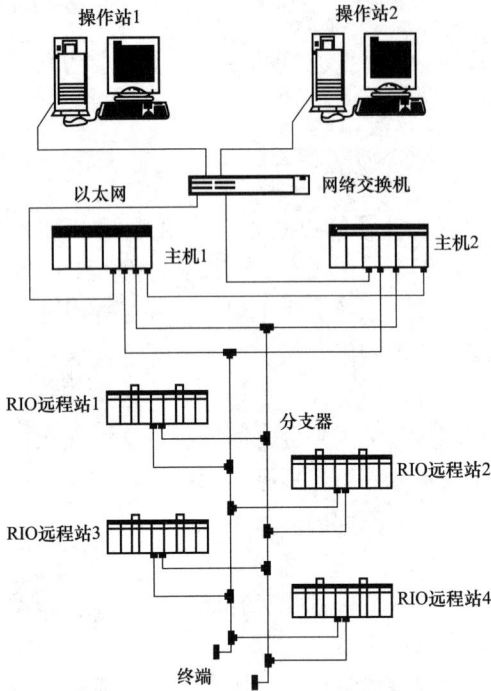

图 5-9　输煤程序控制系统结构图

RIO）结构。RIO 结构可以选用单电缆或双电缆方式。这里为了提高输煤程序控制系统的可靠性，采用双电缆方式，用冗余的双电缆连接起来。采用 RIO 结构可以将远程站直接设置在就地，离现场信号的距离比较近，可以大大节省电缆投资和费用，也便于调试和维护。

输煤程序控制系统设计有就地手动控制、集中手动控制以及自动程序控制三种控制方式，自动程序控制是正常控制方式。

（1）就地手动控制。主要控制设备是装有一至数台设备启/停控制按钮的小型控制箱，并设置了设备运行情况、报警状态的简单指示。就地手动控制不能实现复杂的联锁要求，在大多数火电厂中，只作为设备检修、调试时的辅助控制手段。

（2）集中手动控制。这是国内大多数中小型电厂输煤系统目前所采用的控制方式。设备的启/停控制集中在一个控制屏上，其联锁保护通常由继电器逻辑阵列实现。控制屏上配置有设备运行工况的模拟指示、信号报警。集中手动控制能够实现简单运行方式控制及设备启/停联锁。其缺点是电缆敷设量大，接线复杂，制造完成后其运行方式不易改变。

（3）自动程序控制。这种方式是以 PLC 为主控设备的集中自动控制，能够实现多种运行方式和路径，同时实现系统的优化运行。

四、水处理程序控制系统

电厂水处理系统的工艺流程与电厂实际情况有关，在具体配置时有一定差别，这里结合某电厂 600MW 机组水处理系统进行介绍。

（一）水处理系统工艺流程

该电厂水处理系统主要有预处理、补给水处理、凝结水处理、循环水处理及废水处理等系统。其中最主要的是补给水和凝结水处理系统，它们是整个电厂水处理系统的核心。

1. 预处理系统

预处理系统主要是对原水进行澄清及过滤，其工艺流程示意图如图 5-10 所示。水源来水引入厂区后，首先经原水池用生水泵抽到澄清池中澄清。水在澄清池加药后所含泥沙大部分沉到池底，澄清水从澄清池的上部流入双阀滤池，双阀滤池对水中的细小杂质进行进一步过滤，水经过滤后成为清水流入清水池。其中，加药量根据原水的浊度及流量确定。预处理系统的被控对象有阀门、生水泵、加药泵以及搅拌机和刮泥机等。

水源来水 → 原水池 → 蒸汽加热器 → 澄清池 → 双阀滤池 → 清水池 → 至细砂过滤

加絮凝剂　加助凝剂

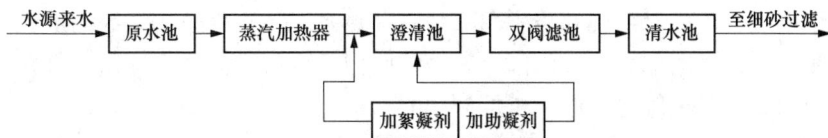

图 5-10　预处理系统工艺流程示意图

2. 补给水处理系统

补给水处理系统是电厂水处理系统的关键部分，其主要利用离子交换器置换出预处理来水中的阴阳离子，给锅炉提供合格的补给水。由于该地区水质的特点是高盐分、多杂质，所以在离子交换器处理之前又增加了细砂过滤器、活性炭过滤器及反渗透装置，对预处理来水做进一步的过滤及除盐处理。补给水处理系统工艺流程示意图如图 5-11 所示。

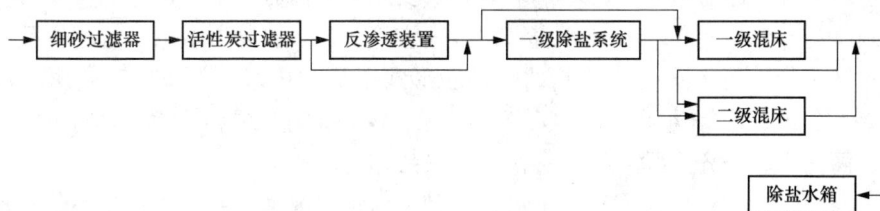

→ 细砂过滤器 → 活性炭过滤器 → 反渗透装置 → 一级除盐系统 → 一级混床

二级混床

除盐水箱

图 5-11　补给水处理系统工艺流程示意图

从清水池来水经细砂过滤器及活性炭过滤器过滤后进入反渗透装置，或一级除盐系统除盐后进入混床经二级除盐后流入除盐水箱作为锅炉补给水。一级除盐及二级除盐出口均设有导电度、硅离子浓度及钠离子浓度等在线分析仪表以检测除盐效果，作为离子床体失效判断的依据，以实现自动投运及再生全过程自动化。在该系统中，反渗透和一级除盐系统既可串联运行又可并联运行，一级混床和二级混床同样既可串联运行又可并联运行，因此这套补给水处理系统具有极大的灵活性，能够根据不同的水质组合使用。补给水系统的被控对象有电动阀、气动阀、水泵、罗茨风机、除炭风机、空气压缩机、加药泵、计量泵等众多设备。

3. 凝结水处理系统

为满足电厂锅炉和汽轮发电机组安全经济运行的需要，减缓腐蚀，延长机组使用寿命，电厂凝结水的水质必须符合相应国家标准和设计规范的要求。凝结水精处理系统工艺流程示意图如图 5-12 所示。凝结水精处理系统采用混床工艺及配套的阴、阳树脂分离及再生装置（体外再生装置），即利用阴、阳离子交换树脂吸收水中的阴、阳离子，达到纯化凝结水的目的。当树脂因饱和而丧失吸收水中的阴、阳离子能力时，利用树脂分离及再生装置先将阴、阳混合树脂分离，再分别用碱和酸对阴、阳树脂进行再生，以恢复其离子交换能力，从而实现树脂的重复利用，为电厂生产连续提供合格的水质。凝结水精处理系统出水水质的好坏，主要取决于阴、阳树脂分离和再生的效果。

凝结水入口 → 高速混床 → 凝结水出口

失效树脂　　再生后树脂

体外再生系统

图 5-12　凝结水精处理系统
工艺流程示意图

再生系统包括锥体分离和再生装置，主要由阴、阳树脂分离兼阴树脂再生罐、混合树脂隔离罐、阳树脂再生兼混合树脂储存罐组成，主要被控对象为阀门。再生系统还包括再生公用系统，主要包括酸系统、碱系统、再生冲洗用水系

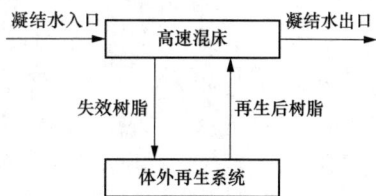

统，以及混脂用的罗茨风机系统和再生用除盐水加热系统。再生公用系统的被控对象主要有再生水泵、罗茨风机、电加热棒及阀门等。被控阀门分为气动门和电动门，气动门用电磁阀控制，而电动门和泵风机等通过电动机控制中心（motor control center，MCC）柜控制。

（二）程序控制系统

目前国内已建和在建的大型火电厂化学水处理控制系统基本采用化学水综合化控制系统。所谓综合化控制即把电厂所有化学水子系统合为一套控制系统，取消传统的操作模拟盘，采用PLC＋上位机的二级控制结构，利用PLC对各个系统中的设备分别进行数据采集和控制，上位机和PLC之间通过数据通信接口进行通信。各系统以局域网总线形式集中连接在化学控制室的上位机上，从而实现化学水系统相对集中的显示、操作、自动控制。

PLC系统均采用CPU双机热备用形式，采用两套配置相同的主机系统，以提高系统的可靠性。通过编程、组态连接，可以形象地反映实际工艺流程，显示动态数据，同时可以查找历史控制趋势、流量累积的统计报表和报警报表等。PID控制参数以及过程参数的设置也可以通过它来进行。每个水处理控制站的控制形式采用"PLC＋上位机"的形式，PLC完成数据采集、逻辑控制等功能，上位机完成工艺运行工况的监视和控制，具有控制操作、数据采集、画面显示、报警显示、报表和操作记录打印等功能。

上位机布置在控制室里，运行人员可在控制室监视和操作。水处理控制系统包括就地手动控制及远方PLC控制两部分。正常情况下，系统使用远方PLC控制，所有的操作及故障监测、趋势分析都通过控制室内操作站实现。一旦某些部分出现故障，可将控制系统切换到就地手动控制。由于水处理系统设备之间的运行有很强的时序性，因此远方PLC控制又设置有自动、半自动、步操及点操四种基本控制方式。

（1）自动方式。系统启动以后，按照系统的工艺流程、工艺状况，执行与工艺要求一致的控制程序。根据程序步和程序段的转换条件，自动地进行转换，实现水处理自动操作。当交换器的树脂运行一段时间失效后，失效的交换器通过再生程序，自动进入再生运行，直至再生后的树脂合格后重新返回到备用。程序自动运行时，遇到紧急情况程序控制系统通过联锁条件会自动停止。总之，自动方式能对水处理系统从启动、运行、失效到再生后重新投运整个过程实现自动运行及在线监视。

（2）半自动方式。在人工干预下，操作人员通过键盘或鼠标选择操作。若各床体运行失效，选择再生程序，则能自动地从再生第一步到最后一步完成该段操作程序。在自动及半自动方式下，各步序时间可由操作人员在CRT上设置修改，运行及再生时各步序时间在CRT上显示。

（3）步操方式。操作人员可以通过键盘和鼠标，实现现场设备步序的成组操作，即根据系统运行的时序相关性，成组操作某一步序所涉及的所有相关设备。

（4）点操方式。操作人员可以通过键盘或鼠标，对单个被控对象（如阀门、泵及风机等）执行开/关控制，进行一对一的远方操作。

（5）就地手操方式。当就地手动操作时，相应的设备可以从整个系统设备中解列出来，由操作人员就地控制设备。例如，在泵的动力柜、电磁阀箱上可以通过按钮进行现场设备的一对一的操作。

五、锅炉除灰程序控制系统

燃煤火力发电厂的除灰是电力生产过程中不可缺少的组成部分。除灰系统工艺复杂，设备分布广，系统运行中设备动作频繁，操作工作量大，工作环境需要净化以减少污染。为了提高除灰系统的控制水平，实现灰的综合利用及机组的安全经济运行，就需要对除灰方式、除灰设备的选择和系统的运行管理等进行充分考虑。

　　燃煤电厂的除灰大体上可分为水力除灰、气力除灰和机械除灰三种方式。采用何种除灰方式，要从电厂的实际出发，根据灰渣量、灰渣性质、排灰去向和自然条件等选择确定。如果采用一种除灰方式不能满足要求，则可采用两种或三种方式联用的除灰方式。

任务实施

熟悉某 600MW 机组锅炉除灰程序控制系统。

任务实施 5-5　熟悉某 600MW 机组锅炉除灰程序控制系统

任务验收

（1）能说出输煤程序控制系统的控制内容及控制方式。

（2）知道水处理程序控制系统的工艺流程及控制方式。

（3）知道燃煤电厂的除灰方式，能分析锅炉除灰程序控制系统的工作过程。

（4）能调用辅助系统 SCS 的监控画面，能对辅助系统的 SCS 进行投入/切除操作。

项目六　火电厂烟气脱硫脱硝控制系统分析

我国煤炭资源十分丰富，是世界上以煤炭为主要能源的国家之一。这种以煤炭为主的能源结构决定了我国的电厂建设必然以煤电机组为主，也决定了我国大气污染的主要特征为煤烟型污染。我国燃煤发电主要是通过直接燃烧的方式，煤炭燃烧产生大量的烟尘、硫氧化物（SO_x）、氮氧化物（NO_x）、汞等重金属氧化物以及大量的 CO_2。据估算，全国烟尘排放量的 70%、SO_2 排放量的 90%、NO_x 排放量的 67%、CO_2 排放量的 70% 都来自煤炭燃烧。

这些污染物排入大气，已经造成了严重的环境问题，是我国经济可持续发展亟待解决的重要问题。在燃煤电厂烟尘排放的控制方面，我国 30 多年来一直大力采用高效率的烟气除尘装置，烟尘排放已经得到有效控制。SO_2 污染已经能够通过烟气脱硫等技术得到有效解决。NO_x 是继 SO_2 之后燃煤发电污染物治理的重点，随着新的国家火电厂污染物排放标准的颁布，火电厂烟气脱硝装置得到大幅度增长。

任务一　烟气脱硫控制系统分析

🔖 **学习目标**

（1）了解 SO_2 的危害、脱硫的方法。
（2）熟悉石灰石-石膏湿法烟气脱硫装置的组成。
（3）熟悉石灰石-石膏湿法烟气脱硫技术的脱硫原理及工艺流程。
（4）熟悉石灰石-石膏湿法烟气脱硫装置的控制系统。

🔍 **任务描述**

知道 SO_2 的危害，能说出脱硫的方法；知道石灰石-石膏湿法烟气脱硫装置的组成，以及石灰石-石膏湿法烟气脱硫技术的脱硫原理及工艺流程；能分析石灰石-石膏湿法烟气脱硫装置的控制系统；能调用烟气脱硫控制系统的监控画面，能对烟气脱硫控制系统进行投入/切除操作。

💼 **知识导航**

我国约 80% 的电力能源、70% 的工业燃料、80% 的化工原料、80% 的供热和民用燃料都来自煤。燃煤排放对人类生存环境构成直接危害的主要污染物有粉尘、硫氧化物（大部分为 SO_2，极少部分为 SO_3）、NO_x 及 CO_2。

一、SO_2 的危害

SO_2 是当今人类面临的主要大气污染物之一，其污染属于低浓度、长期的污染，对自然生态环境、人类的健康、工农业生产等均会造成很大的危害。

SO_2 对人类带来的最严重的问题是酸雨，这是全球性的问题。排放到大气中的 SO_2、NO_x 与氧化性物质反应生成硫酸和硝酸，最终形成 pH 小于 5.6 的酸性降雨返回地面。酸雨对环境最突出的危害是会使湖泊变成酸性，导致水生生物死亡；使土壤酸化和贫瘠化，减缓农作物及森林的生长。目前，我国煤炭燃烧产生的 SO_2 所造成的污染面积已经占国土面积的 40% 左右。

我国 SO_2 排放量与煤炭消耗量有密切的关系，而我国的耗煤大户是燃煤电厂，其中 SO_2 排放量占工业总排放量的 55% 左右。因此，削减和控制燃煤，特别是控制火电厂燃煤 SO_2 污染，是当前我国大气污染控制领域最紧迫的任务之一。

二、脱硫方法

目前，控制燃煤 SO_2 污染的技术有燃烧前脱硫、燃烧中脱硫、燃烧后脱硫。

（一）燃烧前脱硫

燃烧前脱硫即"煤脱硫"，是通过各种方法对煤进行净化，去除原煤中所含的硫分等杂质。燃烧前脱硫通常采用选煤技术来实现。选煤技术有物理法、化学法和微生物法三种。国内常用的物理选煤技术，能达到 45%～55% 全硫脱除率和 60%～80% 硫铁矿硫脱除率，但不能脱除煤中的有机硫。

（二）燃烧中脱硫

在燃烧过程中加入石灰石或白云石粉作脱硫剂，$CaCO_3$、$MgCO_3$ 受热分解生成 CaO、MgO，与烟气中 SO_2 反应生成硫酸盐，随灰分排出。我国在燃烧过程中采用的脱硫技术主要有型煤固硫和循环流化床燃烧脱硫技术。

（三）燃烧后脱硫

燃烧后脱硫又称烟气脱硫（flue gas desulphurization，FGD），是唯一一种大规模商业化运作的脱硫技术。按脱硫过程是否加水和脱硫产物的干湿形态，烟气脱硫又可分为干法烟气脱硫、半干法烟气脱硫和湿法烟气脱硫三类。

（1）干法烟气脱硫。干法烟气脱硫技术的脱硫反应过程是在无液相介入的完全干燥状态下进行的，反应产物也为干粉状，不存在腐蚀、结露等问题。干法烟气脱硫技术主要有炉内喷钙烟气脱硫、炉内喷钙尾部增湿烟气脱硫、活性炭吸附法烟气脱硫。

（2）半干法烟气脱硫。半干法烟气脱硫技术是利用烟气显热蒸发石灰石浆液中的水分，同时在干燥过程中，石灰与烟气中的 SO_2 反应生成亚硫酸钙，并使最终产物成为干粉状。半干法烟气脱硫工艺简单，干态产物易于处理，无废水产生，投资一般低于湿法烟气脱硫，但脱硫效率和脱硫剂的利用率低，一般适用于低、中硫煤的烟气脱硫。半干法烟气脱硫技术主要有喷雾干燥烟气脱硫、循环流化床烟气脱硫和增湿灰循环烟气脱硫等技术。

（3）湿法烟气脱硫。湿法烟气脱硫技术比较成熟，脱硫效率高，钙硫比低，运行可靠，操作简单，但脱硫产物处理比较麻烦，烟温降低不利于扩散。

湿法烟气脱硫技术的特点是整个脱硫系统位于燃煤锅炉除尘系统之后，脱硫过程都在溶液中进行，脱硫剂和脱硫生成物均为湿态，脱硫过程的反应温度低于露点，所以脱硫以后的烟气一般需要加热才能从烟囱排出。湿法脱硫过程是气液反应，其脱硫反应速度快，脱硫效率高，钙硫比等于1，可达到 90% 以上的脱硫效率，适用于大型燃煤电厂锅炉的烟气脱硫。目前，已经开发和推广的湿法烟气脱硫技术，主要有石灰石-石膏法、双碱法、海水脱硫法等。

石灰石-石膏法采用石灰石（$CaCO_3$）或石灰（CaO）浆液作洗涤剂，在反应塔（吸收塔）中对烟气进行洗涤，从而除去烟气中的 SO_2。脱硫副产品是石膏（$CaSO_4 \cdot 2H_2O$），可以回收利用。这种工艺技术成熟，脱硫效率高（90%～98%），应用机组容量大，煤种适应性强，性能可靠，吸收剂资源丰富，价格低廉，副产品易回收；但初期投资和运行费用较高，耗水量大，占地面积大。

双碱法脱硫利用氢氧化钠（$NaOH$）溶液作为启动脱硫剂，将配置好的氢氧化钠溶液直接打入脱硫塔洗涤脱除烟气中的 SO_2 来达到烟气脱硫的目的。脱硫产物经脱硫剂再生池还原成氢氧化钠再打回脱硫塔内循环使用。

海水脱硫法利用海水的碱度来脱除烟气中的 SO_2。烟气中的 SO_2 被海水吸收生成亚硫酸氢根离子（HSO_3^-）和氢离子（H^+），HSO_3^- 与氧（O_2）反应生成硫酸氢根离子（HSO_4^-），HSO_4^- 与 HCO_3^- 反应生成硫酸根离子 SO_4^{2-} 和 CO_2、水。该工艺脱硫率和可靠性高，同时可以大大降低脱硫系统建设和运行的成本，节约大量的淡水和矿石资源。该工艺一般适用于靠近海边、扩散条件好的电厂。

三、石灰石-石膏湿法烟气脱硫技术

石灰石-石膏法烟气脱硫技术是目前世界上应用最多、技术最为成熟的脱硫工艺，应用该工艺的机组容量约占电厂脱硫装机总容量的 85% 以上。

（一）脱硫系统工艺流程

石灰石-石膏湿法烟气脱硫装置主要由石灰石浆液制备系统、烟气系统、SO_2 吸收系统、石膏脱水系统、烟气连续排放监测系统（CEMS）以及自动控制系统和公用工程系统等组成。图 6-1 所示为典型的石灰石-石膏湿法烟气脱硫工艺流程图。

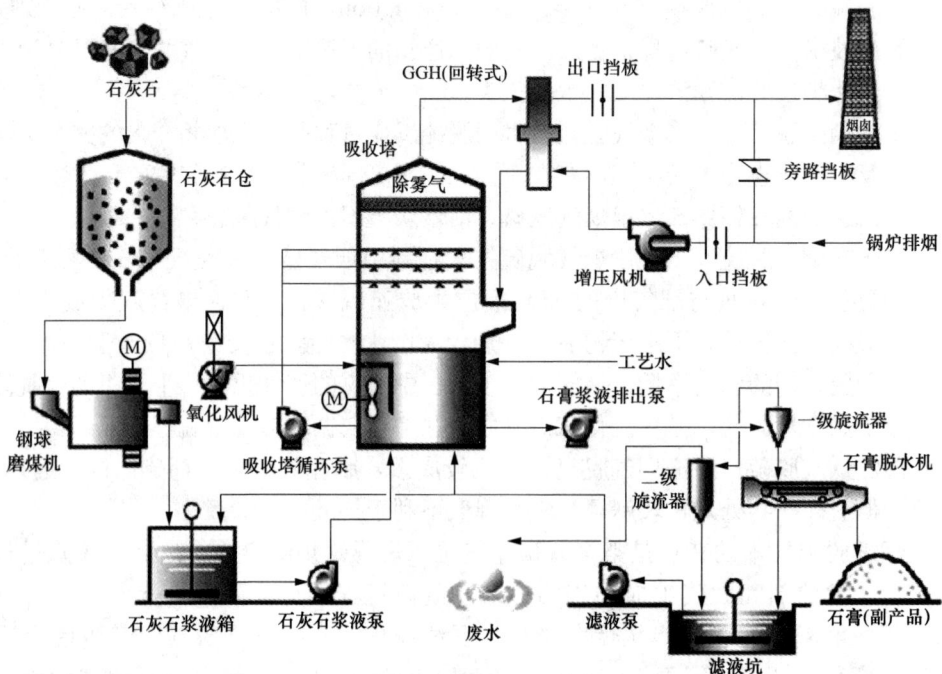

图 6-1　石灰石-石膏湿法烟气脱硫工艺流程图

锅炉烟气经电除尘器除尘后，通过增压风机（booster fan，BF）、烟气换热器（gas gas heater，GGH，可选）降温后进入吸收塔。在吸收塔内，烟气向上流动且被向下流动的循环浆液以逆流方式洗涤。循环浆液则通过喷浆层内设置的喷嘴喷射到吸收塔中，以便脱除 SO_2、SO_3、HCl 和 HF；同时在"强制氧化工艺"的处理下反应的副产物被导入的空气氧化为石膏（$CaSO_4 \cdot 2H_2O$），并消耗作为吸收剂的石灰石。循环浆液通过浆液循环泵向上输送到喷淋层中，通过喷嘴进行雾化，使气体和液体得以充分接触。

脱硫的化学过程如下：

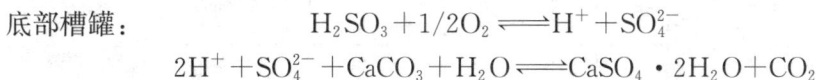

吸收塔内：　　　$SO_2 + H_2O \rightleftharpoons H_2SO_3$　　　$H_2SO_3 \rightleftharpoons H^+ + HSO_3^-$

底部槽罐：　　　　　　$H_2SO_3 + 1/2O_2 \rightleftharpoons H^+ + SO_4^{2-}$

$$2H^+ + SO_4^{2-} + CaCO_3 + H_2O \rightleftharpoons CaSO_4 \cdot 2H_2O + CO_2$$

在吸收塔中，石灰石与 SO_2 反应生成石膏，这部分石膏浆液通过石膏浆液泵排出，进入石膏脱水系统。石膏脱水系统主要包括石膏水力旋流器（作为一级脱水设备）、浆液分配器和真空皮带脱水机。

经过净化处理的烟气流经两级除雾器除雾，将清洁烟气中所携带的浆液雾滴去除，同时按特定程序不时地用工艺水对除雾器进行冲洗。进行除雾器冲洗有两个目的：①防止除雾器堵塞；②冲洗水同时作为补充水，稳定吸收塔液位。

在吸收塔出口，烟气一般被冷却到 46～55℃，此时所含水蒸气呈饱和状态。通过 GGH 将烟气加热到 80℃ 以上，以提高烟气的抬升高度和扩散能力。最后，洁净的烟气通过烟道进入烟囱排向大气。

（二）脱硫系统主要设备

1. 石灰石浆液制备系统

石灰石浆液制备系统包括石灰石卸料及储存、石灰石浆液磨制、石灰石浆液输送和石灰石浆液供应等。该系统的任务是为脱硫系统提供足够数量和符合质量要求的石灰石浆液。

石灰石浆液制备通常分湿磨制浆与干粉制浆两种方式。不同的制浆方式所对应的设备也各不相同。至少包括以下主要设备：磨浆机（湿磨时用）、粉仓（干粉制浆时用）、浆液箱、搅拌器、浆液输送泵。

石灰石仓在顶部设有进料口，底部设有出料口，每个出料口各配一个振动给料斗。每个振动给料斗与输送皮带配套，将石灰石经皮带称重给料机送往磨浆机进行研磨，同时磨浆机内按比例加入来自石膏脱水系统的滤液。受磨浆机的性能所限，石灰石浆液中的固体颗粒大小不均匀，因此需使用石灰石旋流器进行分级和分离。在石灰石旋流器内通过离心力作用完成粗细颗粒的分级，粗的颗粒从石灰石旋流器的底流排出，再输送回磨浆机进行二次研磨；细的颗粒由石灰石旋流器的溢流口排出，被送入石灰石浆液箱内，再由浆液泵打入吸收塔内与烟气进行反应。经过磨制后的石灰石浓度约为 25%，粒度为 325 目，石灰石浆液约占 90% 以上。

2. 烟气系统

烟气系统按一套机组配备一套脱硫装置设计，由烟风道、脱硫增压风机、挡板门及其辅助设备组成。

烟气挡板是脱硫装置进入和退出运行的重要设备，分为烟气脱硫主烟道烟气挡板和旁路烟气挡板。主烟道烟气挡板安装在烟气脱硫系统的进出口，由双层烟气挡板组成，当关闭主烟道时，双层烟气挡板之间连接密封空气，以保证烟气脱硫系统内的防腐衬胶等不受破坏。

旁路烟气挡板安装在原锅炉烟道的进出口。当烟气脱硫系统运行时，旁路烟道关闭，这时烟道内连接密封空气。旁路烟气挡板设有快开机构，保证在烟气脱硫系统故障时迅速打开旁路烟道，以确保锅炉的正常运行。各烟气挡板安装位置如图 6-2 所示。

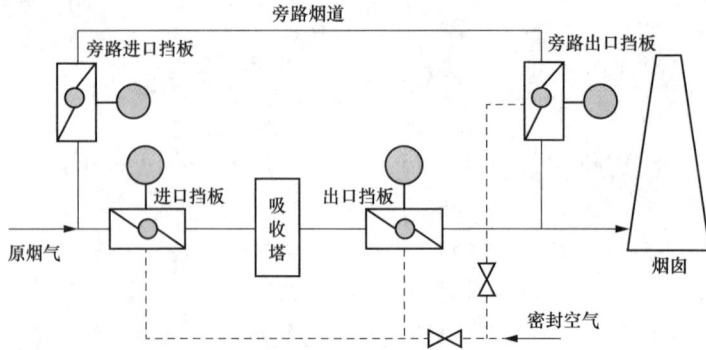

图 6-2　脱硫装置主烟道与旁路烟道挡板

烟气从原钢结构烟道引出，经烟道进口挡板进入增压风机，经增压风机升压后进入吸收塔。烟气在吸收塔内与自上而下的循环石灰石/石膏浆液逆流充分接触后，烟气中的 SO_2 溶解于石灰石/石膏浆液并被吸收，大部分烟尘被截流，进入石灰石/石膏浆液。洗涤后的烟气通过除雾器排出吸收塔，经烟道出口挡板返回到钢烟道净烟道接口，并通过烟囱排放。

可设置一台调节范围在 30%～100% 的动叶/静叶可调轴流式风机，以提高装置的整体经济性；可通过切换旁路挡板和脱硫装置进、出口挡板的开关，实现"脱硫装置的运行"和"脱硫装置的旁路运行"，以保证在任何情况下不影响发电机组的安全运行。

3. SO_2 吸收系统

SO_2 吸收系统是石灰石-石膏湿法脱硫装置的核心部分，主要由吸收区域、浆液循环泵、浆液池、除雾器和氧化系统五大部分组成。

在吸收塔内，烟气中 SO_2 被吸收浆液洗涤并与浆液中的 $CaCO_3$ 发生反应，反应生成的亚硫酸钙在吸收塔底部的浆液池中被氧化风机送入的空气强制氧化，最终生成石膏。石膏由浆液排出泵排出，送入石膏脱水系统脱水。烟气从吸收塔出来，经过二级除雾器除去脱硫后烟气夹带的细小液滴，使烟气在含雾量低于 $100mg/m^3$（标准状态下，干态）下排出。吸收塔顶部布置有排气挡板，在正常运行时挡板是关闭的。当烟气脱硫装置走旁路或停运时，排气挡板开启。当旁路挡板开启、原烟气挡板和净烟气挡板关闭时，开启吸收塔排气挡板，其目的是消除吸收塔内氧化风机还在运行时或停运后冷却下来时产生的与大气的压差。

4. 石膏脱水系统

石膏脱水系统包括石膏浆液排出泵、石膏旋流器、真空皮带脱水机和废水旋流站。吸收塔浆液池中石膏不断产生，为了保持浆液密度在一定范围内，将石膏浆液（15%～20%固含量）通过石膏浆液排出泵打入石膏旋流器脱水站。该站包括一个水力旋流器及浆液分配器，将石膏浆液中的部分水分予以脱除，使得底流石膏固体含量达 50%。底流直接进入真空皮带脱水机进行过滤冲洗，得到主要副产物石膏饼，石膏饼送入石膏仓库存放。溢流被送往废水旋流站进一步处理，再次旋流分离后，得到含 3% 的溢流进入废水箱，10% 的底流最终返回烟气脱硫系统循环使用。

5. 烟气脱硫公用系统

烟气脱硫公用系统主要由工艺水和压缩空气系统构成。一般两个吸收塔设有一个工艺水箱。工艺水箱配有工艺水泵和除雾器冲洗水泵。在烟气脱硫装置中，水的损耗主要在于石膏附带水分、结晶水以及蒸发水，需要通过新鲜工艺水来补充。工艺水系统还提供除雾器运行中的冲洗、浆液道（设备）停运后的清洗以及转动机械的冷却密封用水。

烟气脱硫系统所需要的仪用空气和杂用空气一般来自电厂压缩空气系统，在脱硫岛区域分别设置仪用空气和杂用空气的储气罐。仪用空气输送到烟气脱硫系统内各个气动阀、气动控制阀和真空皮带脱水机皮带纠偏装置，还用作烟道压力、流量测点和 CEMS 的吹扫气；杂用空气主要用于换热器吹扫和设备检修。

6. 废水处理系统

废水处理系统采用石灰乳中和、聚合氯化铝（PAC）和聚丙烯酰胺（PAM）凝聚、水平沉淀池沉淀、叠片式过滤器过滤的处理工艺。该系统包括四个分系统：石灰乳及絮凝剂投加系统、过滤系统、压滤系统、清水送出系统。

废水处理工艺步骤如下：①用氢氧化钙/石灰浆进行碱化处理，通过设定最优的 pH 范围，使部分重金属以氢氧化物的形式沉淀出来；②通过添加絮凝剂和助凝剂，使固体沉淀物以更易沉淀的大粒子絮凝物的形式絮凝出来；③在沉淀池内将固体物从废水中分离后送到过滤系统；④将氢氧化物泥浆输送至压滤系统；⑤加入硫酸调节 pH；⑥处理后的废水排入冲渣系统。

任务实施

分析石灰石-石膏湿法烟气脱硫装置的控制系统。

任务实施 6-1 分析石灰石-石膏湿法烟气脱硫装置的控制系统

任务验收

（1）知道 SO_2 的危害，能说出脱硫的方法。

（2）知道石灰石-石膏湿法烟气脱硫装置的组成。

（3）知道石灰石-石膏湿法烟气脱硫技术的脱硫原理及工艺流程。

（4）能分析石灰石-石膏湿法烟气脱硫装置的控制系统。

（5）能调用烟气脱硫控制系统的监控画面，能对烟气脱硫控制系统进行投入/切除操作。

任务二 烟气脱硝控制系统分析

学习目标

（1）了解 NO_x 的危害、NO_x 的控制措施。

（2）熟悉 SCR 技术的工作原理。

（3）熟悉 SCR 反应器的布置位置及 SCR 烟气脱硝系统的工艺流程。

（4）熟悉 SCR 技术的控制系统。

任务描述

知道 NO_x 的危害，能说出 NO_x 的控制措施；知道 SCR 技术的工作原理、SCR 反应器的布置位置以及 SCR 烟气脱硝系统的工艺流程；能分析 SCR 技术的控制系统；能调用烟气脱硝控制系统的监控画面，能对烟气脱硝控制系统进行投入/切除操作。

知识导航

随着我国电力建设的迅速发展，大气和酸雨污染日益严重。特别是近年来，大城市 NO_x 污染严重，区域性 NO_x 污染逐渐加剧。研究结果显示，NO_x 排放量的增加使得我国的酸雨污染由硫酸型向硫酸和硝酸复合型转变，硝酸根离子在酸雨中所占的比例从 20 世纪 80 年代的 1/10 逐步上升到近年来的 1/3。

一、NO_x 的危害

燃煤发电过程中产生的众多气态污染物中，NO_x 危害很大且很难处理。煤燃烧产生的 NO_x 主要包括一氧化氮（NO）、二氧化氮（NO_2）及少量其他氮的氧化物。其中，NO 排到大气中很快就会被氧化成 NO_2。

NO_2 是一种红棕色有毒的恶臭气体。空气中 NO_2 浓度达到 0.1×10^{-6} 就可闻到，达到 $(1 \sim 4) \times 10^{-6}$ 即有恶臭，而达到 25×10^{-6} 就恶臭难闻了。NO_2 对人类和动植物的危害很大，见表 6-1。更为严重的是，NO_2 在日光作用下会产生新生态氧原子（$NO_2 \xrightarrow{\text{光合作用}} NO + O$），而新生态氧原子在大气中将会引起一系列连锁反应并与未燃尽的碳氢化合物一起形成光化学烟雾，其毒性更强。

表 6-1　　　　　　　　　　　　　　　NO_2 对人类和动植物的影响

NO_2 浓度（$\times 10^{-6}$）	影响	NO_2 浓度（$\times 10^{-6}$）	影响
0.5	连续 4h 暴露，肺细胞病理组织发生变化；连续 3～12 个月，在支气管部位有肺气肿感染，抵抗力减弱	10～15	眼、鼻、呼吸道受到刺激
		25	人只能短时暴露
～1	闻到臭味	50	1min 内就会感到呼吸道异常，鼻受刺激
2.5	超过 7h，豆类、西红柿等农作物的叶变白		
		80	3min 内感到胸痛
3.5	超过 2h，动物细菌感染增大	100～150	0.5～1h 就会因肺水肿而死亡
5	闻到强烈恶臭	200 以上	立即死亡

大气被 NO_2 污染后还会使得机器设备和金属建筑物过早损坏，妨碍和破坏植物的生长，降低大气的可见度，阻碍热力设备出力的提高，甚至使设备的效率降低。

因此，为了防止 NO_2 及其引起的光化学烟雾的危害，必须抑制煤炭等燃料燃烧时 NO_x 的生成量。

二、NO_x 的产生

煤燃烧产生的 NO_x 主要来自两部分：一部分是燃烧时空气带进来的氮，在高温下与氧反应所生成的 NO_x，称为热力型 NO_x（Thermal NO_x）；另一部分是燃料中固有的氮化合物经过复杂的化学反应所生成的 NO_x，称为燃料型 NO_x（Fuel NO_x）。这两部分 NO_x 的形成机理是不同的。除此之外，还有一部分是分子氮在火焰前沿的早期阶段，在碳氢化合物的参与影响下，通过中间产物转化成的 NO_x，称为瞬发（或快速）型 NO_x（Prompt NO_x），这部分数量很少，一般不予考虑。

综上所述，影响燃料燃烧时 NO_x 生成的主要因素有以下几方面：

（1）燃料中氮化合物的含量。氮化合物含量越高，燃料型 NO_x 生成就越多。例如，气体燃料中氮化合物含量极少，因此燃烧时生成的 NO_x 几乎都是空气中的氮转化来的；而燃烧固体燃料，特别是燃烧煤粉时，烟气中的 NO_x 绝大部分（90%）是由燃料中的固有氮化物转化而来的；液体燃料则介于上述两者之间。

（2）火焰温度（或燃烧区的温度）和高温下的燃烧时间（或滞留时间）。温度越高，NO_x 越易生成，特别是热力型 NO_x。在 2000℃ 以上时 NO 几乎可以在瞬间氧化而成；在 1600～2000℃ 时，如果持续时间较长，也易生成 NO_x，若时间较短，则 NO_x 的生成速度就慢些；在 1500℃ 以下时，热力型 NO_x 的生成速度显著减慢，但燃料型 NO_x 的生成速度不变。

（3）燃烧区中氧的浓度。燃烧区中氧浓度增大，则不论热力型 NO_x 还是燃料型 NO_x，其生成量都增大。此外，当氧量供应适中时，燃烧温度较高，更易生成 NO_x。若空气供应不足，氧量减少，此时燃烧不完全，燃烧温度下降，这样虽然使 NO_x 生成量减少，但会使炭黑及 CO 等增多。如果空气大量过量，燃烧区中氧量与氮量虽然明显增加，但由于此时燃烧温度下降，反而会导致 NO_x 生成减少，同时 NO_x 浓度也被大量过量空气所稀释而下降。

在以上各因素中，火焰温度对 NO_x 生成有很大的影响。温度越高，NO_x 生成越多。此外，NO_x 的生成还与燃烧方式和燃烧装置的形式有很大关系。

三、NO_x 的控制措施

（一）热力型 NO_x 的控制

由前面的分析可知，高温和高的氧浓度是产生热力型 NO_x 的根源。因此，减少热力型 NO_x 可采取以下措施：①减少燃烧最高温度区域范围；②降低燃烧峰值温度；③降低燃烧的过量空气系数和局部氧气浓度。

（二）燃料型 NO_x 的控制

燃料型 NO_x 是由于燃料中的氮在燃烧过程中成离子析出而与含氧物质反应形成的。燃料中的氮并非全部转化成 NO_x，依据燃料和燃烧方式的不同而存在一个转化率，该转化率一般为 15%～30%。因此，控制燃料型 NO_x 的产生可采取以下措施：①减少过量空气系数；②控制燃料与空气的前期混合；③提高入炉的局部燃烧浓度；④利用中间生成物反应降低 NO_x。

根据上述 NO_x 的形成特点，可把 NO_x 的控制措施分成燃烧前、燃烧中和燃烧后处理三类。

（1）燃烧前脱氮主要指将燃料转化为低氮燃料，该方法成本高，工程应用较少。

（2）燃烧中脱氮主要指各种降低 NO_x 的燃烧技术，该方法费用较低，脱硝率不高，但仍能满足当前及今后短期内的环保要求。

（3）燃烧后脱氮主要指烟气脱硝技术，该方法脱硝效率高。随着环保要求的日益严格，高效率的烟气脱硝技术将是主要的发展方向。

因此，从工程应用的角度可将控制火电厂 NO_x 排放的措施分为两大类：一类是通过燃烧技术的改进（包括采用先进的低 NO_x 燃烧器）降低 NO_x 排放量；另一类是在锅炉尾部烟道加装烟气脱硝装置，其优点是可将 NO_x 排放量降至 $100mg/m^3$（标准状况下）以下，但其初投资及运行费用高。

四、选择性催化还原技术

锅炉尾部烟气脱硝方法可分为干法和湿法两类。干法有选择性催化还原（selective catalytic reduction，SCR）法、选择性非催化还原（selective non-catalytic reduction，SNCR）法、活性炭吸附法及联合脱硫脱氮法等；湿法有分别采用水、酸、碱液的吸收法，以及氧化吸收法和吸收还原法等。由于投资成本及运行操作等方面的原因，火电厂中应用最多的技术是 SCR，其次是 SNCR，其他方法应用较少。SCR 以其技术成熟、脱硝效率高（能达到 $70\%\sim90\%$ 或以上）等优点，在电厂中得到了广泛应用。

（一）SCR 反应原理

在 SCR 反应过程中，通过加氨（NH_3）可以把 NO_x 转化为空气中天然含有的氮气（N_2）和水（H_2O）。主要的化学反应方程式为：

$$4NO+4NH_3+O_2 \longrightarrow 4N_2+6H_2O$$
$$6NO+4NH_3 \longrightarrow 5N_2+6H_2O$$
$$6NO_2+8NH_3 \longrightarrow 7N_2+12H_2O$$
$$2NO_2+4NH_3+O_2 \longrightarrow 3N_2+6H_2O$$

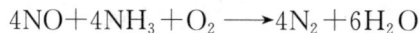

除上述反应式外，还有一些次要的反应。SCR 反应原理如图 6-3 所示。

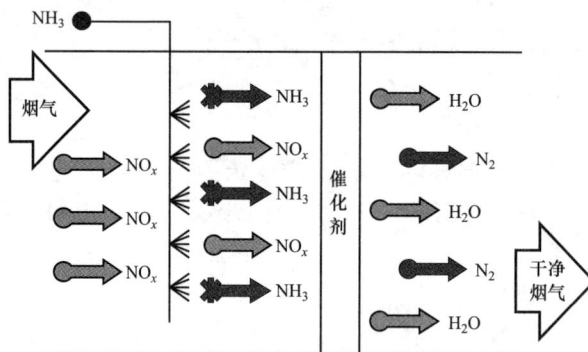

图 6-3　SCR 反应原理

（二）SCR 总体布置

SCR 反应器可以安装在锅炉的不同位置，一般有高灰段布置、低灰段布置和尾部烟气段布置，如图 6-4 所示。

（1）高灰段布置。SCR 反应器布置在省煤器与空气预热器之间，这里的温度一般为 $300\sim400℃$，是适合目前商业催化剂的运行温度。但此时烟气中所含有的全部飞灰和 SO_2 均通过催化剂反应器，反应器是在"不干净"的高尘烟气中工作，催化剂的寿命会受下列因素的影响：

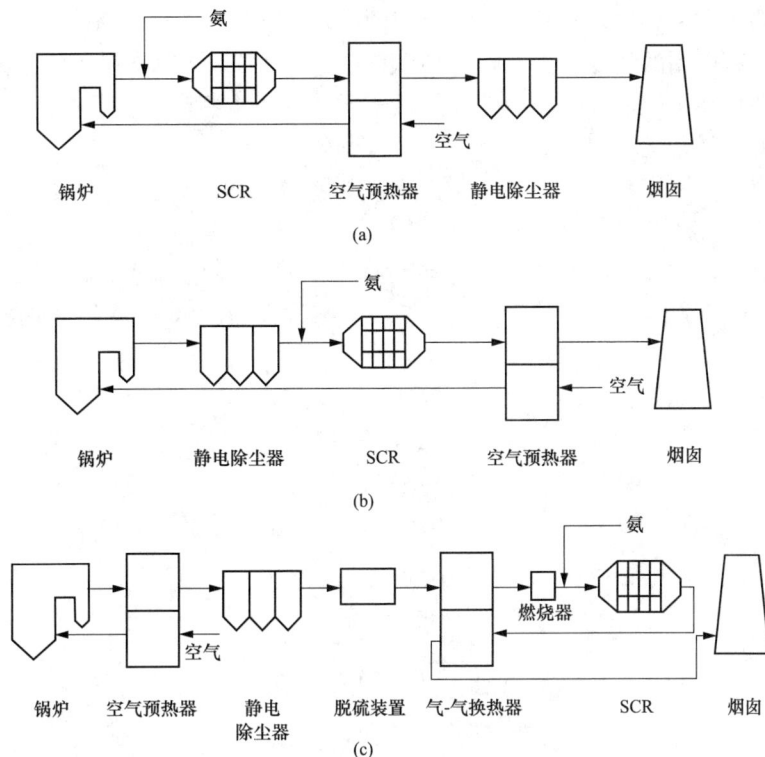

图 6-4 SCR 反应器的布置方式

(a) 高灰段布置；(b) 低灰段布置；(c) 尾部烟气段布置

1）烟气所携带的飞灰中含有 Na、Ca、Si、As 等成分时，会使催化剂"中毒"或受污染，从而降低催化剂的效能。

2）飞灰对 SCR 反应器的磨损。

3）飞灰将 SCR 反应器蜂窝状通道堵塞。

4）如烟气温度升高，会将催化剂烧结，或使之再结晶而失效；如烟气温度降低，NH_3 会与 SO_3 反应生成硫酸铵，从而堵塞 SCR 反应器通道和污染空气预热器。

5）高活性的催化剂会促使烟气中的 SO_2 氧化成 SO_3。

尽管存在诸多缺点，但与其他方式相比较并考虑其他因素，高灰段布置方式仍然是一种经济有效的 SCR 布置方式。目前运行的 SCR 装置中，高灰段布置占有相当大的比例。

（2）低灰段布置。反应器布置在静电除尘器之后，这时温度一般为 300～400℃。烟气先经过静电除尘器，再进入 SCR 反应器，这样可以防止烟气中的飞灰污染催化剂以及磨损或堵塞反应器，但烟气中的 SO_3 始终存在，因此烟气中的 NH_3 和 SO_3 反应生成硫酸铵而发生堵塞的可能性仍然存在。采用该方案的最大问题是，静电除尘器无法在 300～400℃ 的温度下正常运行，因此很少采用。

（3）尾部烟气段布置。SCR 反应器布置在烟气脱硫装置后，催化剂将完全工作在无尘、无 SO_2 的"干净"烟气中。由于不存在飞灰对反应器的堵塞及腐蚀问题，也不存在催化剂的污染和中毒问题，因此可以采用高活性的催化剂，从而减少了反应器的体积并使反应器布置紧凑。当催化剂在"干净"烟气中工作时，其工作寿命可达高灰段催化剂使用寿命的两倍。将反应器布置在烟气脱硫装置后的主要问题是，排烟温度仅为 50～60℃，低温 SCR 催化剂没有达到工程应用的程度。因此，为使烟气在进入 SCR 反应器前达到所需要的反应温度，需要在烟道内加装燃油或燃烧天然气的燃烧器，或加装蒸汽加热的换热器以加热烟气，从而增加了能源消耗和运行费用。

对于一般燃油或燃煤锅炉，其 SCR 反应器多选择高灰段布置。

（三）SCR 工艺流程

图 6-5 所示为 SCR 烟气脱硝系统工艺流程简图。SCR 系统一般由氨的储存系统、氨与空气混合系统、氨气喷入系统、反应器系统、省煤器旁路、SCR 旁路、检测控制系统等组成。

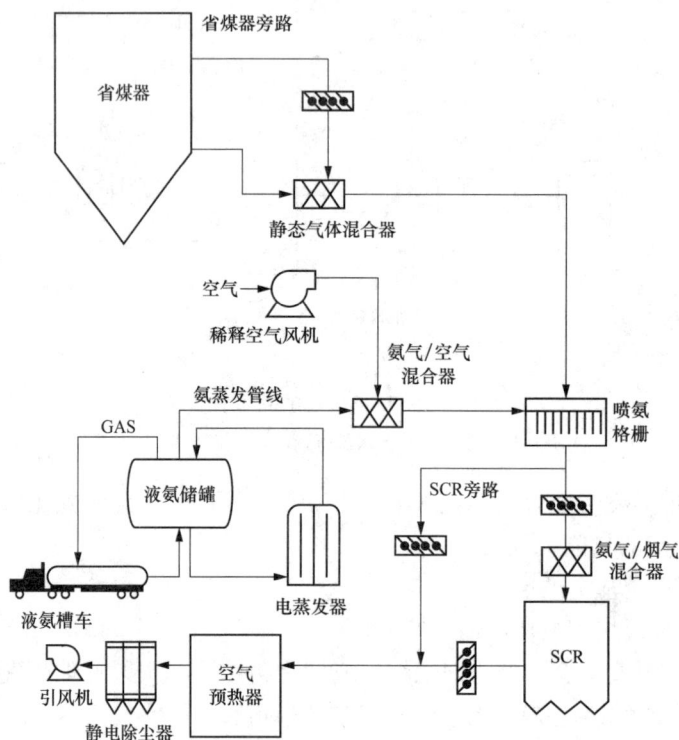

图 6-5　SCR 烟气脱硝系统工艺流程简图

自氨制备区来的氨气与稀释风机来的空气在氨气/空气混合器内充分混合。稀释风机流量一般按 100％负荷时氨气对空气的混合比为 5％设计。氨气的注入量由 SCR 进出口 NO_x、O_2 监视分析仪测量值、烟气温度测量值、稀释风机流量、烟气流量来控制。

混合气体进入位于烟道内的氨喷射格栅，喷入烟道后，或再通过静态混合器与烟气充分混合，然后进入 SCR 反应器，SCR 反应器的操作温度可达 300～400℃。温度测量点位于 SCR 反应器进口，当烟气温度在 300～400℃范围以外时，将自动关闭氨气进入氨气/空气混合器的快速切断阀。

氨与 NO_x 在反应器内催化剂的作用下反应生成 N_2 和 H_2O。N_2 和 H_2O 随烟气进入空气预热器。在 SCR 进口设置 NO_x、O_2、温度监视分析仪；在 SCR 出口设置 NO_x、O_2、NH_3 监视分析仪。NH_3 监视分析仪监视 NH_3 的逃逸浓度，该值超过设定值则报警并自动

调节 NH_3 注入量。

在氨气进气装置分管阀后设有氮气预留阀及接口，在停工检修时用于吹扫管内氨气。

SCR 反应器内设置蒸汽（耙式）吹灰器或声波吹灰器，吹扫介质一般为蒸汽，并根据 SCR 反应器压差决定是否吹扫。

在氨存储和制备区，液氨通过卸料软管由槽车内进入液氨储罐。卸车时，储罐内的气体经压缩机加压后进入槽车，槽车内的液体被压入液氨储罐。液氨储罐液位到达高位时自动报警并与进料阀及压缩机电动机联锁，切断进料阀及停止压缩机运行。储罐内的液氨通过出料管至气化器，被蒸汽加热后气化为氨气，送往 SCR 反应器。典型的 SCR 工艺流程框图如图 6-6 所示。

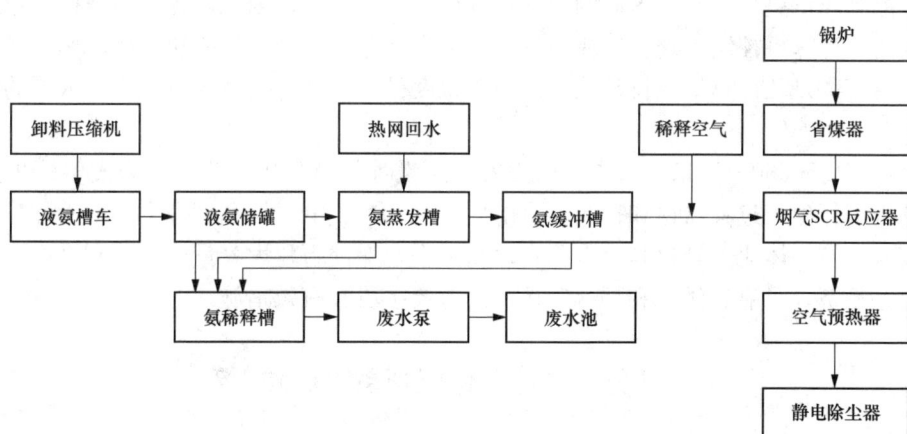

图 6-6　典型的 SCR 系统工艺流程框图

任务实施

分析 SCR 技术烟气脱硝装置的控制系统。

任务实施 6-2　分析 SCR 技术烟气脱硝装置的控制系统

任务验收

（1）知道 NO_x 的危害，能说出 NO_x 的控制措施。

（2）知道 SCR 反应器的布置位置及 SCR 烟气脱硝系统的工艺流程。

（3）能分析 SCR 技术的控制系统。

（4）能调用烟气脱硝控制系统的监控画面，能对烟气脱硝控制系统进行投入/切除操作。

项目七　计算机控制系统认知

计算机控制系统利用计算机的软件和硬件代替自动控制系统中的控制器，它以自动控制理论和计算机技术为基础，综合了计算机、自动控制和生产过程等多方面的知识。

计算机控制系统的应用，使得许多传统的控制结构和方法被代替，工厂的信息利用率大大提高，控制质量更趋稳定，人们的劳动条件得以极大改善，因此计算机控制技术越来越受重视。当前，计算机控制系统已经成为许多大型自动化生产线不可或缺的组成部分。生产过程自动化的程度以及计算机在自动化中的应用程度已成为衡量工业企业现代化水平的一个重要标志。

我国在 GB 50660—2011《大中型火力发电厂设计规范》中规定，火力发电厂生产必须采用计算机进行生产过程监视和控制。火电厂将机、炉、电、控和管理全部纳入计算机控制系统，实现管控一体化，是提高火电厂自动化水平，保证新建大容量机组顺利投产，保证机组"安全、经济、可靠、优化和环保"运行的重要手段和有效措施。

任务一　计算机控制系统认知

学习目标

（1）熟悉计算机控制系统的结构组成、工作过程。
（2）了解计算机控制系统的信号流程，熟悉计算机控制系统的典型形式。

任务描述

知道计算机控制系统的结构组成、工作过程；知道计算机控制系统的信号流程；知道计算机控制系统的典型形式。

知识导航

一、计算机控制系统基本结构

（一）自动控制系统基本组成

典型的自动控制系统原理框图如图 7-1 所示。它是由被控对象、测量变送器、控制器和执行器构成的反馈控制系统。

（二）计算机控制系统基本结构

当图 7-1 中的控制器由模拟仪表实现时，称为模拟控制系统；当控制器由计算机实现时，就组成了一个典型的计算机控制系统，如图 7-2 所示。因此，计算机控制系统就是采用计算机来实现的工业自动控制系统。

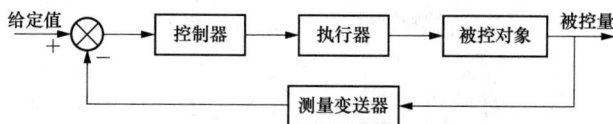

图 7-1　典型的自动控制系统原理框图

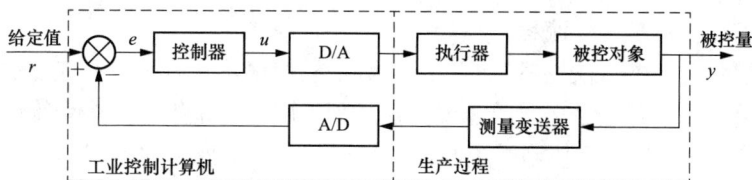

图 7-2　计算机控制系统原理框图

计算机控制系统由工业控制计算机（简称工控机）和生产过程两大部分组成。工业控制计算机是指按生产过程控制的特点和要求而设计的计算机，它包括硬件和软件两部分。生产过程包括被控对象、测量变送器、执行器、电气开关等装置。典型的计算机控制系统结构框图如图 7-3 所示。

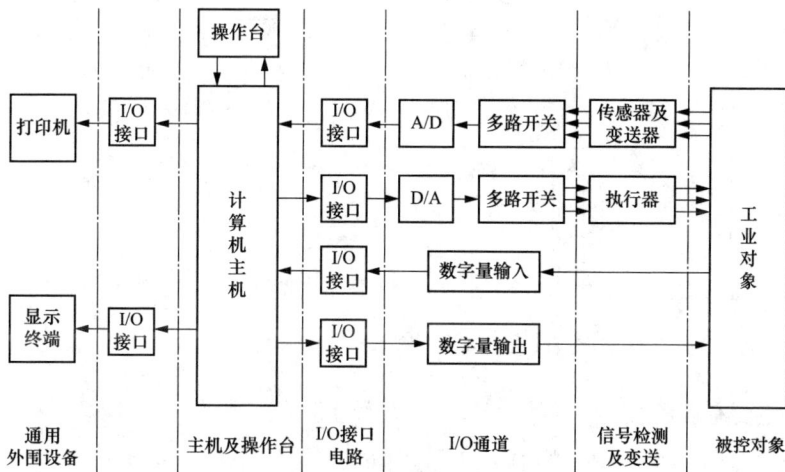

图 7-3　典型的计算机控制系统结构框图

生产过程中常用的测量变送器有测量温度的热电偶、热电阻，测量压力的压力变送器，测量流量的压差变送器及液位传感器、力传感器、应变传感器、振动传感器、火焰探测器等。在计算机控制系统中，首先要将过程参数通过测量变送器转换为电信号，再经过隔离、调理及 A/D 转换后变成数字量进入计算机。

计算机控制系统使用数字控制器。数字控制器的核心为数字计算机，数字控制器的控制规律是由计算机程序来实现的。由于计算机程序编写的灵活性，使得数字控制器比传统模拟控制器能实现更强大的功能。

二、计算机控制系统工作过程

从本质上看，计算机控制系统的工作过程可以归纳为以下三个步骤：

（1）实时数据采集。对来自测量变送器的被控量的瞬时值进行检测和输入。

（2）实时控制决策。对采集到的被控量进行分析和处理，并按已定的控制规律，决定将要采取的控制行为。

（3）实时控制输出。根据控制决策，适时地对执行器发出控制信号，完成控制任务。

上述过程不断重复，使整个系统按照一定的性能指标进行工作，并对被控量和设备本身的异常现象及时做出处理。

三、计算机控制系统信号流程

在计算机控制系统中，被控对象的运行参数是模拟量，在时间上是连续的；而计算机能处理的是数字量，在时间上是离散的。要把这两种不同的量组织在一个系统中，必须通过信号转换。图 7-4 所示为计算机控制系统的信号流程图。一个连续的模拟信号，经过采样器和 A/D 转换器变成离散的数字信号，这个信号就能够被计算机所接收。经计算机处理后，输出一个离散的数字信号去控制被控对象。这时，要经过 D/A 转换器和保持器，把离散的数字信号变为连续的模拟信号。

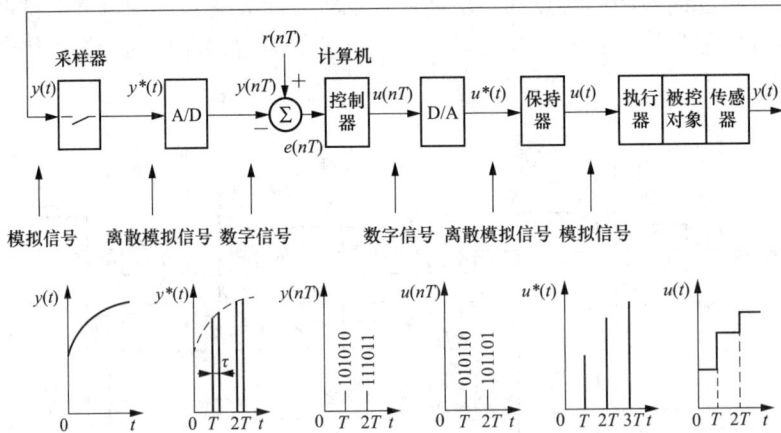

图 7-4　计算机控制系统的信号流程图

图 7-4 中主要有四种信号：模拟信号——时间上连续、幅值上也连续的信号，如 $y(t)$；离散模拟信号——时间上离散、幅值上连续的信号，如 $y^*(t)$；数字信号——时间上离散、幅值上也离散的信号，如 $y(nT)$ 和 $u(nT)$；量化模拟信号——时间上连续、幅值上连续量化的信号，但当采样周期 T 足够小时，可以认为是连续的模拟信号，如 $u(t)$。

将模拟信号转换为离散信号的过程称为采样过程，实现采样的装置称为采样器或采样开关。采样器的输入 $y(t)$ 称为原信号，采样器的输出 $y^*(t)$ 称为采样信号。

任务实施

了解计算机控制系统的典型形式。

任务实施 7-1　了解计算机控制系统的典型形式

任务验收

（1）知道计算机控制系统的结构组成、工作过程。

（2）知道计算机控制系统的信号流程，能说出计算机控制系统的典型形式。

任务二　分散控制系统认知

学习目标

（1）熟悉 DCS 的体系结构；掌握 DCS 的组成及各部分作用。

（2）了解 DCS 的信号流程。

任务描述

知道 DCS 的体系结构、DCS 的组成及各部分作用；知道 DCS 的信号流程；能调用 DCS 的监控画面，能对 DCS 进行 A/M 操作。

知识导航

分散控制系统（DCS）是以微处理器为基础，全面融合计算机技术、测量控制技术、网络数字通信技术、显示与人机界面技术而成的现代控制系统。其主要特性在于分散控制和集中管理，即对生产过程进行集中监视、操作和管理，而控制任务则由不同的计算机控制装置去完成。因此 DCS 也称集散控制系统。

一、DCS 的产生与发展

1975 年，美国 Honeywell 公司将计算机技术、控制技术、通信技术和 CRT 相结合，创造性地推出了 TDC-2000 DCS。

DCS 的发展历史主要有以下五个阶段：

（1）第一代 DCS 是指从其诞生的 1975—1980 年间所出现的第一批 DCS，因为这是有史以来第一批 DCS，因此控制领域称这一时期为初创期或开创期。这一时期的 DCS 包括 Yokogawa（横河）公司的 CENTUM 系统、Honeywell 公司的 TDC-2000 系统、Foxboro 公司的 Spectrum 系统、Bailey 公司的 Network 90 系统、Siemens 公司的 Teleperm M 系统等。这一时期 DCS 的构成包括过程控制单元、数据采集单元、CRT 操作站、上位管理计算机以及连接各个单元和计算机的高速数据通道。这一时期 DCS 的主要优点是注重控制功能的实现、分散控制、集中监视；缺点是人机界面功能弱、通信能力差、互换性差、成本高。

（2）第二代 DCS 是指在 1980—1985 年间推出的各种 DCS，这一时期为 DCS 的成熟期。这一时期的 DCS 包括 Yokogawa（横河）公司的 CENTUM V 系统、Honeywell 公司的 TDC-3000 系统、Fisher 公司的 PROVOX、Taylor 公司的 MOD300、Westinghouse 公司的 WDPF 等系统。这一时期 DCS 的主要特点是引入了局域网（LAN）作为系统骨干，按照网络节点的概念组织过程控制站、中央控制站、系统站、网关（gate way，用于兼容早期产品）。

（3）第三代 DCS 是指在 1985—2000 年间推出的各种 DCS，这一时期为 DCS 的扩展期。第三代 DCS 采用了国际标准化组织（ISO）的 MAP（制造自动化规约）网络。这一时期的 DCS 包括 Yokogawa（横河）公司的 CENTUM-XL 和 μXL 系统、Foxboro 公司的 I/A Series 系统、Honeywell 公司的 TDC3000UCN 系统、Bailey 公司的 INFI-90、Westinghouse 公司的 WDPF Ⅱ、Leed & Northrup 公司的 MAX1000、日立公司的 HIACS 系统等。

（4）第四代 DCS 是指在 2000—2007 年间推出的各种 DCS，这一时期为 DCS 的数字化、信息化和集成化时期。这一时期的 DCS 更加开放，支持各种智能仪表总线（FF、HART），同时通过网络速度的扩展，提高了系统的规模化水平。这一时期的代表 DCS 有 Yokogawa（横河）公司的 CENTUM CS 和 CENTUM CS3000、Honeywell 公司的 TPS、Westinghouse 公司的 Oviation 等。

（5）第五代 DCS 是指在 2008 年以后推出的各种 DCS，这一时期为 DCS 的一体化、智能化时期。这一时期的 DCS 采用 1G 高速网络，实现控制系统的一体化、智能化，从而真正地实现数字化工厂。这一时期的代表 DCS 有 Yokogawa（横河）公司的 CS3000 R3 和最新版的 CENTUM VP、Honeywell 公司的 PKS 以及 Emerson 公司的 Delta V 系列等。

二、DCS 的体系结构

自从 1975 年 DCS 诞生以来，随着多种科学技术的发展和应用，DCS 也在不断地更新和完善。尽管不同的 DCS 产品在技术的先进性、硬件的互换性、软件的兼容性、操作的一致性和价格的多样性等方面很难达到完全的统一，但从 DCS 的基本结构、功能和可靠性等方面来分析，仍然具有相同或相似的体系结构。

DCS 是纵向分层、横向分散的大型综合控制系统。它以多层计算机网络为依托，将分布在全厂范围内的各种控制设备和数据处理设备连接在一起，实现各部分的信息共享和协调工作，以共同完成各种控制、管理及决策功能。通常情况下，DCS 分为管理级、监控级、控制级和现场级，如图 7-5 所示。DCS 体系结构中常规仪表指各种传感器（变送器）、执行器。

（一）管理级

DCS 管理级由 SIS 和 MIS 组成。SIS 和 MIS 对内是实现厂级生产过程自动化和管理现代化的系统，对外是实现电网运营和调度自动化的系统。

SIS 主要处理全厂实时数据，完成厂级生产过程的监控和管理，厂级故障诊断和分析，厂级性能计算、分析和经济负荷调度等。

MIS 主要为全厂运营、生产和行政的管理工作提供服务，主要完成设备和维修管理、生产经营管理和财务管理等。

（二）监控级

监控级的各种工作站是 DCS 信息展示和控制人员人机交互的主要平台，主要设备有操作员站、工程师站和历史记录站等。借助于网间连接器，监控级的各种工作站可以同时、双向地与管理级、控制级共享数据和交换信息。

（三）控制级

控制级由过程控制站、数据采集站、PLC、I/O 接口和控制级网络传输介质等组成。借助于网络传输介质、数据采集站、I/O 接口和网间连接器，控制级的过程控制站同时接收现场级和监控级的控制信号，也同时将过程控制站的处理信号传输给现场级和监控级。控制级能够实现连续控制、逻辑控制、顺序控制和批量控制等。为保证 DCS 控制的可靠性，通常

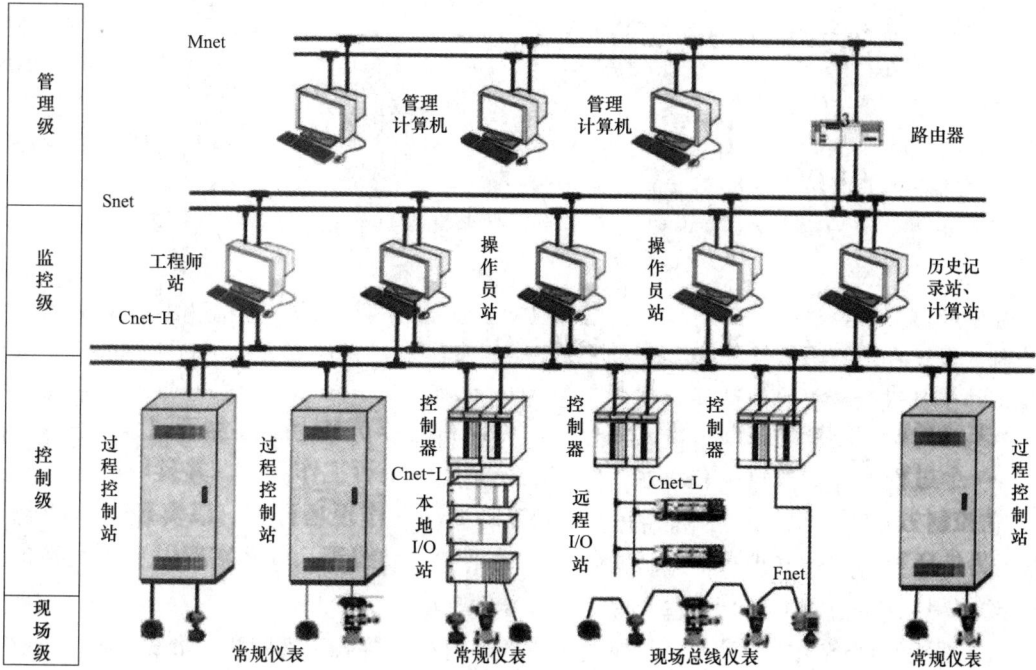

图 7-5 DCS 体系结构

每个控制器都是冗余配置，可以实现无扰切换。利用 FCS 接口，控制级能够与 FCS 连接，实现现场总线的控制。

（四）现场级

现场级主要由现场级网络传输介质、I/O 总线、执行器、手操器、控制面板、各种传感器和仪表构成。如果现场总线集成于 DCS，则一般还包括现场总线仪表。

在 DCS 中，过程控制设备是最基层的自动化设备，它接受来自现场的各种检测仪表传输的过程信号，对过程信号进行实时处理，将测量值和报警值向现场级的通信网络传输；过程控制设备也接受现场级的通信网络的控制指令，根据过程控制的要求进行相应的控制运算后，输出信号驱动现场执行器，实现对生产过程的控制，满足电厂生产中 MCS、SCS、FSSS、CCS 和 DEH 等系统的需要。

三、DCS 的组成

DCS 主要由通信网络、过程控制站和人机接口三大部分组成。

（一）通信网络

通信网络是 DCS 的三大组成部分之一，DCS 的通信网络性能对整个 DCS 的各种性能指标有极大的影响。决定 DCS 网络性能的三要素是网络拓扑、传输介质和介质访问控制方法，而通信设备、通信环境和传输距离等也对网络性能有很大的影响。

DCS 的纵向分层结构将系统分成四个不同的层次，自下而上分别是现场级、控制级、监控级和管理级。对应这四层结构，分别由四层计算机网络即现场网络 Fnet（field network）、控制网络 Cnet（control network）、监控网络 Snet（supervision network）和管理网 Mnet（management network）把相应的设备连接在一起。

（1）现场网络 Fnet 由现场总线及远程 I/O 总线构成，位于被控生产过程附近，用于连接远程 I/O 或现场总线仪表。

（2）控制网络 Cnet 由位于控制柜内部的柜内低速总线（Cnet-L）和位于控制柜与人机接口间的高速总线（Cnet-H）构成，用于传递实时过程数据。

（3）监控网络 Snet 位于监控层，用于连接监控层工程师站、操作员站、历史记录站等人机接口站，传递以历史数据为主的过程监控数据。

（4）管理网络 Mnet 位于管理层，用于连接各类管理计算机。

（二）过程控制站

在生产过程中，过程控制站是实现相对独立子系统的数据采集、控制和保护功能的计算机控制装置。在不与监控级网络相连的情况下，过程控制站仍能够接收来自现场的生产过程信息，并将其进行相关的处理后，通过 I/O 模块送到现场去控制执行器的动作，实现对生产过程的控制；在与监控级网络相连的情况下，人机接口所需的数据由过程控制站经过通信接口传输，并进行相应的显示、记录、打印和报警等。

过程控制站由硬件和软件两部分组成。过程控制站的硬件通常是一柜式设备。在过程控制站机柜内，硬件系统通常包括电源模件、控制网络、通信接口、I/O 模件、控制器和柜内总线系统等。有的过程控制站还包含现场信号接口等硬件。

（1）机柜。DCS 机柜内部结构通常有卡件式、直接挂接式和底座式等形式，图 7-6 所示为底座式机柜内部结构。

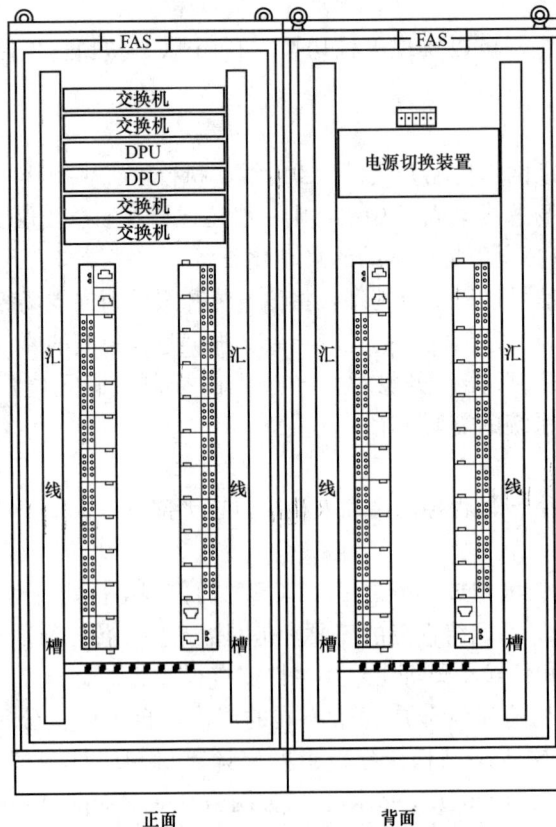

图 7-6　DCS 底座式机柜内部结构

虽然不同过程控制站机柜的布置存在差异，但其组成基本相同，即主要包括风扇组件、控制器安装机架、I/O 模件安装机架、端子板安装组件和柜内总线系统等。

（2）电源。DCS 的每一个机柜、操作员站和工程师站都需要 220V 交流电源供电，DCS 各工作部件也需要各种不同电压等级（如±5、±10、±12、±15V 和＋24V 等）的直流电源供电。有的 DCS 各级直流电源采用了 1∶1 的冗余；有的 DCS 为了减少电源装置的备用件数，对同一电压等级的 N 个供电电源，只提供一个电源作为备用，这就是 $N∶1$ 的冗余。在 DCS 中，不间断电源系统（uninterruptible power system，UPS）是必须配备的交流电源，在 220V 交流主电源中断的情况下，可以由 UPS 给 DCS 供电。

（3）控制器。过程控制站作为一个智能化的可独立运行的计算机控制系统，其核心是控制器。不同 DCS 的控制器的组成基本相同，即由 CPU、存储器和 I/O 总线接口等组成，但表现形式有机箱式和模件式等多种形式。

控制器有很多适用于过程控制的功能和特点，如固化多种类型的控制算法、内置实时多任务的操作系统、在线组态、在线带电插拔等，其结构满足了工业过程控制的要求。控制器一般都要采用 1∶1 的冗余措施，这样可以保证控制器的可靠性。另外，对控制器设置了 LED 指示器以监视 CPU 的工作状态，配置了适合 CPU 工作方式的设定开关。

（4）I/O 模件。I/O 模件是一个可运行的智能化的数据采集和处理单元，几乎都装有单片机，可自动地对各路输入信号巡回检测、非线性校正和补偿运算等。

I/O 模件是控制器和过程参数之间的接口，也是过程控制站机柜中种类最多和数量最大的模件。I/O 模件通常包括 AI 模件、AO 模件、DI 模件、DO 模件、脉冲量输入 PI 模件、脉冲量输出 PO 模件、事件顺序记录（sequence of event，SOE）模件和现场总线接口模件等。I/O 模件通过 I/O 总线与控制器模件取得联系，各种 I/O 模件体现了通用性和系统组态的灵活性。

（5）通信接口。通信接口是将过程控制站挂接在控制网络上，实现其与其他节点的数据共享。

不同 DCS 厂家的通信接口存在差异。例如，Emerson Ovation 系统的控制网络是基于 IEEE 802.3 的以太网，其通信接口则是以太网卡；而 ABB Symphony 系统的控制网络，则采用存储转发环路，其通信接口是由网络处理模件（NPM）和网络接口模件（NIS）组成的通信接口对。

（6）端子板。过程控制站的端子板用于 I/O 信号的预处理，实现 I/O 模件与现场信号的连接等功能。

不同过程变量的 I/O 模件有对应的端子板。例如，配接热电偶的 AI 端子板布置有热电阻，可以对热电偶的冷端温度进行补偿。在 AI 端子板上，设有保护和滤波电路；在 AO 端子板上，通常设有跳接线，可以选择电压输出或电流输出的方式；在开关量 I/O 端子板上，一般设有过电压和过电流等保护电路。

（7）柜内 I/O 总线。过程控制站柜内的控制器与 I/O 子系统的连接，通常采用总线结构，一般称为 I/O 总线。有些 I/O 总线采用串行方式，有些则采用并行方式，还有些采用其他类型的方式，如 Symphony 系统存在着控制器之间相互通信的总线。通常 I/O 总线采用预制的方式安装在卡件箱背板上，当卡件插入卡件箱时，自然形成对应的总线。例如，Ovation 系统的 I/O 总线随着 DIN 导轨的 I/O 组件底座的安装，就自然形成了对应的 I/O

总线。

由于总线信号比控制器内部 CPU 总线要少，因此并行方式的 I/O 总线采用的是非标准的和简化的形式，即仅提供了 I/O 模件所必需的数据线、地址线和控制线。

（三）人机接口

人机接口是指具备输入工具、操作工具、可视画面、可复制和转移的数据记录设备，能够实现控制系统组态、编程、监视和操作的计算机系统。DCS 的人机接口是运行操作员、系统管理员、控制组态工程师和系统维护员等与 DCS 交互的界面，其主要功能是完成操作者与计算机之间的信息通信，主要包括操作员站、工程师站、历史站、计算站与报表站、系统监控和诊断站、性能计算站等。

1. 操作员站

操作员站是运行人员与 DCS 相互交换信息的人机接口设备。运行人员通过操作员站来监视和控制整个生产过程。运行人员可以在操作员站上观察生产过程的运行情况，读出每一个过程变量的数值和状态，判断每个控制回路是否工作正常，并且可以随时切换自动/手动控制方式、修改给定值、调整控制量、操作现场设备，以实现对生产过程的干预。另外，还可以打印各种报表、拷贝屏幕上的画面和曲线等。

操作员站的计算机系统往往采用通用计算机生产厂商生产的计算机配以 DCS 厂商的人机接口软件来组成，通常由主机、显示器、键盘、鼠标及通信接口等几部分组成。各 DCS 的操作员键盘都有自己厂家设计的专用键盘，它与通用计算机操作键盘的功能和工作原理相似，但在结构上更加坚固，功能键的数量更多，按键的排列位置也有所不同，并带有防水、防尘等功能。

监控画面是操作员站最常用的功能，通常由 DCS 厂商的组态工程师和电厂操作人员根据多年的经验在系统中设定显示功能，通常有以下画面类型构成：

（1）总貌图画面。这是系统中最高一层的显示。它主要用来显示系统的主要结构和被控对象的最主要信息。同时，总貌显示一般提供操作指导，即操作员可以在总貌显示下切换到任一组他感兴趣的画面。

（2）工艺流程图类画面。工艺流程图类画面是运行人员监盘时的常用画面，它将热力生产过程形象地展现在操作人员面前。工艺流程图画面较多，通常采用分层分级显示或分块显示的原则将一个大的生产工艺流程由粗到细地进行展示。

操作员可以由总貌画面开始，配合画面提示菜单或按钮，应用键盘上的相应控制键或鼠标逐层进行画面切换。

分块显示是将一幅大的画面分成若干幅相连的画页，然后部分地进行显示。这时有两种显示控制方式：一种是用轨迹球或鼠标等进行屏幕连续滚动；另一种是用翻页方式进行显示。例如，TXP 支持连续滚动显示，而其他大部分系统都支持翻页显示。

（3）成组显示类画面。在实际应用过程中，为便于监视和操作，运行操作人员往往需要将生产过程相关的参数和状态显示以及操作控制以组的方式集中在一起。例如，重要参数的集中列表显示、重要状态的光字牌显示、重要设备操作器的集中监控等。

（4）单点显示类画面。单点显示类画面对应 DCS 中的每一个测点，如一个模拟量点包含很多信息，有测点 KKS 编码、名称、单位、显示下限、显示上限、报警优先级、报警上限、报警下限、报警死区、转换系数、转换偏移量、硬件地址等。在测点的详细显示功能中可以列出所有内容，并允许操作员修改某一项的内容。该功能在不同的系统中显示方式不同，有些系统将所有信息一起显示在整个屏幕上，而另一些系统则显示在屏幕的一小部分上，这样操作员就可以同时监视另一幅画面，并修改某点的信息。

（5）设备操作类画面。设备操作类画面在 DCS 画面系统中是一类很重要的画面。运行人员对生产过程的设备启/停、重要过程参数的控制等都需要通过这类画面进行。此类画面往往以弹出式窗口形式出现，运行人员通过键盘或鼠标点击流程图画面上的某个活动显示元素（如汽包水位）后，即可弹出相应控制器进行水位控制，控制任务完成后关闭此弹出窗口。根据设备类型，设备操作类画面主要有控制器画面、手操器画面、功能组启/停画面等。

1）控制器画面。控制器画面显示控制回路的三个相关值即给定值、测量值和控制输出值的棒图、数值以及跟踪曲线，此外还提供该控制回路的控制参数。操作员在此画面下可以完成下列操作：改变控制给定、改变控制输出、改变控制方式（自动/手动切换）、修改回路的参数等。

2）手操器画面。手操器画面主要是控制开关量设备启/停的操作画面。它显示设备目前的启/停状态、控制方式（自动/手动状态）、启/停允许状态、闭锁状态等。运行人员在操作条件满足的情况下，可按动操作器上的操作按钮，进行解/闭锁、自动/手动切换、设备启/停等操作。

3）功能组启/停画面。功能组启/停画面主要是顺序控制启/停设备的操作画面。操作画面上显示有进行功能组启/停的允许条件、功能组启/停的步序及当前正在进行的步序和已完成的步序。在启/停条件满足的前提下，运行人员可按下启/停按钮启/停功能组，或按下复位按钮中断功能组启/停过程。

（6）报警类画面。工业自动控制系统的最重要的要求之一是，在任何情况下，系统对紧急的报警都应立即做出反应。报警有很多原因，在 DCS 中不但要求系统对一些重要的报警做出反应，并且要对近期的报警做出记录，这样有助于分析报警的原因。DCS 具有以下几种报警显示功能，即强制报警显示、报警列表显示和报警确认功能。

1）强制报警显示是指不论画面上正在显示何种画面，只要此类报警发生，则在屏幕的上端强制显示出红色的报警信息、闪烁，并启动响铃。例如，Ovation 系统画面的基本报警图标、TXP 的公共报警指示、Symphony 系统的最小报警窗口等。

2）报警列表显示是指 DCS 有一个报警列表记录，该记录中保留着近期几十个或几百个报警项，每项的内容包括报警时间、测点 KSS 编码、名称、报警性质、报警值、极限、单位、确认信息等。其中，报警时间记录该项报警所发生的具体时间，格式为日/时/分/秒；报警性质为上限报警、下限报警等；报警值为报警时刻的物理量值；报警极限为对应的极限值。操作员可调出报警列表画面，将各报警记录列表分页进行显示。

3）报警确认功能是指在报警信息产生时运行人员按下确认按钮表示已知晓该报警信息并复归报警音响。列表时，已确认的和未确认的报警用不同的颜色进行显示。操作员可以在此画面上进行单项确认、单页确认或全部确认报警项。

（7）趋势类画面。一般的趋势显示有两种：一种是实时趋势，即操作员站周期性地从数据库中取出当前的值，并画出曲线。一般情况下，实时趋势曲线不太长，通常每个测点记录 100～300 点，这些点以一个循环存储区的形式存于内存中，并周期地更新。刷新周期也较短，从几秒到几分钟。实时趋势通常观察某些点的近期变化情况，在设定控制器控制参数时更为有用。另一种是历史趋势，这是一种长期记录，通常用来保存几天或几个月甚至更长时间的数据。每个存档测点存储间隔比较长，占用的存储空间很大。因此，DCS 通常将这种长期历史记录存放在磁盘或磁带机上。这些长期历史数据一方面用来显示长期趋势，另一方面可以用来管理运算和报表。

同时，系统中还设有一个标准的长期历史趋势显示画面。在该画面上操作员可以键入要显示的若干点的点名，以及要显示的时间等信息，这样就可以看到这些曲线。

（8）报表类画面。报表类画面用于显示各类报表。

（9）仪控系统监控类画面。仪控系统监控类画面可以显示 DCS 的组成结构和各站及网络干线的状态信息。

2. 工程师站

工程师站是为了便于控制工程师对 DCS 进行配置、组态、调试、维护等工作所设置的工作站。工程师站还可以对各种设计文件进行归类和管理，形成各种设计文件，如各种图纸、表格等。工程师站一般由高性能工作站配置一定数量的外部设备所组成，如打印机、绘图机等。在系统初始组态时，工程师站可作为组态服务器，而临时将其他人机接口站作为组态客户机使用，以便与组态工程师共享一个项目的资源，提高组态效率。DCS 投产后，一般只留一台工程师站来保存项目组态文件和进行系统日常维护。

工程师站的主要功能如下：

（1）控制系统组态。通过控制系统的组态，可以确定硬件组态、硬件连接关系、逻辑算法和控制算法等每个工程的组态任务，主要有以下的内容：

1）确定控制系统的每一个 I/O 点的地址，以便控制系统能够准确识别，如确定一个测点在通信系统中的机柜号、模件号和点号。

2）建立或修改测点的编号和说明字，使编号、说明字与硬件地址之间有一一对应的关系，即标明每一个测点在系统中的唯一身份，从而避免出现数据传输上的混乱。编号和说明字是工程师组态的一个重要内容。

3）确定系统的每一个输入方式，如输入信号的零点迁移、量程范围、线性化、量纲变换、函数转换等。

4）既可以利用组态软件进行系统控制逻辑的在线或离线组态，也可以利用面向问题的语言和标准软件开发、管理和修改其他工作站的应用软件。

5）可以选择控制算法、调整控制参数、设置报警限值和定义某些测点的辅助功能，如选择打印记录、趋势记录、历史数据存储和检索等。

6）可以建立每一个控制系统的各个设备之间的通信联系，实现控制方案中的数据传输、网络通信和系统调试，还可以将组态或应用软件下载到各个目标节点上去等。

上述组态信息在被输入系统并进行正确性检查后，以数据库的形式全部存储到大容量存储器中。

（2）操作员站组态。除对 DCS 的控制功能进行组态外，工程师站还要对操作员站进行组态。操作员站的组态功能主要包括如下内容：

1）使操作员站所使用的所有设备和装置具体化，如操作、显示、报警、记录和存储等设备数量、规格及其型号的确定。

2）建立操作员站及其相关设备之间的对应关系，如利用编号和说明字来指明设备和画面，为测点选择合适的工程单位等。

3）利用工程师站提供的标准软件，完成数据库、监控图形、显示画面等设计和组态工作。

（3）在线监控。工程师站在线监控的主要功能如下：

1）具有操作员站的全部功能，能够在线监视机组当前的运行情况，如量值或状态的在线监视。

2）利用存储设备内的数据，在显示器上进行趋势在线显示。

3）按环路和页等方式，在线显示应用程序、实时参数和控制状态。

4）提供在线调整功能，使工程师站具有实时调整生产过程的能力。

（4）文件编制功能。在通常情况下，工程师站的文件编制功能如下：

1）支持表格数据和图形数据两种格式的文件系统。其中，数据格式是可变的。

2）支持工程设计文件的建立和修改等文件处理。

3）支持屏幕拷贝和文件编制的硬件设备，如打印机和彩色拷贝机。

利用工程师站的文件处理系统、输入设备、存储设备和硬拷贝设备，工程师可方便地完成控制系统众多文件的自动编制及其修改任务。

（5）故障诊断功能。工程师站是系统调试、查错和故障诊断的重要设备之一。DCS 的大多数装置都是基于微处理器的，利用这些装置的"智能化"特点，可以实现以下功能：

1）自动识别系统中包括电源、模件、传感器和通信设备在内的任何一个设备的故障。

2）确定某设备的局部故障、故障的类型和故障的严重性。

3）在系统处于启动前检查或在线运行时，能够快速处理查错信息。

3. 历史站、计算站与报表站

历史站、计算站的主要任务是对生产过程的重要参数进行连续记录、监督和控制，如机组运行优化和性能计算、先进控制策略的实现等。由于计算站的主要功能是完成复杂的数据处理和运算功能，因此对它的要求主要在于运算能力和运算速度。机组运行优化也可以由一套独立的控制计算机和优化软件来完成，只是在机组控制网络上设一接口，利用优化软件的计算结果去改变控制系统的给定值或偏置。

历史站主要用于历史数据的收集和存储，通常历史站同时被配置成报表服务器。历史站是 DCS 的重要组成部分。历史数据收集软件用于收集控制网上的实时数据并存档形成历史数值，包括模拟量和开关量，收集的测点名称与周期在配置文件中定义。

报表站主要将历史站收集的实时数据和历史数据进行必要的计算然后将数据以各类报表的形式再现。DCS 报表包括周期型报表、触发型报表、追忆数据型报表、事件顺序记录型报表、事件型报表、自定义周期型报表等。

（1）周期型报表是指在一定的时间内所形成的报表，如时报、班报、日报、月报等，周期性报表的最小时间单位为 1h。

（2）触发型报表是指当给定的条件满足时生成的报表，此功能未开放。

（3）追忆数据型报表是指对事故发生过程的记录，一般过程为当某一开关量发生跳变时，记录跳变之前一段时间的数据和跳变之后一段时间的数据。

（4）事件顺序记录型报表是指对事件跳变序列即高速采样（<1ms）开关量模块采集到的开关量跳变序列的记录，主要用于事故分析。

（5）事件型报表是指开关量变位和模拟量越限事件的记录，用于监视重要测点的状态。

（6）自定义周期型报表是指根据用户指定的起始时间、时间间隔（最小时间单位为1min）生成的用户所需的报表。自定义周期型报表的数据选自历史数据，因此不需要启动相应的数据收集程序，但所用点必须在历史数据收集配置文件中定义。

4. 系统监控与诊断站

DCS 是一套复杂的网络控制系统，各类网络连接的设备、模件不计其数。系统监控与诊断站的任务就是负责整套 DCS 的网络系统、人机接口系统、过程控制子系统各类设备的性能监控和故障诊断工作。在 DCS 大量采用现场总线和远程 I/O 技术的今天，系统监控与诊断的范围已由传统的 DCS 机柜延伸到了工业设备现场，监控与诊断的范围和数量成倍增长，因此有的 DCS 将系统监控与诊断任务从工程师站分离出来单独设站进行监管。

5. 性能计算站

性能计算也是 DCS 的一个重要功能。目前国内大型火电厂特别重视运行经济性问题，优化运行逐步成为电厂运行管理的一项重要内容，因此性能计算站的计算内容也不断增多。通过机组的各种性能计算，操作员和管理员可以掌握主、辅机的性能值及其长期变化的趋势；利用报表功能和历史记录功能，管理员可以确定各个运行班组的平均运行性能指标，使运行考核和设备维修有据可依；性能计算还能提供机组和主设备许多不能直接测量的性能指标。

在火电厂的 DCS 中，性能计算站的主要计算内容包括以下几点：

（1）机组性能。包括机组热耗率、汽耗率、循环热效率、厂用电率、发电煤耗率和供电煤耗率等。

（2）锅炉性能。包括燃烧效率、排烟热损失和其他各项燃烧损失等。

（3）空气预热器性能。包括空气预热器漏风率、烟气侧效率和空气侧效率等。

（4）汽轮机性能。包括汽缸进汽流量、排汽流量、效率、输出内功、低压缸排汽干度和低压缸排汽焓等。

（5）给水泵汽轮机和给水泵性能。包括给水泵汽轮机效率、给水泵效率和给水泵给水焓升等。

（6）加热器性能。包括进汽流量、端差、抽汽管道压损和给水焓升等。

（7）除氧器性能。包括进汽流量、抽汽管道压损和过冷度等。

（8）凝汽器性能。包括过冷度、传热端差、循环水温升、传热系数、清洁度系数和循环水流量等。

四、DCS 的信号流程

在应用 DCS 进行控制系统设计时，首先必须弄清 DCS 中各种信号的来龙去脉，并对信号的产生、转换、运算、输出原理有足够的理解。下面以图 7-7 为例，简要说明 DCS 中几种典型信号的流程，主要包括过程信号的输入与输出、DCS 中的控制运算、操作员站的显示与操作。

（一）信号输入过程

如图 7-7 所示，现场信号进入 DCS 一般要经过以下几个步骤：

（1）现场的各种物理量信号（温度、压力、流量、液位、功率、电压、电流、成分等）通过一次测量仪表或变送器转换为电信号。模拟量信号常见的有毫伏、电阻、4～20mA 电

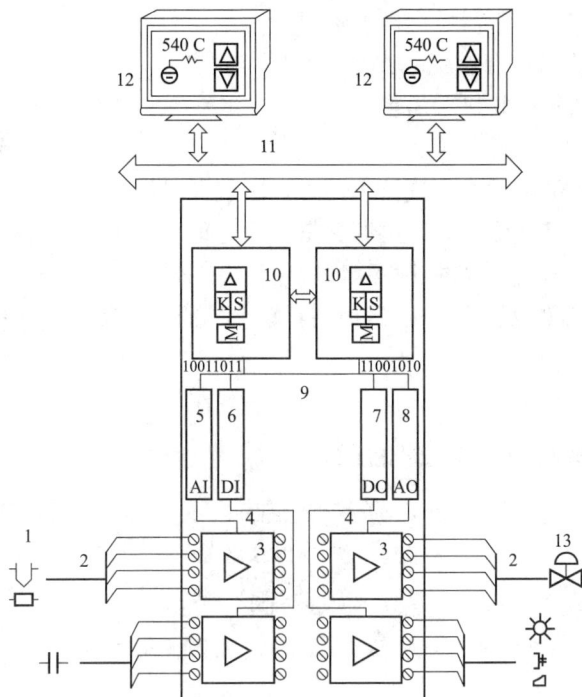

图 7-7 DCS 信号流程

1—测量变送装置；2—信号电缆；3—接线端子板；4—专用电缆；5—模拟量输入模件 AI；6—开关量输入
模件 DI；7—开关量输出模件 DO；8—模拟量输出模件 AO；9—I/O 总线；10—DCS 控制器；11—DCS 控制
网络；12—DCS 操作员站；13—现场执行设备

流、0～10V（或 1～5V）电压等，开关量信号一般为干接点。

（2）信号电缆将现场信号引入控制机柜的接线端子板上。接线端子板除提供信号接线端子外，还具有简单的信号处理功能，如电流/电压转换、信号滤波、现场变送器供电等。

（3）经过接线端子板汇总后的信号，通过专用电缆传送至模拟量输入模件 AI 或开关量输入模件 DI，并转换为数字量。模拟量输入模件 AI 与开关量输入模件 DI 可以接收多路（如 16 路）信号，并与接线端子板一一对应。

（4）转换后的数字量通过 I/O 总线传送至控制器中，按设计组态要求完成控制运算。

（二）信号输出过程

经控制器运算处理后的信号，若要送到生产现场控制设备动作，一般要经过以下几个步骤：

（1）控制器运算输出数字量通过 I/O 总线传送到模拟量输出模件 AO 或开关量输出模件 DO，并将其由数字量转换为模拟量或开关量。模拟量输出模件 AO 与开关量输出模件 DO 可以输出多路（如 16 路）信号。

（2）转换后的信号通过专用电缆送到接线端子板上，接线端子板与模拟量输出模件 AO 或开关量输出模件 DO 一一对应。

（3）输出信号通过信号电缆传送至生产现场，控制现场设备动作。

（三）操作员站显示过程

当操作员调出相应画面观看过程参数时，一般经过以下几个步骤：

（1）操作员站向相应控制器发出数据请求。

（2）DCS 控制器将数据发送到 DCS 控制网络上。

（3）操作员站得到数据并显示出来。

（四）操作员站操作过程

当操作员通过操作员站对过程进行干预时，一般经过以下几个步骤：

（1）操作员通过键盘或鼠标修改可调变量（设定值、输出值等）。

（2）修改后数据发送到 DCS 控制网络上。

（3）DCS 控制器获得数据后，完成相应操作（内部运算或输出到现场设备）。

★ 任务实施

熟悉某 1000MW 机组 DCS 的人机接口。

任务实施 7-2　熟悉某 1000MW 机组 DCS 的人机接口

任务验收

（1）知道 DCS 的体系结构、DCS 的组成及各部分作用、DCS 的信号流程。

（2）能调用 DCS 的监控画面，能对 DCS 进行 A/M 操作。

任务三　现场总线控制系统认知

学习目标

（1）熟悉现场总线的定义、FCS 的体系结构。

（2）了解 FCS 的特点和优点、FCS 的标准。

任务描述

知道现场总线的定义、FCS 的体系结构；知道 FCS 的特点和优点、FCS 的标准；能调用 FCS 的监控画面，能对 FCS 进行投入/切除操作。

知识导航

一、现场总线技术的发展历史

随着计算机技术的发展，嵌入式微处理器（如单片机、数字信号处理器）在变送器、执行器中得到了广泛的应用。微型计算机的应用使得仪表具有计算、存储、通信能力及故障自检功能，仪表的性能、测量准确度、整体可靠性都大大提高，逐渐发展为智能化仪表；同时也使仪表设计模式化，实际上大多数的智能化仪表都具有通用型的结构，即传感器＋A/D

转换器＋微控制器。

　　新技术推动了仪表的发展，而智能化仪表在 DCS 的应用中面临一个比较尴尬的问题，即 DCS 与现场设备的接口仍然用 4～20mA 电流表示的模拟量信号和逻辑电平表示的开关量信号。于是，智能化仪表在设计过程中不得不加入 D/A 转换器，将测量的结果转换成模拟量以配合 DCS 使用。而在 DCS 一端，再把经过隔离后的模拟量信号经 A/D 转换后，供计算机处理，其过程如图 7-8 所示。在信息处理日益数字化的背景下，这种模拟量的信号传输模式，逐渐成为工业自动化发展的障碍。

　　现场总线作为一种通信方法实现了仪表与现场设备的数字化互联。而实际上，高性能微控制器的应用，使仪表或现场设备不仅可以完成其本身的工作，还可以完成大量额外的工作。当把一些控制功能用仪表完成后，现场总线的实际意义就不仅仅是一种通信总线，而是具有了控制系统的某些性质。例如，一个变送器（流量传感器）和一个执行器（控制阀）就可以构成一个简单的单回路控制系统。

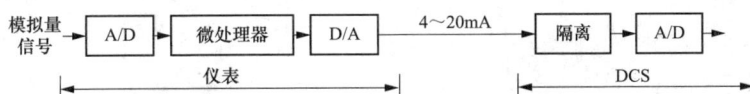

图 7-8　DCS 下模拟量信号传输过程

二、现场总线的定义

　　现场总线是用于过程自动化或制造自动化中实现智能化现场设备（如变送器、控制器、执行器）与高层设备（如主机、网关、人机接口设备）之间互联的、全数字、串行、双向的通信系统。通过它可以实现跨网络的分布式控制。按照国际电工委员会（IEC）标准和现场总线基金会（FF）的定义：现场总线是连接智能现场设备和自动化系统的数字式、双向传输、多分支结构的通信网络。

　　现场总线的本质表现在以下几个方面：

　　（1）现场通信网络。现场总线作为一种数字式通信网络一直延伸到生产现场中的现场设备，使过去采用的点对点式的模拟量信号传输或开关量信号的单向并行传输变成多点一线的双向串行数字式传输。

　　（2）现场设备互连。现场设备指位于现场的传感器、变送器和执行器等。这些现场设备可以通过现场总线直接在现场实现互联，互相交换信息。而在 DCS 中，现场设备之间是不能交换信息的。

　　（3）互操作性。互操作性是指来自不同厂家的设备可以互相通信，并且可以在多个厂家的环境中完成所需功能。这体现在用户可以自由地选择设备和软件。

　　（4）分散功能块。FCS 把功能块分散到现场仪表中执行，因此取消了传统 DCS 中的过程控制站。例如，现场总线变送器除具有一般变送器功能之外，还可以运行 PID 控制功能块。

　　（5）现场总线供电。现场总线除了传送信息之外，还可以完成为现场设备供电的功能。现场总线供电不仅简化了系统的安装和布线，而且可以通过配套的安全栅实现本质安全系统，为 FCS 在易燃易爆环境中的应用奠定了基础。

　　（6）开放式互联网络。现场总线为开放式互联网络，既可以实现同层网络的互联，也可以实现不同层网络的互联。现场总线是一个完全开放的协议，这意味着来自不同厂家的现场总线设备，只要符合相同的某一现场总线协议，就可以通过该现场总线网络连接成系统，实现综合自动化。

三、现场总线系统的特点和优点

(一) 现场总线系统的特点

1. 现场总线系统的结构特点

现场总线系统打破了传统控制系统的结构形式。传统模拟控制系统采用一对一的设备连接，按控制回路分别进行连接。位于现场的测量变送器与位于控制室的控制器之间，控制器与位于现场的执行器、开关、电动机之间均为一对一的物理连接。现场总线系统由于采用了智能现场设备，能够把原先 DCS 中位于控制室的控制模块、各输入/输出模块置入现场设备，加上现场设备具有通信能力，现场的测量变送器可以与执行器直接传送信号，因此控制系统的功能能够不依赖控制室的计算机或控制仪表，而直接在现场完成，实现了彻底的分散控制。图 7-9 所示为 FCS 与 DCS 的结构对比。

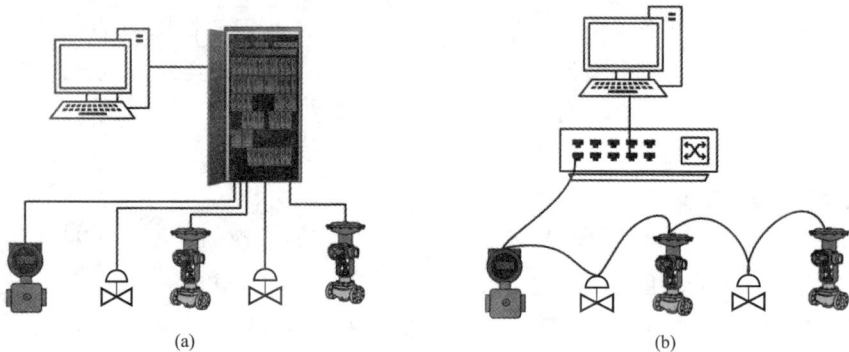

图 7-9　FCS 与 DCS 的结构对比

(a) DCS；(b) FCS

由于采用数字信号替代了模拟信号，因此现场总线系统可实现一对导线上传输多个信号（包括多个运行参数值、多个设备状态、故障信息），同时又为多个设备提供电源；现场设备以外不再需要 A/D、D/A 转换部件，这样就为简化系统结构、节约硬件设备、节约连接电缆与各种安装、维护费用创造了条件。

2. 现场总线系统的技术特点

(1) 系统的开放性。开放性是指对相关标准的一致性、公开性，强调对标准的共识与遵从。一个开放系统，是指它可以与世界上任何地方遵守相同标准的其他设备或系统连接。通信协议一致公开，各不同厂家的设备之间可实现信息交换。现场总线的开发者致力于建立一个统一的工厂底层网络的开放系统。通过现场总线可以构筑自动化领域的开放互连系统。

(2) 互操作性与互用性。互操作性是指实现互连设备间、系统间的信息传送与沟通；而互用性则意味着不同厂家的性能类似的设备可实现相互替换。

(3) 现场设备智能化与功能自治。它将传感测量、补偿计算、工程量处理与控制等功能分散到现场设备中去完成，仅靠现场设备就可完成自动控制功能，并可随时诊断设备的运行状态。

(4) 系统结构的高度分散性。现场总线已构成一种新的全分散性控制系统的体系结构，因此从根本上改变了现有 DCS 集中与分散相结合的集散控制系统，简化了系统结构，提高了可靠性。

（5）对现场环境的适应性。工作在生产现场前端，作为工厂网络底层的现场总线，是专为现场环境设计的，可支持多种类型的传输介质，具有很强的抗干扰能力，能采用两线制实现通信，并可满足本质安全的需要。

（二）现场总线系统的优点

由于现场总线系统的以上特点，特别是现场总线系统结构的简化，使控制系统从设计、安装、投运到正常生产及检修维护，都体现出优越性。

（1）节省硬件数量与投资。由于现场总线系统中分散在现场的智能设备能直接执行多种传感控制报警和计算功能，因而可减少设备的数量，不再需要单独的控制器、计算单元等，也不再需要 DCS 的信号处理、转换、隔离等功能单元以及其复杂的接线，还可以用工业控制计算机作为操作站，从而节省了大笔的硬件投资，并可减少控制室的占地面积。

（2）节省安装费用。现场总线系统的接线十分简单，一对双绞线或一条电缆上通常可以挂接多个设备，因而电缆、端子、槽盒、桥架的用量大大减少，连线设计与接头校对的工作量也大大减少。当需要增加现场设备时，无须增设新的电缆，可就近连接在原有的电缆上，既节省了投资，也减少了设计、安装的工作量。据有关典型实验工程的测算资料表明，可节约安装费用 60% 以上。

（3）节省维护开销。由于现场控制设备具有自诊断与简单故障处理的能力，并可通过数字通信将相关的诊断维护信息送往控制室，用户可以查询所有设备的运行、诊断维护信息，以便尽早分析故障原因并快速排除，从而缩短了维护停工时间；同时由于系统结构简化，连线简单而减少了维护的工作量。

（4）用户具有高度的系统集成权。用户可以自由选择不同厂商所提供的设备来集成系统，避免了因选择某一品牌的产品而受到局限，不会为系统集成中不兼容的协议、接口而一筹莫展，从而使系统集成过程中的主动权牢牢掌握在用户手中。

（5）提高了系统的准确性和可靠性。由于现场总线设备的数字化、智能化，与模拟信号相比，从根本上提高了测量的精度，减少了传送误差。同时，由于系统的结构简单，设备与连线减少，现场仪表内部功能加强，减少了信号的往返传输，提高了系统的工作可靠性。

此外，由于其设备的标准化、功能的模块化，因此现场总线系统还具有设计简单、易于重构等优点。

四、FCS 的标准化

现场总线目前有多种类型的国际标准。1999 年底 IEC TC65（国际电工委员会负责工业测量和控制的第 65 标准化技术委员会）通过了 8 种类型的现场总线作为 IEC 61158 国际标准。这 8 种类型分别为：IEC 技术报告（即 FF 的 H1）、ControlNet（美国 Rockwell Automation 公司支持）、Profibus（德国西门子公司支持）、P-Net（丹麦 Process Data Automation 公司支持）、FF HSE（即原 FF 的 H2，Fisher-Rosemount 公司支持）、Swift Net（美国波音公司支持）、World Fip（法国 Alstom 公司支持）、Interbus（德国 Phoenix Contact 公司支持）。

此外，IEC TC 17B 通过的现场总线国际标准，有 SDS（smart distributed system）、ASI（actuator sensor interface）与 DeviceNet 3 种。

还有 ISO 通过的 ISO 11898 的 CAN（control area network）国际标准。

目前，除了这 12 种国际标准外，还有欧洲标准、不同国家的国家标准等。

五、FCS 的体系结构

FCS 作为第五代过程控制体系结构目前还处在发展阶段，各种不同的 FCS 层出不穷，其系统结构形态各异，有的是按照现场总线体系结构的概念设计的新型控制系统，有的是在现有的 DCS 上扩充了现场总线的功能。为了便于讨论，这里将重点放在监控级、控制级和现场级，监控级之上的管理级、决策级等不予考虑。因此，可以把 FCS 分为三类：一类是由现场设备和人机接口组成的两层结构的 FCS；一类是由现场设备、控制站和人机接口组成的三层结构的 FCS；还有一类是由 DCS 扩充了现场总线接口模件所构成的 FCS。

（一）具有两层结构的 FCS

具有两层结构的 FCS 如图 7-10 所示。它是由现场设备和人机接口两部分组成的。现场设备包括符合现场总线通信协议的各种智能化仪表。例如，现场总线变送器、转换器、执行器和分析仪表等。由于系统中没有单独的控制器，系统的控制功能全部由现场设备完成。例如，常规的 PID 控制算法可以在现场总线变送器或执行器中实现。人机接口设备一般有运行员操作站和工程师站。运行员操作站或工程师站通过位于机内的现场总线接口卡和现场总线与现场设备交换信息，人机接口之间或与更高层设备之间的信息交换，通过高速以太网（HSE）实现。高速以太网上还可以连接需要高速通信的现场设备，如可编程逻辑控制器（PLC）等。低速现场总线还可以通过网关连接到高速现场总线上，通过高速现场总线与人机接口设备或其他高层设备交换信息。

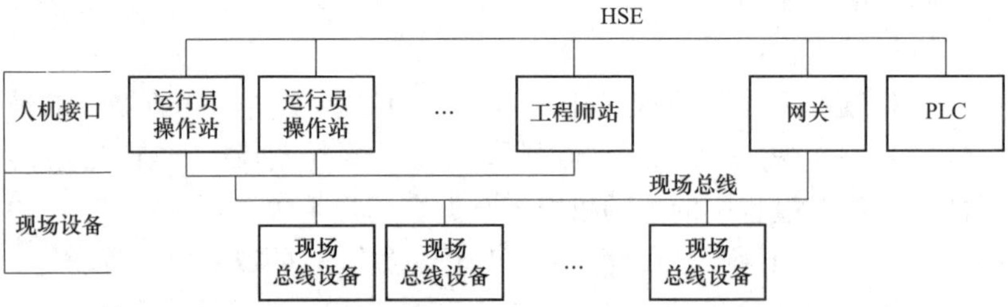

图 7-10　具有两层结构的 FCS

这种 FCS 的结构适用于控制规模相对较小、控制回路相对独立、不需要复杂协调控制功能的生产过程。在这种情况下，由现场设备所提供的控制功能即可满足要求，因此在系统结构上取消了传统意义上的控制站，控制站的控制功能下放到现场，简化了系统结构。但带来的问题是不便处理控制回路之间的协调问题。对此，一种解决办法是将协调控制功能放在运行员操作站或者其他高层计算机上实现；另一种解决办法是在现场总线接口卡上实现部分协调控制功能。

（二）具有三层结构的 FCS

具有三层结构的 FCS 如图 7-11 所示。它是由现场设备、控制站和人机接口三层组成的。其中，现场设备包括各种符合现场总线通信协议的智能传感器、变送器、执行器、转换器和分析仪表等；控制站可以完成基本控制功能或协调控制功能，执行各种控制算法；人机接口包括运行员操作站和工程师站，主要用于生产过程的监控以及控制系统的组态、维护和检修。系统中其余各部分的功能同前所述，故不赘述。

这种 FCS 的结构虽然保留了控制站，但控制站所实现的功能与传统 DCS 的控制功能有很大区别。在传统的 DCS 中，所有的控制功能，无论是基本控制回路的 PID 运算，还是控制回路之间的协调控制功能均由控制站实现。但在 FCS 中，低层的基本控制功能一般是由现场设备实现的，控制站仅完成协调控制或其他高级控制功能。当然，如有必要，控制站本身是完全可以实现基本控制功能的。这样就可以让用户有更加灵活的选择。具有三层结构的 FCS 适用于比较复杂的工业生产过程，特别是那些控制回路之间关联密切、需要协调控制功能的生产过程，以及需要特殊控制功能的生产过程。

（三）由 DCS 扩充而成的 FCS

由 DCS 扩充而成的 FCS 如图 7-12 所示。现场总线作为一种先进的现场数据传输技术正在渗透到新兴产业的各个领域。DCS 的制造商同样也在利用这一技术改进现有的 DCS，他

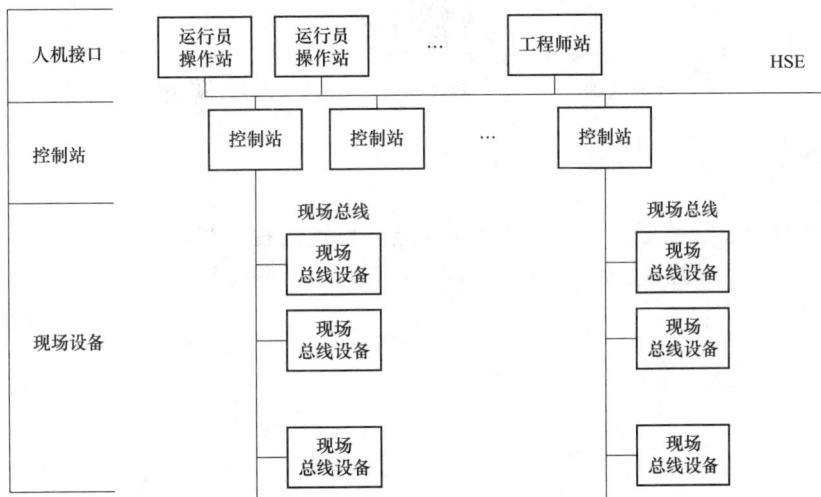

图 7-11　具有三层结构的 FCS

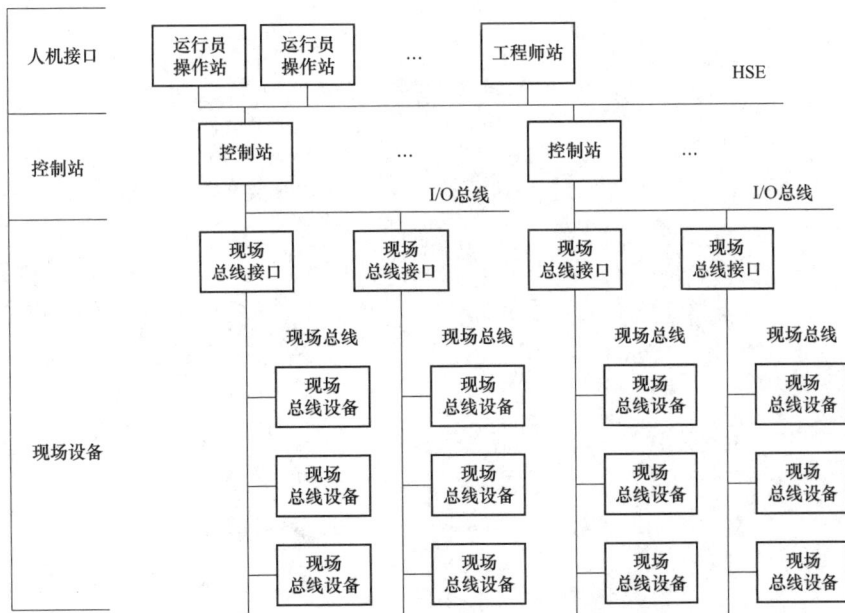

图 7-12　由 DCS 扩充而成的 FCS

们在 DCS 的 I/O 总线上挂接现场总线接口模件，通过现场总线接口模件扩展出若干条现场总线，然后经现场总线与现场智能设备相连。

这种 FCS 是由 DCS 演变而来的。因此，不可避免地保留了 DCS 的某些特征。例如，I/O 总线和高层通信网络可能是 DCS 制造商的专有通信协议，系统开放性要差一些。

任务实施

熟悉 FCS 在某 1000MW 机组的应用。

任务实施 7-3   熟悉 FCS 在某 1000MW 机组的应用

任务验收

（1）知道现场总线的定义、FCS 的体系结构、FCS 的特点和优点、FCS 的标准。

（2）能调用 FCS 的监控画面，能对 FCS 进行投入/切除操作。

附　　录

附录 A　拉普拉斯（Laplace）变换

在线性控制理论中，元件或系统的动态特性都是用常系数线性微分方程式来描述的。为研究自动控制系统的工作性能，最直接的方法是在输入信号为已知的典型时间函数的情况下，求解出输出信号的时间响应函数。但对于用高阶常系数线性微分方程式描述的系统，用直接求解方法是比较复杂和困难的。应用拉普拉斯变换，将使运算和求解过程得到简化。拉普拉斯变换可将实数域中的微分、积分运算变换为复数域内简单的代数运算，而且在变换过程中还很容易将初始条件的影响考虑进去。另外，应用拉普拉斯变换法分析控制系统时，可以同时得出响应过程的瞬态分量和稳态分量，这给分析系统带来很大方便。

一、拉普拉斯变换的定义

设函数 $f(t)$，t 是实变数——时间。设 $t \geqslant 0$ 时下列积分有意义，即

$$\int_0^\infty f(t)\mathrm{e}^{-st}\mathrm{d}t < \infty$$

$$s = \alpha + \mathrm{j}\omega（复数）$$

则称 $f(t)$ 为可变换的函数，积分式定义为 $f(t)$ 的拉氏变换式，用符号 $F(s)$ 表示，即

$$F(s) = L[f(t)] = \int_0^\infty f(t)\mathrm{e}^{-st}\mathrm{d}t \tag{A1}$$

这样就用拉氏变换将 $f(t)$ 变换成以复变数 s 为自变量的函数 $F(s)$。式（A1）中，$f(t)$ 称为原函数，$F(s)$ 称为 $f(t)$ 的象函数（或拉氏变换式）。复变数 $s = \alpha + \mathrm{j}\omega$，其中 α 和 ω 都是实数。L 为拉氏变换符号，$L[f(t)]$ 表示对 $f(t)$ 进行拉氏变换。

若 $F(s)$ 是 $f(t)$ 的拉氏变换，则称 $f(t)$ 是 $F(s)$ 的拉氏逆变换，记为

$$f(t) = L^{-1}[F(s)] \tag{A2}$$

【例 1】 求阶跃函数 $x(t)$ 的拉氏变换。

$$x(t) = \begin{cases} x_0 & t \geqslant 0 \\ 0 & t < 0 \end{cases}$$

解　阶跃函数 $x(t)$ 的拉氏变换为

$$X(s) = L[x(t)] = \int_0^\infty x_0 \mathrm{e}^{-st}\mathrm{d}t = x_0 \int_0^\infty \mathrm{e}^{-st}\mathrm{d}t = -\frac{x_0}{s}\mathrm{e}^{-st}\Big|_0^\infty = -\frac{x_0}{s}(0-1) = \frac{x_0}{s}$$

当 $x_0 = 1$ 时

$$X(s) = 1/s$$

即单位阶跃函数的拉氏变换式为 $1/s$。

【例 2】 求斜坡函数 $x(t)$ 的拉氏变换。

$$x(t) = \begin{cases} vt & t \geqslant 0 \\ 0 & t < 0 \end{cases}$$

解　斜坡函数 $x(t)$ 的拉氏变换为

$$X(s) = L[x(t)] = \int_0^\infty vt\,\mathrm{e}^{-st}\,\mathrm{d}t = v\int_0^\infty t\,\mathrm{e}^{-st}\,\mathrm{d}t = v\left[-\frac{t}{s}\mathrm{e}^{-st} - \frac{1}{s^2}\mathrm{e}^{-st}\right]_0^\infty = \frac{v}{s^2}$$

当 $v = 1$ 时

$$X(s) = 1/s^2$$

即单位斜坡函数的拉氏变换式为 $1/s^2$。

【例3】　求指数函数 $f(t) = \mathrm{e}^{-at}$ 的拉氏变换。

解　指数函数 $f(t)$ 的拉氏变换为

$$F(s) = L[f(t)] = \int_0^\infty \mathrm{e}^{-at}\mathrm{e}^{-st}\,\mathrm{d}t = \int_0^\infty \mathrm{e}^{-(a+s)t}\,\mathrm{d}t = \frac{1}{s+a}$$

对一些复杂的原函数，积分运算较复杂，因此工程上已将这些常用函数的拉氏变换求出，并编好专门的拉氏变换表供计算时使用。常见函数的拉氏变换表详见表 A1。

二、拉普拉斯变换的性质和定理

拉氏变换包括八个基本性质和定理，详见表 A2。现仅介绍分析线性自动控制系统时经常使用的几个性质，且均不予以证明。

（1）线性性质。拉氏变换也像一般线性函数那样具有均匀（齐次）性和叠加性，总称为线性性质。

若 a、b 为任意两个常数，且有

$$L[f_1(t)] = F_1(s),\ L[f_2(t)] = F_2(s)$$

则有
$$L[af_1(t) \pm bf_2(t)] = aF_1(s) \pm bF_2(s) \tag{A3}$$

（2）微分定理。原函数的导数的拉氏变换为

$$L\left[\frac{\mathrm{d}f(t)}{\mathrm{d}t}\right] = sF(s) - f(0)$$

$$L\left[\frac{\mathrm{d}^2 f(t)}{\mathrm{d}t^2}\right] = s^2 F(s) - sf(0) - f^1(0)$$

$$\cdots$$

$$L\left[\frac{\mathrm{d}^n f(t)}{\mathrm{d}t^n}\right] = s^n F(s) - s^{n-1}f(0) - s^{n-2}f^1(0) - \cdots - f^{n-1}(0)$$

式中：$f(0)$，$f^1(0)$，$f^2(0)$，$\cdots$，$f^{n-1}(0)$ 为 $t=0$ 时函数 $f(t)$ 及其各阶导数 $\dfrac{\mathrm{d}f(t)}{\mathrm{d}t}$，$\dfrac{\mathrm{d}^2 f(t)}{\mathrm{d}t^2}$，$\cdots$，$\dfrac{\mathrm{d}^{n-1}f(t)}{\mathrm{d}t^{n-1}}$ 的初始值。如果所有的初始值都等于零，则各阶导数的拉氏变换为

$$L\left[\frac{\mathrm{d}f(t)}{\mathrm{d}t}\right] = sF(s);\ L\left[\frac{\mathrm{d}^2 f(t)}{\mathrm{d}t^2}\right] = s^2 F(s);\ \cdots;\ L\left[\frac{\mathrm{d}^n f(t)}{\mathrm{d}t^n}\right] = s^n F(s) \tag{A4}$$

即在零值初始条件下，对原函数 $f(t)$ 进行 $n(=1, 2, \cdots)$ 次微分运算，其对应的象函数为 $F(s)$ 乘以 s^n。

（3）积分定理。原函数 $f(t)$ 的积分的拉氏变换为

$$L\left[\int_0^t f(t)\mathrm{d}t\right] = \frac{F(s)}{s} + \frac{\int_0^t f(t)\mathrm{d}t\,|_{t=0}}{s}$$

式中：$\int_0^t f(t)\mathrm{d}t\,|_{t=0}$ 是 $f(t)$ 的积分在 $t=0$ 时的初始值。

当初始值为零时，有

$$L\left[\int_0^t f(t)\mathrm{d}t\right] = \frac{F(s)}{s}$$

同样，可写出初始值为零时 $f(t)$ 的 n 重积分的拉氏变换式

$$L\left[\int_0^t \cdots \int_0^t f(t)\mathrm{d}t^n\right] = \frac{F(s)}{s^n} \tag{A5}$$

即在零值初始条件下，对函数 $f(t)$ 进行 n 次积分运算，其对应的象函数为 $F(s)$ 除以 s^n。

（4）初值定理。原函数 $f(t)$ 的初始值可以从它的象函数 $F(s)$ 中求得，这个关系为

$$\lim_{t \to 0} f(t) = \lim_{s \to \infty} sF(s) \tag{A6}$$

按式（A6）求 $f(t)$ 的初始值比较方便，不需进行拉氏反变换。

（5）终值定理。原函数 $f(t)$ 的终值也可以从它的象函数 $F(s)$ 中求得，这个关系为

$$\lim_{t \to \infty} f(t) = \lim_{s \to 0} sF(s) \tag{A7}$$

该定理常用来求系统输出的稳态值。

表 A1　　　　　　　　　　　　常用函数的拉氏变换表

原函数 $f(t)$，$t \geqslant 0$	象函数 $F(s)$	原函数 $f(t)$，$t \geqslant 0$	象函数 $F(s)$
$\delta(t)$	1	$\dfrac{1}{b-a}(\mathrm{e}^{-at} - \mathrm{e}^{-bt})$	$\dfrac{1}{(s+a)(s+b)}$
$1(t)$	$\dfrac{1}{s}$	$1 - \mathrm{e}^{-t/T}$	$\dfrac{1}{s(Ts+1)}$
e^{-at}	$\dfrac{1}{s+a}$	$\mathrm{e}^{-at}\sin\omega t$	$\dfrac{\omega}{(s+a)^2 + \omega^2}$
t	$\dfrac{1}{s^2}$	$\mathrm{e}^{-at}\cos\omega t$	$\dfrac{s+a}{(s+a)^2 + \omega^2}$
t^n	$\dfrac{n!}{s^{n+1}}$	$\dfrac{\omega_n}{\sqrt{1-\zeta^2}}\mathrm{e}^{-\zeta\omega_n t}\sin\omega_n\sqrt{1-\zeta^2}\,t$	$\dfrac{\omega_n^2}{s^2 + 2\zeta\omega_n s + \omega_n^2}$ $(0 \leqslant \zeta < 1)$
$\sin\omega t$	$\dfrac{\omega}{s^2 + \omega^2}$	$\dfrac{-1}{\sqrt{1-\zeta^2}}\mathrm{e}^{-\zeta\omega_n t}\sin(\omega_n\sqrt{1-\zeta^2}\,t - \theta)$ $\left(\theta = \arctan\dfrac{\sqrt{1-\zeta^2}}{\zeta}\right)$	$\dfrac{s}{s^2 + 2\zeta\omega_n s + \omega_n^2}$ $(0 \leqslant \zeta < 1)$
$\cos\omega t$	$\dfrac{s}{s^2 + \omega^2}$		

表 A2 　　　　　　　　　　　　　　　　拉氏变换的定义和基本定理

运算	$f(t)$，$t \geqslant 0$	$F(s) = L[f(t)]$
定义	$f(t)$	$\int_0^\infty f(t) \mathrm{e}^{-st} \mathrm{d}t$
线性	$af_1(t) \pm bf_2(t)$	$aF_1(s) \pm bF_2(s)$
延迟	$f(t-T)1(t-T)$	$\mathrm{e}^{-sT}F(s)$
导数	$\dfrac{\mathrm{d}}{\mathrm{d}t}f(t)$	$sF(s)$
积分	$\int_0^t f(t)\mathrm{d}t$	$\dfrac{1}{s}F(s)$
位移	$\mathrm{e}^{\pm at}f(t)$	$F(s \mp a)$
初值	$\lim\limits_{t \to 0} f(t)$	$\lim\limits_{s \to \infty} sF(s)$
终值	$\lim\limits_{t \to +\infty} f(t)$	$\lim\limits_{s \to 0} sF(s)$
卷积	$f_1(t) * f_2(t)$	$F_1(s) \cdot F_2(s)$

附录 B　SAMA 图标准功能图例

FT	LT	PT	TT	ZT	ST
流量变送器	液位变送器	压力变送器	温度变送器	位置变送器	速率变送器

I	R	T	动合触点	动断触点	AT
指示仪	记录仪	继电器线圈	动合触点	动断触点	成分分析变送器

$\sqrt{}$	$\times$	$\div$	$\pm$	Δ	Σ
开方	乘法	除法	偏量	偏差	求和

K	$\int$	$\dfrac{d}{dt}$	$f(t)$	$f(x)$	Σ/n
比例	积分	微分	时间函数	函数	均值

T	↕	A
手动切换操作	手动增减操作	手动设置操作

A/M	T	TR	>	<	⊁
自动/手动切换	切换	跟踪	大选	小选	高限

H/	/L	V⊁	⊀⊁	A/D	⊀
高报	低报	限速	限幅	模/数转换	低限

P/I	I/P	V/I	I/V	D/A
气压-电流	电流-气压	电压-电流	电流-电压	数/模转换

R/V	MV/V	信号来源
热电阻-电压	热电偶-电压	信号来源

MO	HO	气动执行机构
电动执行机构	液动执行机构	气动执行机构

$f(x)$	直行程阀	角行程阀
执行机构	直行程阀	角行程阀

附录 C　保护、联锁、程序控制的逻辑框图符号

表 C1　　　　　　　　　　　保护、联锁、程序控制的逻辑框图符号

序号	名称	图形符号	说明
1	"与"逻辑（A＝X1·X2·X3）	X1 X2 X3 —&— A	当条件 X1、X2、X3 都存在时，A 有输出
2	"或"逻辑（A＝X1＋X2＋X3）	X1 X2 X3 —≥1— A	当条件 X1、X2、X3 之一存在时，A 有输出
3	"非"逻辑（A＝$\overline{X}$）	X —1∘— A	当条件 X 不存在时 A 才有输出
4	"与非"逻辑（A＝$\overline{X1·X2·X3}$）	X1 X2 X3 —&∘— A	当条件 X1、X2、X3 都不存在时，A 才有输出
5	"或非"逻辑（A＝$\overline{X1＋X2＋X3}$）	X1 X2 X3 —≥1∘— A	当条件 X1、X2、X3 之一不存在时，A 才有输出
6	"禁"逻辑（A＝X1·$\overline{X2}$）	X1 — A X2 ∘	当条件 X1 存在，X2 不存在时，A 有输出；当条件 X1、X2 同时存在时，A 的输出被禁止

附录 D　FSSS 的相关符号、电路和器件图

FSSS 的相关符号、电路和器件图如图 D1～图 D3 所示。

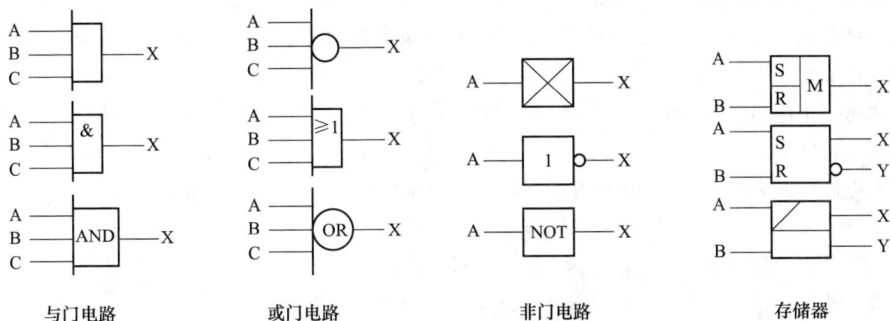

图 D1　FSSS 的逻辑符号

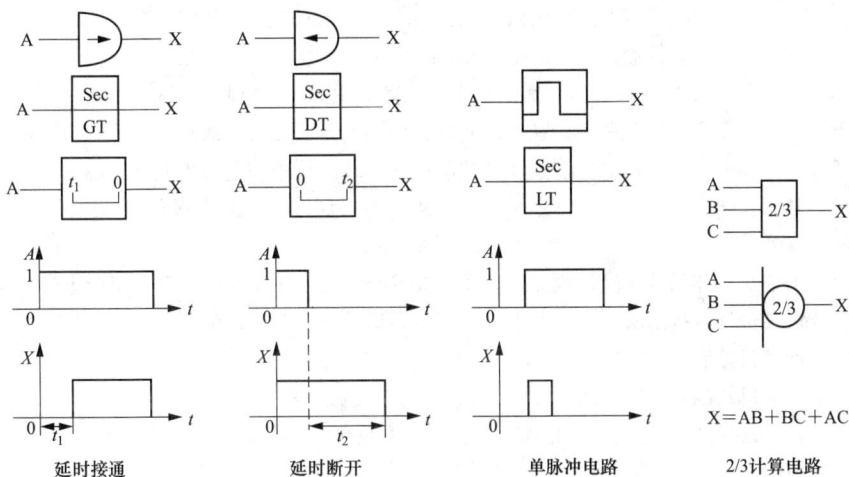

图 D2　FSSS 的逻辑电路

$$X = AB + BC + AC$$

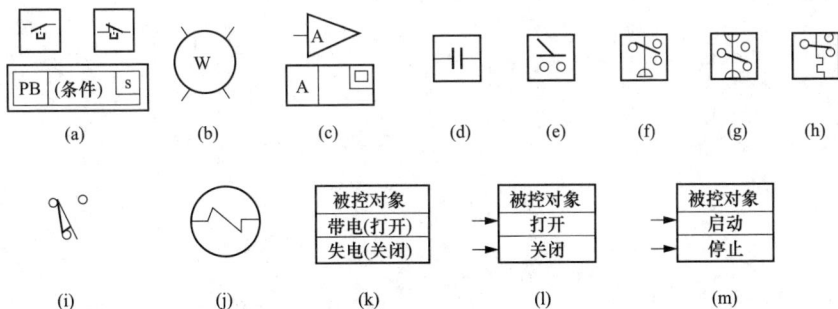

图 D3　FSSS 逻辑图中相关的器件图

（a）按钮开关；（b）指示灯；（c）报警器；（d）电气触点；（e）选择开关；（f）压力开关；
（g）压差开关；（h）温度开关；（i）限位开关；（j）电磁线圈；（k）电磁阀；（l）阀门；（m）电动机启动器

参 考 文 献

[1] 中国动力工程学会. 火力发电设备技术手册（第三卷）：自动控制. 北京：机械工业出版社，2001.

[2] 广东电网公司电力科学研究院. 1000MW 超超临界火电机组技术丛书：热工自动化. 北京：中国电力出版社，2010.

[3] 华东六省一市电机工程（电力）学会. 600MW 火力发电机组培训教材：热工自动化. 北京：中国电力出版社，2000.

[4] 望亭发电厂. 300MW 火力发电机组运行与检修技术培训教材·仪控分册. 北京：中国电力出版社，2002.

[5] 高伟. 计算机控制系统. 北京：中国电力出版社，2000.

[6] 林文孚，胡燕. 单元机组自动控制技术. 北京：中国电力出版社，2004.

[7] 王志祥，黄伟. 热工保护与顺序控制. 2 版. 北京：中国电力出版社，2008.

[8] 何育生. 机组自动控制系统. 北京：中国电力出版社，2005.

[9] 谷俊杰，丁常富. 汽轮机控制监视和保护. 北京：中国电力出版社，2002.

[10] 于希宁，刘红军. 自动控制原理. 2 版. 北京：中国电力出版社，2006.

[11] 西安热工研究院. 火电厂 SCR 烟气脱硝技术. 北京：中国电力出版社，2013.

[12] 周菊华. 火电厂燃煤机组脱硫脱硝技术. 北京：中国电力出版社，2010.

[13] 周根来，孟祥新. 电站锅炉脱硫装置及其控制技术. 北京：中国电力出版社，2009.

[14] 阎维平，刘忠，王春波，等. 电站燃煤锅炉石灰石湿法烟气脱硫装置运行与控制. 北京：中国电力出版社，2005.

[15] 孙贵根，田建东，苏猛业. 生活垃圾焚烧发电技术基础与应用. 合肥：合肥工业大学出版社，2019.

[16] 王勇. 垃圾焚烧发电技术及应用. 北京：中国电力出版社，2020.

[17] 王锦标. 计算机控制系统. 3 版. 北京：清华大学出版社，2018.

[18] 于海生. 计算机控制技术. 2 版. 北京：机械工业出版社，2016.

[19] 武平丽. 仪表选用及 DCS 组态. 北京：化学工业出版社，2019.